Lambacher Schweizer 8

Mathematik für Gymnasien

Bayern

W0416065

von
Prof. August Schmid
Prof. Dr. Ingo Weidig

erarbeitet von
Herbert Götz, Uttenreuth
Manfred Herbst, Herzogenaurach
Christine Kestler, Holzkirchen
Hans-Georg Kosuch, Coburg
Dr. Johannes Novotný, München
Barbara Sy, Nürnberg
Thomas Thiessen, Erlangen

Ernst Klett Verlag
Stuttgart · Leipzig

Bildquellenverzeichnis:
39.1: Westfälisches Landesmedienzentrum, Münster – **39.2**: Europäische Zentralbank, Frankfurt – **41.1**: mit freundlicher Unterstützung der Deutschen Bahn, DB Netz AG, Niederlassung Süd – **58.2**: AKG|(Erik Bohr), Berlin – **65.1**: Deutsche Post World Net, Bonn – **65.2**: Deutsche Post World Net, Bonn – **67.1**: Action Press (Goddyn), Hamburg – **78.3**: Deutsche Lufthansa AG, Köln – **79.1**: Deutsches Museum, München – **80.3**: Deutsches Museum, München – **87.2**: Europäische Zentralbank, Frankfurt – **88.1**: Corbis (Bettmann), Düsseldorf – **94.1**: Deutsches Museum, München – **99.1**: Mauritius, Mittenwald – **117.1**: aus: S. R. K. Glanville, The Journal of Egyptian Archaeology, Volume 13, Page 232. London, 1927 – **118.1**: FOCUS (spl), Hamburg – **129.1**: Helga Lade (H. R. Bramaz), Frankfurt – **129.2**: Fotosearch RF (image 100), Waukesha, WI – **132.1**: Schwaneberger Verlag GmbH, Unterschleißheim – **133.1**: Kartengrundlage: Umgebungskarte 1:50 000, Bad Tölz – Lenggries und UmgebLandesvermessungsamtes München, Nr. 4270/02 – **137.1**: Christine Kestler – **139.3**: Mauritius (Vidler), Mittenwald – **143.1**: (c) 2006 The M.C.Escher Company – Holland. All rights reserved.www.escher.com – **150.1**: AKG, Berlin – **150.2**: AKG, Berlin – **151.1**: AKG, Berlin – **151.2**: AKG, Berlin – **153.1**: MEV, Augsburg – **164.1**: EuroScience, Fleckeby –

Alle übrigen Fotos stammen aus dem Archiv des Ernst Klett Verlags, Stuttgart.

Nicht in allen Fällen war es uns möglich, den Rechteinhaber ausfindig zu machen.
Berechtigte Ansprüche werden selbstverständlich im Rahmen der üblichen Vereinbarungen abgegolten.

Zum Schulbuch gehört der LS-Lösungen-und-Materialien-Band 8 (3-12-731663-1).
In den LS-Grundwissen-Heften (in Doppeljahrgangsstufen) sind die Inhalte und Aufgaben zum Wiederholen, Üben und Kontrollieren von Grundwissen und Grundfertigkeiten zusammengefasst.
LS Grundwissen 5/6 (3-12-731165-6)
LS Grundwissen 7/8 (3-12-731565-1)

9 783127 316605

1. Auflage 1 8 7 6 | 2013 2012

Alle Drucke dieser Auflage sind unverändert und können im Unterricht nebeneinander verwendet werden.
Die letzten Zahlen bezeichnen jeweils die letzte Auflage und das Jahr des Druckes.

Internetadresse: www.klett.de

Redaktion: Dr. U. Weiser, H. Günthner
Zeichnungen: U. Bartl, Weil der Stadt; R. Hungreder, Leinfelden;
U. Schwarz, Schwäbisch Gmünd
Bildkonzept Umschlag: SoldanKommunikation, Stuttgart
Titelbild: Getty Images, Digital Vision
Reproduktion: Meyle + Müller, Medien-Management, Pforzheim
DTP-Satz: media office GmbH, Kornwestheim
Druck: Aprinta, Wemding. Printed in Germany

Printed in Germany
ISBN 978-3-12-731660-5

Inhaltsverzeichnis

IV Gleichungen und Gleichungssysteme

V Laplace-Wahrscheinlichkeit

VI Gebrochen rationale Funktionen

VII Ähnlichkeit

* Lerneinheiten, die mit einem Stern gekennzeichnet sind, bieten eine Ergänzung zu den Inhalten des Lehrplans.

° Von den Themen der Lerneinheiten 4 und 5 des Kapitels IV muss laut Lehrplan nur eines vertieft behandelt werden.

Liebe Schülerin, lieber Schüler,

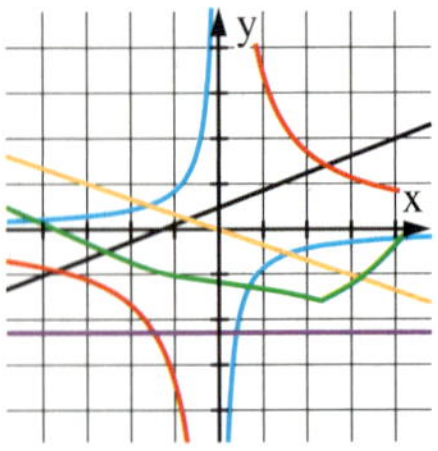

in diesem Schuljahr wirst du zunächst in Kapitel I proportionale und umgekehrt proportionale Zuordnungen, wie sie oft im Alltag vorkommen, betrachten.

Ausgiebig wirst du dich besonders mit Funktionen und ihrer Darstellung im Koordinatensystem beschäftigen (in den Kapiteln II, III und VI).
Damit gewinnst du ein vielseitiges Instrument, alltägliche Problemstellungen mathematisch zu beschreiben und zu lösen.

Darauf bauend wirst du in Kapitel IV deine Fertigkeiten im Lösen von Gleichungen aus Jahrgangsstufe 7 auf Gleichungen mit mehreren Unbekannten und sogar Systeme mit mehreren Gleichungen erweitern können.

Ein spielerisches Kapitel schließt sich mit Kapitel V an, wo du Wahrscheinlichkeiten z. B. von Ereignissen bei verschiedenen Spielen zu berechnen lernst.

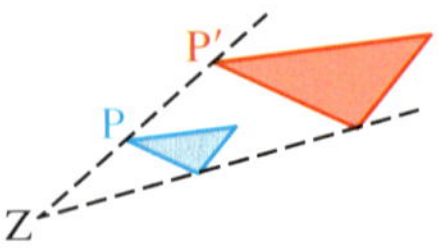

Schließlich vertiefst du noch deine Kenntnisse in der Geometrie. In Kapitel VII wird die Kongruenz z. B. von Dreiecken verallgemeinert zum Begriff der Ähnlichkeit. Dies und die damit zusammenhängenden Strahlensätze werden dir sicher intuitiv schon klar sein; wichtig wird jetzt jedoch auch das korrekte Argumentieren mit diesen Begriffen.

Wie gewohnt, findest du für viele Aufgaben, insbesondere für die Aufgaben zum Üben und Wiederholen, Lösungskontrollen direkt im Buch.
Die G-Aufgaben sind wiederum so zusammengestellt worden, dass du im Lauf des Schuljahres alle wesentlichen bisherigen Inhalte des Mathematikunterichtes wiederholen kannst. Wenn du diese Aufgaben regelmäßig löst und bei Wissenslücken systematisch die entsprechenden Themen nacharbeitest, erhältst bzw. erwirbst du dir solide mathematische Grundkenntnisse.

Graphischer Fahrplan

Abenteuerliche Bruchrechnung

Alles hat seinen Preis

Die Kapitel werden abgerundet durch interessante Themenseiten und Lesetexte, die zum Schmökern einladen.

Viel Erfolg und Freude an der Mathematik und diesem Buch wünschen

Zum Aufbau des Buches

Jedes Kapitel umfasst:
- mehrere Lerneinheiten,
- Themenseiten, Lesetexte und/oder ein Projekt
- einen Rückblick.

- Zum Aufbau einer **Lerneinheit**:
  Jede Lerneinheit beginnt mit **hinführenden Aufgaben**, die zum Kern der Lerneinheit führen, jedoch das Ergebnis der Lerneinheit nicht vorwegnehmen. Sie sind so gestaltet, dass sie eigene Aktivität und eigenes Überlegen herausfordern. Diese Aufgaben stellen ein Angebot dar und lassen so der Lehrerin/dem Lehrer alle methodische Freiheit.
  Der anschließende **Lehrtext** formuliert in knapper, aber schülerverständlicher Vorgehensweise den Gegenstand der Lerneinheit.

Im Kasten wird **Wichtiges** in einprägsamer Form zusammengefasst.

  Die vollständig bearbeiteten **Beispiele** bieten den Schülerinnen und Schülern Hilfe für das selbstständige Lösen von Aufgaben. Bei den Lösungen wird Wert auf die Wahl geeigneter Strategien und auf wichtige Gedankenschritte und Begründungen gelegt.

  Auf der Randspalte werden zusätzliche Informationen, Anmerkungen, Hilfestellungen und Querverweise angeboten.

  Der **Aufgabenteil** bietet ein sehr reichhaltiges Auswahlangebot. Eine sinnvolle Auswahl ist hier geboten. Die Aufgaben reichen von grundlegenden Routineaufgaben über zahlreiche Aufgaben im mittleren Schwierigkeitsbereich bis zu schwierigen Aufgaben. Wenn hoher Zeitaufwand oder Schwierigkeitsgrad vielleicht nicht unmittelbar ersichtlich sind, wurde die Aufgabe mit einem *Stern gekennzeichnet. Im Sinne eines vernetzenden Lernens beziehen sich viele Aufgabenstellungen nicht nur auf die gegenwärtige Lerneinheit, sondern sind mit anderen Themenkreisen verbunden. Die den Aufgabenteil abschließenden Aufgaben – gekennzeichnet durch ein vorangestelltes **G** – dienen dazu, unabhängig vom aktuellen Lehrstoff Grundwissen und Grundfertigkeiten ständig zu trainieren.
  An geeigneter Stelle wurden Aufgaben für die Benutzung elektronischer Hilfsmittel (Taschenrechner, Tabellenkalkulation, DGS) konzipiert. Solche Aufgaben sind im Buch mit dem TR-Symbol bzw. PC-Symbol gekennzeichnet. Darüber hinaus ist es bei vielen Aufgabenstellungen sinnvoll, ein DGS oder eine Tabellenkalkulation einzusetzen. Um Schülern jedoch einen eigenständigen Umgang mit diesen Systemen zu ermöglichen, wird hierbei nicht jedes Mal explizit auf deren Einsatz verwiesen.

  Zu vielen Aufgaben, die mit einem DGS gelöst werden können, befinden sich passende DGS-Dateien im Internetauftritt des Verlags.

- Die **Themenseiten** stellen Anwendungen der Inhalte des jeweiligen Kapitels in **einem Kontext** vor oder sprechen im Sinne einer mathematischen Exkursion ergänzende mathematische Fragen an.
  Die **Lesetexte** sind als Anregung für Schülerinnen und Schüler gedacht, sich mit mathematischen Fragen auseinander zu setzen. Hier sind keine Aufgaben ausformuliert.
  Die **Projekt**seiten regen an, mit der ganzen Klasse motivierende, interessante Projekte durchzuführen.

- Den Abschluss jedes Kapitels bildet ein zweiseitiger **Rückblick**. Hier sind die wichtigen Lerninhalte in prägnanter Form zusammengestellt. Auf der zweiten Seite bieten **Aufgaben zum Üben und Wiederholen** den Schülerinnen und Schülern die Gelegenheit, ihre Kenntnisse und Fähigkeiten auch mit Blick auf eine schriftliche Arbeit zu testen.
  Die Lösungen zu diesen Aufgaben befinden sich im Anhang des Buches.

Das letzte Kapitel bietet umfangreichere und komplexere Aufgaben an, die geeignet sind, am Ende eines Schuljahres noch einmal wesentliche Inhalte in einer vernetzenden Weise zu wiederholen.

I Proportionalität

1 Proportionale Zuordnungen

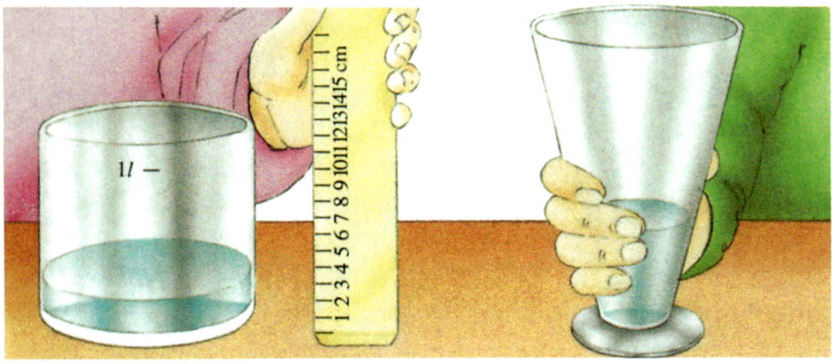

1
Anke und Sven haben je 0,2l Wasser in das vor ihnen stehende Gefäß gefüllt.
a) Wie hoch steht das Wasser in Ankes Gefäß, wenn sie 0,4l (0,8l; 0,1l) einfüllt?
b) Wie viel l Wasser sind in Ankes Gefäß, wenn es 1 cm (3 cm; 6 cm) hoch steht?
c) Warum kannst du die Fragen a) und b) für Svens Gefäß nicht beantworten?

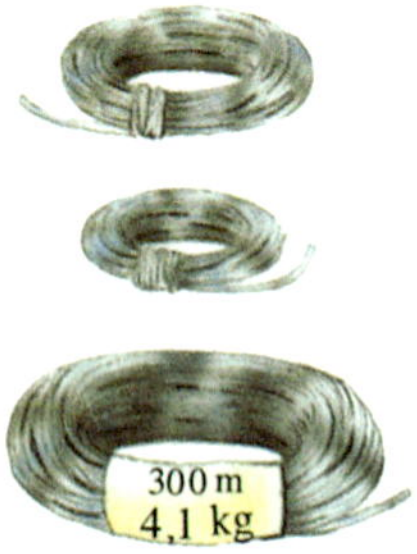

2
Eine Drahtrolle mit 100 m Draht wiegt 1,4 kg, eine zweite Drahtrolle mit 50 m Draht wiegt 0,7 kg, eine dritte mit 300 m Draht wiegt 4,1 kg. Handelt es sich stets um die gleiche Drahtsorte?

Bei einem Kabel kann man jeder Kabellänge x eine bestimmte Masse M zuordnen. Man beschreibt diese Zuordnung symbolisch durch einen Pfeil: $x \mapsto M$ (lies: x wird M zugeordnet). Zum Beispiel besagt $1\,\text{m} \mapsto 240\,\text{g}$, dass 1 m Kabel 240 g wiegt.
Eine solche Zuordnung *Länge des Kabels* $\mapsto$ *Masse des Kabels* hat die folgende Eigenschaft: Dem Doppelten (Dreifachen, Vierfachen usw.) einer Länge ist das Doppelte (Dreifache, Vierfache usw.) der Masse zugeordnet.

Erinnerung:
Unter dem Verhältnis zweier gleichartiger Größen versteht man den Quotienten dieser Größen.

x in m	1	0,5	3	4,5
M in g	240	120	720	1080

$1 \xrightarrow{:2} 0{,}5$, $\quad 1 \xrightarrow{\cdot 3} 3$, $\quad 3 \xrightarrow{\cdot \frac{3}{2}} 4{,}5$

$240 \xrightarrow{:2} 120$, $\quad 240 \xrightarrow{\cdot 3} 720$, $\quad 720 \xrightarrow{\cdot \frac{3}{2}} 1080$

Für die Zuordnung gilt z. B.:
$$\frac{4{,}5\,\text{m}}{3\,\text{m}} = \frac{1080\,\text{g}}{720\,\text{g}} = \frac{3}{2}$$
Die Massen ändern sich im gleichen Verhältnis wie die Längen.

Diese Eigenschaft grenzt die Zuordnung von anderen Zuordnungen ab. Gibt man – wie im folgenden Kasten – einem mathematischen Sachverhalt oder einer Eigenschaft einen speziellen Namen, so spricht man von einer **Definition**:

definire *(lat.): abgrenzen*

proportio *(lat.): entsprechendes Verhältnis*

Man spricht genauer auch von ***direkt proportionaler Zuordnung***

> Gehört bei einer Zuordnung
> zum Doppelten, zum Halben, ..., zum r-fachen der einen Größe
> das Doppelte, die Hälfte, ..., das r-fache der anderen Größe,
> d. h. ändern sich beide Größen im gleichen Verhältnis,
> so heißt die Zuordnung eine **proportionale Zuordnung**.

Ist von einer proportionalen Zuordnung **ein** Paar zugeordneter Größen gegeben, so kann man zu jedem weiteren Wert der einen Größe den Wert der zugeordneten Größe berechnen. Um herauszufinden, wie viel 5 m einer Kabelsorte wiegen, bei der 3 m Kabel 720 g wiegen, kann man so vorgehen:

Lösung mit einer Schlussrechnung (Dreisatz):
$3\,\text{m} \mapsto 720\,\text{g}$
$1\,\text{m} \mapsto 720\,\text{g} : 3 = \frac{720\,\text{g}}{3}$
$5\,\text{m} \mapsto \frac{720\,\text{g}}{3} \cdot 5 = 720\,\text{g} \cdot \frac{5}{3} = 1200\,\text{g}$

Lösung mit einer Gleichung:
M bezeichnet die Masse von 5 m Kabel;
dann gilt: $\frac{M}{720\,\text{g}} = \frac{5\,\text{m}}{3\,\text{m}} \quad \Big| \cdot 720\,\text{g},$
$\Rightarrow \qquad M = \frac{5}{3} \cdot 720\,\text{g} = 1200\,\text{g}.$

Der Pfeil ⇒ bedeutet: „daraus folgt“

Beispiel 1
Welche Packung würdest du kaufen? Begründe deine Antwort.

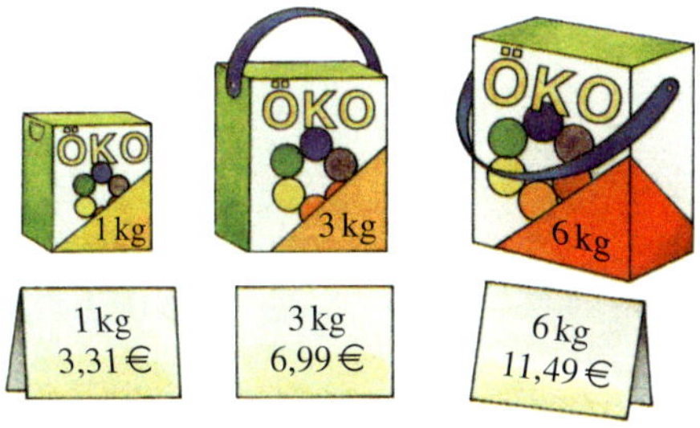

Lösung:
Die mittlere Packung mit der dreifachen Menge kostet nur etwas mehr als das Doppelte der kleinen Packung, ist also günstiger. Die große Packung mit der doppelten Menge kostet weniger als das Doppelte der mittleren Packung, ist also noch günstiger.

Beispiel 2
Die Tabelle gehört zu einer proportionalen Zuordnung $x \mapsto y$. Übertrage sie in dein Heft und ergänze sie. Rechne dabei möglichst geschickt.

x	3	1,5	4,5	6	7,5	9	13,5
y	0,46						

Lösung:

x	3	1,5 $= 0{,}5 \cdot 3$	4,5 $= 3 \cdot 1{,}5$	6 $= 2 \cdot 3$	7,5 $= 5 \cdot 1{,}5$	9 $= 3 \cdot 3$	13,5 $= 3 \cdot 4{,}5$
y	0,46	$0{,}5 \cdot 0{,}46$ $= 0{,}23$	$3 \cdot 0{,}23$ $= 0{,}69$	$2 \cdot 0{,}46$ $= 0{,}92$	$5 \cdot 0{,}23$ $= 1{,}15$	$3 \cdot 0{,}46$ $= 1{,}38$	$3 \cdot 0{,}69$ $= 2{,}07$

Beispiel 3
Ein Eisenwürfel von 2 cm Kantenlänge hat die Masse 63,2 g. Welche Masse hat ein Eisenwürfel von 3 cm Kantenlänge, wenn er aus der gleichen Eisensorte hergestellt ist?
Lösung:
Weil beide Würfel aus der gleichen Eisensorte hergestellt sind, ändert sich die Masse m des Würfels proportional zum Volumen V.
Berechnung der Volumina der Würfel: $(2\,\text{cm})^3 = 8\,\text{cm}^3$; $(3\,\text{cm})^3 = 27\,\text{cm}^3$

Lösung mit einer Schlussrechnung:

$8\,\text{cm}^3 \mapsto 63{,}2\,\text{g}$

$1\,\text{cm}^3 \mapsto 63{,}2\,\text{g} : 8$

$27\,\text{cm}^3 \mapsto \frac{63{,}2}{8}\,\text{g} \cdot 27 = \frac{63{,}2 \cdot 27}{8}\,\text{g} = 213{,}3\,\text{g}$

Lösung mit einer Gleichung:
m ist die Masse des Würfels mit $27\,\text{cm}^3$.

$\frac{m}{63{,}2\,\text{g}} = \frac{27\,\text{cm}^3}{8\,\text{cm}^3} \quad | \cdot 63{,}2\,\text{g}$

$m = \frac{27}{8} \cdot 63{,}2\,\text{g} = 213{,}3\,\text{g}$

Der Würfel mit 3 cm Kantenlänge wiegt also 213,3 g.

Aufgaben

3
Welche Zuordnungen sind proportional? Begründe deine Antwort.
a) *Anzahl der Blätter* ↦ *Höhe des Stapels* bei einem Stapel Druckerpapier
b) *Seitenlänge des Quadrats* ↦ *Umfang*
c) *Seitenlänge des Quadrats* ↦ *Flächeninhalt*
d) $x \mapsto 2x + 10$
e) $z \mapsto 2{,}5z$
f) *Kantenlänge des Würfels* ↦ *Volumen*

4
Unter welchen Voraussetzungen sind folgende Zuordnungen proportional?
a) *Zahl der Schritte* ↦ *zurückgelegte Strecke*
b) *Anzahl der Personen* ↦ *Fahrtkosten*
c) *Zeit der Autofahrt* ↦ *gefahrene Strecke*
d) *Anzahl der Äpfel* ↦ *Gewicht der Äpfel*
e) *Grundwert* ↦ *Prozentwert*
f) *Prozentsatz* ↦ *Prozentwert*
g) *Volumen des Eimers* ↦ *Zeit zum Füllen*

Denke daran, bei den Aufgaben kritisch zu überprüfen, ob die Zuordnung proportional ist.

5
Können die Tabellen zu proportionalen Zuordnungen $x \mapsto y$ gehören? Begründe deine Antworten.

a)

x	0,25	0,5	1	2,5	3	3,5
y	3	6	12	30	36	45

b)

x	1,2	3,6	9,6	14,4	18	30
y	0,3	0,9	2,4	3,6	4,5	7,5

Lösungssalat zu 6:

6
Die Tabellen gehören zu proportionalen Zuordnungen $x \mapsto y$. Übertrage sie in dein Heft. Ergänze sie. Rechne dabei möglichst geschickt.

a)

x	3,5	7	10,5	14	28	35
y				44		

b)

x	0,02	0,05	0,1	0,5	1,0	8,5
y			125			

7
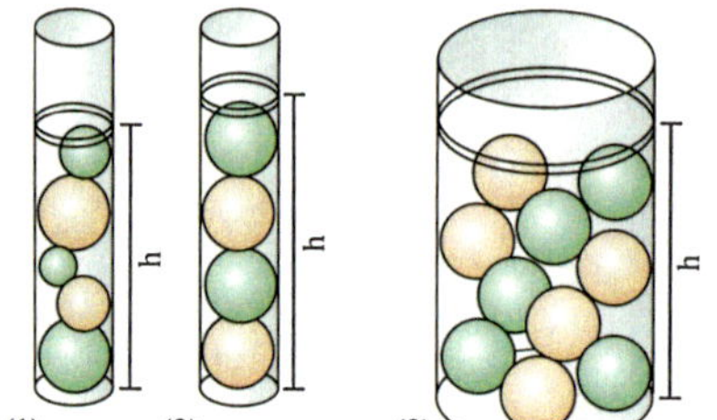

(1) (2) (3)

In den Plastikröhren ist die Höhe der verschiebbaren Abdeckungen jeweils von der Anzahl der Kugeln in den Röhren abhängig. In welchen der dargestellten Fälle ist die Zuordnung *Anzahl der Kugeln* $\mapsto$ *Höhe der Abdeckung* proportional?

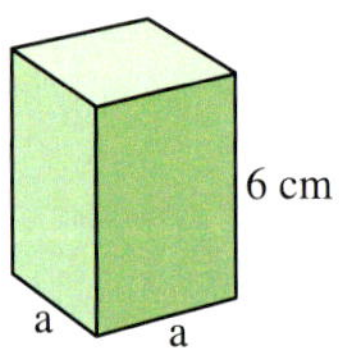

8
Sind die Zuordnungen
a) $a \mapsto$ *Inhalt einer Seitenfläche*
b) $a \mapsto$ *Volumen des Quaders*
proportional? Begründe deine Antwort.

9
a) Wie viel Gramm Zucker und wie viel Gramm Früchte befinden sich in dem abgebildeten Glas?
b) Können die Angaben auf dem Glas richtig sein? Begründe deine Antwort.

10
Brigitte tauscht bei einer Bank 250 € gegen 300 $ (US-Dollar). Wie viel Dollar hätte sie für 350 € bekommen?
Rechne auf zwei Arten.

11
Ein Tintenstrahldrucker hat eine Druckleistung von bis zu sechs Seiten pro Minute.
a) Wie viele Minuten braucht man mindestens zum Ausdruck von 20 Seiten?
b) Wie viele Seiten werden höchstens in 15 Minuten gedruckt?
c) Der Drucker hat eine Auflösung von 600 dpi (dots per inch). Das bedeutet, dass er auf einer 1 Inch (= 2,54 cm) langen waagerechten Linie 600 Punkte druckt. Wie viele Punkte druckt er auf einer 21 cm langen Linie einer DIN-A4-Seite?

12
Bei einem Unwetter fielen auf eine 900 cm^2 große Messfläche 180 cm^3 Regen. Welche Regenmenge fiel auf eine 5 km^2 große Ortschaft?

13
Für 400 m braucht ein guter Läufer 48 s. Wie lange braucht der gleiche Läufer bei gleichem Wetter für 12 000 m?

14
Aus einem Fenster kann man 300 m weit sehen. Wie weit kann man aus einem Doppelfenster sehen?

Fünf Eier kosten 90 ct. Wie viele Eier bekommt man für einen Euro?

Vor zwei Tagen hat Nico 3-mal geniest, gestern 4-mal. Wie oft niest er heute?

Überlege dir ähnliche Aufgaben und stelle sie in deiner Klasse.

G 15
Erstelle Wertetabellen für
$x = -3;\ -2;\ -1;\ 0;\ 1;\ 2;\ 3;\ 4.$
Zeichne jeweils den zugehörigen Graphen.
a) $T(x) = \frac{3}{4}x + 1$ b) $T(x) = -x^2 + 4$

2 Quotientengleichheit, Proportionalitätsfaktor und Graph

1

a) Der Metzger fügt noch 200 g Hackfleisch dazu. Welche Zahlen stehen dann in den Anzeigefeldern der Waage?

b) Der Metzger wiegt 368 g Koteletts für 2,36 € aus. Welche Zahlen müssen jetzt in den Anzeigefeldern stehen?

V in cm^3	m in g
4	35,6
7	62,3
13	115,7
15	133,5

2

Die Tabelle gehört zu der Zuordnung *Rauminhalt* V ↦ *Masse* m *an Kupfer*

a) Berechne für jedes Paar zugeordneter Größen den Quotienten $\frac{m}{V}$. Was fällt dir auf? Was gibt der Quotient an?

b) Zeichne den Graphen der Zuordnung.

Betrachtet man z. B. den Preis für eine bestimmte Wurstsorte, so ist die Zuordnung *Masse* m ↦ *Preis* P proportional.
Wenn 200 g Salami 3 € kosten, dann kostet 1 kg Salami $5 \cdot 3\,€ = 15\,€$, weil $1\,kg = 5 \cdot 200\,g$.
Den Preis pro kg kann man aber auch so berechnen: $\frac{3\,€}{200\,g} = \frac{3\,€}{0{,}2\,kg} = 15\,\frac{€}{kg}$.
Auf die gleiche Weise kann man den Preis pro kg auch aus jedem anderen Paar zugeordneter Größen berechnen, z. B. $\frac{1{,}50\,€}{0{,}1\,kg} = 15\,\frac{€}{kg}$ oder $\frac{30\,€}{2\,kg} = 15\,\frac{€}{kg}$.
Zähler und Nenner ändern sich im gleichen Verhältnis, so dass der Quotient einander zugeordneter Größen stets den gleichen Wert annimmt. Man spricht daher bei proportionalen Zuordnungen von **Quotientengleichheit** und schreibt für diesen Quotienten kurz q.

Aus der Gleichung $\frac{P}{m} = q$ ergibt sich die Zuordnungsvorschrift $m \mapsto P = q \cdot m$ mit $q = 15\,\frac{€}{kg}$

m in kg	0,2	0,4	0,5	0,8	1,2
P in €	3	6	7,50	12	18

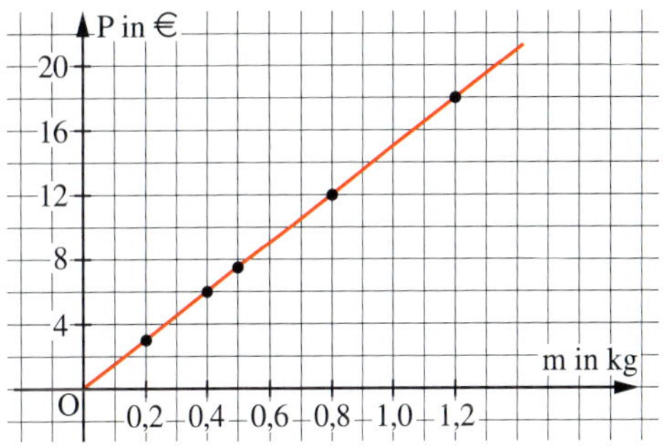

Die Punkte des Graphen dieser Zuordnung liegen auf einer Geraden, die durch den Ursprung des Koordinatensystems geht. Ein Punkt genügt, um die Gerade festzulegen.

$q = \frac{\text{2. Größe}}{\text{1. Größe}}$

Bei einer proportionalen Zuordnung $x \mapsto y$ sind die Quotienten $\frac{y}{x}$ zugeordneter Größen gleich. Der konstante Quotient q heißt **Proportionalitätsfaktor**.
Die Zuordnungsvorschrift lautet $x \mapsto q \cdot x$.
Die Punkte des Graphen der Zuordnung liegen auf einer Geraden durch den Ursprung des Koordinatensystems.

Erkennungszeichen für proportionale Zuordnungen:
Quotientengleichheit

Umgekehrt gilt: Ergeben bei einer Zuordnung $x \mapsto y$ alle Quotienten $\frac{y}{x}$ den gleichen Wert q, so ist die Zuordnung proportional.

Der Proportionalitätsfaktor ist eine für die Zuordnung charakteristische Größe. Er hat in der Sachsituation oft eine besondere Bedeutung.
So ist z. B. bei der proportionalen Zuordnung *Zeit* t $\mapsto$ *zurückgelegter Weg* s die Geschwindigkeit $v = \frac{s}{t}$ der Proportionalitätsfaktor. Man spricht von einer Bewegung mit konstanter Geschwindigkeit.
Viele Bewegungen verlaufen nicht mit konstanter Geschwindigkeit. Ein Läufer, der für 400 m 50 s braucht, wird die Strecke nicht mit konstanter Geschwindigkeit durchlaufen. Den Quotient aus der **Gesamt**strecke und der **Gesamt**zeit nennt man in diesem Fall die **Durchschnittsgeschwindigkeit** (oder mittlere Geschwindigkeit).

Bemerkungen

1. Die Zuordnung *Grundwert* G $\mapsto$ *Prozentwert* W ist proportional. Der Proportionalitätsfaktor $p = \frac{W}{G}$ ist der Prozentsatz. Aus der Gleichung $p = \frac{W}{G}$ folgt die Grundgleichung der Prozentrechnung $W = G \cdot p$.
2. Wertet man Messwerte eines Experiments aus, so gilt die Zuordnung auch dann als proportional, wenn die Quotienten zugeordneter Größen geringfügig um einen Mittelwert streuen.

Beispiel 1

Zum Streichen von 40 m² Wandfläche braucht man 16 kg einer Farbe. Die Zuordnung *Wandfläche* A $\mapsto$ *benötigte Farbmenge* F ist proportional.
a) Gib die Zuordnungsvorschrift und die Bedeutung des Proportionalitätsfaktors an.
b) Wie viel Farbe braucht man zum Streichen von 50 m² Wandfläche?
Lösung:

Alternative Lösung zu b):
$40\,m^2 \mapsto 16\,kg$
$10\,m^2 \mapsto 4\,kg$
$50\,m^2 \mapsto 20\,kg$

a) $A \mapsto 0{,}4\,\frac{kg}{m^2} \cdot A$. Der Proportionalitätsfaktor gibt den Farbverbrauch pro m² an.
b) $50\,m^2 \mapsto 0{,}4\,\frac{kg}{m^2} \cdot 50\,m^2 = (0{,}4 \cdot 50)\left(\frac{kg}{m^2} \cdot m^2\right) = 20\,kg$

Beispiel 2

In einem Experiment wurden das Volumen V und die Masse m von Buchenholzwürfeln verschiedener Abmessungen gemessen.

V in cm³	10	14	25	32	40
m in g	5,6	7,7	14,5	17,6	22,8

a) Ist die Zuordnung *Volumen* V $\mapsto$ *Masse* m proportional? Begründe deine Antwort.
b) Wie lautet die Zuordnungsvorschrift? Welche Bedeutung hat der Proportionalitätsfaktor?
c) Zeichne den Graphen der Zuordnung.
Lösung:

a)

V in cm³	10	14	25	32	40
m in g	5,6	7,7	14,5	17,6	22,8
$\frac{m}{V}$ in $\frac{g}{m^3}$	0,56	0,55	0,58	0,55	0,57

Es gilt: $\frac{m}{V} \approx 0{,}56\,\frac{g}{cm^3}$.
Die Zuordnung $V \mapsto m$ ist also (annähernd) proportional.

Man sagt: Die Werte des Quotienten $\frac{m}{V}$ streuen um den Wert $0{,}56\,\frac{g}{cm^3}$.

b) $V \mapsto 0{,}56\,\frac{g}{cm^3} \cdot V$.
Der Proportionalitätsfaktor gibt für Buchenholz die Masse pro cm³ in Gramm an.

Den Proportionalitätsfaktor $\frac{Masse}{Volumen}$ nennt man auch Dichte.

c)
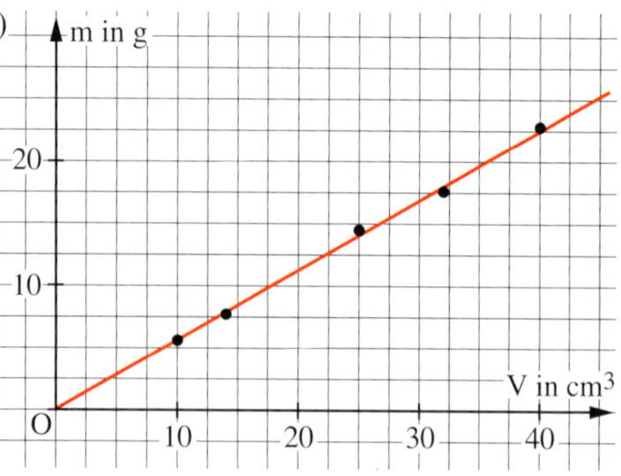

Aufgaben

Lösungssalat zu 7:

Der Quotient $\frac{Preis}{Masse}$ wird auch kg-Preis genannt.

3

Überprüfe, ob die Tabellen zu proportionalen Zuordnungen gehören.

a)

x	4	7	11	15	21
y	7,2	12,6	19,8	27	38,8

b)

x	6 km	9 km	10 km	18 km	25 km
t	13,8 s	20,7 s	25,2 s	41,4 s	57,5 s

4

a) Vergleiche die Preise der abgebildeten Käsesorten, indem du den Quotienten aus Preis und Masse berechnest.
b) Wie viel Euro kosten 350 g von jeder dieser Käsesorten?

5

Die Tabellen gehören zu proportionalen Zuordnungen. Übertrage sie in dein Heft. Bestimme den Proportionalitätsfaktor. Welche Bedeutung hat er? Gib die Zuordnungsvorschrift an und berechne die fehlenden Größen.

a)

Masse m in kg	0,5	1,2	4,3
Preis P in €	1,50		

b)

Zeit t in h	0,5	1,2	4,3
Weg s in km		91,2	

6

Im Alltag begegnen euch vielfach proportionale Zuordnungen. Sucht in Gruppen nach Beispielen und diskutiert sie. Mögliche Fragen: Unter welchen Bedingungen ist eine Zuordnung proportional? Welche Bedeutung hat der Proportionalitätsfaktor? Präsentiert die Ergebnisse in der Klasse.

7

Die folgenden Beispiele zeigen, wie man die Maßeinheit der Geschwindigkeit in eine andere umrechnet.

$54\,\frac{km}{h} = 54 \cdot \frac{1000\,m}{3600\,s} = \left(54 \cdot \frac{1000}{3600}\right)\frac{m}{s} = 15\,\frac{m}{s}$

$10\,\frac{m}{s} = 10\,\frac{0{,}001\,km}{\frac{1}{3600}\,h} = \left(10 \cdot \frac{0{,}001}{\frac{1}{3600}}\right)\frac{km}{h}$

$= (10 \cdot 3{,}6)\,\frac{km}{h} = 36\,\frac{km}{h}$

Gib die Geschwindigkeit mit der in Klammern gesetzten Maßeinheit an.

a) $45\,\frac{km}{h}\left(\frac{m}{s}\right)$ b) $0{,}7\,\frac{m}{s}\left(\frac{km}{h}\right)$ c) $2{,}1\,\frac{km}{min}\left(\frac{m}{s}\right)$

d) $\frac{5}{8}\,\frac{km}{s}\left(\frac{m}{s}\right)$ e) $4500\,\frac{m}{h}\left(\frac{m}{s}\right)$ f) $240\,\frac{m}{min}\left(\frac{km}{h}\right)$

8

Für eine Materialprüfung werden einer Betonmauer fünf Gesteinsproben entnommen und jeweils der Rauminhalt V und die Masse m der Probe bestimmt.

V in cm^3	96	163	72	248	362
m in g	171	294	130	446	652

a) Prüfe, ob die Zuordnung $V \mapsto m$ proportional ist.
b) Was bedeutet es, wenn bei solchen Proben die Zuordnung $V \mapsto m$ annähernd proportional ist? Welche Auskunft gibt in solchen Fällen der Proportionalitätsfaktor?

9

a) Mit einem Überlaufgefäß kann man den Rauminhalt von Gegenständen bestimmen, die nicht quaderförmig sind. Die goldene Figur wiegt 295 g, der Rauminhalt beträgt 17,5 cm^3. 1 cm^3 reines Gold wiegt 19,25 g. Kann die Figur aus reinem Gold bestehen? Begründe deine Antwort.
b) Beschreibe, wie man auf ähnliche Weise prüfen kann, ob ein Schmuckstück aus reinem Silber ist, ohne es zu beschädigen.

Beachte:
Die Gewichtskraft wird in der Maßeinheit 1 Newton (N) gemessen.

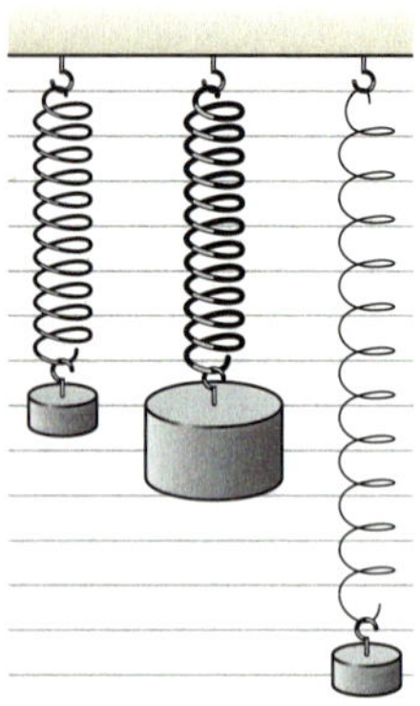

10

Hängt man verschiedene Gewichte G an eine Schraubenfeder, so dehnt sie sich um eine Länge s aus. Ein Experiment mit den drei abgebildeten Federn ergab folgende Messungen:

Tabelle 1:

s in cm	0,8	1,5	2,5	3,1	4,9
G in N	0,5	0,9	1,5	1,9	3,0

Tabelle 2:

s in cm	0,4	1,0	1,5	2,0	2,6
G in N	2	5	8	10	12

Tabelle 3:

s in cm	0,8	1,3	1,8	2,1	2,5
G in N	10	15	21	25	30

a) Welche Tabelle gehört zu welcher Feder? Begründe deine Antwort.
b) Ist die Zuordnung $s \mapsto G$ bei den einzelnen Federn proportional? Begründe.
c) Der Quotient $\frac{G}{s}$ heißt Federkonstante. Bestimme mit einem Partner Federkonstanten von verschiedenen Federn und beschreibt eure Experimente. Stellt Zuordnungsvorschriften für die Zuordnung $s \mapsto G$ auf und diskutiert deren Gültigkeitsbereich für die einzelnen Federn.

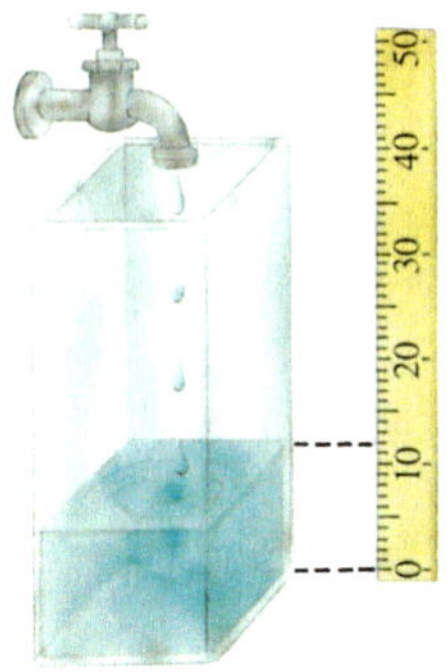

11

a) Beschreibe ein Experiment, mit dem man prüfen kann, ob bei einem tropfenden Wasserhahn die Zuordnung *Zeit* t $\mapsto$ *ausgelaufene Wassermenge* V angenähert proportional ist.
b) Diskutiert in der Klasse, unter welchen Bedingungen zu erwarten ist, dass die Zuordnung proportional ist. Welche Bedeutung hat dann der Proportionalitätsfaktor? Was bedeutet ein größerer Proportionalitätsfaktor?
c) Führt das Experiment an verschiedenen Wasserhähnen durch und diskutiert die dabei gewonnenen Ergebnisse.
d) Durch tropfende Wasserhähne geht viel kostbares Trinkwasser verloren. Ermittelt in einem Projekt der ganzen Klasse den jährlichen Wasserverlust, der auf diese Weise in eurem Gymnasium entsteht. Beschreibt euer Vorgehen.

Anregung:
Ihr könntet hierzu auch eine Wandzeitung für euer Schulhaus gestalten

12

Ein Wasserhahn liefert fünf Liter Wasser in 10 Sekunden. Bestimme die Zuflussgeschwindigkeit $\frac{\text{Rauminhalt}}{\text{Zeit}}$ in $\frac{m^3}{h}$.

13

Begründe: Ist die Zuordnung $x \mapsto y$ proportional, so ist die umgekehrte Zuordnung $y \mapsto x$ ebenfalls proportional.

14

Eine Zuordnung $x \mapsto y$ ist durch die folgende Gleichung festgelegt:
a) $y = a^2 \cdot x$ b) $y = a \cdot x^2$
Sind die Zuordnungen proportional? Begründe deine Antwort.
Wie lautet die Zuordnungsvorschrift?

15

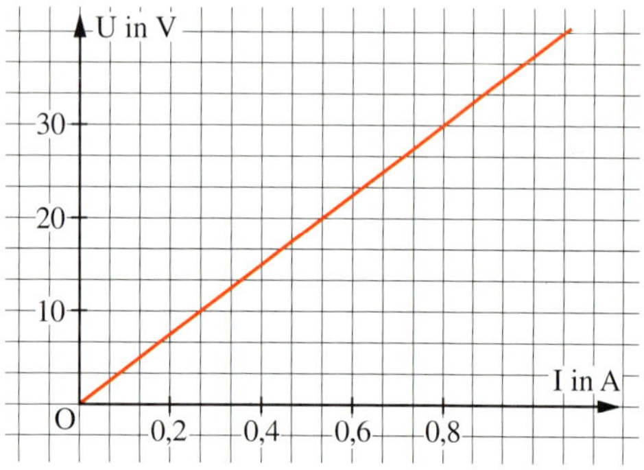

Durch ein elektronisches Bauelement fließt ein Strom I, wenn eine Spannung U angelegt wird. Im Graphen sind die Messwerte von I in Ampere (A) und U in Volt (V) abzulesen.
a) Warum ist die Zuordnung $I \mapsto U$ proportional?
b) Ermittle den Proportionalitätsfaktor. Welche Bedeutung hat er?
c) Welche Spannung muss man anlegen, damit ein Strom von 0,6 A fließt?
d) Was kann man über ein elektronisches Bauelement mit einem doppelt so großen Proportionalitätsfaktor aussagen?

G 16

Frau Huber bezahlt 300 g Schinken zu 15 € pro kg. Wie viel von einer 25 % teureren Sorte erhält sie für das gleiche Geld?

3 Umgekehrt proportionale Zuordnungen

1

a) Bestimme die Größe des Winkels zwischen aufeinander folgenden Speichen.
b) Wie groß ist der Winkel zwischen den Speichen, wenn ein Rad 24 (36; 6; 4) Speichen hat?
c) Wie viele Speichen hat ein Rad, wenn der Winkel zwischen zwei Speichen 40° (12°; 20°; 45°) beträgt?

2

Für ein Sportfest sollen von Schülern 2400 Reklamezettel verteilt werden.
a) Wie viele Zettel muss jeder Schüler verteilen, wenn 10 (20; 30; 15) Schüler gleich viele Zettel nehmen?
b) Wie viele Schüler braucht man, wenn jeder 100 (200; 50; 150) Zettel verteilen soll?

Zersägt man eine 1,80 m lange Holzleiste in 6 gleich lange Stücke, so ist jedes Stück 30 cm lang. Zersägte man die Holzleiste in halb so viele untereinander gleich lange Stücke, so ist jedes Stück doppelt so lang. Will man doppelt so viele untereinander gleich lange Stücke, so ist jedes Stück nur halb so lang.
Die Zuordnung *Anzahl* n *der Stücke* ↦ *Länge* s *der Stücke* hat also folgende Eigenschaft: Dem Doppelten (Dreifachen, Vierfachen usw.) der Stückzahl ist die Hälfte (ein Drittel, ein Viertel usw.) der Länge der Stücke zugeordnet.

$\cdot 2 \quad \cdot 1{,}5 \quad \cdot \frac{4}{3}$

n	6	12	18	24
s in cm	30	15	10	7,5

$:2 \quad :1{,}5 \quad \cdot \frac{3}{4}$

Für die Zuordnung n ↦ s gilt z. B.:
$\frac{7{,}5\,\text{cm}}{10\,\text{cm}} = \frac{18}{24} = \frac{3}{4}$
Die Längen ändern sich mit dem Kehrwert des Verhältnisses, mit dem sich die Anzahlen ändern.

Gehört bei einer Zuordnung
zum Doppelten, zum Halben, …, zum r-fachen der einen Größe
die Hälfte, das Doppelte, …, der r-te Teil (d. h. das $\frac{1}{r}$-fache) der anderen Größe
so heißt die Zuordnung **umgekehrt proportionale Zuordnung**.

*Statt umgekehrt proportional sagt man auch **indirekt proportional**.*

Ist von einer umgekehrt proportionalen Zuordnung **ein** Paar zugeordneter Größen bekannt, so kann man zu jedem weiteren Wert der einen Größe den Wert der zugeordneten Größe berechnen.
Um die Länge vom Zehntel einer Holzleiste zu bestimmen, deren Stücke beim Zerteilen in 9 gleiche Teile 20 cm lang wären, kann man so vorgehen:

Lösung mit einer Schlussrechnung:

9 Stücke ↦ 20 cm
1 Stück ↦ 20 cm · 9
10 Stücke ↦ (20 cm · 9) : 10 = $20\,\text{cm} \cdot \frac{9}{10}$
= 18 cm

Lösung mit einer Gleichung:
s bezeichnet die Länge bei 10 Stücken.
Die Längen verhalten sich umgekehrt wie die Anzahlen der Stücke: $\frac{s}{20\,\text{cm}} = \frac{9}{10} \;\Big|\; \cdot 20\,\text{cm}$,
$\Rightarrow\; s = 20\,\text{cm} \cdot \frac{9}{10} = 18\,\text{cm}$

Beispiel 1

Marc hat mit jeweils gleich vielen Memorykarten Rechtecke gelegt und die Ergebnisse in der Tabelle zusammengestellt. Ist die Zuordnung *Anzahl der Karten in einer Reihe* ↦ *Anzahl der Reihen* umgekehrt proportional?

Anzahl der Karten in einer Reihe	6	12	3
Anzahl der Reihen	4	2	8

Lösung:
Legt Marc statt 6 Karten doppelt so viele in eine Reihe, so erhält er halb so viele Reihen; legt er halb so viele in eine Reihe, so erhält er doppelt so viele Reihen. Die Zuordnung ist umgekehrt proportional.

Beispiel 2

Eine Honigernte füllt 15 Gläser zu je 400 g. Wie viel Gramm Honig kommen in ein Glas, wenn die Ernte gleichmäßig auf 12 Gläser verteilt werden soll?

Lösung mit einer Gleichung:
Die Füllmengen verhalten sich umgekehrt wie die Anzahlen der Gläser.

$$\frac{m}{400\,\text{g}} = \frac{15}{12} \quad |\cdot 400\,\text{g}$$

$$m = \frac{15}{12} \cdot 400\,\text{g} = 500\,\text{g}$$

Lösung mit einer Schlussrechnung:

$$\begin{array}{lrcl} & 15 \text{ Gläser} & \mapsto & 400\,\text{g} \\ :5 \;\; & 3 \text{ Gläser} & \mapsto & 2000\,\text{g} \;\; \cdot 5 \\ \cdot 4 \;\; & 12 \text{ Gläser} & \mapsto & 500\,\text{g} \;\; :4 \end{array}$$

Wird die Ernte auf 12 Gläser verteilt, so enthält jedes Glas 500 g Honig.

Aufgaben

Beachte:
Es gibt Zuordnungen, die weder proportional noch umgekehrt proportional sind.

3

Welche der Zuordnungen sind nicht direkt proportional? Sind sie umgekehrt proportional? Begründe deine Antwort.

a) *Anzahl der Lastwagen* ↦ *Anzahl der Fahrten* beim Abtransport einer sehr großen Schutthalde
b) *Masse eines Briefes* ↦ *Porto*
c) *Entfernung eines Läufers vom Start* ↦ *Entfernung zum Ziel eines 100-m-Laufes*
d) *Schnittbreite eines Rasenmähers* ↦ *Dauer zum Mähen eines Sportplatzes*
e) *Geldbetrag* ↦ *Mindestzahl der benötigten Münzen*

4

Sind die Zuordnungen umgekehrt proportional? Begründe deine Antwort.

a) *Umfang eines Rades* ↦ *Anzahl der benötigten Umdrehungen, um eine Strecke von 100 m Länge zurückzulegen*
b) *Volumen der Gläser* ↦ *Anzahl der Gläser, die man mit 10 Liter Saft füllen kann.*
c) *Anzahl der vergangenen Tage eines Monats* ↦ *Anzahl der Resttage des Monats*
d) Überlege dir ähnliche Zuordnungen und diskutiere sie in der Klasse.

5

Unter welchen Voraussetzungen sind folgende Zuordnungen umgekehrt proportional?

a) *Schrittlänge* ↦ *Anzahl der Schritte* beim Abschreiten einer 100-m-Strecke.
b) *Anzahl der eingesetzten Stanzmaschinen* ↦ *Dauer zum Stanzen von 5000 Stück*
c) *Anzahl der geöffneten Leitungen* ↦ *Zeit zum Füllen eines Behälters*
d) *Körpergröße* ↦ *Schrittlänge*
e) Überlege dir ähnliche Aufgaben und stelle sie in der Klasse.

6

Können die Tabellen zu umgekehrt proportionalen Zuordnungen gehören? Begründe deine Antwort.

a)

x	1	2	3	4	6	8
y	48	24	16	12	8	6

b)

x	1	2	4	8	16	32
y	144	72	36	18	9	3

c)

s	1,0	2,4	4,0	6	8	15
t	16,8	7,0	4,2	2,8	2,1	1,12

Denke daran, bei jeder Aufgabe zu überprüfen, ob wirklich eine umgekehrt proportionale Zuordnung vorliegt.

7

Die Abstände zwischen zwei Pfosten sowie zwischen den äußeren Pfosten und der Hecke betragen je 1,50 m, wenn man die Stärke der Pfosten nicht berücksichtigt. Wie groß wären die Abstände bei fünf Pfosten?

Lösungssalat zu 8:

8

Die Tabelle gehört zu einer umgekehrt proportionalen Zuordnung. Übertrage sie ins Heft und ergänze sie.

x	2,5	5	10	12,5	25	40
y				4		

9

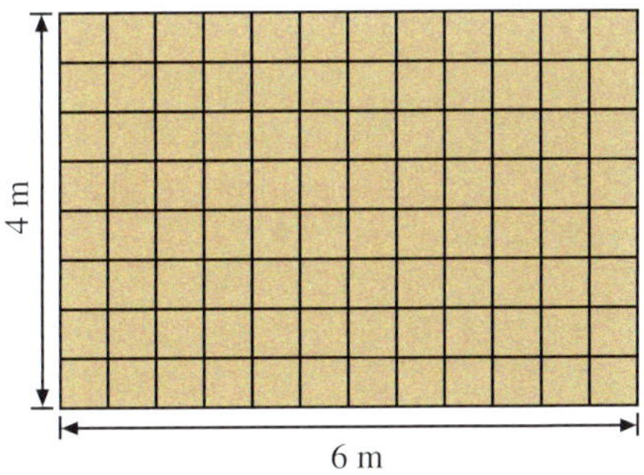

Eine rechteckige Terrasse mit den angegebenen Maßen soll mit quadratischen Platten belegt werden. Es stehen Platten mit den Seitenlängen von 50 cm, 40 cm, 25 cm und 20 cm zur Verfügung.

a) Erstelle eine Wertetabelle für die Zuordnung *Seitenlänge der Platten ↦ Anzahl der benötigten Platten*. Ist die Zuordnung umgekehrt proportional? Begründe.

b) Erstelle ebenso eine Wertetabelle für die Zuordnung *Flächeninhalt der Platten ↦ Anzahl der benötigten Platten* und prüfe, ob die Zuordnung umgekehrt proportional ist.

Wie ist dieser Werbespruch zu verstehen?

10

Ein Quader aus Gold mit der Grundfläche 1 cm^2 und der Höhe 5 mm wird zu einer hauchdünnen Folie Blattgold ausgewalzt.

a) Schätze, welche Fläche diese Folie überdeckt.

b) Erkundige dich nach der Dicke einer Blattgoldfolie und berechne den Flächeninhalt der Folie.

11

Jürgen stößt die 7,5-kg-Kugel 8 m weit. Wie weit stößt er eine 5-kg-Kugel?

12

Ein Schüler löst eine Mathematikaufgabe in 15 Minuten. Wie lange brauchen zwei Schüler zum Lösen dieser Aufgabe?

Miriam besteigt einen Turm. Sie ist bereits 35 Stufen gestiegen und hat noch 35 Stufen vor sich. Wie viele Stufen muss sie noch steigen, wenn sie bereits 50 Stufen geschafft hat?

Eine Blasmusikkapelle hat 24 Musiker, sie spielt einen Marsch in 4 Minuten. Am nächsten Tag sind 6 Musiker krank. Wie viel Minuten braucht jetzt die Kapelle zum Spielen des Marsches?

Überlege dir ähnliche Aufgaben und stelle sie in deiner Klasse.

G 13

In einem Trapez ABCD ist AB || CD. Berechne die Länge der Seite c, wenn A = 0,8 ha, a = 125 m und h = 32 m.

G 14

a) Begründe: Ein gleichschenkliges Dreieck wird durch die Symmetrieachse in zwei kongruente Teildreiecke zerlegt.

b) Begründe: Ein Parallelogramm wird durch eine Diagonale in zwei kongruente Dreiecke geteilt.

c) Zeige an einem Gegenbeispiel, dass der folgende Satz falsch ist: Gleichschenklige Dreiecke, die in einer Seite und einem Winkel übereinstimmen, sind kongruent.

4 Produktgleichheit, Zuordnungsvorschrift und Graph

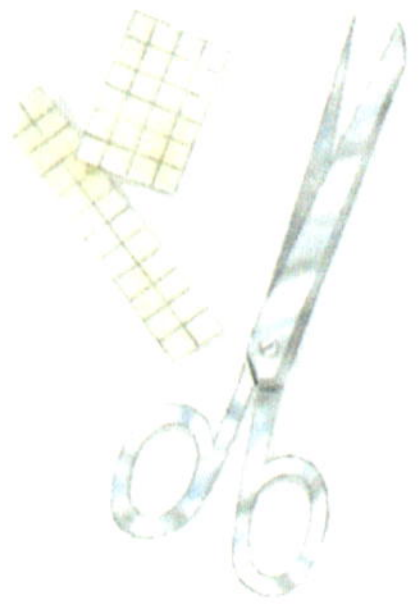

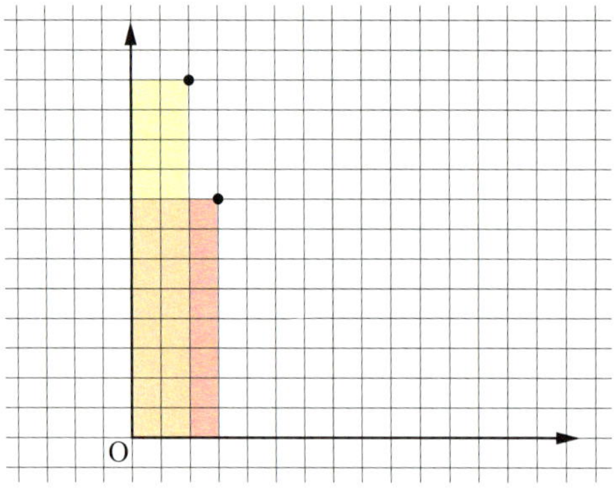

1

a) Schneide aus kariertem Papier möglichst viele Rechtecke mit jeweils 24 Karos. Von jeder Sorte sollen 2 Stück vorkommen. Lege sie, wie abgebildet, links unten in den Ursprung eines Koordinatensystems. Markiere die Eckpunkte oben rechts und verbinde diese anschließend.

b) Du hast den Graphen einer Zuordnung gezeichnet. Welche Größen werden einander zugeordnet? Welche gemeinsame Eigenschaft haben diese Rechtecke?

2

Ein Straßenrand wird mit Randsteinen versehen. Die Zahl z der benötigten Steine hängt von der Länge l der Steine ab:

Länge l eines Steines in m	0,4	0,5	0,75	1	2
Anzahl z der Steine		480		240	120

Übertrage die Tabelle ins Heft und fülle die Lücken aus. Berechne für jedes Wertepaar das Produkt $l \cdot z$ und vergleiche. Welche Bedeutung hat dieses Produkt?

Die Zuordnung *Tagesverbrauch* b ↦ *Zeit* t, *die ein bestimmter Ölvorrat reicht* ist umgekehrt proportional.
Wenn der Heizölvorrat bei einem Verbrauch von $4\frac{l}{d}$ (lies: $4\,l$ pro Tag) 30 Tage reicht, so gibt das Produkt $4\frac{l}{d} \cdot 30\,d = (4 \cdot 30) \cdot \left(\frac{l}{d} \cdot d\right) = 120\,l$ den gesamten Ölvorrat $V = 120\,l$ an. Man kann den Ölvorrat auch aus jedem anderen Größenpaar $(b|t)$ berechnen, z. B. $12\frac{l}{d} \cdot 10\,d = 120\,l$.
Es ergibt sich also immer das gleiche Produkt.
Man spricht daher bei umgekehrt proportionalen Zuordnungen von **Produktgleichheit**.
Aus der Gleichung $b \cdot t = 120\,l$ ergibt sich die Zuordnungsvorschrift: $b \mapsto \frac{120\,l}{b}$.

b in l pro d	4	6	8	15	20	30
t in d	30	20	15	8	6	4

Die Punkte des Graphen dieser Zuordnung liegen auf einer Kurve, wie sie rechts abgebildet ist. Ein Paar zugeordneter Größen genügt, um diese Kurve festzulegen.

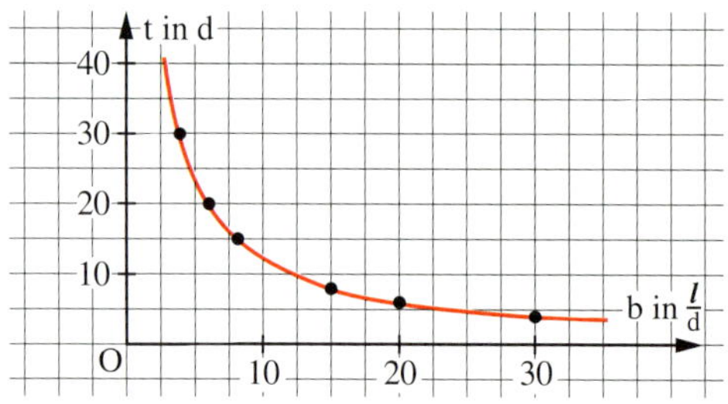

Bei einer umgekehrt proportionalen Zuordnung $x \mapsto y$ sind die Produkte $x \cdot y$ zugeordneter Größen gleich.
Ist dieses Produkt gleich p, so lautet die Zuordnungsvorschrift $x \mapsto \frac{p}{x}$.
Die Punkte des Graphen der Zuordnung liegen auf einer Kurve, die man **Hyperbel** nennt.

Erkennungszeichen für umgekehrt proportionale Zuordnungen: **Produktgleichheit**

Umgekehrt gilt: Sind bei einer Zuordnung $x \mapsto y$ alle Produkte $x \cdot y$ zugeordneter Größen gleich, so ist die Zuordnung umgekehrt proportional.

Beispiel 1
Vier Radfahrer fahren mit verschiedenen Geschwindigkeiten v dieselbe Strecke in der Zeit t.

v in $\frac{km}{h}$	15	20	24	30
t in h	4	3	2,5	2

Zeige, dass die Zuordnung $v \mapsto t$ umgekehrt proportional ist. Welche Bedeutung hat das Produkt $v \cdot t$?
Gib die Zuordnungsvorschrift an.
Lösung:

v in $\frac{km}{h}$	15	20	24	30
t in h	4	3	2,5	2
v · t in km	60	60	60	60

$\frac{km}{h} \cdot h = km$
Die Einheiten lassen sich in der gleichen Weise wie Zahlen kürzen.

Das Produkt $v \cdot t$ ist für alle Paare zugeordneter Größe gleich der gesamten Wegstrecke 60 km. Die Zuordnung $v \mapsto t$ ist also umgekehrt proportional.
Aus der Gleichung $v \cdot t = 60\,km$ folgt die Zuordnungsvorschrift: $v \mapsto t = \frac{60\,km}{v}$.

Beispiel 2
Ein Schwimmbecken kann bei konstanter Zuflussgeschwindigkeit des Wassers von $v = 36\,\frac{m^3}{h}$ in der Zeit $t = 30\,h$ vollständig gefüllt werden.
Wie lange dauert die Füllung des Beckens, wenn $45\,m^3$ Wasser pro Stunde zufließen?
Löse die Aufgabe
a) mit Hilfe einer Gleichung,
b) mit Hilfe der Produktgleichheit.
Lösung:
a) Das Verhältnis der Zeiten ist gleich dem Kehrwert des Verhältnisses der Geschwindigkeiten:

$$\frac{t}{30\,h} = \frac{36\,\frac{m^3}{h}}{45\,\frac{m^3}{h}} = \frac{36}{45} \quad | \cdot 30\,h$$

$$\Rightarrow \quad t = 30\,h \cdot \frac{36}{45} = 24\,h$$

b) Die Produktgleichheit zugeordneter Größenpaare liefert die Gleichung

$$t \cdot 45\,\frac{m^3}{h} = 30\,h \cdot 36\,\frac{m^3}{h} \quad |: 45\,\frac{m^3}{h}$$

$$\Rightarrow \quad t = 30\,h \cdot \frac{36}{45} = 24\,h$$

Aufgaben

Verbrauch	Zeit
$3\,\frac{l}{h}$	8 h
$4\,\frac{l}{h}$	
$5\,\frac{l}{h}$	

Geschwindigkeit	Zeit
$60\,\frac{km}{h}$	2 h
$80\,\frac{km}{h}$	
$100\,\frac{km}{h}$	

3
Die Tabellen gehören zu umgekehrt proportionalen Zuordnungen.
a) Übertrage die Tabellen in dein Heft. Bestimme jeweils das Produkt der Größen und die Zuordnungsvorschrift. Welche Bedeutung haben jeweils die Produkte?
b) Berechne die fehlenden Größen mit Hilfe des entsprechenden Produkts

4
Ergänze die Tabellen im Heft so, dass die beschriebene Zuordnung proportional (umgekehrt proportional) ist. Gib jeweils die Zuordnungsvorschrift an, zeichne den Graphen.

a)

1. Wert	5		10	15	20	25
2. Wert		12	15			

b)

1. Wert	0,4	0,72		1,2	2,5	
2. Wert			2,4	3,0		13,5

Lösungssalat zu 4a:

5
Der Graph in der Figur beschreibt eine umgekehrt proportionale Zuordnung.

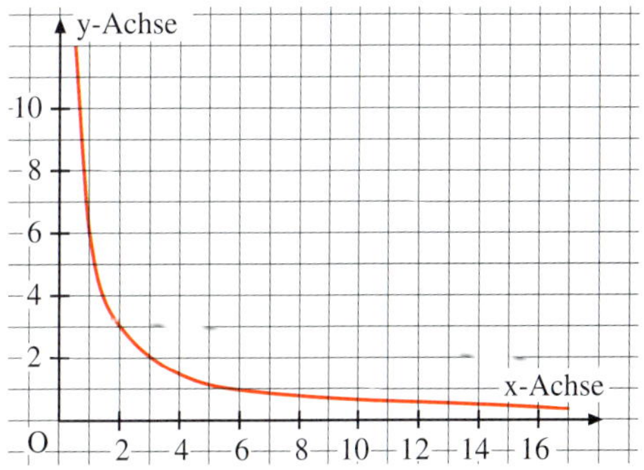

a) Übertrage die Tabelle in dein Heft und lies die y-Werte am Graphen ab.

x-Wert	1	1,5	2	3	4	6	8	12
y-Wert								

b) Rechne nach, ob deine abgelesenen Werte zu einer umgekehrt proportionalen Zuordnung gehören können. Wenn nicht, verbessere deine abgelesenen Werte.

6

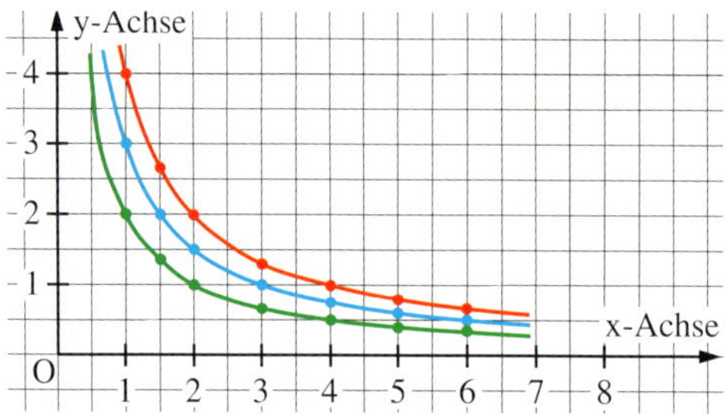

a) Die Figur zeigt drei Graphen von Zuordnungen. Lies für alle drei Graphen den y-Wert für 1 ab.
b) Berechne damit die y-Werte für x = 2; 3; 4; 5 und 6 unter der Annahme, dass die Zuordnungen umgekehrt proportional sind. Vergleiche mit dem Graphen. Kann es sich um umgekehrt proportionale Zuordnungen handeln? Begründe.
c) Welche geometrische Bedeutung hat das Produkt $x \cdot y$ bei den einzelnen Graphen?

7

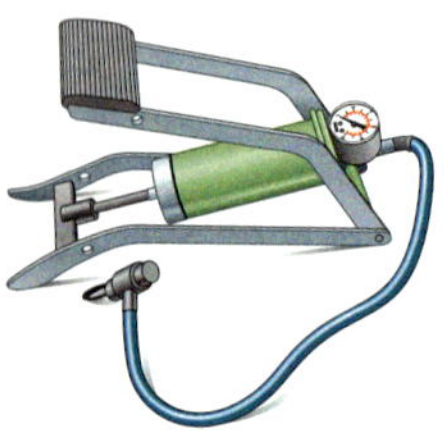

Der Luftdruck beträgt auf Meereshöhe etwa 1000 hPa (Hektopascal). Wenn man die Ventilöffnung einer Fahrradpumpe verschließt, so spürt man beim Pumpen: Je kleiner der Rauminhalt der eingeschlossenen Luft, desto höher der Druck. Messungen ergaben folgende Werte:

Rauminhalt in cm³	125	120	110	100	90
Druck in hPa	1000	1040	1140	1250	1390

Für das Luftvolumen V der Pumpe gilt:
$V = G \cdot h$
(G = Kreisförmige Querschnittsfläche
h = Höhe der Luftsäule)

a) Prüfe, ob die Zuordnung *Rauminhalt* ↦ *Druck* umgekehrt proportional ist.
b) Besorge dir eine Fahrradpumpe mit einem Manometer (dieses zeigt den Überdruck an) und führe ein ähnliches Experiment durch.

8

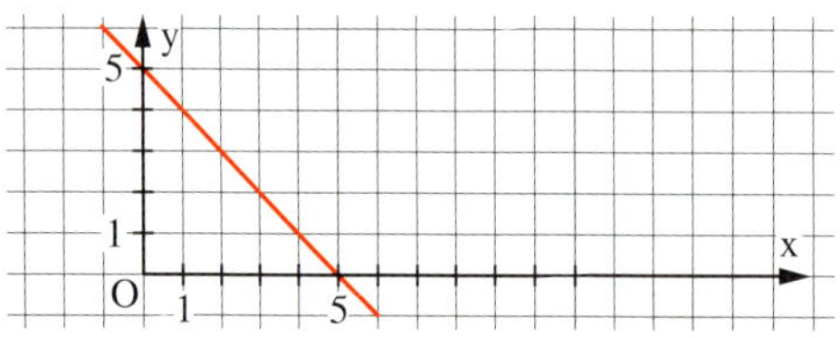

Gehört der Graph zu einer umgekehrt proportionalen Zuordnung? Begründe.

9

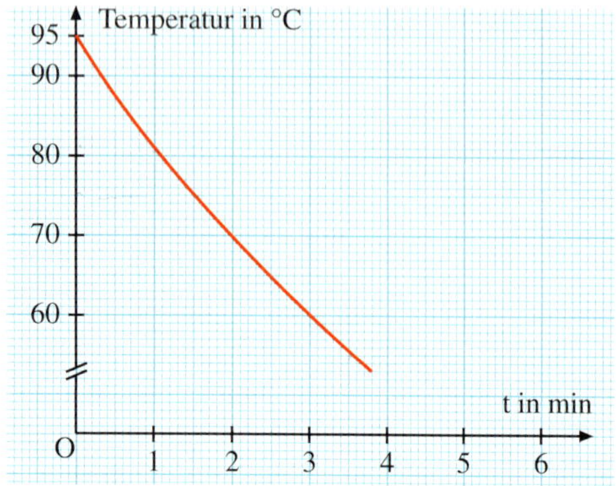

Der Graph zeigt die Zuordnung *Zeit* ↦ *Temperatur* beim Abkühlen einer Tasse Tee.
a) Lies die Temperatur nach 1 min (2 min; 2,5 min; 3,5 min) ab.
b) Nach wie viel Minuten hat der Tee eine Temperatur von 75 °C (70 °C; 60 °C)?
c) Ist die Zuordnung *Zeit* ↦ *Temperatur* umgekehrt proportional? Begründe

10

Herr Wolters versteht das Gejammer über die erhöhten Benzinpreise nicht. Er sagt: „Ich tanke immer für 30 €."
a) Wie beurteilst du die Aussage von Herrn Wolters?
b) Wie viel Liter Benzin tankt Herr Wolters, wenn ein Liter 1,15 € (1,20 €; 1,25 €) kostet?
c) Wie viel Prozent weniger Benzin kann Herr Wolters tanken, wenn sich der Preis pro Liter um 25 % erhöht hat?

11

Herr Huber durchfährt eine Strecke mit einer gleich bleibenden Geschwindigkeit von 60 km/h in 2 h 36 min. Wie lange braucht er für die gleiche Strecke, wenn er mit 75 km/h fährt? Löse die Aufgabe auf zwei verschiedene Arten.

G 12

Die absolute Häufigkeit der Sonnentage in Nürnberg hat gegenüber dem letzten Jahr um 15 Tage zugenommen. Um wie viel Prozent ist die relative Häufigkeit der Sonnentage angewachsen?

Lesetext:

Alles hat seinen Preis

von Felicitas Hoppe

Alles hat seinen Preis, sagt mein Vater. Ich glaube, es ist sein Lieblingssatz, denn er sagt ihn oft und deutlich und laut. Er wiederholt ihn bei jeder Gelegenheit und schlägt mir dabei auf die Schulter und lacht, als wären wir dickste Freunde. Natürlich, auch Freundschaft hat ihren Preis. Mein Vater sagt auch andere Sätze, aber eigentlich meint er immer dasselbe, denn die anderen Sätze klingen genauso. Er sagt zum Beispiel: Man bekommt nichts geschenkt, oder: Man kriegt nichts umsonst, oder: Du wirst schon sehen, was du davon hast, oder: Das steht doch in keinem Verhältnis dazu. Und manchmal sagt er auch ernst und mit Nachdruck: So billig kommst du mir nicht davon, das musst du dir erst noch verdienen!

Mein Vater ist ein glänzender Rechner, Zuordnung ist sein Lieblingsspiel, weil er weiß, dass alles zusammenhängt und wie man die Dinge deutlich und klar zueinander in eine Beziehung setzt: Leben und Schule, Ergebnis und Arbeit, Belohnung und Strafe, Leistung und Liebe. Und ich weiß das auch, denn ich lerne sehr schnell und aus eigener Erfahrung, dass Beziehungen niemals stabil sein können, weil sich jederzeit alles verändern kann. Auf nichts ist im Leben wirklich Verlass, das hat mir mein Vater beigebracht.

Bringe ich schlechte Noten nach Hause, verfinstert sich sein Gesicht sofort, kein Eis, kein Ausflug und keine Bootsfahrt, ich bezahle mit Fernseh- und Ausgehverbot. Komme ich aber mit guten Noten, gibt es Geschenke und große Versprechen, und er schlägt mir von hinten auf die Schulter, als wären wir jetzt wirklich dicke Freunde. Er liebt mich, wenn ich Tore schieße, doch schieße ich nichts, dann ist er enttäuscht und sagt, ich hätte zu wenig gegeben. Je höher das Wasser, desto schneller der Fluss, und je schneller man läuft, desto schneller ist man am Ziel, sagt mein Vater und dreht sich weg.

Meine Mutter dagegen sieht alles anders, sie dreht den Spieß meines Vaters um. Nicht alles, sagt sie, lässt sich berechnen, und manches zahlt sich erst später aus. Und der Fluss, der heute so langsam fließt, ist morgen vielleicht ein reißender Strom. Ich weiß, ehrlich gesagt, nicht genau, was sie meint, doch auch sie hat eine Beziehung zu mir und eine ziemlich klare Funktion. Denn ob ich ein Tor schieße oder nicht, ich bekomme trotzdem den doppelten Nachtisch, weil sie findet, dass Kinder wachsen müssen und dass es zwischen Erfolg und Sahne nicht wirklich eine Beziehung gibt.

Wer ernten will, muss säen

Müßiggang ist aller Laster Anfang

Wie man in den Wald hineinruft, so schallt es zurück

Liebe rechnet nicht

Wie du mir, so ich dir

Auge um Auge, Zahn um Zahn

Es ist noch kein Meister vom Himmel gefallen

Ohne Fleiß kein Preis

Gut Ding will Weile haben

Geld alleine macht nicht glücklich

Wie man sich bettet, so liegt man

Die Letzten werden die Ersten sein

Wer anderen eine Grube gräbt, fällt selbst hinein

Rückblick

Proportionale Zuordnungen
Gehört bei einer Zuordnung zweier Größen zu einem Vielfachen der einen Größe das gleiche Vielfache der anderen Größe, so heißt sie proportionale Zuordnung.

Beim Tanken ist die Zuordnung Benzinmenge V in $l \mapsto$ Preis P in € proportional.

	Benzinmenge	Preis	
	60 l	78 €	
: 2			: 2
	30 l	39 €	
· 3			· 3
	90 l	117 €	

Bei einer proportionalen Zuordnung $x \mapsto y$ sind die Quotienten zugeordneter Größen gleich. Der konstante Quotient $q = \frac{y}{x}$ heißt Proportionalitätsfaktor.
Die Zuordnungsvorschrift einer proportionalen Zuordnung hat die Form $x \mapsto q \cdot x$.

Der Quotient $q = \frac{P}{V}$ ist der Literpreis $1{,}30\,\frac{€}{l}$.
Die Zuordnungsvorschrift lautet damit $V \mapsto 1{,}30\,\frac{€}{l} \cdot V$.

Die Punkte des Graphen einer proportionalen Zuordnung liegen auf einer Geraden durch den Ursprung des Koordinatensystems.
Diese Gerade ist durch die Angabe eines Paares zugeordneter Größen festgelegt.

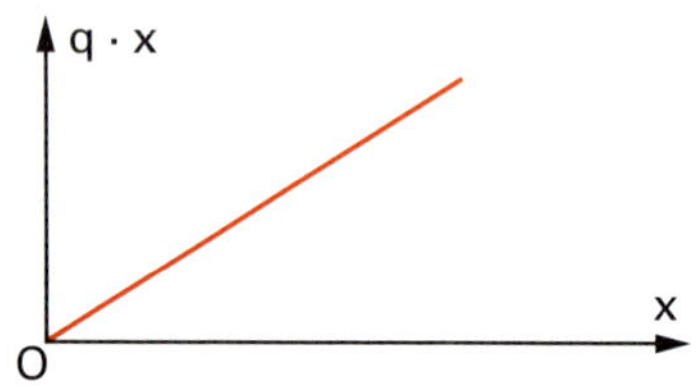

Umgekehrt proportionale Zuordnungen
Gehört bei einer Zuordnung zweier Größen
zum Doppelten, zum Halben, …, zum r-fachen der einen Größe
die Hälfte, das Doppelte, …, das $\frac{1}{r}$-fache der anderen Größe,
so heißt sie umgekehrt proportionale Zuordnung.

Für einen bestimmten Vorrat ist die Zuordnung: Masse x einer Portion $\mapsto$ Anzahl y der Portionen umgekehrt proportional.

	Masse	Anzahl	
	300 g	20	
: 3			· 3
	100 g	60	
· 10			: 10
	1000 g	6	

Bei einer umgekehrt proportionalen Zuordnung sind die Produkte zugeordneter Größen gleich.
Die Zuordnungsvorschrift einer umgekehrt proportionalen Funktion hat die Form $x \mapsto \frac{p}{x}$, wobei p den konstanten Wert dieser Produkte zugeordneter Größen angibt.

Das Produkt $P = x \cdot y$ ist der Vorrat von 6000 g.
Die Zuordnungsvorschrift lautet damit $x \mapsto \frac{6000\,g}{x}$.

Die Punkte des Graphen einer umgekehrt proportionalen Zuordnung $x \mapsto \frac{p}{x}$ liegen auf einer Hyperbel.

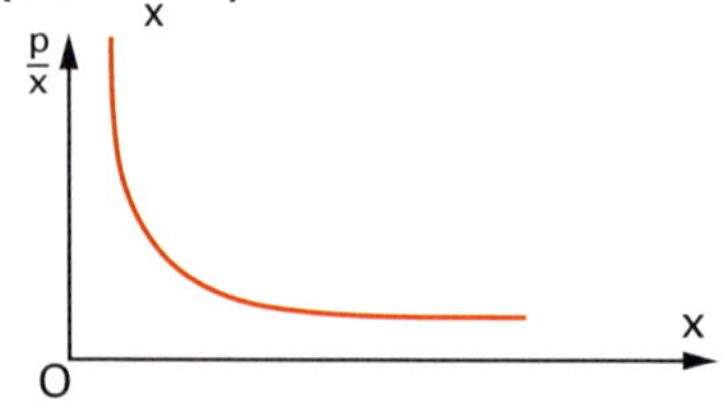

Aufgaben zum Üben und Wiederholen

1
Von welcher Art können die durch die Tabellen gegebenen Zuordnungen sein? Begründe deine Antwort. Gib die Zuordnungsvorschrift an und ergänze die fehlenden Werte.

a)

x	0,8	2	3	3,2	3,5
y		42	28		24

b)

x	3,6	6,75	8,1	10,8	11,7
y	0,4	0,75		1,2	

Eierkuchen
2 Eier
$\frac{1}{4}$ l Milch
180 g Mehl
1 Prise Salz
50 g Fett

2
Wie viel von den Zutaten des Rezepts braucht man zu drei (fünf, sieben) Eiern?

3
Bei Neubaustrecken der Deutschen Bahn AG werden 120 m lange Schienen mit der Masse von 7236 kg verwendet. Ältere Eisenbahnschienen haben eine Masse von 1 442 kg bei 30 m Länge.

a) Berechne den Quotienten $\frac{\text{Masse}}{\text{Länge}}$ für beide Schienensorten. Welche Aussage macht er über die Schienen?
b) Wie viel Prozent schwerer ist ein gleich langes Schienenstück der neuen Herstellung im Vergleich zur alten Herstellung?
c) Wie viel wiegen die beiden Schienen eines 1 km langen Gleises mit Schienen aus der neuen (älteren) Herstellung?

4

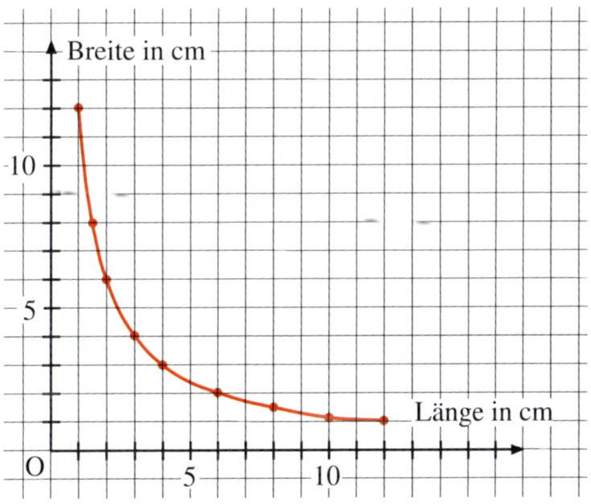

a) Erstelle eine Wertetabelle mit den Koordinaten der markierten Punkte.
b) Welche Art von Zuordnung beschreibt der Graph? Begründe deine Antwort. Gib die Zuordnungsvorschrift und die Bedeutung des Produktes zugeordneter Größen an.

Die Lösungen zu den Aufgaben dieser Seite findest du auf Seite 166.

5
Die Wanderkasse einer Jugendgruppe enthält 870 €.

a) Von welcher Art ist die Zuordnung *Anzahl der Tage* ↦ *Ausgaben pro Tag*? Begründe deine Antwort. Gib eine Zuordnungsvorschrift an.
b) Wie viel Euro pro Tag kann die Jugendgruppe ausgeben, wenn sie 4 (6; 8; 10; 12) Tage unterwegs ist? Zeichne den Graphen der Zuordnung.
c) Von welcher Art ist die Zuordnung *Ausgaben pro Tag* ↦ *Anzahl der Tage*? Begründe die Antwort.

6

Die drei Graphen gehören zu drei Zuordnungen *Zeit* ↦ *Weg*.

a) Beschreibe die drei Bewegungen.
b) Ermittle gegebenenfalls den Proportionalitätsfaktor und gib die Zuordnungsvorschrift an.

7
Am 6. 2. um 8 Uhr betrug die Außentemperatur 3 °C. Bestimme die Außentemperatur für den 12. 4. um 8 Uhr.

8
Rechne um in die Einheit in Klammern.
a) $63\,\frac{\text{km}}{\text{h}}\left(\frac{\text{m}}{\text{s}}\right)$ b) $37{,}5\,\frac{\text{m}}{\text{s}}\left(\frac{\text{km}}{\text{h}}\right)$ c) $475\,\frac{\text{m}}{\text{min}}\left(\frac{\text{km}}{\text{h}}\right)$

9
Unter welchen Bedingungen ist die Zuordnung *Kapital* ↦ *Zinssatz* umgekehrt proportional?

1 Funktionen als eindeutige Zuordnung

1
Das Diagramm zeigt, wie sich in einer Badewanne die Wasserhöhe ändert. Da es für eine Veränderung verschiedene Gründe geben kann (z. B. Wasser läuft zu oder jemand steigt in die Wanne), können sich hinter dem Graphen auch verschiedene Geschichten verbergen. Denke dir zum abgebildeten Graphen eine Geschichte aus und schreibe sie auf.

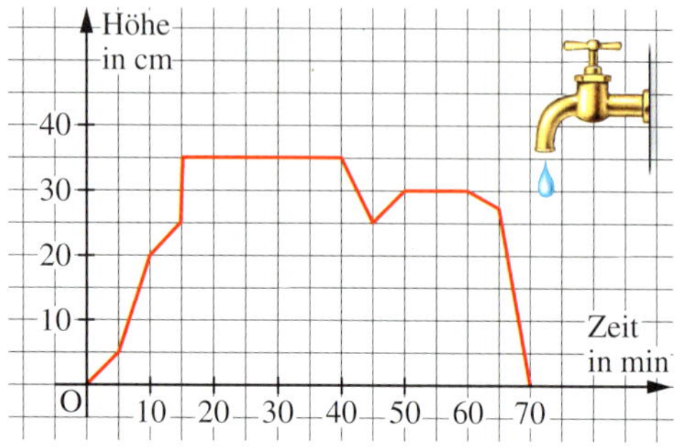

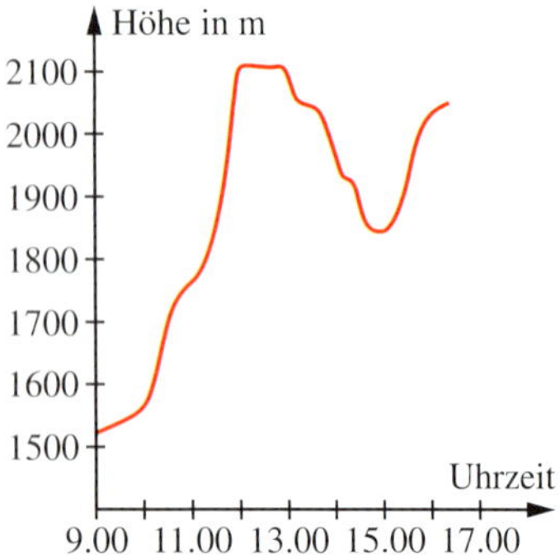

Graph der Zuordnung
Zeit ↦ Höhe

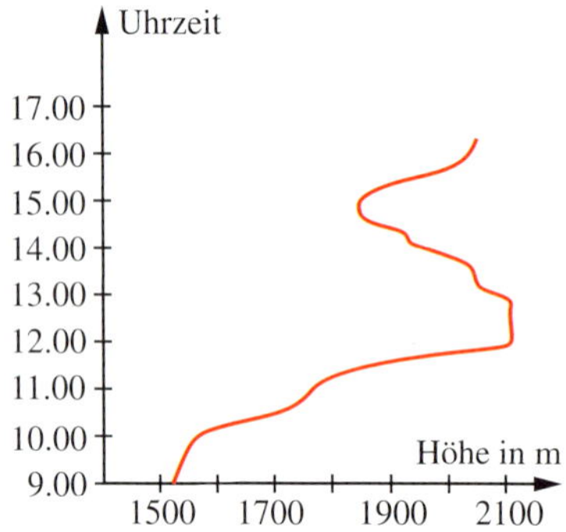

Graph der Zuordnung
Höhe ↦ Zeit

2
Max und sein Vater unternehmen gemeinsam eine Bergtour. Beide Graphen beschreiben für ihre Tour den Zusammenhang zwischen erreichter Höhe und Uhrzeit.
a) In welcher Höhe befinden sich die zwei um 15.30 Uhr?
b) Als sie sich in einer Höhe von 1800 m befinden, entdeckt Max ein Murmeltier. Zu welcher Uhrzeit geschieht dies?
c) Als sie sich in einer Höhe von 1950 m befinden, entdeckt der Vater eine Gämse. Zu welcher Uhrzeit geschieht dies?

In der Natur bzw. im täglichen Leben gibt es viele Größen, die voneinander abhängen: Bei Jugendlichen ändert sich beispielsweise mit dem Alter auch die Körpergröße, an einer Wetterstation kann man die Lufttemperatur in Abhängigkeit von der Tageszeit ablesen. In solchen Fällen ändert sich mit der einen Größe (z. B. der Tageszeit) zugleich eine andere, ihr zugeordnete Größe (z. B. die Lufttemperatur).

Erinnerung:
In diesem Schuljahr hast du bereits proportionale und umgekehrt proportionale Zuordnungen kennen gelernt.

Mathematisch beschreibt man derartige Zusammenhänge zwischen Größen mit den bereits bekannten Zuordnungen und veranschaulicht sie häufig durch einen Graphen in einem Koordinatensystem. Damit kann die Art der Veränderung (die z. B. gleichmäßig oder ungleichmäßig, stark oder schwach sein kann) gut dargestellt werden. Folgendes Beispiel, bei dem die Wasserstandshöhe in Abhängigkeit von der Zeit dargestellt ist, zeigt dies:

Beachte:
Im ersten Abschnitt verläuft der Graph wie bei einer proportionalen Zuordnung.

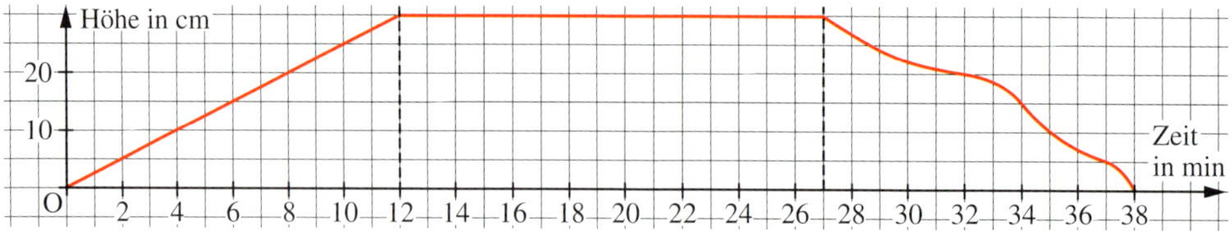

Verlauf des Graphen	• Der Graph steigt gerade an.	• Der Graph steigt nicht und fällt nicht.	• Der Graph fällt mehr oder weniger flach ab.
Bedeutung in der Sachsituation	• Die Wasserhöhe nimmt gleichmäßig zu.	• Die Wasserhöhe bleibt gleich.	• Die Wasserhöhe nimmt unterschiedlich stark ab.

Beachte:
Die Werte der einen Größe (meist x-Werte genannt) werden an der waagrechten Achse (x-Achse) angetragen, die Werte der zugeordneten Größe (y-Werte) an der senkrechten Achse (y-Achse).

Im Folgenden sind die Graphen zweier Zuordnungen gezeichnet, die jeweils den Zusammenhang zwischen Höhe (in der Erdatmosphäre) und Temperatur beschreiben.

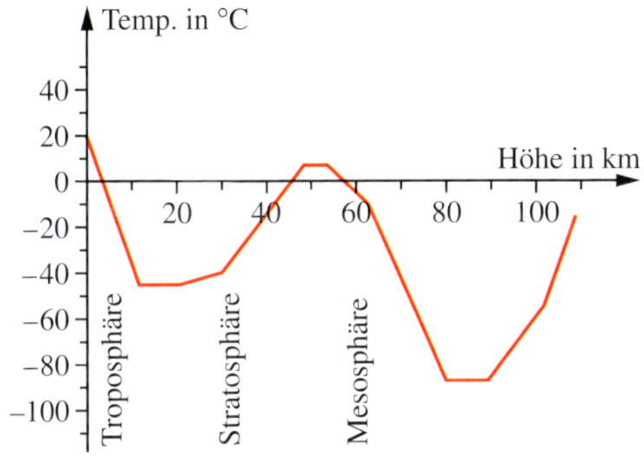

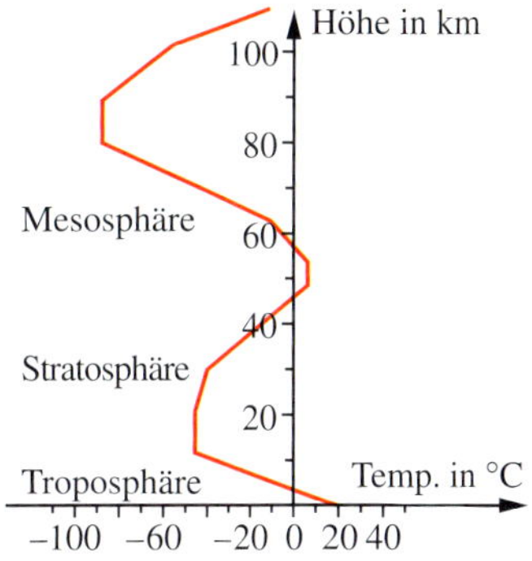

Zuordnung *Höhe* ↦ *Temperatur*:
Es gibt für jeden Höhenwert jeweils genau eine zugehörige Temperatur, die Zuordnung ist daher eindeutig.

Zuordnung *Temperatur* ↦ *Höhe*:
Es gibt zum Beispiel für die Temperatur 0 °C verschiedene Höhen, die Zuordnung ist daher nicht eindeutig.

Zwischen diesen beiden Zuordnungen gibt es einen wesentlichen Unterschied: Die linke Zuordnung *Höhe* ↦ *Temperatur* ist eindeutig, da jedem Höhenwert (x-Wert) genau eine Temperatur (y-Wert) zugeordnet wird; die rechte Zuordnung *Temperatur* ↦ *Höhe* ist hingegen nicht eindeutig. Man definiert:

> Eine Zuordnung $x \mapsto y$, die jedem Wert für x jeweils nur einen einzigen Wert für y zuordnet, heißt **Funktion**.

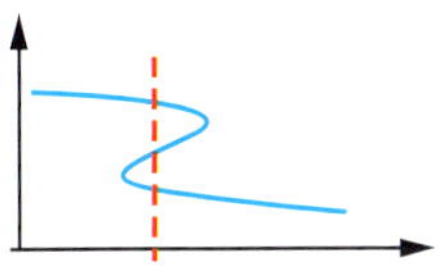

Dieser Graph gehört nicht zu einer Funktion.

Bemerkungen

– Funktionen werden meistens mit Kleinbuchstaben bezeichnet. Häufig verwendet man f, g oder h bzw. wählt einen Buchstaben, der einen Bezug zur zugeordneten Größe besitzt, z. B. t: *Höhe* ↦ *Temperatur*.
– Bei der obigen Funktion t: *Höhe (in km)* ↦ *Temperatur (in °C)* wird z. B. dem x-Wert 30 der y-Wert −40 zugeordnet. Man nennt −40 den **Funktionswert** von 30 und schreibt $t(30) = -40$ (lies: t von 30 ist −40).
– Ein Graph ist nur dann Graph einer Funktion, wenn jede mögliche Parallele zur y-Achse den Graphen höchstens in einem einzigen Punkt schneidet.

Beispiel 1
In einer Autobetriebsanleitung steht:

Geschwindigkeit (in km/h)	Gang
0 – 20	1
15 – 50	2
30 – 100	3
90 – 160	4

Zeichne den Graphen der Zuordnung *Geschwindigkeit* ↦ *Gang*.
Handelt es sich um eine Funktion?

Lösung:

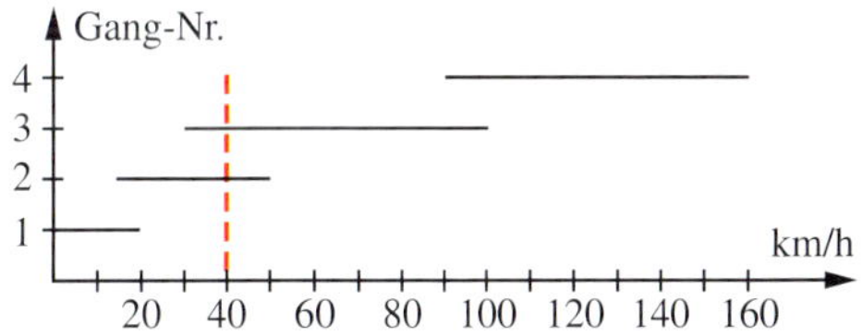

Nein, es ist keine Funktion, da z. B. die Geschwindigkeit 40 km/h mit dem 2. oder 3. Gang gefahren werden kann.

Beispiel 2

In einer annähernd zylinderförmigen Regentonne steht das Wasser um Mitternacht 30 cm hoch. Anschließend regnet es und am nächsten Morgen ist die Tonne voll.
Skizziere einen möglichen Graphen, der die Funktion w: *Uhrzeit* ↦ *Wasserhöhe* veranschaulicht, für den Fall, dass es jeweils von 1.00 Uhr bis 1.30 Uhr und von 3.30 Uhr bis 3.45 Uhr heftige Schauer gab und es dazwischen nicht geregnet hat.
Beschreibe den Verlauf des Graphen mit Worten.
Lösung:

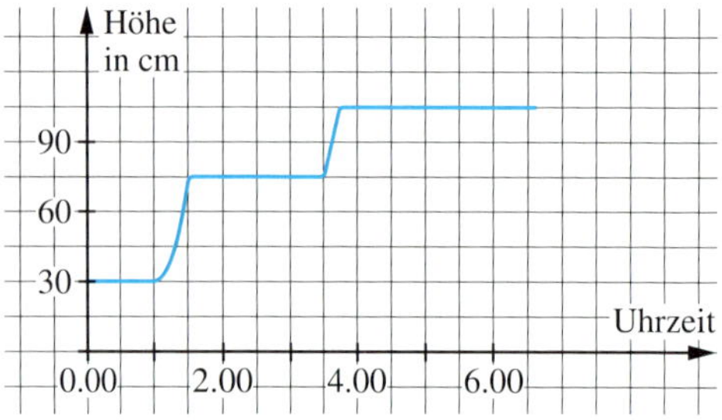

Bis 1.00 Uhr bleibt die Wasserhöhe gleich, dann nimmt sie bis 1.30 Uhr erst langsam und dann immer stärker zu. Von 1.30 Uhr bis 3.30 Uhr bleibt die Wasserhöhe gleich, sie beträgt etwa 75 cm.
Ab 3.30 Uhr nimmt die Wasserhöhe gleichmäßig zu, bis sie um etwa 3.45 Uhr den Höchstwert von 105 cm erreicht hat und dann gleich bleibt.

Aufgaben

3

Welcher Graph gehört zu einer Funktion, welcher nicht? Begründe.

a) 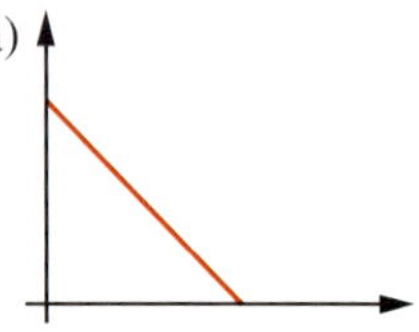

b) 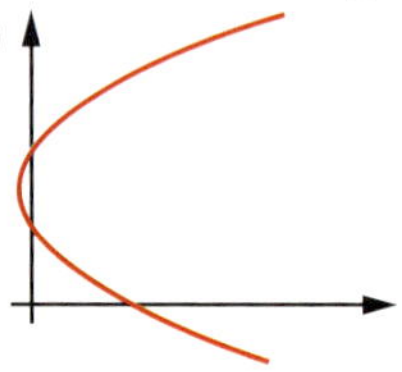

c) 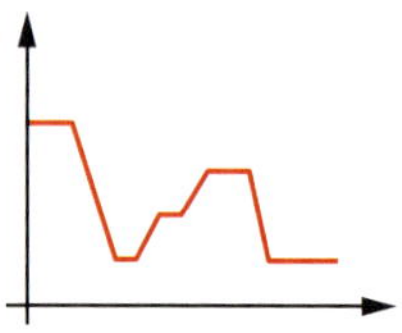

4

Handelt es sich bei der Zuordnung um eine Funktion? Begründe deine Antwort.
Skizziere im Falle einer Funktion einen Funktionsgraphen.

a) *Gefahrene Strecke* ↦ *Benzinverbrauch*
b) *Benzinverbrauch* ↦ *gefahrene Strecke*
c) *Zeit* ↦ *Körpergröße eines Menschen*
d) *Körpergröße eines Menschen* ↦ *Zeit*
e) *Quadrat einer rationalen Zahl* ↦ *Zahl*
f) *rationale Zahl* ↦ *Quadrat der Zahl*

5

Sucht und beschreibt verschiedene Zuordnungen, die euch im Alltag begegnen (wie beispielsweise *Datum* ↦ *Benzinpreis* oder *Briefmasse* ↦ *Briefporto*). Hierzu könnt ihr auch Zeitungen, Schul- und Fachbücher (Wirtschaft, Geographie, …) oder das Internet verwenden. Überprüft jeweils, ob es sich um eine Funktion handelt.

Projektvorschlag:
Erstellt bei Aufgabe 5 in Gruppen jeweils ein Lernplakat, auf dem ihr eure Ergebnisse (z. B. auch graphisch) präsentiert. Hängt die Plakate auf und stellt sie jeweils euren Mitschülern vor.

6

Suche Zuordnungen aus dem Alltag, die direkte Proportionalitäten sind. Zeichne jeweils einen Graphen und begründe, warum es sich um eine Funktion handelt.

7

Durch einen voll aufgedrehten Wasserhahn fließt Wasser in eine zylinderförmige Tonne, bis diese überläuft.

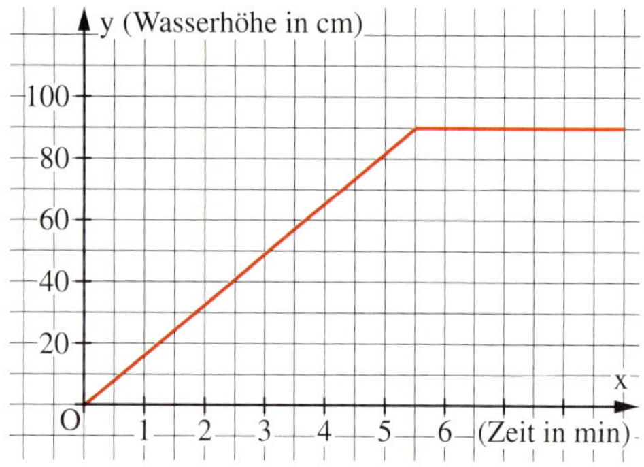

a) Der Graph veranschaulicht die Funktion w: *Zeit* ↦ *Wasserhöhe*. Woran erkennt man, dass während des Füllens nicht am Hahn gedreht wird?
b) Zeichne einen Graphen für den Fall, dass die Tonne zu Beginn leer ist und der Hahn die ganze Zeit voll aufgedreht ist bzw. für den Fall, dass während des Füllens am Hahn gedreht wird.

8

Innerhalb von 24 Stunden wurde stündlich an einer Messstation die Temperatur gemessen. Folgender Graph veranschaulicht die Funktion t: *Zeit ↦ Temperatur:*

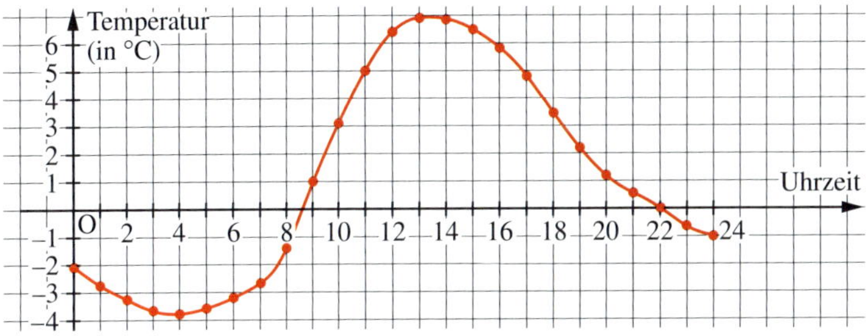

a) Wann war die Temperatur am höchsten, wann am niedrigsten? Warum kann man die Werte nur ungefähr angeben?
b) Beschreibe den Verlauf des Graphen.
c) In welchen Zeiträumen gab es Temperaturen unter dem Gefrierpunkt?
d) Wie sieht der Graph für den gestrigen Tag ungefähr aus? Zeichne ihn und vergleiche dein Ergebnis mit dem deines Nachbarn.

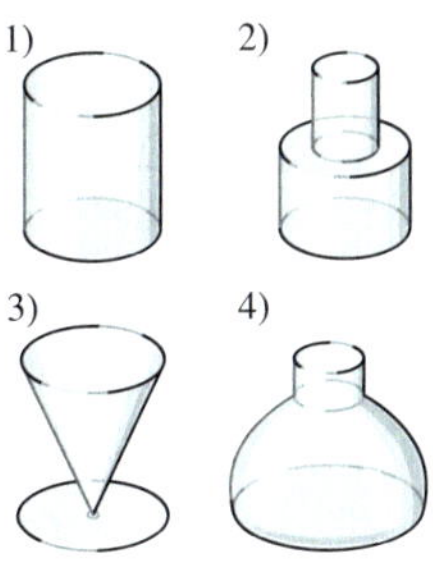

9

Die links abgebildeten Gefäße werden mit gleichmäßig zufließendem Wasser gefüllt. Die Graphen veranschaulichen die Funktion f: *Zeit ↦ Füllhöhe*. Welcher Graph gehört zu welchem Gefäß? Begründe.

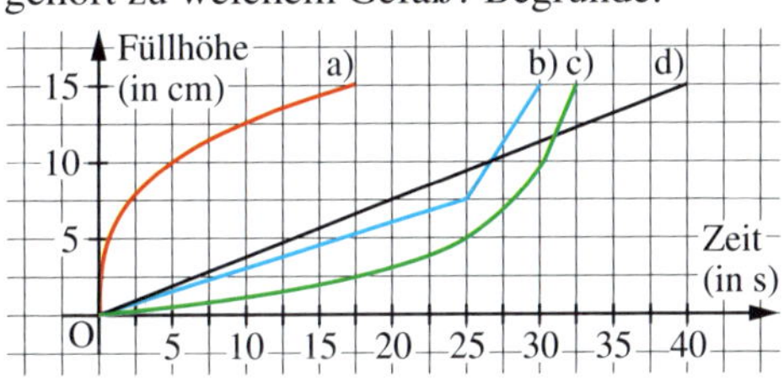

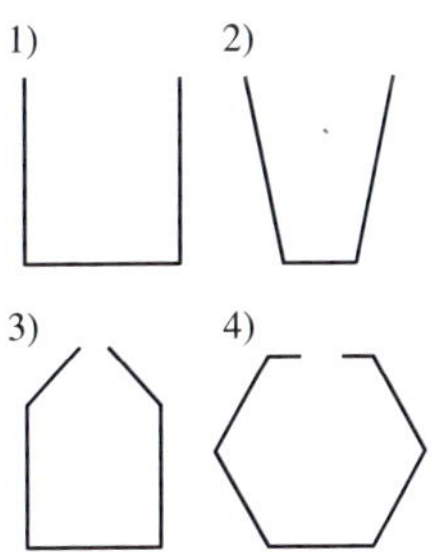

10

a) Links siehst du die Querschnitte von Vasen, die mit gleichmäßig zufließendem Wasser bis zum oberen Rand gefüllt werden. Zeichne für jedes Gefäß einen Graphen der Funktion f: *Zeit ↦ Füllhöhe*.
b) Aus den in a) gefüllten Vasen wird das Wasser gleichmäßig abgepumpt, die dafür benötigte Zeit entspricht genau der Fülldauer. Zeichne für jedes Gefäß den Graphen von f: *Zeit ↦ Füllhöhe*.

11

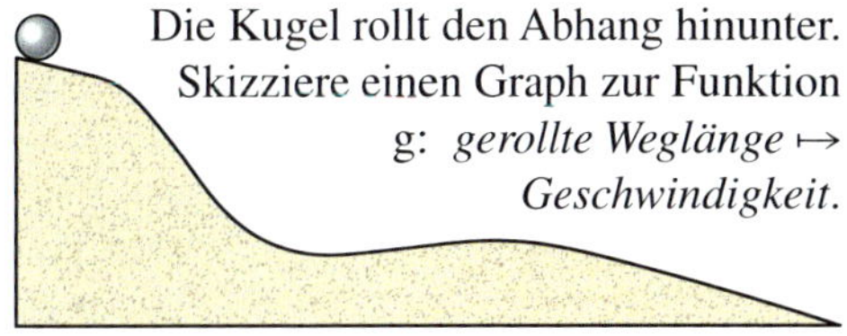

Die Kugel rollt den Abhang hinunter. Skizziere einen Graph zur Funktion g: *gerollte Weglänge ↦ Geschwindigkeit*.

12

Die abgebildeten Rennstrecken sind jeweils 3 km lang. Zeichne für die zweite Runde eines Rennwagens den Graphen der Funktion g: *gefahrene Weglänge ↦ Geschwindigkeit*.

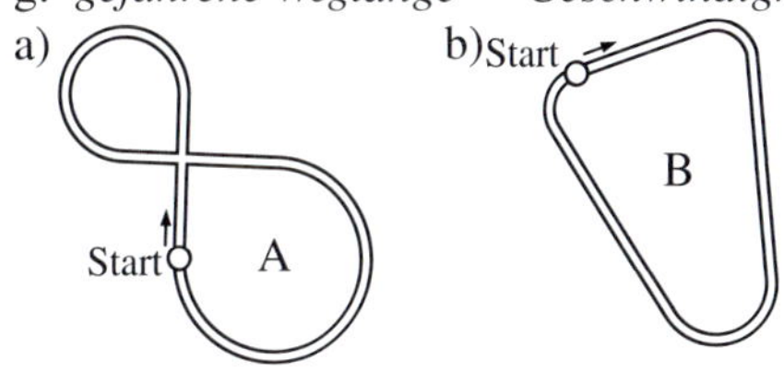

13

In den Gefäßen mit zwei (bzw. drei) Becken steht in einem der Becken Wasser. Durch Öffnen der Verbindungsrohre fließt Wasser in das zweite (und dritte) Becken hinüber. Skizziere jeweils Graphen, die die Wasserhöhe in den beiden (bzw. drei) Becken veranschaulichen.

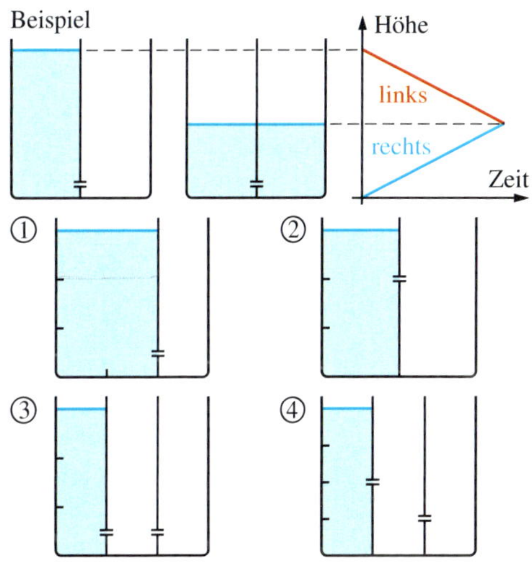

G 14

Berechne: $\left(2\frac{1}{3}\cdot 0{,}5-\frac{1}{2}\right):(-0{,}\overline{3})+(-0{,}3)^2$.
Wie erhält man durch das Setzen einer weiteren Klammer einen Term, dessen Wert sofort im Kopf berechnet werden kann?

2 Funktion und Term

1

Gegeben ist der Term $T(x) = 0{,}5\,x^2 - 1$.

a) Zeichne in einem Koordinatensystem für Variablenwerte zwischen -5 und 5 den Graphen der Zuordnung t: *Variablenwert* $\mapsto$ *Termwert*.

b) Handelt es sich bei der Zuordnung t um eine Funktion? Begründe deine Antwort.

c) Liegen die Punkte $A(1{,}8\,|\,0{,}6)$ und $B(10\,|\,49)$ auf dem Graphen?

Durch einen Term wird jedem Variablenwert ein eindeutig bestimmter Termwert zugeordnet. Daher ist beispielsweise die Zuordnung $f: x \mapsto 0{,}5\,x^2 - 2$ eine Funktion, deren Funktionswerte y mit dem Term $0{,}5\,x^2 - 2$ berechnet werden können.
Folgende Bezeichnungen sind üblich:

	Funktion f:	Funktion g:
Funktionsvorschrift:	$x \mapsto 0{,}5\,x^2 - 2$	$x \mapsto \frac{1}{x-1}$
Funktionsterm:	$0{,}5\,x^2 - 2$	$\frac{1}{x-1}$
abkürzende Schreibweise:	$f(x)$	$g(x)$
Funktionsgleichung:	$y = 0{,}5\,x^2 - 2$	$y = \frac{1}{x-1}$

Neben der Funktionsvorschrift gibt man für eine Funktion f auch die Menge aller Zahlen an, für die ein Funktionswert berechnet werden soll. Sie heißt **Definitionsmenge D_f**. Häufig lässt man alle Zahlen zu, für die ein Funktionswert berechnet werden kann und spricht dann von der **maximalen Definitionsmenge D_{max}**.
Wird keine Definitionsmenge angegeben, meint man stets D_{max}.

Erinnerung:
$\mathbb{Q}$ bezeichnet die Menge der rationalen Zahlen.

Bei der Funktion $f: x \mapsto 0{,}5\,x^2 - 2$ ist für jede rationale Zahl ein Funktionswert berechenbar, daher gilt $D_{max} = \mathbb{Q}$.
Bei $g: x \mapsto \frac{1}{x-1}$ kann nur für $x = 1$ kein Funktionswert berechnet werden, da beim Einsetzen der Zahl 1 der Nenner null würde. Alle anderen rationalen Zahlen können eingesetzt werden und sind daher in D_{max} enthalten. Man drückt dies mit folgender Kurzschreibweise aus: $D_{max} = \mathbb{Q}\setminus\{1\}$ (lies: $\mathbb{Q}$ ohne 1).

Man bezeichnet die **Graphen** der Funktionen f und g mit G_f bzw. G_g. Um sie zu zeichnen, berechnet man für einige x-Werte die zugehörigen Funktionswerte und trägt die entstehenden Zahlenpaare in eine Wertetabelle ein. Beispielsweise ergibt sich:

x	−3	−2	−1	0	1	2	3
f(x)	2,5	0	−1,5	−2	−1,5	0	2,5

x	−3	−1	0	0,5	1,5	2	3
g(x)	−0,25	−0,5	−1	−2	2	1	0,5

Dann kann man für jede Funktion die einzelnen Punkte $P(x\,|\,f(x))$ in ein Koordinatensystem einzeichnen und sie jeweils durch eine ihnen angepasste Linie verbinden. Damit man im Diagramm schnell erkennt, welcher Graph zu welcher Funktion gehört, schreibt man an die Graphen meist kurz ihre Funktionsbezeichnungen f bzw. g (oder auch G_f bzw. G_g).

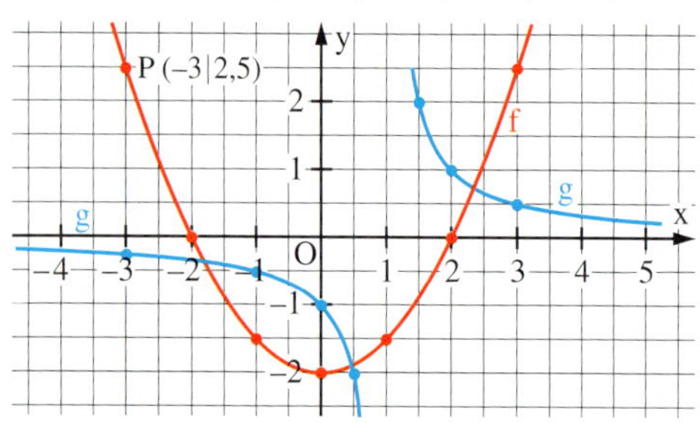

Funktionsgraphen können am Computer mit sogenannten Funktionsplottern (siehe Seite 40) oder Tabellenkalkulationsprogrammen gezeichnet werden.

Wegen $0{,}5 \cdot 4^2 - 2 = 6 \neq 8$ liegt der Punkt B (4|8) nicht auf G_f: $B \notin G_f$.

Möchte man für $f\colon x \mapsto 0{,}5\,x^2 - 2$ wissen, ob beispielsweise der Punkt A (6|16) auf dem Graphen G_f von f liegt, so muss man überprüfen, ob die Koordinaten von A die Funktionsgleichung $y = 0{,}5\,x^2 - 2$ erfüllen: $0{,}5 \cdot 6^2 - 2 = 0{,}5 \cdot 36 - 2 = 16$, also gilt $A \in G_f$.

> Jeder Term f(x) legt eine Funktion $f\colon x \mapsto f(x)$ (mit $x \in D_f$) fest.
> Ist keine Definitionsmenge D_f angegeben, so ist die maximal mögliche gemeint.
> Ein Punkt P(x|y) liegt auf dem Graphen G_f, wenn die Koordinaten von P die Funktionsgleichung $y = f(x)$ erfüllen.

Beispiel 1

Gegeben sind die Funktionen $f\colon x \mapsto -\frac{1}{2}x - 1$ und $g\colon x \mapsto \frac{0{,}5}{x+1}$.

a) Gib für f den Funktionsterm und für g die Funktionsgleichung an.
b) Gib jeweils die maximal mögliche Definitionsmenge an.
c) Zeichne die Graphen G_f und G_g der Funktionen in ein Koordinatensystem.
d) Liegt der Punkt A(10,5|−6) auf G_f?
e) Für welche x-Werte sind bei f die Funktionswerte kleiner null? Was bedeutet dies für den Graphen G_f?

Lösung:

a) $-\frac{1}{2}x - 1$ und $y = \frac{0{,}5}{x+1}$

b) f: $D_{max} = \mathbb{Q}$ und g: $D_{max} = \mathbb{Q} \setminus \{-1\}$

Tipp zu c):
Häufig genügt es, beim Erstellen der Wertetabelle ganzzahlige x-Werte zu wählen. Ist für eine Funktion jedoch ein x-Wert ausgeschlossen (da der Nenner null würde), sollten nahe bei der nicht definierten Stelle mehrere Funktionswerte berechnet werden (siehe Tabelle rechts). Dadurch kann die Zeichengenauigkeit erhöht werden.

c)

x	−3	−2	−1,5	−1,25	−1,1	−0,9	−0,75	−0,5	0	1	2	3
g(x)	−0,25	−0,5	−1	−2	−5	5	2	1	0,5	0,25	$\frac{1}{6} = 0{,}1\overline{6}$	$\frac{1}{8} = 0{,}125$

x	−3	−2	−1	0	1	2	3
f(x)	0,5	0	−0,5	−1	−1,5	−2	−2,5

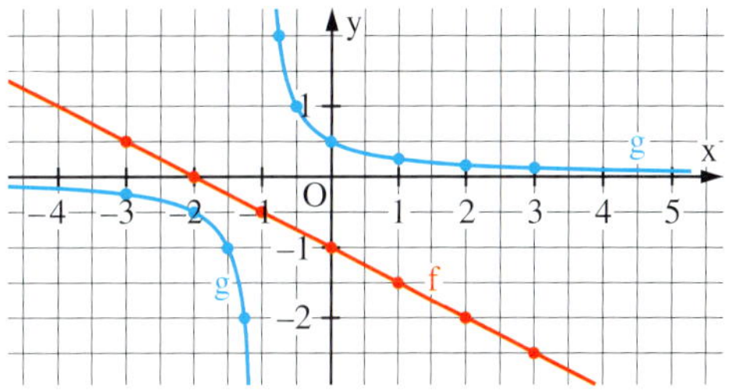

d) $f(10{,}5) = -\frac{1}{2} \cdot 10{,}5 - 1 = -6{,}25 \neq -6$,
also gilt $A(10{,}5|-6) \notin G_f$

e) Für $x > -2$. Hier verläuft der Graph unterhalb der x-Achse.

Beispiel 2

Weitere Informationen zu Funktionsplottern findest du im Thema auf Seite 40.

Bestimme für $f\colon x \mapsto x^2 + 2{,}74\,x + 1$ mit Hilfe eines Funktionsplotters denjenigen x-Wert auf zwei Nachkommastellen genau, für den f den kleinsten Funktionswert besitzt.

Lösung:

Eine Zeichnung zeigt, dass der gesuchte x-Wert zwischen −1,5 und −1 liegt:

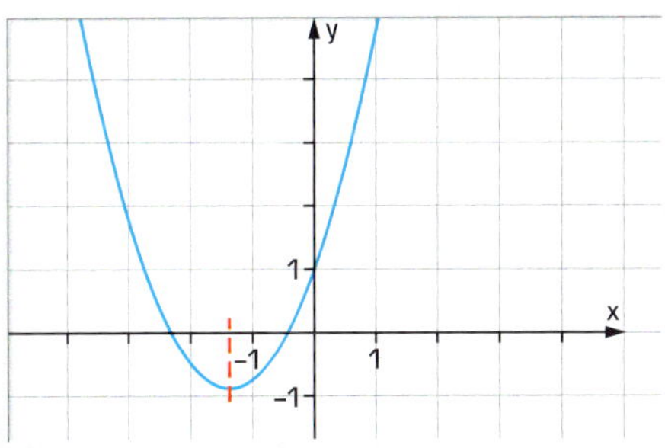

Wertetabelle des bedeutsamen Bereichs:

x	f(x)
-1.40	-0.8760
-1.39	-0.8765
-1.38	-0.8768
-1.37	-0.8769
-1.36	-0.8768
-1.35	-0.8765
-1.34	-0.8760
-1.33	-0.8753

Startwert: -1.5
Endwert: -1
Schrittweite: 0.01

Beachte:
Die für die Wertetabelle gewählte Schrittweite von 0,01 ist hier sinnvoll, da der x-Wert zwei Nachkommastellen besitzen soll.

Der x-Wert lautet −1,37, der zugehörige Funktionswert beträgt $f(-1{,}37) = -0{,}8769$.

Aufgaben

2

Gib jeweils den Funktionsterm und die größtmögliche Definitionsmenge der Funktion an. Zeichne den Graphen der Funktion.

a) g: *Zahl* $\mapsto$ *dreifache Zahl*
b) h: *Zahl* $\mapsto$ *Kehrwert der doppelten Zahl*
c) t: *Zahl* $\mapsto$ *um eins verminderte zweifache Zahl*
d) k: *Zahl* $\mapsto$ *Quadrat der um zwei verminderten Zahl*
e) w: *Zahl* $\mapsto$ *Kehrwert der um eins erhöhten doppelten Zahl*

zu 3f:
Entscheide für jeden Punkt, ob er oberhalb des Graphen liegt. Wenn ja, gehört der Buchstabe zum Lösungswort.
$A(1|-0,5) \rightarrow Y$
$B(-3|-3) \rightarrow A$
$C(0|-1,4) \rightarrow D$
$D\left(3,4\middle|\frac{1}{4}\right) \rightarrow N$
$E\left(-2,2\middle|-2\frac{2}{3}\right) \rightarrow E$
$F\left(2,5\middle|-\frac{1}{3}\right) \rightarrow R$
$G\left(-\frac{1}{2}\middle|-1\frac{2}{3}\right) \rightarrow A$
$H(2,96|0) \rightarrow H$

3

Gib die maximale Definitionsmenge an.
Liegen $P(2|1)$, $Q(1|-1)$ auf dem Graphen?

a) $f: x \mapsto 2x - 3$
b) $g: r \mapsto 1 : r - 2$
c) $w: x \mapsto \frac{1,5}{x - 0,5}$
d) $k: x \mapsto \frac{1}{2x - 3}$
e) $h: x \mapsto 2,5x + 2^3x^2 - 1,5x - 8x^2 - 3$
f) $v: t \mapsto 7,5 + 2,5 \cdot t - 2 \cdot \left(\frac{1}{2}t - 2^2\right) \cdot 2 - 5^2$

4

Welche Funktion gehört zur Wertetabelle? Gib eine Funktionsgleichung an. Ergänze gegebenenfalls in deinem Heft die fehlenden Werte in der Tabelle.

a)

x	−2	−1	0	1	2
y	−3	−2	−1	0	1

b)

x	−3	−1	0	2	3
y	9	1	0	4	9

c)

t	−2		6	7	10
s	−3	6	9		15

d)

a	−2	−1	0	1	2
b	3	2	1	0	−1

e)

x	−1	0	1	2	3
y	−1	0	−1	−4	−9

f)

x				1	
y	−3	−1	1	3	5

5

Stelle für jede Funktion die Funktionsgleichung, den Funktionswert an der Stelle $x = 2$, die Funktionseigenschaft und den Graphen richtig zusammen.

Lösungskontrolle zu 5:
Für jede Funktion ergeben die weißen Buchstaben ein Lösungswort

Funktionsgleichung		f(2)		Funktionseigenschaft		Graph
$y = 2x + 1$	H	1	Ü	Dem doppelten x-Wert wird der doppelte y-Wert zugeordnet.	L	
$y = \frac{1}{x}$	G	5	A	Bei Zunahme der x-Werte um 1 nehmen die y-Werte um 1 ab.	E	
$y = 0,5x$	M	2	E	Dem doppelten x-Wert wird der halbe y-Wert zugeordnet.	L	
$y = -x + 4$	M	0,5	O	Bei Zunahme der x-Werte um 1 nehmen die y-Werte um 2 zu.	U	

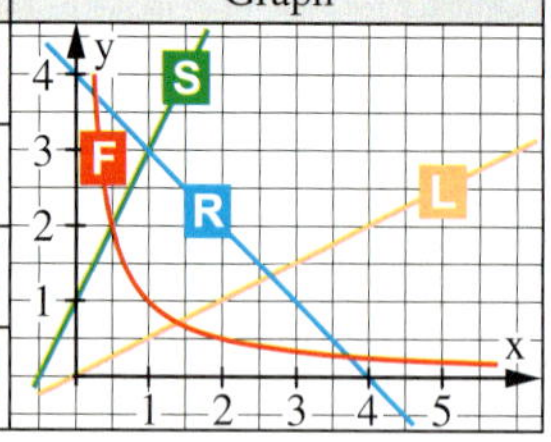

6

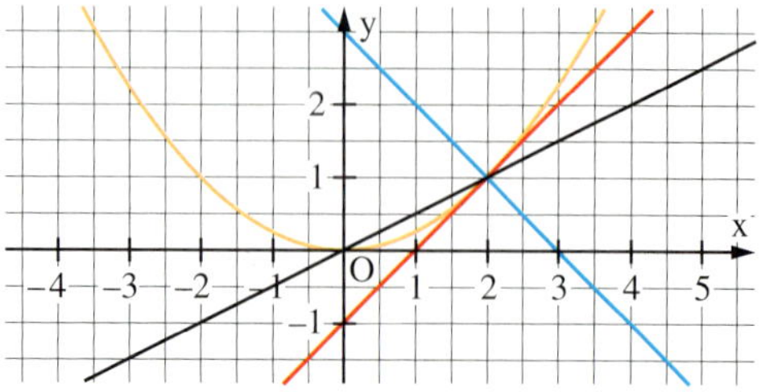

a) Zu jeder Funktion gehört einer der abgebildeten Graphen. Entscheide, welcher Graph zu welcher Funktion gehört. Begründe deine Entscheidung.
$f: x \mapsto 0,5x$ $\quad$ $g: x \mapsto x - 1$
$h: x \mapsto 0,25x^2$ $\quad$ $k: x \mapsto -x + 3$

b) Denke dir selbst drei Funktionen aus und zeichne die dazugehörigen Graphen in ein gemeinsames Koordinatensystem. Lass deinen Nachbarn anschließend herausfinden, welcher Graph zu welcher Funktion gehört.

7

Gib die maximale Definitionsmenge an. Zeichne den Graphen für $-4 < x < 4$. Für welche x-Werte sind die Funktionswerte größer null?

a) $h: x \mapsto \frac{1}{2}x$
b) $f: x \mapsto -2x - (3 - x)$
c) $q: t \mapsto \frac{1}{t - 1}$
d) $s: x \mapsto \frac{0,5}{2x + 1}$
e) $r: x \mapsto \frac{1}{4}x - \frac{1}{2}(0,5x + 2x^2) - (-2^3 + x^2)$
f) $m: x \mapsto \frac{1}{5}x - 1\frac{3}{4} - \left(\frac{1}{4}x - 0,25 - 0,45x\right)$
g) $v: x \mapsto (-x + 2) \cdot (1 - x)$

8

Gib die Terme von drei verschiedenen Funktionen an, deren Graphen durch den angegebenen Punkt verlaufen. Wie viele verschiedene Terme gibt es insgesamt? Begründe deine Antwort.

a) $A(0|3)$ $\quad$ b) $B(-2|0)$ $\quad$ c) $C(2|-1)$

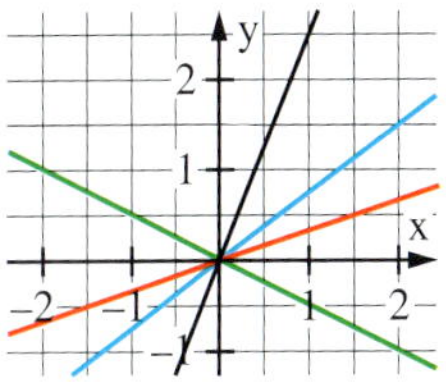

9

Gib für jeden Graphen den zugehörigen Funktionsterm und eine Wertetabelle an.

10

Zeichne den zum Funktionsterm gehörigen Graphen für x-Werte zwischen -3 und 3. Beschreibe den Verlauf des Graphen im gezeichneten Bereich.

Beispiel:
$r(x) = 0{,}5\,x^2 - 0{,}5\,x - 1$

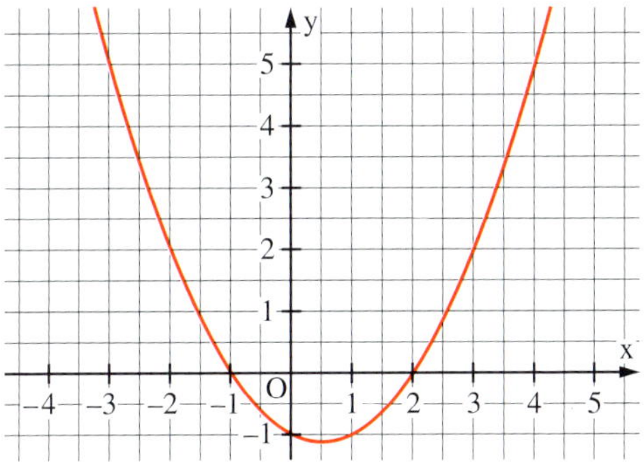

Für $-3 < x < 0{,}5$ nehmen die y-Werte für größer werdende x-Werte ab, für $x = 0{,}5$ erreicht der Graph den tiefsten Punkt. Anschließend werden die y-Werte für weiter zunehmende x-Werte wieder größer.

a) $g(x) = 0{,}5\,x - 2$　　b) $f(t) = -2\,t - (3 - t)$
c) $k(x) = (x - 1)^2$　　d) $t(x) = -(x - 5) + x$
e) $h(r) = \frac{1}{r - 0{,}5}$　　f) $s(x) = 0{,}3\,x^3 - x$

Beachte:
Um den Verlauf eines Graphen zu beschreiben, betrachtet man in Gedanken immer größer werdende x-Werte und überlegt, wie sich die zugehörigen y-Werte verändern.

11

a) Zeichne jeweils zur dargestellten Sachsituation einen passenden Graphen.
b) Gib jeweils den zugehörigen Funktionsterm an.

(1)
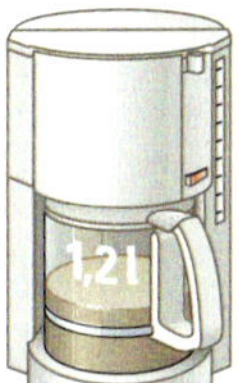

10 min Durchlaufdauer

Durchgelaufene Kaffeemenge nach m Minuten?

(2) In 14 Tagen 2 mm länger

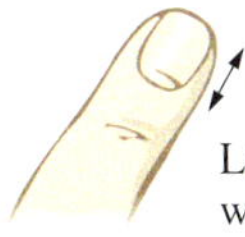

Länge nach w Wochen?

(3) 12 *l* pro Minute

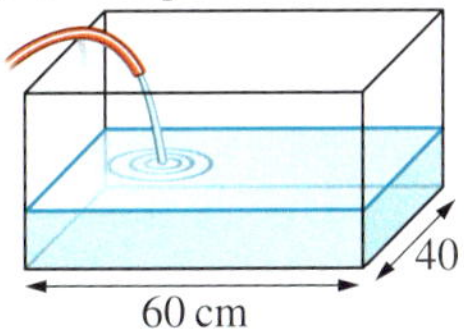

Wasserhöhe nach m Minuten?

(4)

15 ct pro Minute

Grundgebühr 5€

Gebühr nach x Minuten Gesprächsdauer?

(5) pro Woche 0,7 cm kürzer

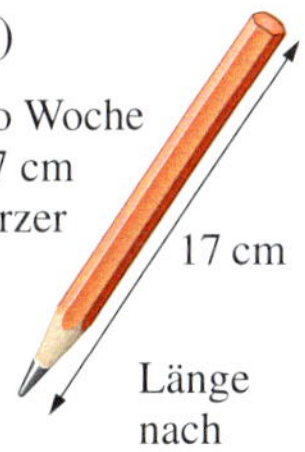

Länge nach d Tagen?

12

Gegeben ist die Funktion g mit der Funktionsgleichung $y = x^4 - 5\,x^2 + 4$.
Zeichne den Graphen G_g der Funktion mit Hilfe eines Funktionsplotters. Gib dann an, für welche x-Werte
(1) der y-Wert null ist,
(2) die y-Werte negativ (positiv) sind,
(3) die y-Werte zunehmen (abnehmen).

13

Bestimme für die Funktion f mit Hilfe eines Funktionsplotters denjenigen x-Wert auf zwei Nachkommastellen genau, für den f den kleinsten bzw. größten Funktionswert besitzt.

a) $f\colon x \mapsto x^2 - 3{,}36\,x + 2$
b) $f\colon x \mapsto -x^2 - 4{,}44\,x$
c) $f\colon x \mapsto 2\,x + \frac{1}{x}$ ($D_f = \mathbb{Q}^+$, also alle $x > 0$)
d) $f\colon x \mapsto 0{,}1\,x^4 - 0{,}1\,x^3 - 0{,}1\,x^2 + 0{,}1\,x - 1$

14

Zeichne mit einem Funktionsplotter den Graphen der Funktion. Ersetze dann die im Funktionsterm rot markierte Zahl nacheinander durch die Zahlen 3; 4; -2; -4 und zeichne jeweils den dazugehörigen Graphen mit einem Funktionsplotter. Beschreibe, wie sich die Graphen ändern.

a) $f\colon x \mapsto 2x$　　b) $g\colon x \mapsto x + 1$
c) $w\colon x \mapsto 2x^2$　　d) $k\colon x \mapsto x^2 + 1$

G 15

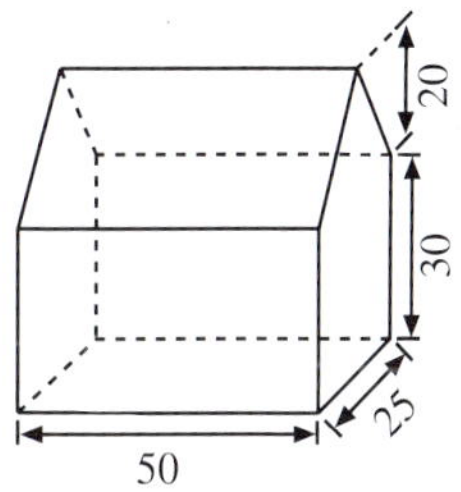

(Maße in mm)

Zeichne ein Netz des Körpers und berechne seinen Oberflächeninhalt. Bestimme außerdem das Volumen des Körpers.

G 16

Begründe: Verbindet man in einem gleichschenkligen Dreieck die Fußpunkte der Höhen auf die Schenkel miteinander, so ist diese Verbindungsstrecke parallel zur Basis.

3 Funktion und Graph: Nullstellen und Steigung

1

Eine 20 cm lange Kerze wird angezündet und brennt langsam herab. Die Kerzenlänge (in cm) zum Zeitpunkt x (in Stunden) kann durch die Funktion $k: x \mapsto 20 - \frac{5}{3}x$ beschrieben werden.

a) Nach welcher Zeit ist die Kerze vollständig abgebrannt?

b) Welche Werte kann man sinnvollerweise für x einsetzen?

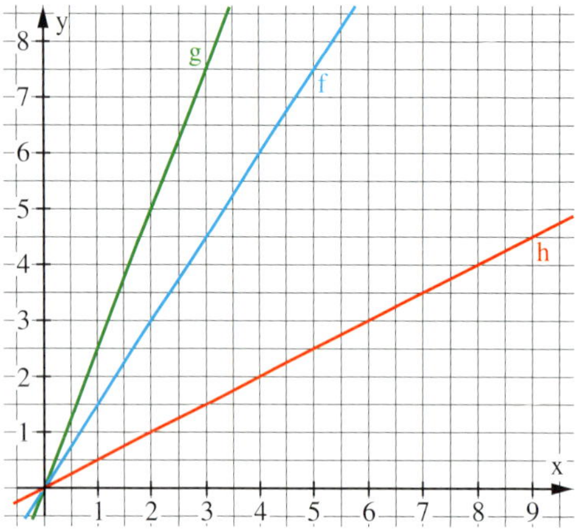

Erinnerung:

II. Quadrant	*I. Quadrant*
III. Quadrant	*IV. Quadrant*

2

Die Abbildung zeigt die Graphen der Funktionen $f: x \mapsto 1{,}5x$, $g: x \mapsto 2{,}5x$ und $h: x \mapsto 0{,}5x$.

a) Wie würdest du den Verlauf des Graphen G_f im Vergleich mit dem Verlauf des Graphen G_g einerseits und dem des Graphen G_h andererseits beschreiben?

b) Der Graph G_f verläuft zwischen den Graphen G_g und G_h. Woran erkennt man dies an den Funktionstermen?

c) Gib den Term einer Funktion an, dessen Graph eine Gerade durch den Ursprung ist und der im II. und IV. Quadranten verläuft.

Für Funktionsgraphen ist ein Schnittpunkt mit der x-Achse ein besonderer Punkt.

> Die x-Koordinate eines Schnittpunktes eines Funktionsgraphen G_f mit der x-Achse heißt **Nullstelle** der Funktion f.
> Jede Nullstelle der Funktion f ist Lösung der Gleichung $f(x) = 0$.

Die Parallelen zur x-Achse sind die Graphen der Funktionen $x \mapsto c$.

Funktionen, deren Graph eine Gerade ist, haben genau eine Nullstelle, außer sie verlaufen parallel zur x-Achse.
Beispielsweise schneidet der Graph G_g der Funktion $g: x \mapsto -0{,}5x + 2$ die x-Achse im Punkt $S(4|0)$ und besitzt demnach bei $x = 4$ eine Nullstelle. Dieser Wert ist zeichnerisch bestimmbar (siehe Figur).
In solch einfachen Fällen können wir eine Nullstelle aber auch mit Hilfe einer Gleichung finden. Da der zu einer Nullstelle gehörige Funktionswert gleich null ist, erhält man die Gleichung $-0{,}5x + 2 = 0$.
Daraus ergibt sich ebenso $x = 4$.
Krummlinige Graphen können auch mehr als eine Nullstelle besitzen. Beispielsweise besitzt die Funktion $f: x \mapsto (x-2)^2 - 1$ die beiden Nullstellen $x_1 = 1$ und $x_2 = 3$.

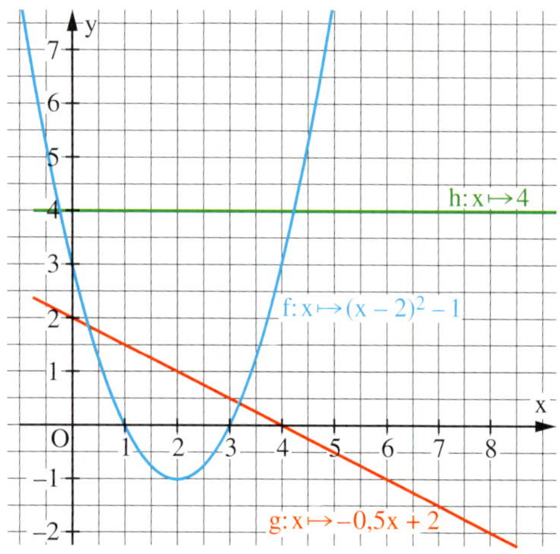

__Tipp:__
Der Graph der Funktion $x \mapsto m \cdot x$ verläuft durch den Punkt $P(1|m)$.

Proportionale Zuordnungen $x \mapsto m \cdot x$ sind Funktionen. Ihre Graphen sind **Ursprungsgeraden** (d.h. Geraden durch den Ursprung), die ansteigen $(m > 0)$ bzw. fallen $(m < 0)$. Ändert sich der x-Wert um 1, so ändert sich der zugehörige y-Wert um m:

x	…	−2	−1	0	1	2	…
y = mx	…	−2 m	−m	0 · m	m	2 m	…

(Zwischen benachbarten x-Werten jeweils +1, zwischen benachbarten y-Werten jeweils +m.)

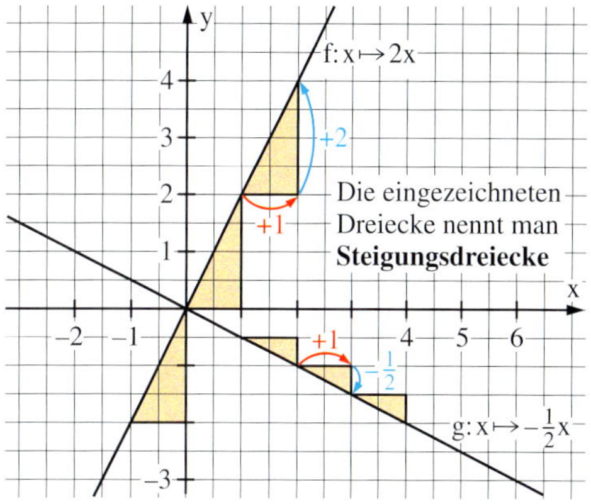

Man spricht daher auch von einem gleichmäßigen Ansteigen $(m > 0)$ beziehungsweise Fallen $(m < 0)$ der Funktionsgraphen.
Für $m > 0$ steigt der Graph umso stärker, je größer m ist. Für $m < 0$ fällt der Graph umso stärker, je kleiner m ist. In beiden Fällen nennt man den Proportionalitätsfaktor m **Steigung**.

Ein Gefälle kann man auch als negative Steigung bezeichnen.

> Der Graph einer proportionalen Funktion $f: x \mapsto m \cdot x$ weist eine konstante Steigung auf und verläuft durch den Ursprung und den Punkt $P(1|m)$. Der Faktor m gibt an, wie stark der Graph steigt $(m > 0)$ oder fällt $(m < 0)$ und wird Steigung genannt.

Ebenso wie man zwei Zahlen oder zwei Terme addieren kann, kann auch die Summe zweier Funktionen $g: x \mapsto g(x)$ und $f: x \mapsto f(x)$ gebildet werden. Dazu muss man die Funktionsterme addieren. Der entstehende Summenterm legt eine neue Funktion fest.
Für die Funktionen $f: x \mapsto \frac{1}{4}x^2 - \frac{1}{2}x + 1{,}5$ und $g: x \mapsto \frac{1}{2}x$ erhält man zum Beispiel

$$f(x) + g(x) = \frac{1}{4}x^2 - \frac{1}{2}x + 1{,}5 + \frac{1}{2}x$$
$$= \frac{1}{4}x^2 + 1{,}5$$

Zu den Funktionswerten von f werden die Funktionswerte von g „zeichnerisch“ addiert: Die blauen Pfeile werden für jeden x-Wert so verschoben, dass sich ihr Anfangspunkt auf G_f befindet. Der Pfeilspitze entspricht dann ein Punkt von G_h.

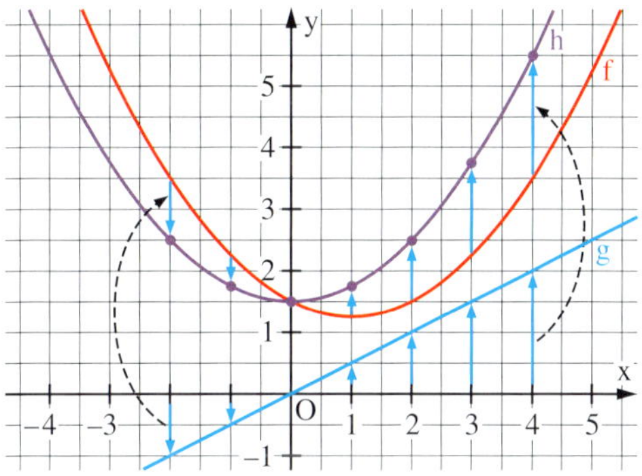

und damit die Funktion $h: x \mapsto \frac{1}{4}x^2 + 1{,}5$.
Den Graphen der Summenfunktion h kann man einerseits unter Verwendung des Funktionsterms erstellen, andererseits aber auch mit Hilfe der Graphen G_f und G_g erhalten: Man addiert „zeichnerisch“ für einige x-Werte die zugehörigen Funktionswerte von f und g. Anschließend werden die Einzelpunkte sinnvoll verbunden (siehe Figur).

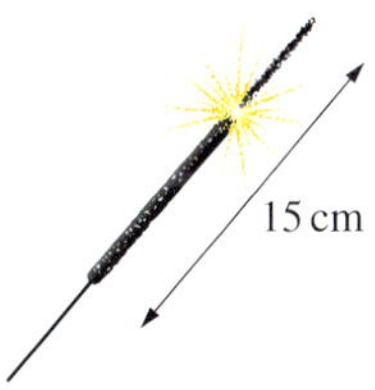

Beispiel 1
Eine 15 cm lange Wunderkerze brennt in 30 Sekunden gleichmäßig ab.
a) Wie lang ist das abgebrannte Stück nach 6 Sekunden (x Sekunden) Brenndauer?
b) Wie lang ist das noch nicht abgebrannte Stück nach x Sekunden Brenndauer?
Stelle je einen Funktionsterm auf. Erläutere dein Vorgehen.
Lösung:
a) In 30 s brennen 15 cm ab, nach 6 s sind also $\frac{6}{30}$ von 15 cm $= \frac{6}{30} \cdot 15$ cm $= 3$ cm abgebrannt.
Für die gesuchte Länge s (in cm) nach x Sekunden ergibt sich: $s(x) = \frac{x}{30} \cdot 15 = \frac{15}{30} \cdot x = \frac{1}{2}x$.
b) Von der Anfangslänge (15 cm) muss das zum Zeitpunkt x abgebrannte Stück abgezogen werden. Demnach ergibt sich als beschreibender Funktionsterm: $r(x) = 15 - \frac{1}{2}x$.

Beispiel 2
Zeichne den Graphen der proportionalen Funktion $f\colon x \mapsto \frac{4}{3}x$ unter Verwendung des Steigungsdreiecks.
Lösung:

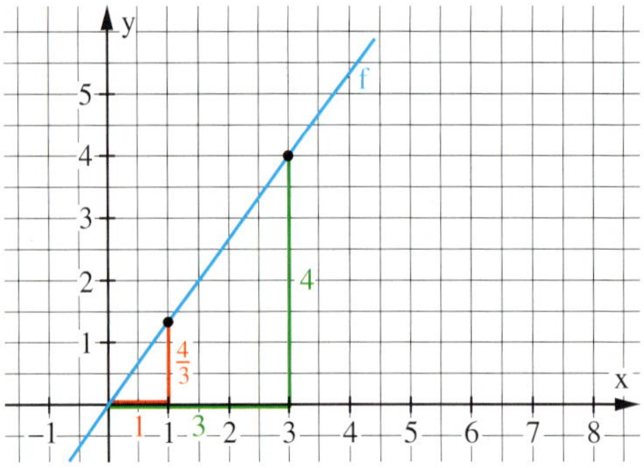

Die Zeichengenauigkeit beim Graphen G_f ist größer, wenn man statt des kleinen Steigungsdreiecks das große verwendet: Das Dreifache von 1 nach rechts und das Dreifache von $\frac{4}{3}$ nach oben.

Beispiel 3
Bestimme mit Hilfe des Graphen die eventuell vorhandenen Nullstellen der Funktion.
a) $g\colon x \mapsto x^2 + 1$ b) $k\colon x \mapsto \frac{1}{x} + \frac{2}{3}$
Lösung:

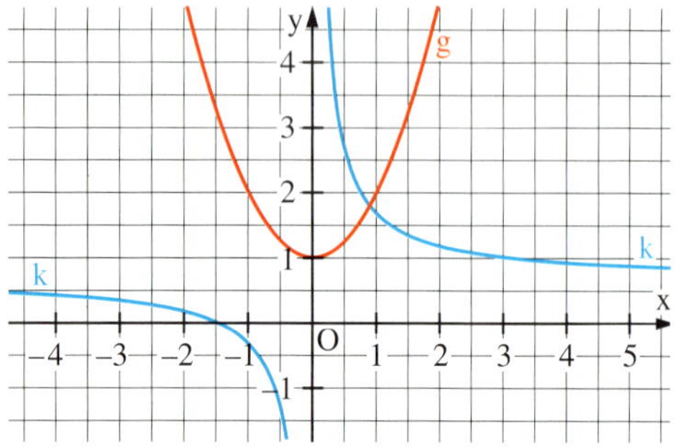

g hat keine Nullstelle, k hat eine bei $x = -1{,}5$.

Aufgaben

Lösungssalat zu 3:

Lösungssalat zu 4:

3
Bestimme, falls vorhanden, die Nullstelle(n) der zum Term gehörenden Funktion mit Hilfe einer Gleichung oder eines Graphen.
a) $f(x) = \frac{2}{3}x$ b) $v(x) = \frac{2}{x} - 20\,\%$
c) $s(x) = 3x + 1$ d) $g(z) = -z + z^2 + 3z$
e) $w(x) = x^2 + 3$ f) $h(x) = -\left(2x - \frac{1}{2}\right) + \frac{1}{2}$
g) $t(x) = \frac{2}{x-1}$ h) $r(x) = \frac{1}{8}x - \frac{1}{6} - \frac{1}{3}x$

4
Bestimme für jeden Graphen die Steigung.

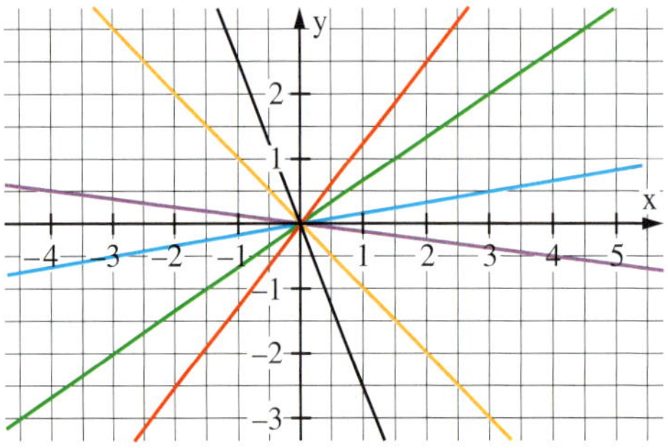

5
Zeichne den Graphen der proportionalen Funktion mit Hilfe eines Steigungsdreiecks.
a) $f\colon x \mapsto 0{,}5x$ b) $u\colon x \mapsto -1{,}5x$
c) $g\colon x \mapsto -0{,}8x$ d) $k\colon t \mapsto \frac{3}{5}t$
e) $h\colon x \mapsto 1\frac{1}{6}x$ f) $s\colon x \mapsto -\frac{3}{12}x$

6

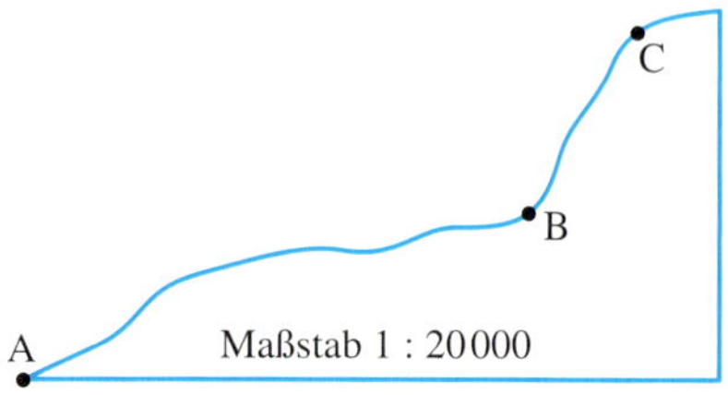

Bestimme für den abgebildeten Berghang die mittleren Steigungen zwischen den Punkten A und B bzw. B und C. Gib jeweils in Prozent an.

7
a) Gib den Term einer Funktion an, die keine Nullstelle besitzt.
b) Gib die Steigungen zweier proportionaler Funktionen an, deren Graphen symmetrisch zur y-Achse verlaufen.

8
Wahr oder falsch? Begründe.
a) Eine Funktion, deren Graph eine Gerade ist, hat genau eine oder keine Nullstelle.
b) Der Graph einer proportionalen Funktion mit der Steigung $\frac{1}{5}$ verläuft durch den II. und IV. Quadranten.
c) Der Graph der Funktion $f\colon x \mapsto \frac{1}{2}x$ verläuft steiler als der Graph der Funktion $g\colon x \mapsto \frac{1}{3}x$.

9

Die angebotenen Kerzen brennen gleichmäßig ab.

a) Wie lang ist das abgebrannte Stück nach 5, 6 bzw. 9 Stunden Brenndauer?

b) Gib einen Term b(x) für das abgebrannte Stück nach x Stunden Brenndauer an.

c) Gib einen Funktionsterm k(x) an, mit dem man die Kerzenlänge (in cm) zu einem beliebigen Zeitpunkt x (in Stunden) berechnen kann.

d) Zeichne den Graphen G_k und gib die Nullstelle von k an. Welcher Definitionsbereich D_k ist sinnvoll?

10

Zeichne die Graphen der angegebenen Funktionen. Gib an, für welche x-Werte der Graph der zuerst genannten Funktion oberhalb des Graphen der zweiten Funktion verläuft. „Addiere" die Graphen zeichnerisch. Überprüfe dein Ergebnis, indem du die Summenfunktion direkt zeichnest (z. B. mit einem Funktionsplotter).

a) $h: x \mapsto -0{,}5x$ und $k: x \mapsto x^2 + 1$

b) $r: x \mapsto 2$ und $f: x \mapsto \frac{1}{x-1}$

c) $u: x \mapsto x + 2$ und $b: x \mapsto x^2$

d) $g: x \mapsto x$ und $a: x \mapsto \frac{1}{x}$ (für $x > 0$)

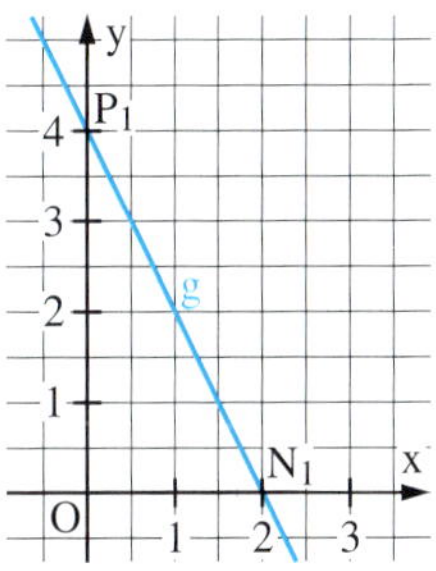

11

Der Graph der Funktion $g: x \mapsto -2x + 4$ schneidet die Koordinatenachsen in den Punkten N_1 und P_1. Diese beiden Punkte bilden zusammen mit dem Koordinatenursprung das Dreieck ON_1P_1.

a) Zeichne den Graphen G_g in dein Heft und konstruiere eine Parallele zur Geraden G_g durch den Ursprung. Wie lautet der Term der zugehörigen Funktion? Vergleiche ihn mit g(x).

b) Bestimme den Flächeninhalt des Dreiecks ON_1P_1.

c) Gib eine weitere Funktion an, deren Graph mit den Koordinatenachsen analog ein Dreieck ON_2P_2 bildet und dessen Flächeninhalt gleich dem von ΔON_1P_1 ist.

d) Wie viele verschiedene Funktionen könnte man in Teilaufgabe c) angeben? Begründe deine Antwort.

12

Die folgende Graphik veranschaulicht die Tarife für Handy-Verträge der Firmen Emkotel und P3-Kom. Emkotel wirbt: „12 € monatliche Grundgebühr und pro Minute Gesprächsdauer 0,30 €."

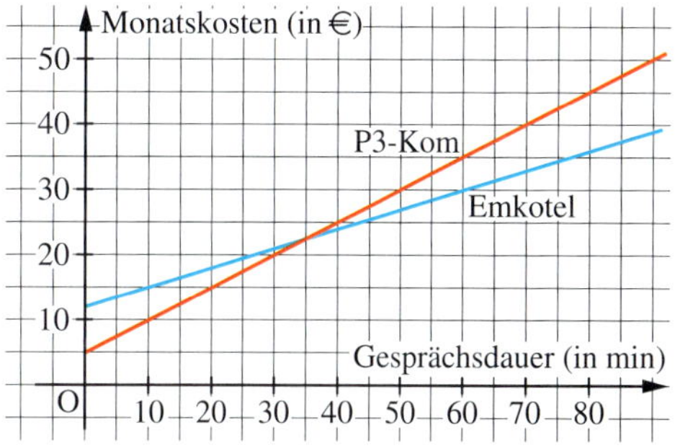

a) Wie würde wohl P3-Kom werben?

b) Lege für Gesprächszeiten zwischen 0 und 70 min (in Schritten von 5 Minuten) eine Tariftabelle für Emkotel und P3-Kom an.

c) Alex und Anne zahlen im Mai gleich viel, obwohl sich ihre Gesprächsdauer um 10 min unterscheidet. Wie viel haben sie jeweils gezahlt?

d) Welcher der beiden Tarife ist günstiger?

13

Folgende Abbildung zeigt den Graphen der Funktion $h: x \mapsto -\frac{1}{3}x^2 + 3$:

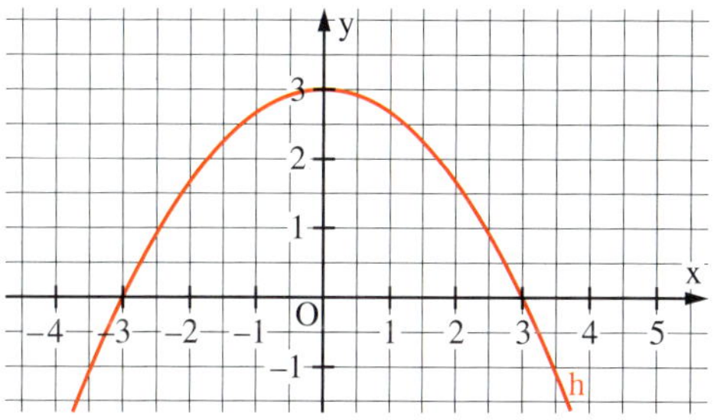

a) Begründe mit Hilfe des Funktionsterms, warum die Nullstellen bei $x_1 = -3$ und $x_2 = 3$ liegen.

b) Beschreibe, wie man den Inhalt der durch G_h und die x-Achse begrenzten Fläche näherungsweise bestimmen kann.

c) Zeichne den Graphen in dein Heft und bestimme den Inhalt besagter Fläche näherungsweise.

Rekordregenfälle in Franken:
Das Wetteramt meldet, dass in manchen fränkischen Orten in 12 Stunden 110 Liter Wasser pro Quadratmeter vom Himmel fielen.

14
Nimm an, dass es gleichmäßig geregnet hat. Stelle einen Funktionsterm auf, der darstellt, wie das Wasser stündlich gestiegen wäre, wenn es nicht hätte abfließen können. Zeichne den zugehörigen Graphen.

15 Steigung der Lotgeraden
Denke dir eine proportionale Funktion f aus.

a) Zeichne den Graphen von f.

b) Konstruiere die zu G_f senkrechte Gerade, die durch den Ursprung verläuft und ermittle den Term der zugehörigen Funktion.

c) Multipliziere die Steigungen der beiden Funktionen miteinander. Welches Ergebnis erhältst du? Vergleiche mit dem deines Nachbarn. Welche Vermutung drängt sich auf?

d) Gebt die Terme zweier weiterer proportionaler Funktionen an, deren Graphen aufeinander senkrecht stehen. Überprüft mit einer Zeichnung.

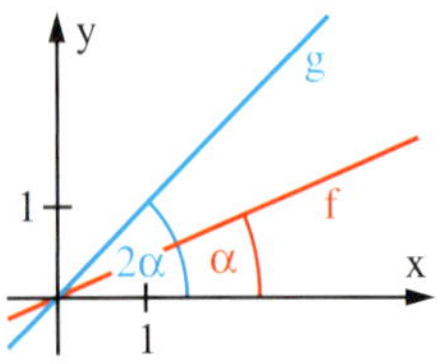

16
Max zeichnet in ein Koordinatensystem die Graphen der proportionalen Funktionen f und g. G_f schließt mit der x-Achse den Winkel α ein, G_g schließt mit der x-Achse den Winkel 2α ein. Er folgert: „Die Steigung von G_g ist doppelt so groß wie die Steigung von G_f.“ Hat er recht?

17
Eine 6 cm hohe Kerze wird angezündet und brennt herab. Die Kerzenhöhe (in cm) zum Zeitpunkt x (in Stunden) wird angenähert durch die Funktion $k: x \mapsto \frac{1}{0{,}1\,x + 0{,}15} - 0{,}8$ beschrieben.

a) Berechne die Höhe der noch nicht angezündeten Kerze mit dem Funktionsterm. Vergleiche diesen Wert mit der wahren Länge. Wie viel Prozent beträgt die Abweichung?

b) Berechne k(12) und deute das Ergebnis.

c) Nach welcher Zeit ist die Kerze abgebrannt?

d) Begründe mit Hilfe des Graphen, welche Form die Kerze ungefähr haben könnte.

18
Aus quadratischen Pappen sollen verschieden große Schachteln hergestellt werden, indem an den Ecken Quadrate der Seitenlänge x ausgeschnitten und die Seitenteile hochgeklappt werden:

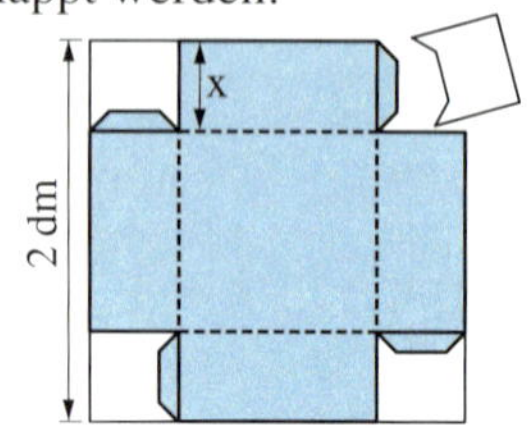

a) Versuche selbst eine solche Schachtel zu basteln, die ein möglichst großes Volumen hat. Welchen Wert hast du für x gewählt?

b) Gib zur Funktion f: *x (in dm) ↦ Rauminhalt (in dm³)* einen Funktionsterm f(x) an. Was bedeutet der Funktionswert f(0,6)?

c) Welche x-Werte sind für diesen Sachzusammenhang sinnvoll? Welchen Zusammenhang gibt es zwischen diesen x-Werten und den Nullstellen der Funktion f?

d) Zeichne den Graphen mit einem Funktionsplotter und beschreibe seinen Verlauf. Was bedeutet der Verlauf für das Schachtelvolumen?

e) Bestimme mit Hilfe des Funktionsplotters den x-Wert (auf mm genau), für den das Volumen der Schachtel den größten Wert annimmt. Vergleiche ihn mit dem in Teilaufgabe a) gewählten Wert. Um wie viel Prozent weicht dein Wert vom „tatsächlichen“ Wert ab?

G 19

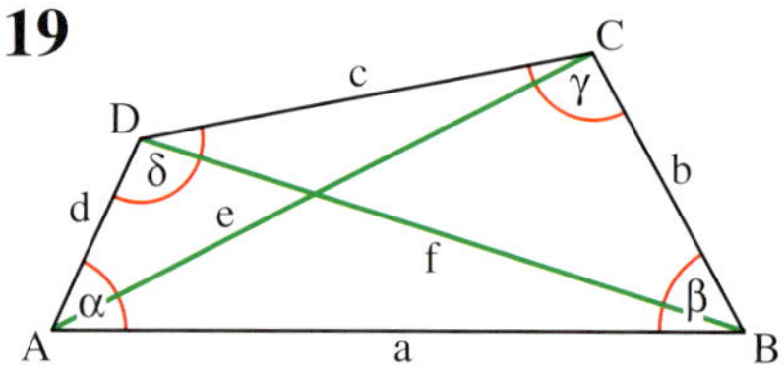

Berechne den bzw. die fehlenden Winkel für

a) $\alpha = 47°;\ \beta = 63°;\ \gamma = 115°$

b) $\gamma = 57\frac{1}{2}°;\ \alpha = 82{,}4°;\ \delta = 71\frac{2}{3}°$

c) $\beta = 107°;\ \delta = 85°;\ \alpha = \gamma$

d) $\alpha = 95°;\ \beta = 2\gamma;\ \delta = \alpha + 20°$

e) $\alpha = 2\beta;\ \gamma = 2\alpha;\ \delta = 5\beta$

4 Umfang und Flächeninhalt des Kreises

1

a) Miss bei verschiedenen zylinderförmigen Gegenständen (z. B. Konservendosen, Tassen, …) den Durchmesser d und ermittle mit Hilfe einer dünnen Schnur deren Umfang U. Berechne jeweils den Wert des Quotienten U : d.

b) Was bedeutet das Ergebnis von a) für die Funktion U: *Durchmesser* ↦ *Kreisumfang*?

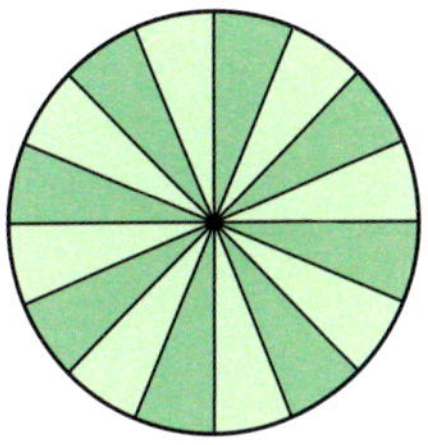

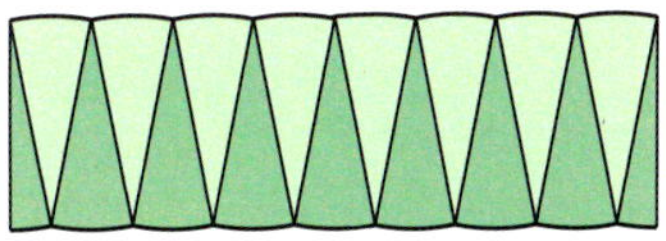

2

Ein Kreis mit dem Radius $r = 5\,\text{cm}$ wird wie in der linken Figur zerlegt und dann neu zusammengesetzt. Bestimme näherungsweise den Flächeninhalt des Kreises.

Für verschiedene zylinderförmige Gegenstände werden jeweils der Umfang U und der Durchmesser d der kreisförmigen Deckfläche bestimmt. Dann wird jeweils der Quotient U : d gebildet. Wie aus der Tabelle ersichtlich ist, erhält man für die Werte des Quotienten nahezu gleiche Ergebnisse.

	U [in cm]	d [in cm]	U : d
Filmdose	10,0	3,2	3,1
Kerze	17,9	5,6	3,2
Maisdose	26,6	8,4	3,2
Bierdeckel	33,4	10,7	3,1
Topf	52,4	16,4	3,2

Tatsächlich ist er für jeden Kreis genau gleich groß, er lautet $U : d = 3{,}141592654\ldots$.
Dieser konstante Wert hat unendlich viele Nachkommastellen und ist, anders als die bislang betrachteten unendlichen Dezimalbrüche, nicht periodisch. Er wird **Kreiszahl** genannt und mit dem griechischen Buchstaben π bezeichnet, d. h., es gilt $\pi = 3{,}141592654\ldots \approx 3{,}14$.

Der Buchstabe π (lies Pi) ist der Anfangsbuchstabe des griechischen Wortes ***perifereia*** *(Randbereich).*

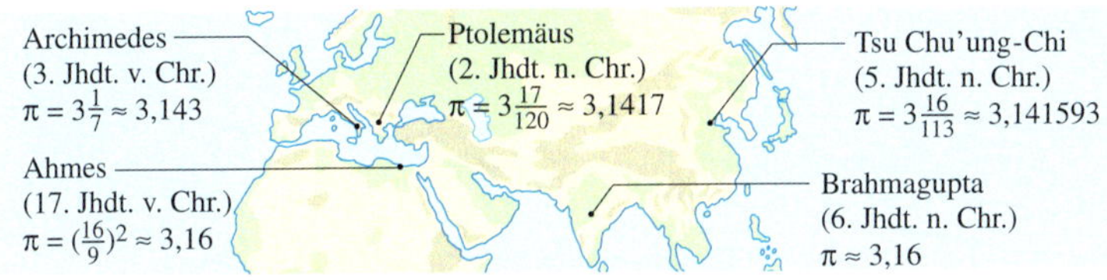

Schon seit langer Zeit haben Mathematiker versucht, die Kreiszahl π genauer zu bestimmen. 2002 hat der Japaner Yasumasa Kanada die Zahl π auf 1 241 000 000 000 Stellen nach dem Komma bestimmt.

Mit Hilfe des Zusammenhangs $U : d = \pi$ kann nun umgekehrt der Umfang eines Kreises berechnet werden, wenn sein Durchmesser d oder sein Radius r bekannt ist.

> Ein Kreis mit dem Durchmesser d bzw. dem Radius r hat den Umfang
> $U = \pi \cdot d$ bzw. $U = 2\pi \cdot r$ (dabei ist $\pi \approx 3{,}14$ die Kreiszahl)

Die Umfangsformel $U = 2\pi \cdot r$ wird nun dazu verwendet, um eine Formel zur Berechnung des Flächeninhaltes des Kreises herzuleiten. Dazu denkt man sich die Kreisfläche wie bei einer Torte in gleiche Teile zerschnitten und anschließend wie folgt neu angeordnet:

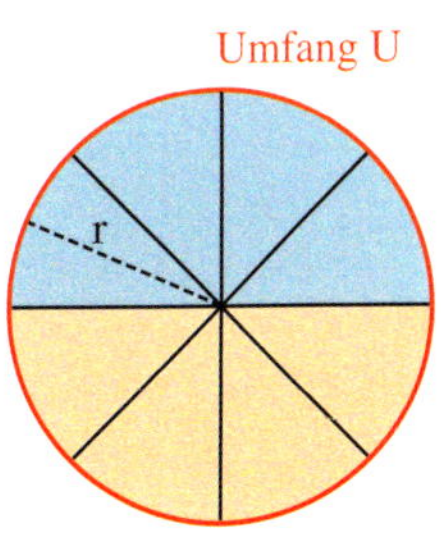

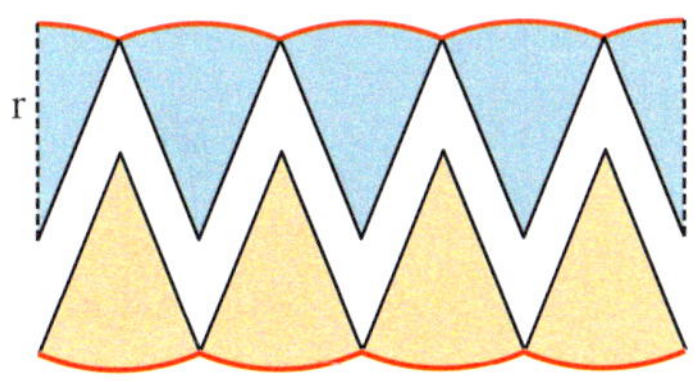

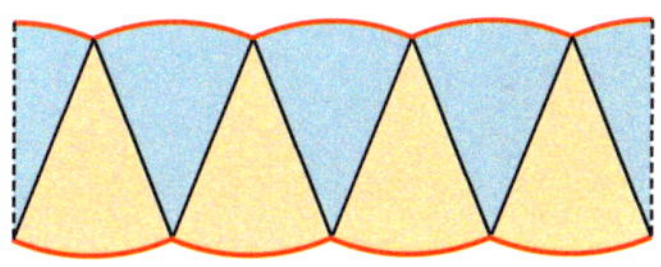

Erhöht man die Anzahl der Sektoren immer weiter, so nähert sich die neu angeordnete Fläche immer mehr einem Rechteck mit der Länge $\frac{1}{2}$ U und der Breite r an:

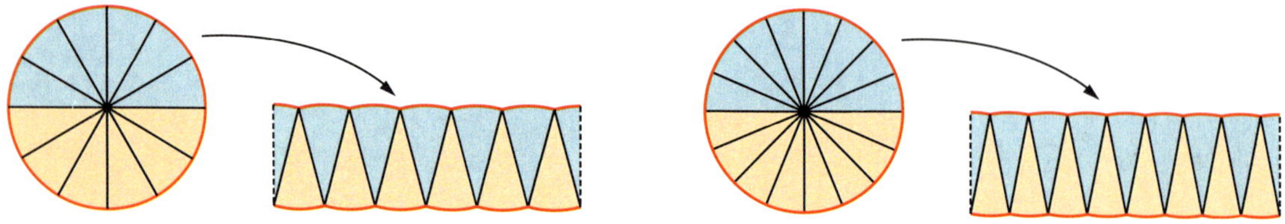

Der Kreis und dieses Rechteck haben den gleichen Flächeninhalt:
$A_{Kreis} = A_{Rechteck} = \frac{1}{2}U \cdot r = \frac{1}{2} \cdot 2\pi r \cdot r = \pi \cdot r^2$

> Ein Kreis mit dem Radius r hat den Flächeninhalt $A = \pi \cdot r^2$.

Bemerkungen
Jedem Kreisradius r wird durch die Funktionen $U: r \mapsto 2\pi \cdot r$ bzw. $A: r \mapsto \pi \cdot r^2$ der Umfang bzw. der Flächeninhalt des zugehörigen Kreises zugeordnet.
Die Funktion $U: r \mapsto 2\pi \cdot r$ ist ein Beispiel für eine proportionale Funktion, die Proportionalitätskonstante ist 2π.
Die Funktion $A: r \mapsto \pi \cdot r^2$ ist weder proportional noch umgekehrt proportional.

Beispiel 1
Ein Baumstamm hat in Augenhöhe einen Umfang von 1,31 m. Die Rinde ist 2 cm dick.
Welchen Durchmesser hat der Stamm an dieser Stelle ohne Rinde?
Lösung:
Durchmesser d des Stammes mit Rinde: $d = U : \pi \approx 131\,\text{cm} : 3{,}14 \approx 42\,\text{cm}$.
Durchmesser d_1 des Stammes ohne Rinde: $d_1 = d - 4\,\text{cm} \approx 42\,\text{cm} - 4\,\text{cm} = 38\,\text{cm}$.

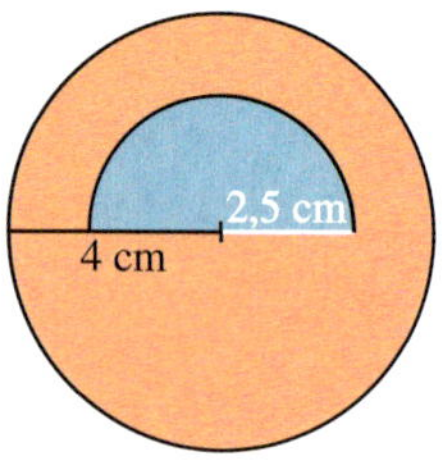

Beispiel 2
Berechne den Inhalt der roten Fläche und beschreibe dein Vorgehen.
Lösung:
Hierzu muss der Flächeninhalt des blauen Halbkreises (Radius $r_1 = 2{,}5\,\text{cm}$) vom Flächeninhalt des gesamten Kreises (Radius $r_2 = 4\,\text{cm}$) abgezogen werden:
$A = A_{Kreis} - A_{Halbkreis} = \pi \cdot (4\,\text{cm})^2 - \frac{1}{2}\pi \cdot (2{,}5\,\text{cm})^2 \approx 3{,}14 \cdot (16\,\text{cm}^2 - \frac{1}{2} \cdot 6{,}25\,\text{cm}^2) \approx 40{,}4\,\text{cm}^2$

Aufgaben

Lösungssalat zu 3 (gerundete Maßzahlen):

3
Berechne Flächeninhalt und Umfang des Kreises mit dem Radius r (Durchmesser d).
a) r = 12 cm b) d = 2,4 dm c) d = 3,4 cm
d) $r = \frac{3}{4}$ m e) d = 2,1 km f) r = 0,25 cm
g) Welche Objekte könnten diese Radien bzw. Durchmesser haben?

4
Begründe: Die Funktion $A: r \mapsto \pi \cdot r^2$ ist keine proportionale Funktion.

5
a) Berechne die Länge der Linie.

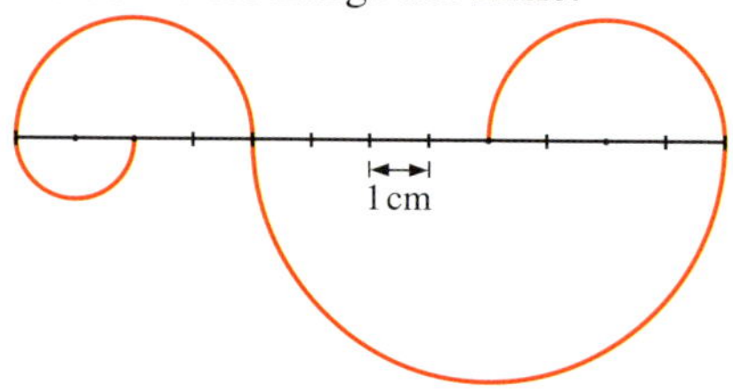

b) Zeichne mit dem Zirkel selbst ähnliche Linien und bestimme deren Längen.

6
Berechne Umfang und Flächeninhalt der gefärbten Flächen.

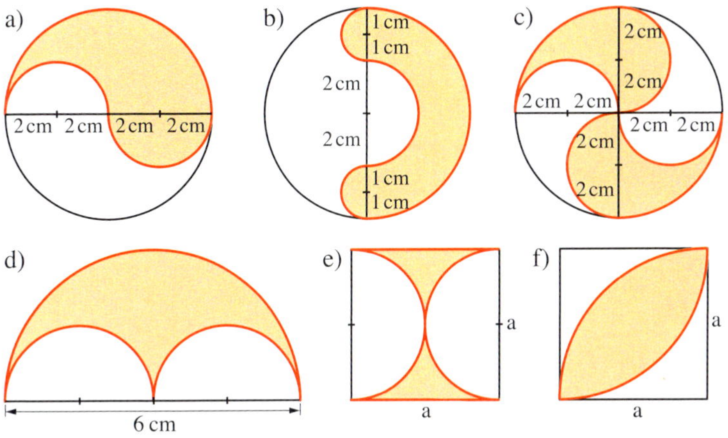

7
Zeichne die Graphen der Funktionen
U: $r \mapsto 2\pi \cdot r$ und A: $r \mapsto \pi \cdot r^2$.

8

Um den Wassereimer aus dem alten Brunnen heraufzuholen, muss man die Winde 13-mal drehen. Dabei wickelt sich das Seil um die Trommel (Durchmesser d = 20 cm). Schätze die Tiefe des Brunnens ab.

9
Richtig oder falsch?

a) Eine Pizza mit doppeltem Durchmesser reicht für doppelt so viele Leute.

b) Eine Pizza mit doppeltem Umfang wiegt auch doppelt so viel.

c) Eine Pizza mit doppeltem Durchmesser kostet viermal so viel.

10

a) Eine Euro-Münze hat den Umfang 6,6 cm. Um welche Münze handelt es sich?

b) Um wie viel Prozent ist die vordere Fläche einer 1-ct-Münze kleiner als die einer 2-€-Münze?

c) Um wie viel Prozent ist die vordere Fläche einer 2-€-Münze größer als die einer 1-ct-Münze?

d) Bestimme den Inhalt der gesamten Oberfläche einer 1-€-Münze (2-€-Münze).

11
Das Pulvermaar in der Eifel ist ein fast kreisförmiger See vulkanischen Ursprungs. Ist es möglich, in einer Stunde um das Maar herumzuwandern?

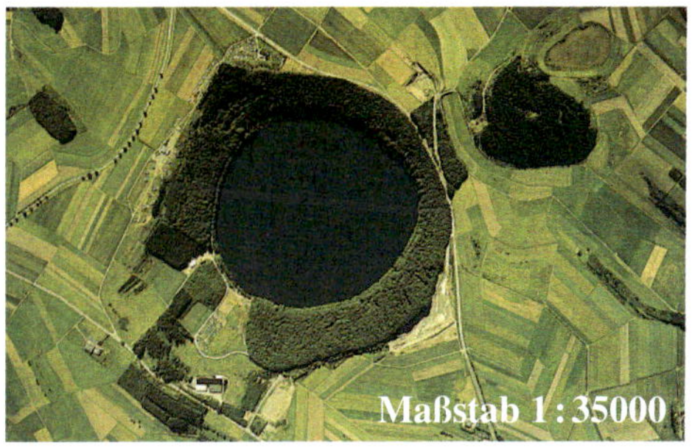

12
Der Fernsehsatellit ASTRA steht scheinbar am Himmel still, da er die Erde in genau 24 Stunden in Richtung der Erddrehung umkreist. Sein Abstand von der Erdoberfläche beträgt 35 900 km, der Erdradius 6370 km. Berechne die Geschwindigkeit des Satelliten auf seiner Bahn.

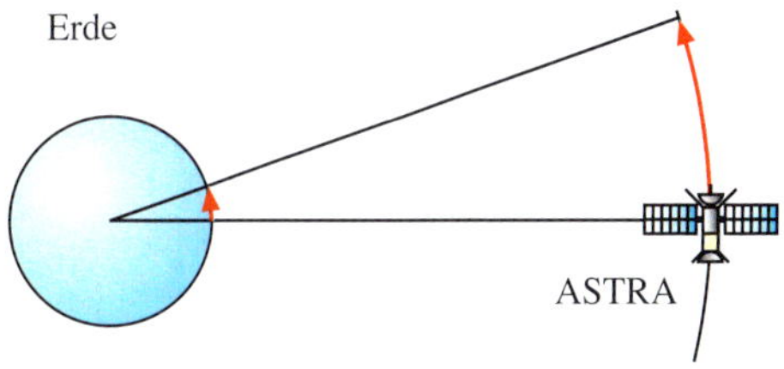

13
Um eine Kugel (z. B. um einen Fußball mit dem Radius r = 11 cm) wird eine Schnur straff gespannt, so dass ein Kreis entsteht, der den Mittelpunkt der Kugel enthält. Nun wird die Schnur um 1 m verlängert; sie soll danach überall gleich weit von der Kugeloberfläche abstehen. Könnte nun eine Maus zwischen Schnur und Kugeloberfläche durchlaufen? Wie verhält sich dies bei der (idealisiert als Kugel angenommenen) Erdkugel (Erdradius r = 6370 km)?

G 14
Berechne:

a) $\dfrac{2-0{,}4:\frac{1}{5}}{\frac{3}{7}\cdot\left(-2\frac{1}{3}\right)-1}$ b) $-3^2\cdot\left[5-0{,}75\cdot\left(-\frac{4}{3}\right)\right]$

Thema:

Funktionsplotter

Auch Tabellenkalkulationsprogramme lassen sich als Funktionsplotter verwenden, indem man zu Wertetabellen Diagramme erstellen lässt.

Weitere Beispiele:

$f{:}\,x \mapsto \frac{1}{3}x(x + x^3)$

f(x) = 1/3*x*(x+x^3)

$f{:}\,x \mapsto \frac{2x}{x-2}$

f(x) = (2*x)/(x-2)

Es gibt zahlreiche Computerprogramme, sogenannte Funktionsplotter, mit deren Hilfe Graphen von Funktionen $f\colon x \mapsto f(x)$ auf einfache Weise gezeichnet und Wertetabellen erstellt werden können. Hat man den Funktionsplotter gestartet, muss zunächst in das dafür vorgesehene Feld der Funktionsterm eingegeben werden, wobei die genaue Eingabeform vom jeweiligen Programm abhängt. Für die Funktion $f\colon x \mapsto 0{,}5\,x^2 - 2$ könnte dies zum Beispiel folgendermaßen aussehen:

f(x) = 0.5*x^2-2

Für die Eingabe von Exponenten muss meist die ^ – Taste verwendet werden (sie befindet sich auf der Tastatur links oben neben der 1 – Taste und erscheint erst nach Eingabe des Exponenten).

Manche Programme akzeptieren bei Dezimalbrüchen kein Komma und verlangen einen Punkt.

Vor Variablen und vor Klammern muss in der Regel ein Malpunkt (*–Taste) gesetzt werden.

Häufig hat das Programm für den x-Bereich eine vorgegebene Grundeinstellung, die man aber verändern kann.

Zeichnen des Graphen

In der Regel muss man dem Programm noch „mitteilen", welcher Ausschnitt der x-Achse (und eventuell auch der y-Achse) beim Zeichnen des Koordinatensystems gewählt werden soll. Wir wählen für die Funktion $f\colon x \mapsto 0{,}5\,x^2 - 2$ beispielsweise folgende Bereiche:

x - Bereich von -3 bis 5
y - Bereich von -3 bis 5

Das Ergebnis könnte dann so aussehen:

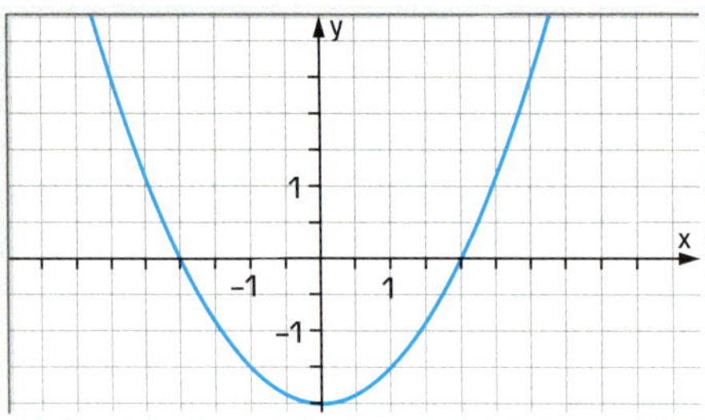

Wertetabelle

Die meisten Programme bieten die Möglichkeit, eine Wertetabelle anzuzeigen. Dies kann z. B. hilfreich sein, um Funktionswerte an bestimmten Stellen genauer zu untersuchen. Dem Progamm muss „mitgeteilt" werden, zwischen welchen x-Werten die Tabelle erstellt werden soll und wie groß die sogenannte Schrittweite zwischen je zwei x-Werten sein soll. Wir wählen für die Funktion $f\colon x \mapsto 0{,}5\,x^2 - 2$ z. B. eine Schrittweite von 0,05. Es ergibt sich etwa folgende Anzeige:

x	f(x)
-0.30	-1.9550
-0.25	-1.9688
-0.20	-1.9800
-0.15	-1.9888
-0.10	-1.9950
-0.05	-1.9988
0.00	-2.0000
0.05	-1.9987
0.10	-1.9950
0.15	-1.9887

Startwert: -5
Endwert: 5
Schrittweite: 0.05

1

Notiere den in einem Funktionsplotter eingegebenen Term mathematisch korrekt.

a) –1.2*x + x^2 b) 1/3*x*(x – 2)^2
c) (2*x)^2/(x – 1) d) –2*x/(x + 1/4)

2

Plotte den Graphen der Funktion im Bereich $-5 < x < 5$.

a) $x \mapsto -x^2 + x + 4$ b) $x \mapsto \frac{1}{10}x^3 - x - 1$
c) $x \mapsto (x-2)(x+3)$ d) $x \mapsto 5x : (x^2 + 1)$

3

Bestimme mit Hilfe des Graphen und einer Wertetabelle diejenigen x-Werte auf zwei Nachkommastellen genau (d. h., es wird eine Schrittweite von 0,01 benötigt), für die die Funktion positive Funktionswerte besitzt.

a) $x \mapsto x^2 - 2{,}4$ b) $x \mapsto -x^2 - 3x + 7$
c) $x \mapsto x^2 - 2x - 5$ d) $x \mapsto x^2 + 5x + 15$
e) $x \mapsto x^3 + x + 1$ f) $x \mapsto 0{,}1\,x^3 - 10\,x$
g) $x \mapsto \frac{2}{x} - 5$ h) $x \mapsto \frac{3x}{x+3}$

Graphischer Fahrplan

Will man wissen, wann z. B. ein Zug von Nürnberg nach Würzburg fährt, so schaut man in einem Fahrplan oder im Kursbuch der Deutschen Bahn nach. Die Bahn selbst benutzt darüber hinaus noch graphische Fahrpläne, sog. **Bildfahrpläne**. Die Abbildung zeigt einen Ausschnitt des Jahresfahrplans 2006 für die Strecke Würzburg – Nürnberg in der Zeit zwischen 7:00 Uhr und 8:15 Uhr.
Der Bildfahrplan enthält alle Züge in beiden Richtungen. Die Graphen der Personenzüge sind schwarz (mit dicken Linien für Fernzüge), die der Güterzüge blau.
Die wichtigste Bedeutung des Bildfahrplans liegt darin, dass mit ihm festgestellt werden kann, ob zusätzliche Züge eingeschoben werden können und welche Folgen Zugverspätungen haben.

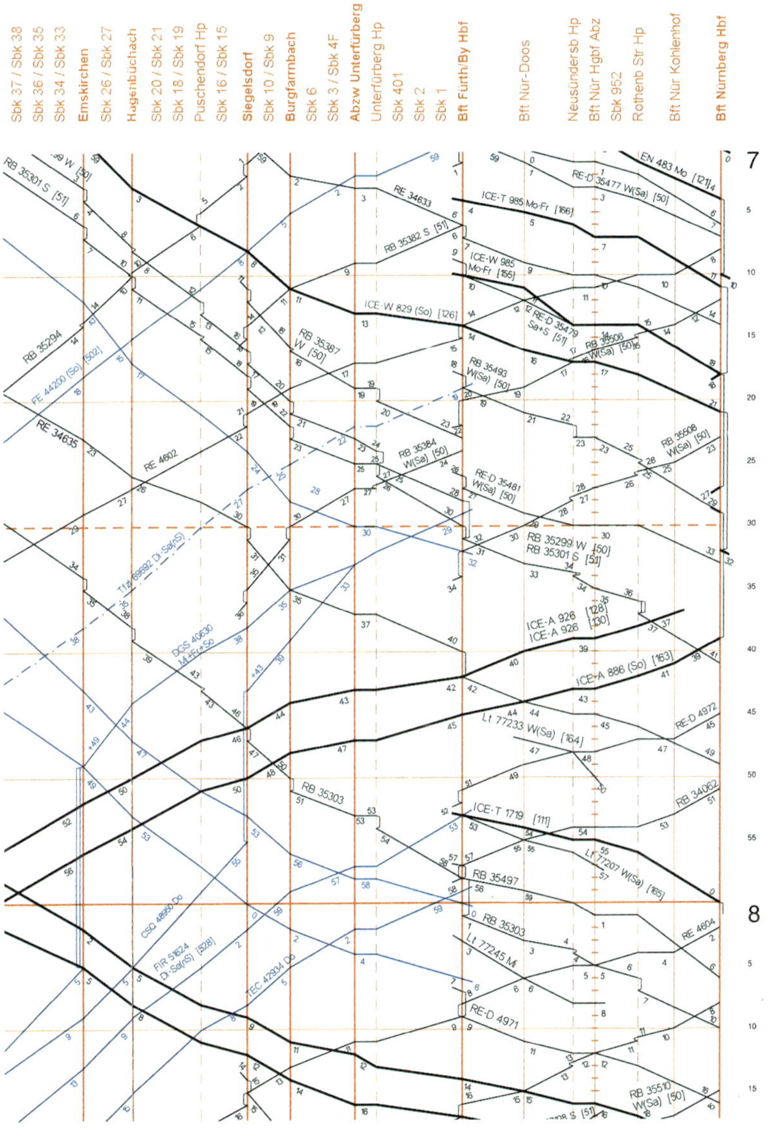

1

a) Wie viele Fernzüge fahren zwischen 7 Uhr und 8 Uhr durch Fürth, wie viele in Richtung Nürnberg bzw. Würzburg? Wie erklärt sich, dass der ICE-T 985 nur auf dem Abschnitt Nürnberg-Fürth eingezeichnet ist?

b) Auf der Strecke Nürnberg – Fürth kommt dem ICE-T 1719 ein anderer Zug entgegen. Um welchen Zug handelt es sich? Bei welchem Ort und um welche Zeit etwa begegnen sie sich?

c) Das Zeichen W(Sa) hinter der Zugnummer bedeutet, dass der Zug werktags außer samstags verkehrt, das Zeichen (So), dass er nur sonntags nicht fährt.
Wie viele Regionalzüge kommen werktags zwischen 7 Uhr und 8 Uhr in Nürnberg an, wie viele am Sonntag? Warum fahren die Woche über in dieser Zeit mehr Züge in Richtung Nürnberg als umgekehrt?

2

a) Die auf dem graphischen Fahrplan eingezeichnete Linie für den ICE-W 985 hat mehrfach einen Knick, z. B. bei Nürnberg-Doos. Was bedeutet dies?

b) Wie erkennt man am graphischen Fahrplan, dass zwei Züge gleich schnell fahren? Suche Beispiele, auch für Güterzüge, heraus.

c) Auf welcher Teilstrecke fährt der ICE-A 886 (So) am schnellsten?

Rückblick

Funktionsbegriff
Eine Zuordnung $x \mapsto y$, die jedem Wert für x jeweils nur einen einzigen Wert für y zuordnet, heißt Funktion.

Ein Graph ist nur dann Graph einer Funktion, wenn jede Parallele zur y-Achse den Graphen in höchstens einem Punkt schneidet.

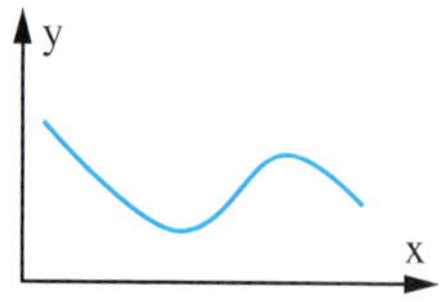

Funktionsgraph

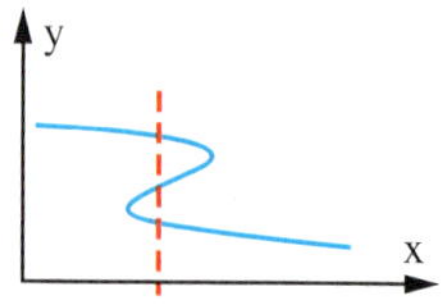

kein Funktionsgraph

Funktion und Term
Jeder Term $f(x)$ legt eine Funktion $f: x \mapsto f(x)$ (mit $x \in D_f$) fest.
Die Menge aller Zahlen, für die bei einer Funktion f ein Funktionswert berechnet werden soll, nennt man Definitionsmenge D_f.
Ist keine Definitionsmenge angegeben, so ist die maximale Definitionsmenge gemeint.

Ein Punkt $P(x|y)$ liegt auf dem Graphen G_f, wenn die Koordinaten von P die Funktionsgleichung $y = f(x)$ erfüllen.

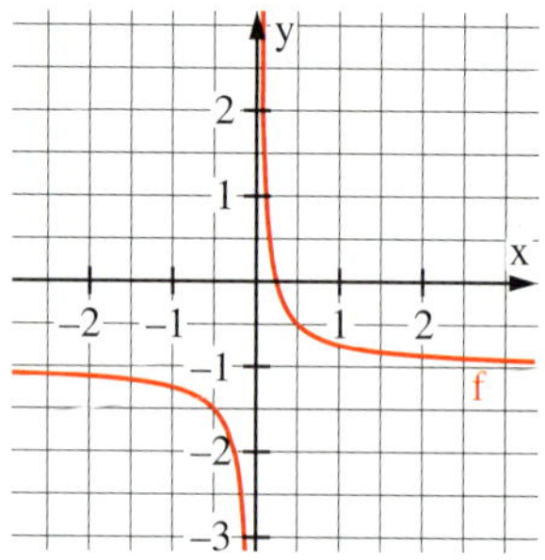

$f(x) = \frac{1}{4x} - 1$
$D_f = \mathbb{Q}\setminus\{0\}$

Wegen
$f(1) = \frac{1}{4} - 1$
$= -\frac{3}{4}$
gilt:
$P\left(1 \middle| -\frac{3}{4}\right) \in G_f$

Nullstelle einer Funktion
Die x-Koordinate eines Schnittpunktes eines Funktionsgraphen G_f mit der x-Achse heißt Nullstelle der Funktion f.
Eine Nullstelle der Funktion f ist die Lösung der Gleichung $f(x) = 0$.

f hat eine Nullstelle bei $x = 0{,}25$.

Proportionale Funktionen
Der Graph einer proportionalen Funktion $f: x \mapsto m \cdot x$ weist eine konstante Steigung auf und verläuft durch den Ursprung und den Punkt $P(1|m)$.
Der Faktor m gibt an, wie stark der Graph steigt $(m > 0)$ oder fällt $(m < 0)$ und wird Steigung genannt.

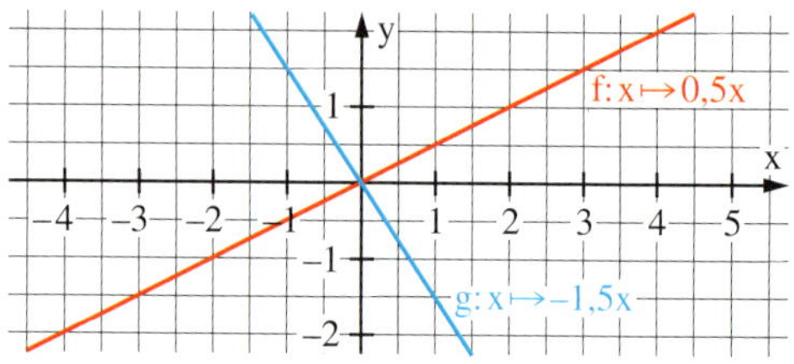

Umfang und Flächeninhalt eines Kreises
Ein Kreis mit dem Radius r hat
den Umfang $U = 2\pi \cdot r$ und
den Flächeninhalt $A = \pi \cdot r^2$.

Dabei ist $\pi \approx 3{,}14$ die Kreiszahl.

Für einen Kreis mit dem Durchmesser $d = 3{,}4\,m$ und damit dem Radius $r = 1{,}7\,m$ gilt:
Umfang: $U = 2\pi \cdot r = \pi \cdot d$
$\approx 3{,}14 \cdot 3{,}4\,m \approx 10{,}7\,m$
Flächeninhalt: $A = \pi \cdot r^2 = \pi \cdot (1{,}7\,m)^2$
$\approx 3{,}14 \cdot 2{,}89\,m^2 \approx 9{,}1\,m^2$

Aufgaben zum Üben und Wiederholen

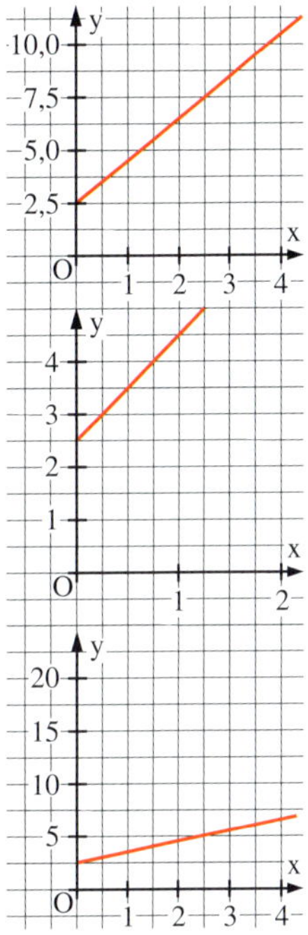

Die Lösungen zu den Aufgaben dieser Seite findest du auf den Seiten 166 bis 168.

1

Beschreibe, woran man erkennen kann, dass ein Graph kein Funktionsgraph sein kann.

2

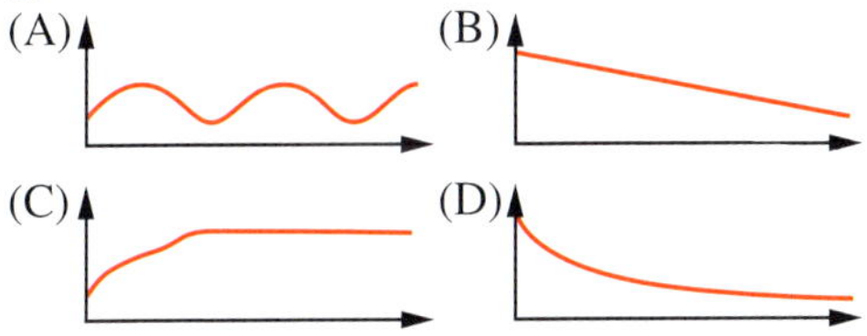

a) Welcher Graph gehört zu welcher Funktion? Ordne sinnvoll zu.
   (1) *Brenndauer ↦ Höhe einer Kerze*
   (2) *Alter eines Menschen ↦ Körpergröße*
   (3) *Zeit ↦ Höhe einer Schaukel*
   (4) *Zeit ↦ Temperatur eines sich abkühlenden Tees*

b) Zeichne die Graphen in dein Heft und beschrifte die Achsen sinnvoll (einschließlich der Zahlenskala).

c) Der sich abkühlende Tee wird wieder gleichmäßig erwärmt, nachdem er sich auf 50 % der Ausgangstemperatur abgekühlt hat. Zeichne einen Graphen in das Diagramm zu (4) ein, der dies beschreibt.

3

Christian behauptet, dass die drei Graphen (auf der Randspalte) zur selben Funktion gehören. Hat er recht? Begründe.

4

a) Eine 10 cm lange Kerze brennt in 4 h gleichmäßig ab. Zeichne den Graphen der Funktion k: *Brenndauer ↦ Kerzenhöhe.*

b) Zeichne ebenso einen Graphen für den Fall, dass die Kerze nach ein bzw. drei Stunden Brenndauer jeweils eine Stunde lang nicht brennt.

5

Gib Funktionsterm und Definitionsmenge an. Zeichne den Graphen der Funktion.

a) r: *Zahl ↦ Hälfte der Zahl*

b) f: *Zahl ↦ Quadrat der um drei erhöhten Zahl*

c) k: *Zahl ↦ Kehrwert der um drei verminderten Zahl*

6

Gib jeweils zwei verschiedene Funktionen an, die die angegebene maximale Definitionsmenge haben.

a) $D_f = \mathbb{Q}$ b) $D_g = \mathbb{Q}\setminus\{0\}$

c) $D_h = \mathbb{Q}\setminus\{-2\}$ d) $D_k = \mathbb{Q}\setminus\left\{\frac{1}{3}\right\}$

7

Zeichne jeweils den Graphen der Funktion. Gib die Nullstellen an. Für welche x-Werte sind die Funktionswerte kleiner null?

a) a: $x \mapsto 2x - 3$ b) b: $x \mapsto x^2 - 4$

c) c: $x \mapsto \frac{2}{x} + 1$ d) d: $x \mapsto \frac{1}{x-2} - \frac{1}{2}$

e) e: $x \mapsto 7 + 1\frac{1}{6}x - 2{,}5 - 2\frac{2}{3}x - 2\frac{1}{4}$

f) f: $x \mapsto 4x - 5 - 2^2x^2 - 5x + 3x^2 + 7$

g) Beschreibe den Verlauf des Graphen G_f.

8

Die Rasenfläche innerhalb einer Laufbahn besteht aus einem Rechteck und zwei Halbkreisen (Radius jeweils r = 36,50 m). Die innerste der 8 Bahnen hat einen Innenrand der Länge 400 m. Jede Bahn ist 1,20 m breit.

a) Wie lang sind die geraden Stücke der Laufbahn?

b) Wie groß ist der Inhalt der Rasenfläche?

c) Welche Kurvenvorgabe muss ein Läufer bei einem 400-m-Lauf auf der äußersten Bahn bekommen?

9

Alle Teilstrecken entlang der schwarzen Linie haben die Länge x.

Wie lang ist die Strecke x, wenn die Länge der roten Linie aus Halbkreisen 31,4 cm beträgt? (Rechne mit π = 3,14).

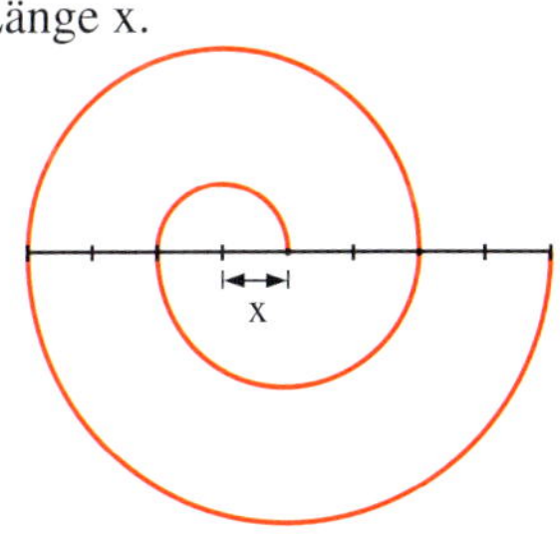

1 Lineare Funktionen

Umgangssprachlich wird häufig von „Gewicht“ gesprochen, wo physikalisch korrekt eigentlich „Masse“ gemeint ist.

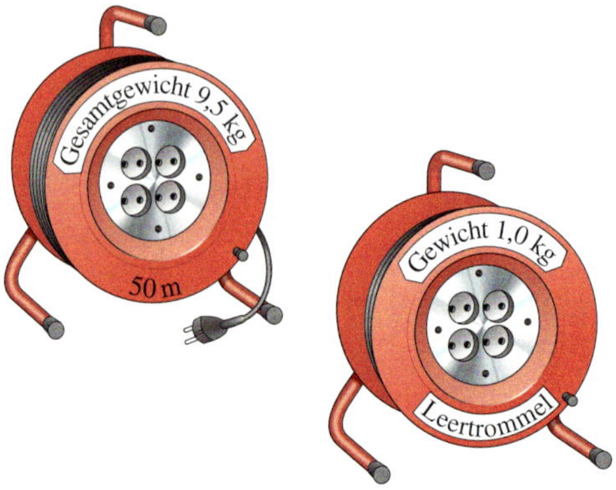

1
In einem Fachgeschäft werden leere Kabelrollen und Kabelrollen mit Kabeln verschiedener Länge verkauft.
a) Gib das Gesamtgewicht einer Trommel mit 20 m, 30 m bzw. 40 m Kabel an.
b) Liegt eine Proportionalität vor?
c) Zeichne die Graphen der Funktionen
f: *Kabellänge* (in m) $\mapsto$ *Gewicht des Kabels* (in kg) und
g: *Kabellänge* (in m) $\mapsto$ *Gesamtgewicht* (in kg)

2
a) Zeichne die Graphen der Funktionen in ein Koordinatensystem.
f: $x \mapsto 2x$; g: $x \mapsto 2x + 4$; h: $x \mapsto 2x - 3$.
b) Was haben die Graphen gemeinsam und wodurch unterscheiden sie sich?

x	*−4*	*−2*	*1*	*3*
g(x)	*−2*	*−1*	*0,5*	*1,5*
f(x)	*0*	*1*	*2,5*	*3,5*

Vergleicht man die Funktionswerte der Funktionen g: $x \mapsto \frac{1}{2}x$ und f: $x \mapsto \frac{1}{2}x + 2$ zum selben x-Wert, so stellt man fest, dass sie sich um den Summanden 2 unterscheiden. Also erhält man den Graphen von f durch eine Verschiebung des Graphen von g um 2 LE parallel zur y-Achse.
Der Graph von f ist parallel zum Graphen von g. Daher nennt man auch hier den Faktor $\frac{1}{2}$ die **Steigung des Graphen**.

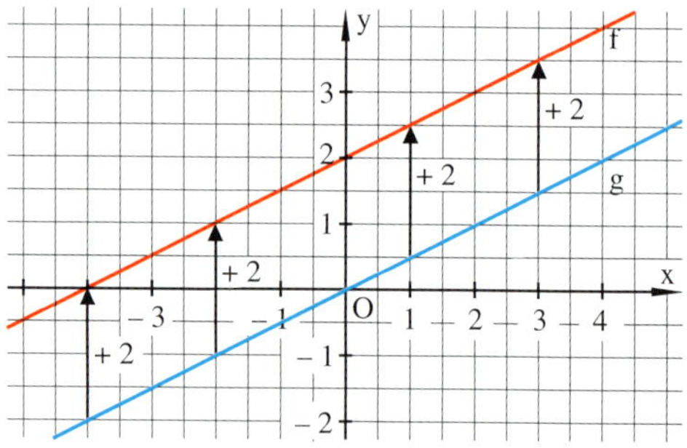

Wegen $f(0) = \frac{1}{2} \cdot 0 + 2 = 2$ schneidet der Graph von f die y-Achse im Punkt P(0|2).
Der Summand 2 im Funktionsterm von f gibt also an, wo der Graph von f die y-Achse schneidet, und wird daher als **y-Achsenabschnitt des Graphen** bezeichnet.

> Eine Funktion f: $x \mapsto mx + t$ mit $m, t \in \mathbb{Q}$ heißt **lineare Funktion**.
> Der Graph einer linearen Funktion f: $x \mapsto mx + t$ ist eine Gerade.
> Die Zahl m gibt die Steigung, die Zahl t den y-Achsenabschnitt des Graphen an.

Bemerkung
Umgekehrt gilt: Eine Funktion, deren Graph eine Gerade ist, ist eine lineare Funktion.
Daher bezeichnet man die zum Funktionsterm $f(x) = mx + t$ einer linearen Funktion gehörende Gleichung $y = mx + t$ auch als Geradengleichung.

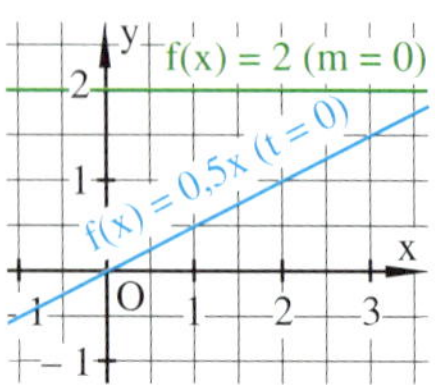

Sonderfälle
Der Graph einer linearen Funktion mit der Steigung $m = 0$ ist eine Parallele zur x-Achse.
Eine lineare Funktion mit dem y-Achsenabschnitt $t = 0$ ist eine proportionale Funktion.

Es gibt verschiedene Möglichkeiten, den Graphen einer linearen Funktion $x \mapsto mx + t$ zu zeichnen:

(1) Da der Graph die y-Achse im Punkt $P(0|t)$ schneidet, markiert man zuerst diesen Punkt.
Einen zweiten Punkt Q erhält man, indem man von P aus um 1 LE nach rechts und um m LE nach oben geht.
Die Gerade durch die beiden markierten Punkte P und Q ist der Graph der Funktion.

(2) Man berechnet die Funktionswerte für zwei unterschiedliche x-Werte und erhält so die Koordinaten für zwei Punkte, durch die die Gerade festgelegt ist.

Für eine gute Zeichengenauigkeit ist es günstig, die zwei x-Werte so zu wählen, dass die Punkte nicht zu nahe beieinander liegen.

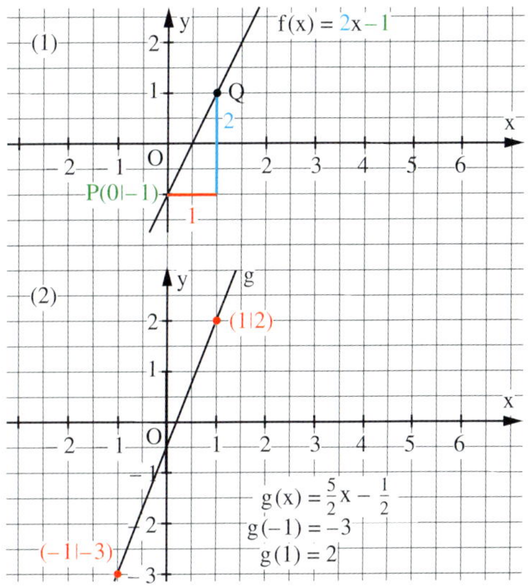

Beispiel 1

Zeichne die Graphen folgender Funktionen und gib jeweils Steigung und y-Abschnitt an.

f: $x \mapsto 2x - 3$ g: $x \mapsto 2 - 3x$ h: $x \mapsto \frac{4}{3}x - 2$ k: $x \mapsto -0{,}8x + 1$

Lösung:

$m = 2;\ t = -3$ $m = -3;\ t = 2$ $m = \frac{4}{3};\ t = -2$ $m = -0{,}8 = -\frac{4}{5};\ t = 1$

Ist m ein Bruch, z. B. $\frac{4}{3}$, so geht man besser 3LE nach rechts und 4LE nach oben, statt 1LE nach rechts und $\frac{4}{3}$LE nach oben zu gehen.

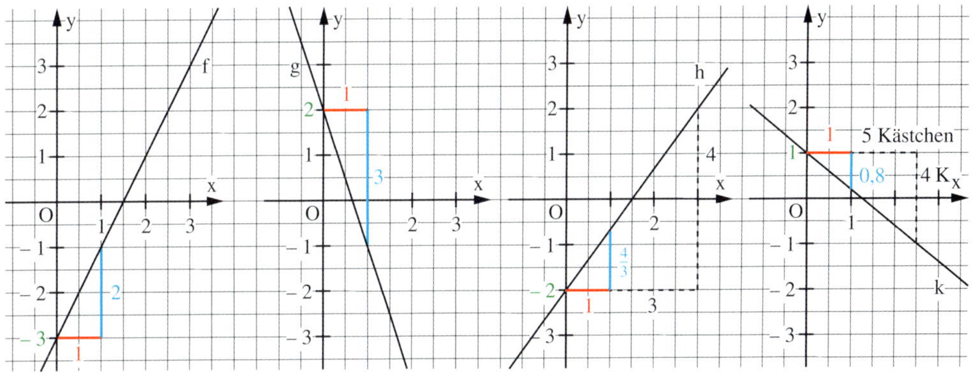

Beispiel 2

Ein Schwimmbecken mit einem Fassungsvermögen von $75\,m^3$ wird durch eine Pumpe mit gleich bleibender Pumpleistung geleert.
Nach 15 Minuten sind noch $72{,}6\,m^3$ Wasser im Becken.
Stelle eine Zuordnungsvorschrift für die Funktion *Zeit* (in min) $\mapsto$ *Wassermenge im Becken* (in m^3) auf und erkläre, wie du vorgehst.
Die Variable x soll für die Zeit in Minuten stehen.

Lösung:
Bei gleichmäßiger Pumpleistung ist die Funktion linear.
Der Ansatz lautet: $x \mapsto mx + t$.
t gibt den Funktionswert zur Zeit 0 an:
$t = 75\,m^3$
Die Steigung m ist bestimmt durch die Abnahme der Wassermenge pro min:
$m = \frac{-2{,}4\,m^3}{15\,min} = -0{,}16\,\frac{m^3}{min}$;
also
$x \mapsto -0{,}16\,\frac{m^3}{min} \cdot x + 75\,m^3$

Aufgaben

Lösungssalat zu 3 d) e) f):

Kleine aber feine Unterschiede bei den Bezeichnungen:
Die Funktionsvorschrift $f: x \mapsto mx + t$,
der Funktionsterm $f(x) = mx + t$,
die Funktionsgleichung $y = mx + t$

3
Gib die Steigung m und den Punkt $P(0|t)$ an.

a) $f(x) = 0{,}5x + 3$ b) $f(x) = 2x - 1$
c) $f(x) = x$ d) $f(x) = 1$
e) $f(x) = 2 - 0{,}3x + \frac{1}{2}$ f) $f(x) = 2x - 1 + x$

4
Zeichne den Graphen der linearen Funktion.

a) $f: x \mapsto 1{,}5x + 1$ b) $g: x \mapsto x - 2$
c) $h: x \mapsto \frac{3}{4}x - 1$ d) $k: x \mapsto 0$
e) $m: x \mapsto -1{,}8x$ f) $n: x \mapsto 3 + 2{,}5x$
g) $p: x \mapsto -x$ h) $q: x \mapsto -3{,}5 - \frac{1}{2}x$

5
Zeichne den Graphen der Funktion $f: x \mapsto 1{,}5x - 3$ und gib eine Funktion g an, deren Graph zum Graphen von f parallel ist und die y-Achse bei –2 schneidet.

6
Welche Wertetabellen können zu linearen Funktionen gehören, welche nicht? Begründe deine Entscheidungen.

a)

x	1	2	4	5	7	18
f(x)	4	5	7	8	10	11

b)

u	–0,5	0,5	1	3	3,5
g(u)	–2	–5	–6,5	–12,5	–15

c)

t	0,1	0,3	0,5	–0,1
f(t)	100	–100	–300	300

7

Wer hat recht? Begründe deine Antwort.

8
a) Gib jeweils den Funktionsterm von fünf linearen Funktionen an, deren Graphen durch den Punkt $P(0|-3{,}5)$ verlaufen.
b) Zeichne den Graphen der Funktion $g: x \mapsto 2x - 3$ und fünf weitere Funktionen mit einem Funktionsterm der Form $2x + t$. Was fällt dir auf?

9
Prüfe, ob die Punkte auf der Geraden mit der Gleichung $y = -2x + 1$ liegen.

a) $P(5|-9)$ b) $Q(-3|6)$
c) $R\left(\frac{3}{4}\middle|-\frac{1}{2}\right)$ d) $S(2{,}5|-3{,}5)$

10
Bestimme geschickt zwei Punkte des jeweiligen Graphen und zeichne ihn.

a) $f(x) = \frac{3}{2}x + 5$ b) $g(x) = -1{,}2x + 6$
c) $h(x) = -\frac{1}{3}x - \frac{2}{3}$ d) $k(x) = 1{,}8x - 3{,}2$

11
a) Gib für jede Gerade ihre Geradengleichung an.

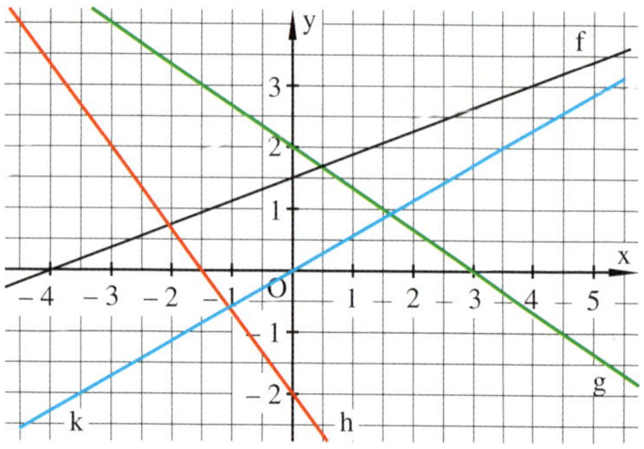

b) Gibt es eine lineare Funktion, die die x-Achse (die y-Achse) als Graphen hat? Begründe deine Antwort.
c) Welche Geraden in einem Koordinatensystem sind keine Graphen linearer Funktionen?

12
Welche der Funktionen sind linear?

a) $f(x) = 0{,}3 - 300x$ b) $g(x) = \frac{1}{x} + 4$
c) $h(x) = 5x^2 - 3x + 1$ d) $k(x) = \frac{5}{3}x - 2x$
e) $p(x) = \frac{1}{2}x \cdot 3x + 3$ f) $v(x) = 46x - 23$

13
Sind folgende Funktionen linear? Diskutiert eure Entscheidungen in der Klasse.

a) Beim Abspielen eines Videofilmes:
f: *Abspieldauer* ↦ *Länge des Bandes auf einer der beiden Spulen.*
b) Bei einer Bahnfahrt:
h: *Zeit* ↦ *Entfernung vom Zielbahnhof*
c) Findet selbst Funktionen und überlegt, ob sie linear sind.

14

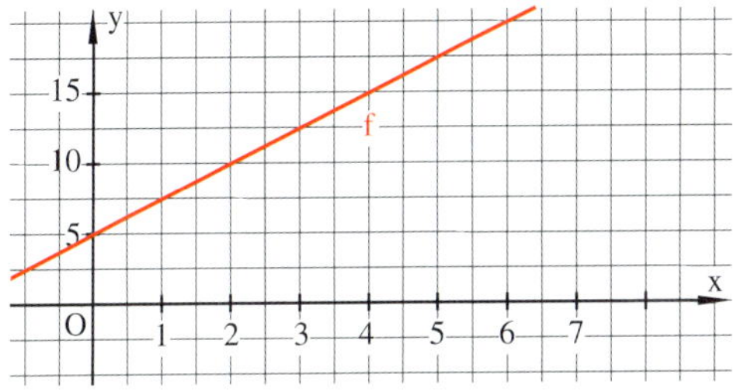

Bei dem obigen Koordinatensystem wurde auf der x-Achse eine andere Längeneinheit verwendet als auf der y-Achse. Gib die Zuordnungsvorschrift der Funktion f an, deren Graph gezeichnet ist. Berechne f(4) und überprüfe das Ergebnis am Graphen.

15

Im Chemieunterricht wurde Alkohol erhitzt. Zeitspannen und gemessene Temperaturen wurden in einer Tabelle notiert.

Zeit (in min)	0	1	$1\frac{1}{2}$	2	$2\frac{1}{2}$	3	$3\frac{1}{2}$	4	$4\frac{1}{2}$	5	6
Temperatur (in °C)	20	40	50	59	66	70	73	76	78	78	78

a) Trage die Messpunkte in ein Koordinatensystem ein.
b) Ist die Funktion
g: *Zeit* ↦ *Temperatur* linear?
c) Was kann man aus der Temperaturentwicklung herauslesen?

16

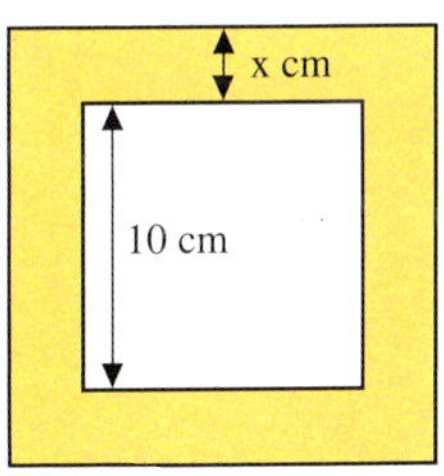

Um ein Quadrat mit der Seitenlänge 10 cm werden überall gleich breite Streifen gelegt, so dass wieder ein Quadrat entsteht.
Welche Funktionen sind linear?
Begründe deine Antworten.
a) f: *Breite des Streifens* ↦ *Umfang des neuen Quadrats.*
b) g: *Breite des Streifens* ↦ *Flächeninhalt des Streifens.*
c) h: *Breite des Streifens* ↦ *Flächeninhalt des neuen Quadrats.*

17

Informiere dich über verschiedene Tarife von Handy-Anbietern. Gibt es Tarife, deren Graph linear ist? Stelle entsprechende Funktionsvorschriften auf und zeichne die zugehörigen Graphen.

18

a) Zeichne die Graphen der Funktionen
f: $x \mapsto \frac{1}{3}x - 2$; g: $x \mapsto -x + 6$ und
h: $x \mapsto 2x + 3$ und gib die Koordinaten der Schnittpunkte an.
b) Die Graphen schließen ein Dreieck ein. Berechne dessen Flächeninhalt.
c) Konstruiere den Umkreis dieses Dreiecks.

19

Welche Funktionsgraphen kannst du bereits bekannten Funktionen zuordnen? Gib gegebenenfalls einen Funktionsterm an.

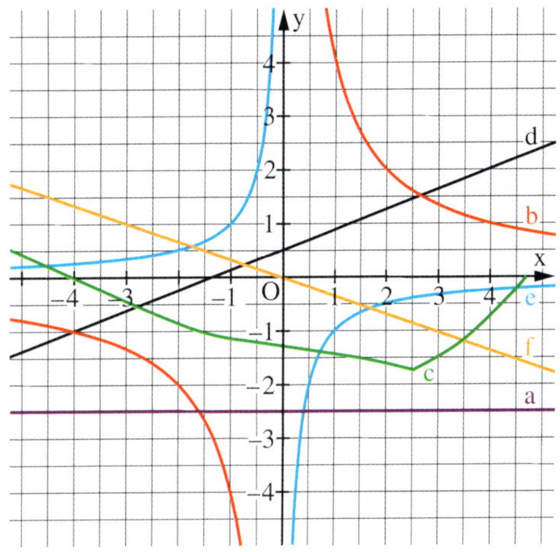

20

Aus einem 3 m langen Draht soll ein Drahtmodell einer Pyramide mit quadratischer Grundfläche hergestellt werden. Gib für die Funktion jeweils eine Funktionsvorschrift an.
a) f: *Länge einer Grundkante* ↦ *Länge einer Seitenkante*
b) g: *Länge einer Seitenkante* ↦ *Länge einer Grundkante*

G 21

Zeichne eine 5 cm lange Strecke [AB]. Konstruiere einen Kreis mit dem Mittelpunkt M und dem Radius 4 cm, der durch die Punkte A und B geht.
Wie kann man diejenigen Punkte des Kreises finden, die von M und A gleich weit entfernt sind?

2 Bestimmung des Funktionsterms

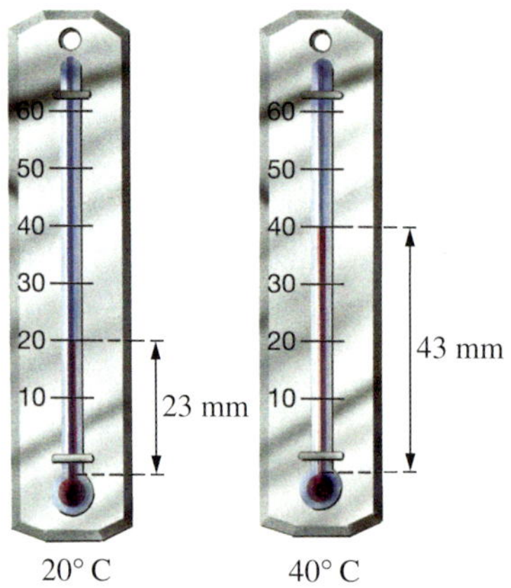

1

Flüssigkeitsthermometer werden so gebaut, dass die Funktion f: *Temperatur* ↦ *Höhe der Flüssigkeitssäule* linear ist. Wie viel Millimeter hoch ist die Flüssigkeitssäule bei einer Temperatur von 25 °C?

2

Zeichne die beschriebenen Geraden.
Welche Steigung haben sie jeweils?

a) Eine Gerade g geht durch $A(0|3)$ und $P(1|5)$.

b) Eine Gerade h geht durch $A(0|3)$ und $Q(2|4)$.

Eine Gerade kann man zeichnen, wenn man zwei Punkte der Geraden kennt oder wenn man einen Punkt der Geraden und ihre „Richtung" kennt.

Eine lineare Funktion $f: x \mapsto mx + t$ ist bereits festgelegt, wenn man
– zwei x-Werte mit den zugehörigen Funktionswerten kennt oder
– einen x-Wert mit dem zugehörigen Funktionswert und die Steigung des Graphen kennt.

2 Punkte sind gegeben.

Kennt man zwei Punkte des Graphen von f, z. B. $P(1|2)$ und $Q(4|4)$, so kann man zunächst die Steigung m mit Hilfe des **Steigungsdreiecks** berechnen.

Es gilt: $m = \frac{f(4) - f(1)}{4 - 1} = \frac{4 - 2}{3} = \frac{2}{3}$.

Also hat der Funktionsterm die Form $\frac{2}{3}x + t$.
Da $P(1|2)$ auf dem Graphen von f liegt, gilt $f(1) = 2$ und somit die Gleichung $\frac{2}{3} \cdot 1 + t = 2$.
Hieraus folgt $t = \frac{4}{3}$ und $f(x) = \frac{2}{3}x + \frac{4}{3}$.

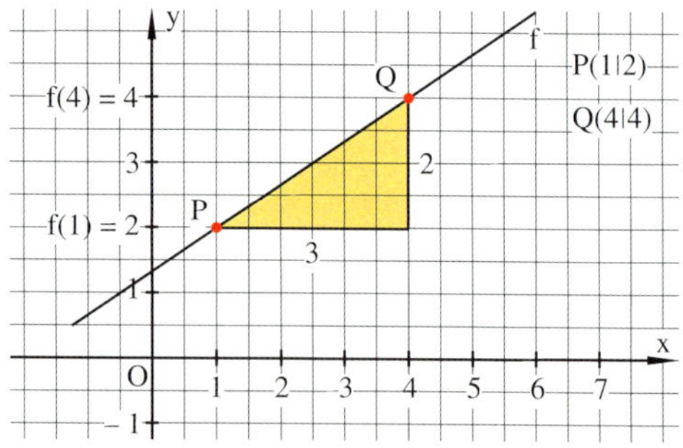

1 Punkt und die Steigung sind gegeben.

Kennt man von einer linearen Funktion einen Punkt des Graphen und die Steigung m, muss man nur noch, wie oben gezeigt, t bestimmen.

Im Allgemeinen gilt für zwei Punkte $P_1(x_1|y_1)$ und $P_2(x_2|y_2)$:

$$\frac{f(x_2) - f(x_1)}{x_2 - x_1} = \frac{(mx_2 + t) - (mx_1 + t)}{x_2 - x_1} = \frac{mx_2 + t - mx_1 - t}{x_2 - x_1} = \frac{mx_2 - mx_1}{x_2 - x_1} = \frac{m(x_2 - x_1)}{x_2 - x_1} = m$$

Sind $P_1(x_1|f(x_1))$ und $P_2(x_2|f(x_2))$ zwei verschiedene Punkte auf dem Graphen der linearen Funktion $f: x \mapsto mx + t$,
dann gilt: $m = \frac{f(x_2) - f(x_1)}{x_2 - x_1}$;
t erhält man, wenn man in $f(x) = mx + t$ die Steigung m und die Koordinaten eines Punktes des Graphen einsetzt und die Gleichung nach t auflöst.

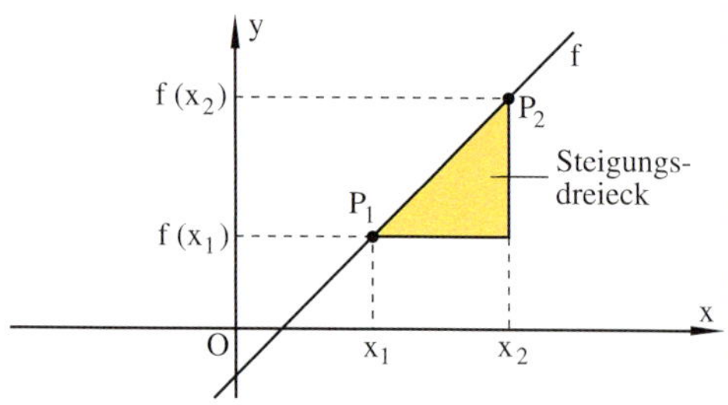

Beispiel 1
Eine lineare Funktion f hat die Steigung 1,5 und es gilt $f(2) = 0{,}5$. Bestimme die Funktionsvorschrift von f und beschreibe deine Vorgehensweise.
Lösung:
f ist linear, also gilt $f(x) = mx + t$. Die Steigung von f ist 1,5.
$f(x) = 1{,}5x + t$ Einsetzen von 2 in den Funktionsterm.
$f(2) = 0{,}5$, also $1{,}5 \cdot 2 + t = 0{,}5$ Auflösen nach t.
Also $t = 0{,}5 - 1{,}5 \cdot 2 = -2{,}5$
Die Funktionsvorschrift lautet $x \mapsto 1{,}5x - 2{,}5$.

Beispiel 2
Bestimme die Geradengleichungen $y = mx + t$ der gezeichneten Geraden g und h und erkläre deine Vorgehensweise.

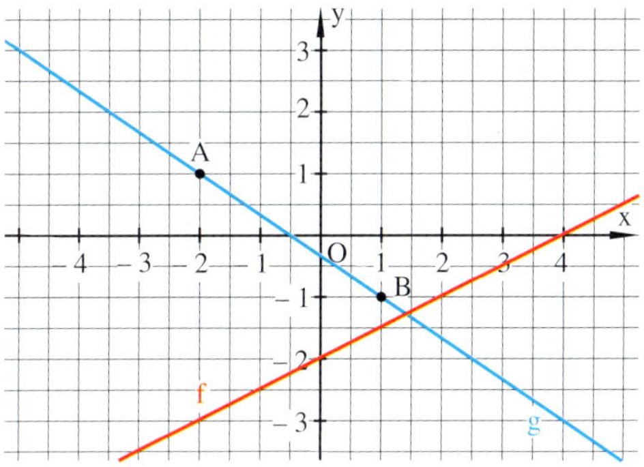

Lösung:
Die Gerade f schneidet die y-Achse in $(0|-2)$, also ist $t = -2$.
Denkt man sich ein Steigungsdreieck, so erkennt man, dass $m = \frac{1}{2}$ ist.
$$f\colon y = \tfrac{1}{2}x - 2$$
Da die Gerade g die y-Achse in keinem Gitterpunkt schneidet, bestimmt man zuerst m aus den abgelesenen Punkten $A(-2|1)$ und $B(1|-1)$:
$$m = \frac{-1-1}{1-(-2)} = -\frac{2}{3}$$
Also gilt: $g\colon y = -\frac{2}{3}x + t$.
Da $B(1|-1) \in g$ gilt: $-1 = -\frac{2}{3} \cdot 1 + t$
Man erhält $t = -\frac{1}{3}$ und damit $g\colon y = -\frac{2}{3}x - \frac{1}{3}$.

Aufgaben

3
Bestimme den Funktionsterm der linearen Funktion, deren Graph durch den Punkt P geht und die Steigung m hat.
a) $P(4|7)$, $m = -3$ b) $P(-2|5)$, $m = -\frac{1}{3}$
c) $P\left(\frac{1}{2}\middle|-\frac{3}{4}\right)$, $m = 2{,}1$ d) $P(2|-5)$, $m = 2$

4
Bestimme den Funktionsterm der linearen Funktion, deren Graph durch die Punkte A und B geht.
a) $A(2|3)$, $B(5|6)$ b) $A\left(\frac{1}{2}\middle|\frac{1}{4}\right)$, $B\left(-1\middle|-\frac{3}{4}\right)$
c) $A(-4|1)$, $B(4|5)$ d) $A\left(\frac{1}{2}\middle|0{,}8\right)$, $B(1{,}5|0)$
e) $A(0|-3)$, $B(1|-4)$ f) $A\left(-2\middle|\frac{5}{6}\right)$, $B\left(\frac{3}{2}\middle|\frac{1}{4}\right)$

5
Prüfe, ob die Punkte auf einer Geraden liegen.
a) $P(1|2)$, $Q(3|5)$, $R(-3|-4)$
b) $S(0{,}5|0{,}7)$, $T(-1|-0{,}5)$, $U(1|1{,}2)$
c) $E(0|0)$, $F(-50|45)$, $G(2|-1{,}8)$

6
Bestimme die Gleichungen der Geraden.

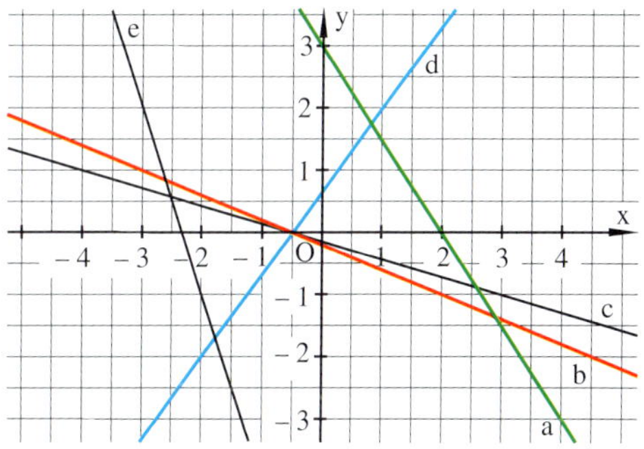

7
Die Tabelle gehört jeweils zu einer linearen Funktion. Übertrage die Tabelle ins Heft, ergänze die fehlenden Zahlen und gib jeweils eine Funktionsvorschrift an.

x	0	1	3	
a) f(x)	2	0		3
b) g(x)		1		–2

8
Zeichne in ein Koordinatensystem mehrmals jeweils zwei Geraden, die zueinander senkrecht stehen. Bestimme die zugehörigen Gleichungen. Was fällt dir auf?

9
Die Uhr von Thomas geht täglich 2 Minuten vor. Er stellt heute um 12.00 Uhr seine Uhr auf 11.55 Uhr. Wie viel Minuten geht die Uhr nach x Tagen vor?

10
Bei Autoreifen nimmt die Profiltiefe im Laufe der Zeit gleichmäßig ab. Deshalb überprüft sie Herr Mittermaier von Zeit zu Zeit. Nachdem er mit den neuen Sommerreifen 16 000 km zurückgelegt hat, betrug die Profiltiefe 6 mm; nach 24 000 km waren es noch 5 mm.
Löse die folgenden Aufgaben rechnerisch und zeichnerisch.
a) Wie viel km könnte Herr Mittermaier mit diesen Reifen fahren, wenn mindestens 1 mm Profiltiefe vorgeschrieben ist?
b) Um wie viel mm nimmt die Profiltiefe alle 10 000 km ab?
c) Welche Profiltiefe hatten die Reifen, als Herr Mittermaier sie kaufte?

11
In einer Klinik wird einem Patienten gleichmäßig aus einer Infusionsflasche eine Kochsalzlösung zugeführt. Nach einer halben Stunde sind noch 0,8 *l* in der Flasche, nach 2 Stunden sind es nur noch 0,2 *l*.
a) Zeichne den Graphen der Funktion
f: *Zeitdauer* $\mapsto$ *Flascheninhalt*.
Lies daran die Antworten ab.
(1) Wie viel Liter waren bei Infusionsbeginn in der Flasche?
(2) Wie viel Liter waren eine Stunde nach Infusionsbeginn in der Flasche?
(3) Wie viel Minuten nach Infusionsbeginn war die Flasche leer?
(4) Für welche x-Werte ist die Funktion sinnvoll definiert?
b) Gib einen Funktionsterm für die Funktion f an und überprüfe die Antworten, die du zuvor am Graphen abgelesen hast.

12
P(8|9) und Q(1|2) bestimmen eine Gerade g.
a) Bestimme den Term einer proportionalen Funktion h, deren Graph parallel zur Geraden g verläuft.
b) Bestimme den Term einer linearen Funktion p, deren Graph parallel zur Geraden g verläuft und durch R(1|–4) geht.

13
a) Zeichne vier beliebige Geraden in ein Koordinatensystem und lasse deinen Nachbarn die Funktionsvorschrift der zugehörigen Funktion bestimmen.
b) Welche der Funktionsvorschriften waren einfach, welche schwieriger zu bestimmen? Begründe.
c) Wie kannst du prüfen, ob die Funktionsvorschriften richtig bestimmt wurden?

14
Konstruiere das Spiegelbild der Geraden $g(x) = \frac{2}{3}x + 3$ bei einer Punktspiegelung am Zentrum Z(–1,5|0,5). Gib den Funktionsterm der gespiegelten Geraden an.

15
a) Der Punkt P(3|4) wird an dem Graphen der Funktion $f(x) = x$ gespiegelt. Bestimme die Koordinaten des Punktes P′.
b) Spiegele den Graphen der Funktion $g: x \mapsto \frac{1}{4}x + 1{,}5$ an der Geraden mit der Gleichung $y = x$. Wie lautet der Funktionsterm der gespiegelten Funktion?
c) Der Graph der linearen Funktion $h: x \mapsto mx + t$ mit $0 < m < 1$ wird am Graphen der Funktion $f(x) = x$ gespiegelt. Gib die Funktionsvorschrift der Funktion an, zu der der gespiegelte Graph gehört.

G 16
„In den ersten beiden Heimspielen haben wir unseren geplanten Zuschauerschnitt zwar einmal um 8 % unterschritten, dann aber um 23 % übertroffen“, sagt der Kassier des Vereins. „Wenn zum dritten Spiel 2890 Zuschauer kommen, liegen wir genau bei dem geplanten Durchschnitt.“ Mit wie vielen Zuschauern pro Spiel wurde geplant?

3 Lineare Funktionen und Gleichungen

1

Ein Lkw-Anhänger wiegt leer 3 t. Er wird durch eine Schüttanlage mit Kies beladen, die stündlich 40 t schafft. Der dargestellte Graph gehört zur Funktion f: *Schüttzeit* (in min) $\mapsto$ *Anhängergesamtgewicht* (in t).

a) Lies am Graphen ab, nach wie viel Minuten das zulässige Gesamtgewicht von 11,5 t erreicht ist.
b) Stelle einen Term für die Funktion f auf.
c) Berechne die Antwort zu a).

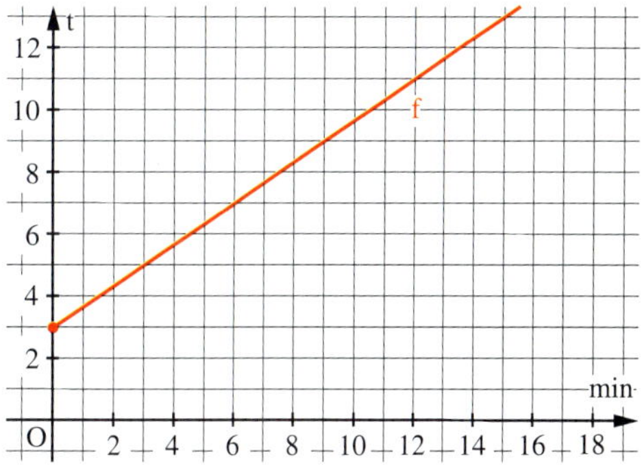

2

Löse die Gleichungen zeichnerisch.

a) $2x + 1 = -x + 4$ b) $2x + 1 = 0$ c) $2x + 1 = 4$ d) $2x + 1 = 2x$

An welcher Stelle die Funktion $g: x \mapsto -\frac{1}{2}x + 2$ einen bestimmten Funktionswert annimmt, lässt sich am zugehörigen Graphen ablesen oder durch eine Gleichung lösen:

Graphische Lösung:
Um festzustellen, für welchen x-Wert der Funktionswert -1 ist, kann man den Graphen von g und eine Parallele zur x-Achse durch den Punkt $(0|-1)$ zeichnen. Der Schnittpunkt liefert den gesuchten x-Wert 6.

Rechnerische Lösung:
Auch das Lösen der Gleichung $-\frac{1}{2}x + 2 = -1$ führt zum x-Wert 6.

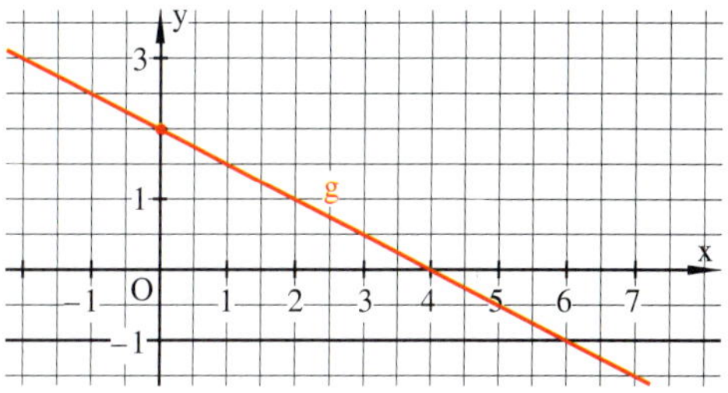

$-\frac{1}{2}x + 2 = -1$
$-\frac{1}{2}x = -3$
$x = 6$

Um festzustellen, in welchem Punkt sich die beiden Geraden mit den Gleichungen $g: y = \frac{1}{2}x - 1$ und $h: y = 2{,}5x + 1$ schneiden, kann man ebenfalls graphisch oder rechnerisch vorgehen:

Graphische Lösung:
Man zeichnet beide Geraden in ein Koordinatensystem und liest die Koordinaten des Schnittpunktes $S(-1|-1{,}5)$ ab.

Die Zeichnung liefert für den Schnittpunkt oft nur Näherungswerte.

Rechnerische Lösung:
Da im Schnittpunkt für beide Geraden g und h die x- und y-Werte gleich sind, kann man die zugehörigen Funktionsterme $\frac{1}{2}x - 1$ und $2{,}5x + 1$ gleichsetzen und die Gleichung nach x auflösen:

$$\frac{1}{2}x - 1 = 2{,}5x + 1 \quad |-2{,}5x + 1$$
$$-2x = 2 \quad |:(-2)$$
$$x = -1$$

$$g: y = \frac{1}{2}\cdot(-1) - 1 = -1{,}5 \Rightarrow S(-1|-1{,}5)$$

$x = -1$ kann auch in die andere Geradengleichung eingesetzt werden.

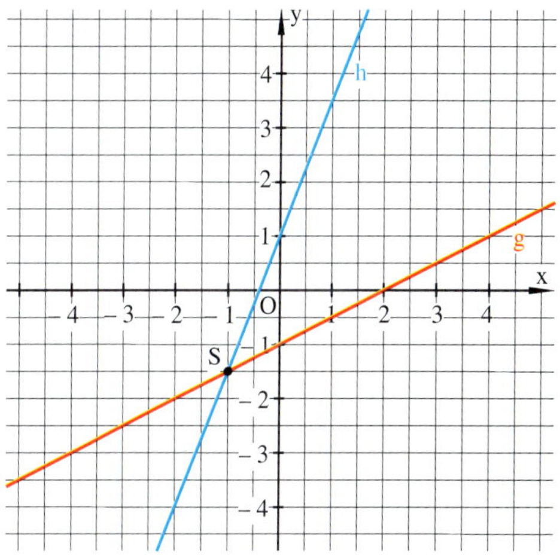

Den Schnittpunkt von zwei Geraden g: $y = m_1 x + t_1$ und h: $y = m_2 x + t_2$ kann man entweder graphisch ermitteln oder rechnerisch bestimmen.
Die rechnerische Lösung erhält man, indem man die Gleichung $m_1 x + t_1 = m_2 x + t_2$ durch Äquivalenzumformungen nach x auflöst und danach für den Schnittpunkt den dazugehörigen y-Wert berechnet.

Die rechnerische Methode ergibt immer einen exakten Wert, wogegen das Ablesen am Graphen oft nur einen Näherungswert liefert, häufig aber eine schnelle Orientierung bieten kann.

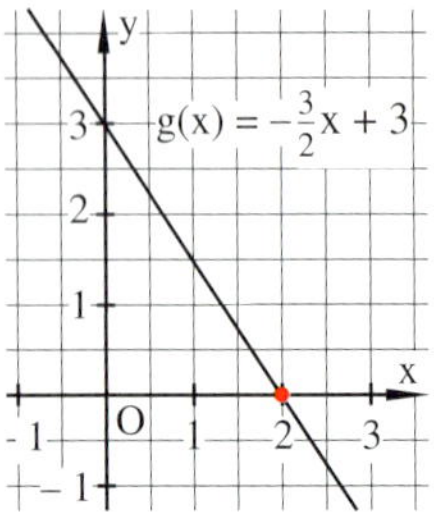

$-\frac{3}{2}x + 3 = 0$
$\Rightarrow x = 2$ ist Nullstelle

Die rechnerische oder zeichnerische Lösung von Gleichungen der Form $mx + t = c$ stellt den (einfacheren) Spezialfall dar, dass die zweite Gerade $y = c$ eine Parallele zur x-Achse durch den Punkt $(0|c)$ ist, d. h. die Stelle gesucht wird, für die der Funktionsterm $g(x) = mx + t$ den Wert c annimmt.
Betrachtet man insbesondere den Fall $c = 0$, also $mx + t = 0$, so erhält man die Stelle, an der die Gerade $y = mx + t$ die x-Achse schneidet, d. h. die Nullstelle der Funktion g: $x \mapsto mx + t$.

Beispiel 1
Löse die Gleichung $0{,}5x + 1{,}5 = 2{,}5$ rechnerisch und graphisch.
Lösung:
rechnerisch:

$$0{,}5x + 1{,}5 = 2{,}5 \quad |-1{,}5$$
$$0{,}5x = 1 \quad |:0{,}5$$
$$x = 2$$

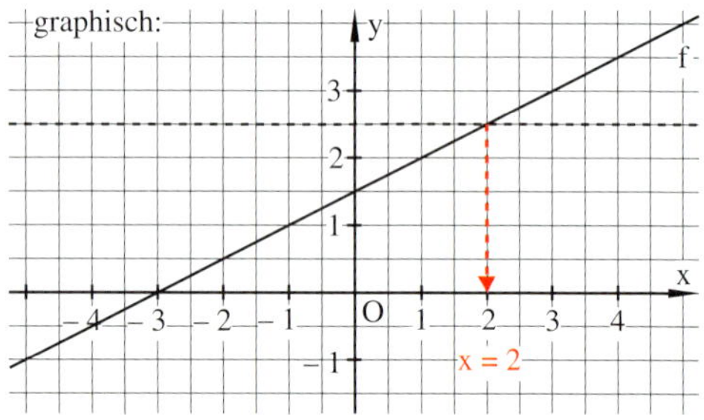

Beispiel 2
Bestimme den Schnittpunkt S der Graphen der Funktionen a: $x \mapsto \frac{1}{3}x + 2{,}5$ und b: $x \mapsto -2x - 1$
Lösung:
rechnerisch:

$$\frac{1}{3}x + 2{,}5 = -2x - 1 \quad |+2x - 2{,}5$$
$$\frac{7}{3}x = -3{,}5 \quad |:\frac{7}{3}$$
$$x = -1{,}5$$

$b(-1{,}5) = -2 \cdot (-1{,}5) - 1 = 2$,
also $S(-1{,}5|2)$

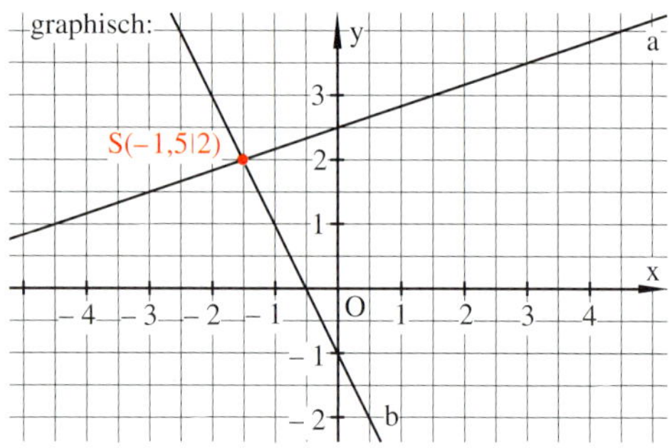

Aufgaben

Lösungssalat zu 4:

3
Löse die Gleichungen rechnerisch und zeichnerisch.

a) $4x + 5 = 7$
b) $1{,}5x - 4 = -1$
c) $-3 + 2x = 0$
d) $-6x + 2 = -1$
e) $2 + \frac{1}{3}x = 3$
f) $4\left(1 - \frac{1}{20}x\right) = 3$
g) $-3x + 5 = -1$
h) $3\frac{1}{3}x - 5 = 0$

4
Bestimme die Nullstellen der Funktionen mit der Gleichung

a) $f(x) = 2x - 6$
b) $f(x) = 3x + 8$
c) $f(x) = \frac{1}{7}x - 4$
d) $f(x) = 2(5 - x)$
e) $f(x) = 8x + 3$
f) $f(x) = 0{,}7x - 4$
g) $f(x) = x^2 - 4$
h) $f(x) = x^2 - 4x$

5

Löse die Gleichungen.

a) $\frac{4}{3}x - 2 = 2$　　b) $\frac{4}{3}x - 2 = 0$

c) $\frac{4}{3}x - 2 = 6$　　d) $\frac{4}{3}x - 2 = -4$

6

Der Punkt P bzw. Q liegt auf dem Graphen der linearen Funktion $f\colon x \mapsto mx + t$. Berechne die Schnittstellen des Graphen von f mit den Koordinatenachsen.

a) $P(2|3)$; $f(x) = x + t$

b) $P(-2|-5)$; $f(x) = mx - 10$

c) $Q(0{,}5|3{,}5)$; $f(x) = 1{,}8x + t$

d) $P(4|6)$; $Q(-2|-3)$

7

An einem Salatbuffet wird der Salat mit Teller gewogen. Matthias muss 5,10 € bezahlen. Löse zeichnerisch und rechnerisch.

a) Wie viel g Salat hat er wohl auf seinem Teller? Wie viel g wiegt der Teller?

b) Beim Nachwiegen stellt Matthias fest, dass der Teller 410 g wiegt. Was bedeutet das?

8

Bestimme die fehlenden Werte in den Wertetabellen. Die Funktion f ist jeweils linear.

a)

x	0	1			
f(x)	5	3	2	0	−4

b)

x	4	6			
f(x)	−2	3	0	5	−1

c)

x	−2	−3			
f(x)	4	5	−4	0	2

d)

x	3	−4			
f(x)	0	−2	1	−1	100

9

a) Welche linearen Funktionen haben keine Nullstellen?

b) Gib eine lineare Funktion mit zwei Nullstellen an.

10

Eine Gerade geht durch den Punkt P und hat die Nullstelle $x = 5$.
Bestimme die Geradengleichung.

a) $P(0|5)$　　b) $P(2|-1)$

c) $P(-2|5)$　　d) $P(-4|-7)$

11

Der Graph einer linearen Funktion f hat die Steigung 2 und die Nullstelle $x = 4$.
Bestimme die Lösung der Gleichung $f(x) = 5$ rechnerisch und zeichnerisch.

12

Die Punkte P und Q liegen auf einer Geraden. Bestimme die Schnittpunkte mit den Koordinatenachsen.

a) $P(0|2)$; $Q(1|-3)$　　b) $P(0|-3)$; $Q(4|7)$

c) $P\left(1\middle|\frac{1}{3}\right)$; $Q\left(\frac{1}{3}\middle|1\right)$　　d) $P(2|4)$; $Q(-2|-4)$

e) $P\left(\frac{1}{5}\middle|1\right)$; $Q\left(1\middle|\frac{1}{5}\right)$　　f) $P\left(\frac{1}{5}\middle|3\right)$; $Q\left(\frac{2}{5}\middle|1{,}8\right)$

13

Zeichne den Graphen der Funktion $h\colon x \mapsto \frac{5}{4}x - 4$ und berechne den Flächeninhalt des vom Graphen und den Koordinatenachsen eingeschlossenen Dreiecks.

14

Gib, falls möglich, die Gleichung einer linearen Funktion an, die durch folgende Quadranten verläuft

a) durch den I., II. und IV. Quadranten,

b) nur durch den III. und IV. Quadranten,

c) nur durch den I. und III. Quadranten,

d) nur durch den I. Quadranten.

15

Sophia erwärmt Wasser, welches eine Temperatur von 10 °C hat, mit einem Tauchsieder. Die Wassertemperatur wird dabei linear in 2 Minuten um 15 °C erhöht. Wann kocht das Wasser? Löse die Aufgabe graphisch und rechnerisch.

16

Skizziere die Geraden mit den angegebenen Gleichungen und gib an, in welchem Quadranten ihr Schnittpunkt liegt.

a) $y = 4x - \frac{1}{6}$ und $y = 3x + \frac{1}{3}$
b) $y = -\frac{1}{6}x + 4$ und $y = -x + 3$
c) $y = 3x - \frac{1}{2}$ und $y = 2x + \frac{1}{2}$
d) $y = 0{,}03x - 3$ und $y = -1{,}32x + 6$

17

Die Wassertemperatur einer Zentralheizung soll sich nach der Außentemperatur richten. Eine elektronische Steuerung sorgt hierbei dafür, dass die Funktion
f: *Außentemperatur* $\mapsto$ *Wassertemperatur*
nahezu linear ist. Dabei ist die Heizung so eingestellt, dass bei einer Außentemperatur von –20 °C die Wassertemperatur 70 °C ist. Bei einer Außentemperatur von 10 °C beträgt die Wassertemperatur 40 °C. Thomas liest am Heizkessel ab, dass die Wassertemperatur 45 °C beträgt. Bestimme die Außentemperatur zeichnerisch und rechnerisch.

Strategie:
Systematisches Probieren

18

Löse graphisch $x + 2 = \frac{1}{x}$. Prüfe rechnerisch, ob der abgelesene Wert wirklich eine Lösung ist.
Ermittle ggf. durch systematisches Probieren eine bessere angenäherte Lösung.

19

Zeichne zunächst die Graphen der gegebenen Funktionen und löse anschließend die Gleichungen zeichnerisch:

f: $x \mapsto 3x - 2$, $3x - 2 = 10$,
g: $x \mapsto 3x^2 - 2$, $3x^2 - 2 = 10$,
h: $x \mapsto 3\frac{1}{x} - 2$. $3\frac{1}{x} - 2 = 10$.

20

Eine 15 cm lange Kerze brennt in 10 Stunden ab. Eine 20 cm lange Kerze braucht dazu 8 Stunden.

a) Stelle Funktionsgleichungen auf und zeichne die Graphen.
b) Die beiden Kerzen werden gleichzeitig angezündet. Wann sind sie gleich lang?

21

a) Bestimme den Schnittpunkt der Graphen der Funktionen a: $x \mapsto -\frac{2}{3}x - 2$ und b: $x \mapsto \frac{1}{3}x + 1$ rechnerisch und zeichnerisch.
b) Miss den kleineren der beiden Winkel zwischen den Geraden a und b.
c) Die y-Achse und die Geraden a und b schließen ein Dreieck ein. Spiegle dieses Dreieck an der y-Achse und berechne den Flächeninhalt des entstandenen Drachenvierecks.

22 Orakel-Spiel

Ein Spieler verkörpert das Orakel. Nur das Orakel kennt die geheime Zuordnungsvorschrift $x \mapsto mx + t$ mit den beiden selbst ausgedachten Zahlen $m, t \in \mathbb{Q}$. Alle anderen Mitspieler – die Anwärter – wollen das Orakel ablösen und versuchen, hinter sein Geheimnis zu kommen. Dazu ruft einer der Anwärter dem Orakel eine Zahl x zu, die das Orakel in seine geheimnisvolle Gleichung (z. B. $y = 3x - 1$) einsetzt und mit dem Ergebnis antwortet. So dürfen die Anwärter nacheinander Zahlen nennen und das Orakel antwortet. Weiß ein Anwärter die richtige Zuordnungsvorschrift, so darf er das Orakel ablösen.
Damit man leichter hinter das Geheimnis des Orakels kommt, kann man die Zahlen in eine Tabelle, wie unten gezeigt, schreiben oder die Zahlenpaare als Koordinaten in ein Koordinatensystem eintragen.

Anwärter-Zahl						
Orakel-Antwort						
Das Geheimnis des Orakels: y =						

G 23

Setze ohne zu rechnen ein Zeichen (<, >, =) richtig ein. Begründe deine Entscheidung.

a) $(-4)^2 + 3^4 \,\square\, -4^2 + 3^4$
b) $|3 - 9| \,\square\, |9 - 3|$
c) $(-13) : (-15) \,\square\, 13 : 15 - (-4)$

G 24

Gib die Art des Terms an und seinen Wert.

$$\left[\left(-\frac{4}{7}\right) \cdot 1{,}4 - 0{,}84 \cdot \frac{1}{3}\right] \cdot \left[\left(-\frac{5}{2}\right) + 2{,}5\right] \cdot \left(2{,}7 \cdot \frac{1}{8} - 3{,}3\right)$$

4 Lineare Ungleichungen

1

a) Wie viele 35 cm hohe Getränkekästen kann der LKW übereinander laden, so dass er durch eine 2,70 m hohe Toreinfahrt passt?

b) Beschreibe die Ladehöhe (= Höhe des LKW mit Ladung) durch einen Term.

c) Gib für die Ladehöhe eine geeignete Ungleichung an.

2

Multipliziere die beiden Zahlen der Ungleichung $3 < 5$ nacheinander mit 2, 4, –2 und –4. Zeichne eine Zahlengerade, markiere die Ergebnisse und stelle neue Ungleichungen auf. Was fällt dir auf?

Ungleichungen lassen sich ähnlich wie Gleichungen auch graphisch lösen.

Um festzustellen, für welche x-Werte die Funktionswerte der Funktion $f: x \mapsto 0{,}8x - 1$ kleiner als 3 sind, kann man den Graphen der Funktion f und eine Parallele zur x-Achse durch den Punkt $(0|3)$ zeichnen. Die Geraden schneiden sich bei $x = 5$. Da also $x = 5$ die Lösung der Gleichung $0{,}8x - 1 = 3$ ist, müssen die gesuchten x-Werte kleiner als 5 sein, d. h. es muss gelten $x < 5$.

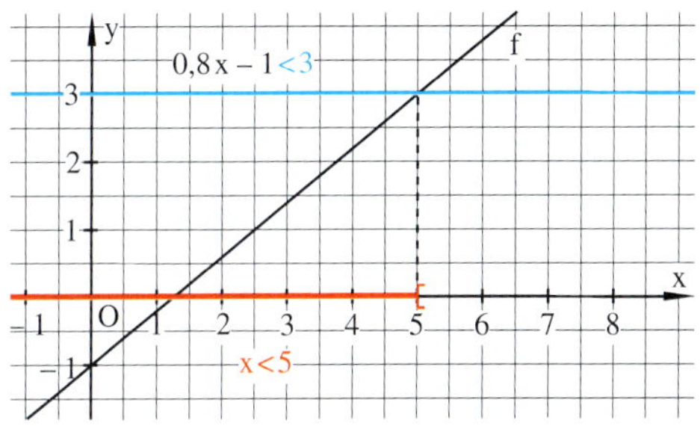

Weil die Ungleichung nicht nur von einer, sondern von mehreren Zahlen gelöst wird, ist es sinnvoll, die Lösung mit einer **Lösungsmenge L** anzugeben: $L = \{x | x < 5\}$

$L = \{x | x < 5\}$ wird gelesen als „Menge aller x, für die gilt: $x < 5$".

Lösungen von Ungleichungen wie $x < 5$ oder $-3 < x \leqq 2$ kann man als Abschnitte auf der Zahlengeraden veranschaulichen. Solche Mengen nennt man **Intervalle** und man kann sie in der Intervallschreibweise angeben:

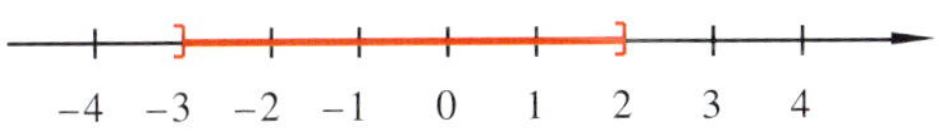

$L = \{x | -3 < x \leqq 2\} =]-3;\ 2]$

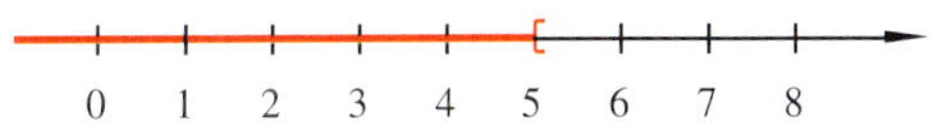

$L = \{x | x < 5\} =]-\infty;\ 5[$

Lies „∞" als „unendlich".

Ist die eckige Klammer geöffnet, so gehört der Randpunkt nicht mehr zur Lösungsmenge; ist sie geschlossen, so gehört der Randpunkt zur Lösung dazu.

Allgemeine Bezeichnungen für Intervalle:

$\{x \| a \leqq x \leqq b\} = [a;\ b]$	$\{x \| x \leqq b\} =]-\infty;\ b]$
$\{x \| a \leqq x < b\} = [a;\ b[$	$\{x \| x < b\} =]-\infty;\ b[$
$\{x \| a < x \leqq b\} =]a;\ b]$	$\{x \| a \leqq x\} = [a;\ \infty[$
$\{x \| a < x < b\} =]a;\ b[$	$\{x \| a < x\} =]a;\ \infty[$

Ungleichungen wie $0{,}8\,x - 1 < 3$ kann man wie Gleichungen schrittweise durch Äquivalenzumformungen vereinfachen.

$0{,}8\,x - 1 < 3 \quad | + 1$
$0{,}8\,x < 4 \quad | : 0{,}8$
$x < 5$

Bei diesen Umformungen gibt es jedoch eine wichtige Ausnahme:
Bei der Multiplikation oder Division mit einer Zahl < 0 kehrt sich das Ungleichungszeichen um.

$-3 < -1 \quad | \cdot (-2)$
$6 > 2$

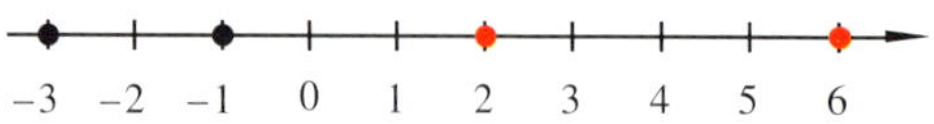

$-6 < 4 \quad | : (-2)$
$3 > -2$

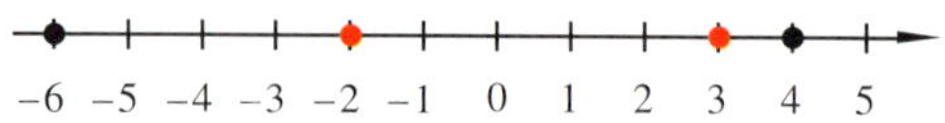

Auch komplexere Ungleichungen wie $-2\,x + 3 \geqq \frac{1}{4}x - 1{,}5$ lassen sich mit Äquivalenzumformungen lösen.

$-2\,x + 3 \geqq \frac{1}{4}x - 1{,}5 \quad | -3$
$-2\,x \geqq \frac{1}{4}x - 4{,}5 \quad | -\frac{1}{4}x$
$-2{,}25\,x \geqq -4{,}5 \quad | : (-2{,}25)$
$x \leqq 2$

Wichtige Äquivalenzumformungen von Ungleichungen sind:
- Termumformungen,
- beidseitige Addition oder Subtraktion einer Zahl oder eines Terms,
- beidseitige Multiplikation oder Division mit einer **positiven** Zahl,
- beidseitige Multiplikation oder Division mit einer **negativen** Zahl, wenn **zugleich** das Ungleichungszeichen **umgekehrt** wird.

Man kann die Ungleichung $-2\,x + 3 \geqq \frac{1}{4}x - 1{,}5$ auch graphisch lösen.

Dazu zeichnet man die Graphen der beiden Funktionen $f: x \mapsto -2\,x + 3$ und $g: x \mapsto \frac{1}{4}x - 1{,}5$ in ein Koordinatensystem. Der Schnittpunkt $(2|-1)$ der beiden Geraden gibt an, dass für $x = 2$ die Funktionswerte von f und g gleich sind. In der Zeichnung sieht man, dass die Funktionswerte von f größer oder gleich als die von g sind, wenn $x \leqq 2$ ist.

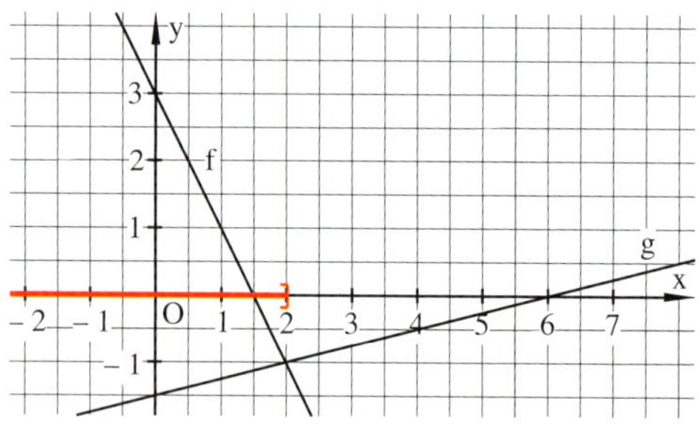

Beispiel 1

Löse $2(x - 1) < 4\,x + 5$. Schreibe die Lösungsmenge auch als Intervall und stelle sie an einer Zahlengeraden dar.

Lösung:

$2(x - 1) < 4\,x + 5 \quad |$ Termumformung
$2\,x - 2 < 4\,x + 5 \quad | + 2$
$2\,x < 4\,x + 7 \quad | - 4\,x$
$-2\,x < 7 \quad | : (-2)$
$x > -3{,}5$

Lösungsmenge: $L = \{x \,|\, -3{,}5 < x\}$
Als Intervall geschrieben: $L = \,]-3{,}5; \infty[$

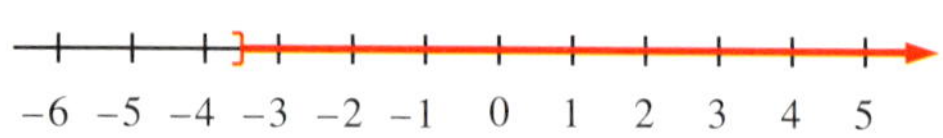

Beachte:
Das <-Zeichen kehrt sich um.

Beispiel 2

Bestimme die Lösungsmenge der Ungleichung rechnerisch und graphisch.

a) $2x + 1 \leqq 2$ b) $x - 1 > \frac{1}{3}x + 1$

Lösung:

a) rechnerisch:

$2x + 1 \leqq 2 \quad |-1$

$2x \leqq 1 \quad |:2$

$x \leqq \frac{1}{2}$

graphisch:

$\underbrace{2x + 1}_{f(x)} \leqq 2$

$L = \{x \mid x \leqq 0{,}5\}$

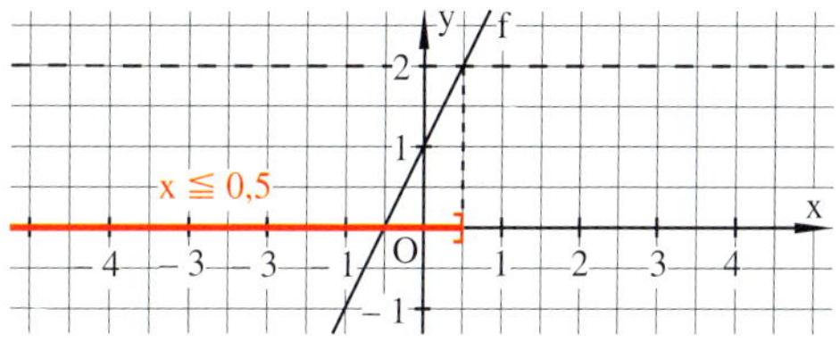

b) rechnerisch:

$x - 1 > \frac{1}{3}x + 1 \quad |+1$

$x > \frac{1}{3}x + 2 \quad |-\frac{1}{3}x$

$\frac{2}{3}x > 2 \quad |\cdot\left(\frac{3}{2}\right)$

$x > 3$

graphisch:

$\underbrace{x - 1}_{f(x)} > \underbrace{\frac{1}{3}x + 1}_{g(x)}$

$L = \{x \mid x > 3\}$

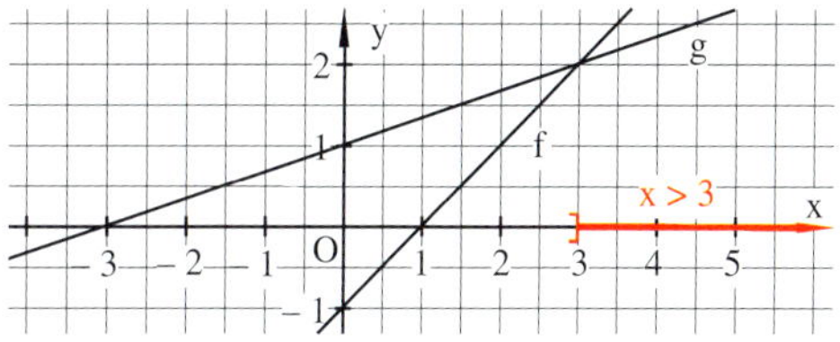

Aufgaben

3

Gib die Lösungsmenge in Mengen- sowie in Intervallschreibweise an und veranschauliche sie an einer Zahlengeraden.

a) $3 < x < 8$ b) $3 \leqq x \leqq 8$
c) $3 \leqq y < 8$ d) $3 < x \leqq 8$
e) $x \leqq -2$ f) $z \geqq -2$
g) $2x - 3 < 17$ h) $7y + 5 > -9$
i) $-10\frac{1}{5} < \frac{3}{4}x + 6{,}3$ k) $27z \leqq 54$
l) $-85 - 5a > -100$ m) $-12x < 0$
n) $8t + 4 \geqq 0$ o) $-\frac{3}{2}z > -1{,}5$

4

In einer Trommel liegen rote und blaue Kugeln mit aufgemalten Zahlen. Für jede dieser Zahlen gilt: Wenn man sie verfünffacht und noch 7 addiert, dann ergibt sich immer eine Zahl, die kleiner als 40 ist. Welche natürliche Zahlen können auf den Kugeln stehen?

5

Bis zu wie vielen Bildern ist das Angebot B von Labofix günstiger als Angebot A?

6

Finde eine Ungleichung, die die Lösung $x < 3$ hat. Lass sie deinen Nachbarn lösen.

7

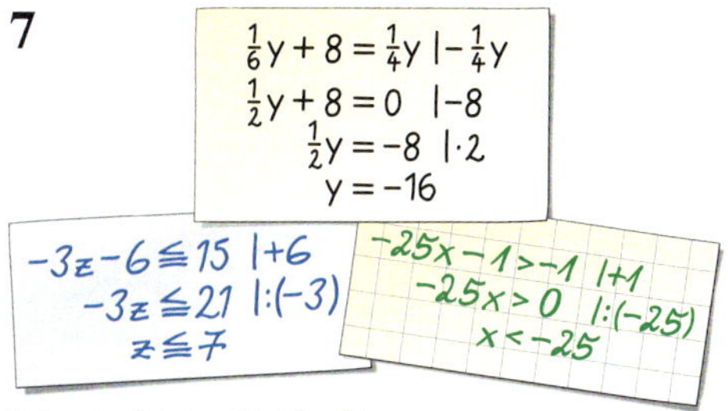

Wo steckt der Fehler?

8

Erfinde eine Situation, die durch die angegebene Ungleichung beschrieben wird. Berechne sinnvolle Lösungen.

a) $5 \cdot k < 50$ b) $0{,}4 \cdot a + 1{,}6 > 2{,}9$
c) $2 \cdot s \geqq 4{,}6$ d) $5 \cdot a \leqq 150$

9

Peter, Sebastian und Matthias wiegen zusammen 175 kg und möchten Getränkekisten (14 kg pro Kiste) in den 3. Stock transportieren. Der Fahrstuhl trägt maximal 350 kg.

Peter denkt sich: „$175 + k \cdot 14 \leqq 350$."

a) Erkläre, wie Peter zu dieser Ungleichung kommt.
b) Wie viele Getränkekisten könnten die drei noch im Fahrstuhl mitnehmen?

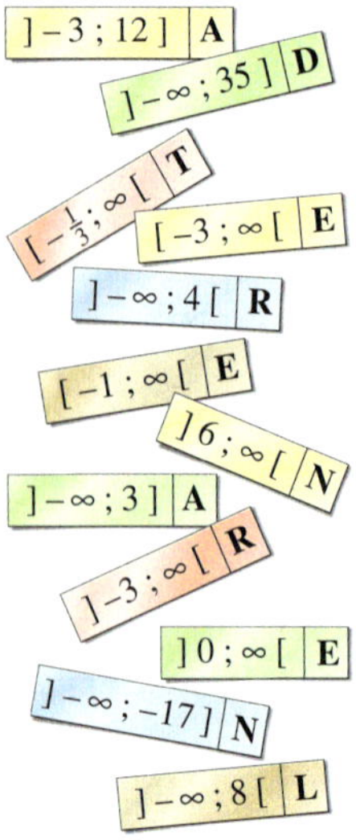

10

Ordne die abgebildeten Intervalle den Ungleichungen zu und du erhältst ein Lösungswort.

a) $7x + 10 > 2x - 5$

b) $-3 - \frac{3}{4}x \leqq \frac{1}{4}x$

c) $-14 - \frac{5}{4}u > -\frac{3}{8}u - 21$

d) $-20 < 7x + 1 \leqq 85$

e) $-\frac{1}{4} \cdot (4 + 4y) \leqq \frac{1}{2} \cdot (y - 1)$

f) $22x - 21 - 20x < -13 + 20 - 5x$

g) $2 - 7x + 5 \cdot (1 + x) > 4 \cdot (1 - 2x) + 3$

h) $23y - 45 + 115 - 25y \geqq 0$

i) $-3 \cdot (1 + 3t) \leqq 12t - 24t - 23 - 31$

k) $(x - 5)^2 \leqq (x - 7) \cdot (x - 4)$

l) $\frac{x + 1}{3} \geqq 0$

m) $\frac{8 + 2x}{4} < 2 \cdot \frac{1 - x}{-2}$

11

Ein Kompaktbrief darf höchstens 50 g wiegen. Ein Blatt Schreibmaschinenpapier wiegt 5 g, der Umschlag wiegt 7 g.
Wie viel Blatt Papier darf man höchstens in den Umschlag stecken? Übersetze dazu die Aufgabe in eine Ungleichung.

12

Bestimme die Lösungsmenge rechnerisch und graphisch.

Lösungsmengen können auch so aussehen:
$L = \emptyset = \{\ \}$
$L = \mathbb{Q} =]-\infty, \infty[$

a) $\frac{1}{2}x + 2 \leqq 3$ b) $2x + 3 > -x$

c) $-\frac{2}{3}x - 2 \leqq \frac{2}{3}x$ d) $-\frac{3}{5}x - 1 < -\frac{1}{5}x + 2$

e) $3x - 6 < 3x - 5$ f) $3x - 6 \geqq 3x - 5$

g) $x + 1 < x - 1$ h) $12x > 3x$

13

Ein Reisebüro macht für Berlinfahrten zwei Angebote. Ab wie vielen Tagen lohnt sich der Flug?

14

Wie lange muss a sein, damit der Umfang des Grundstücks größer als 50 m ist?

a)
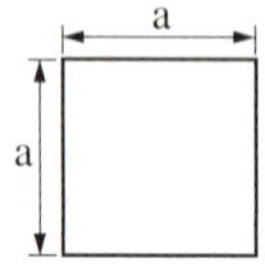

b)
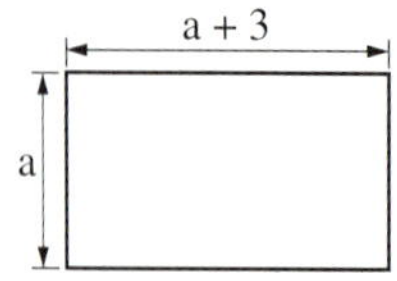

c)
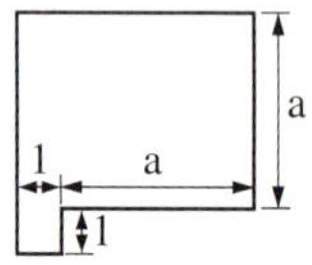

d)
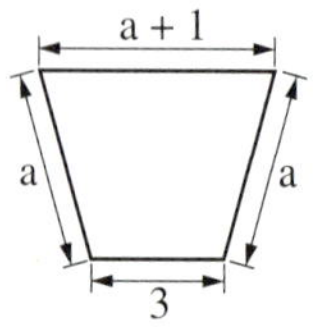

15

Der Umfang eines Rechtecks soll höchstens 60 cm betragen. Die eine Seite des Rechtecks ist dabei dreimal so lang wie die andere. Wie lang sind die Rechteckseiten höchstens?

16

Verlängert man alle Seiten eines Quadrates um jeweils 3 cm, so nimmt der Flächeninhalt um weniger als 30 cm² zu. Wie lang können die Seiten des Quadrates sein?

G 17

Konstruiere ein gleichschenkliges, rechtwinkliges Dreieck mit der Basislänge 5 cm (6,5 cm).

G 18

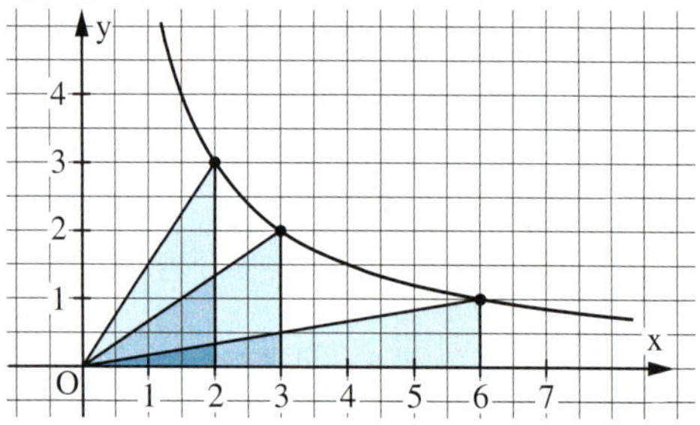

Der x-Koordinate entspricht die eine, der y-Koordinate die andere Kathete eines rechtwinkligen Dreiecks.
Interpretiere den dargestellten Graphen.
Zeichne für Dreiecke mit dem Flächeninhalt 4 cm² (1 cm²; 2 cm²; 5 cm²) den Graphen der Funktion $x \mapsto y$.
Welcher Art ist die Zuordnung $x \mapsto y$?

Thema:

Von der Messreihe zur Funktion

1

a) Lass aus einem Wasserhahn Wassertropfen in einen Messzylinder fallen. Miss das Volumen des Wassers in Abhängigkeit von der Anzahl der Tropfen.

Tropfenzahl	50	100	150	200	250	…
Volumen						

b) Stelle die Funktion *Tropfenzahl* $\mapsto$ *Volumen in cm³* graphisch dar.

c) Bestimme die Funktionsvorschrift. Berechne daraus das Volumen eines Wassertropfens.

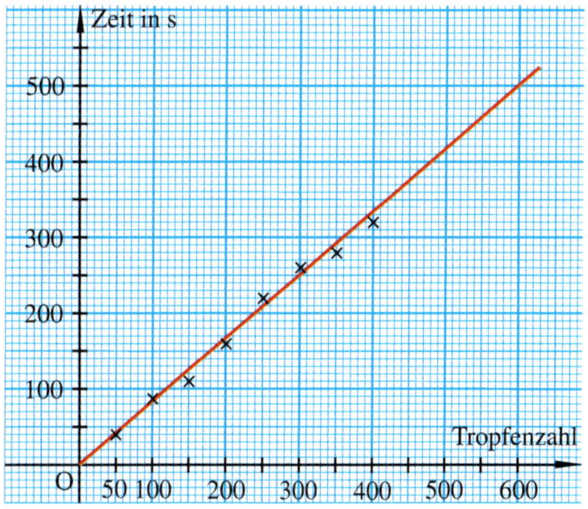

2

a) Nimm 10 gleichartige Nägel von 12 cm Länge und wiege 1, 2, 3, … 10 Nägel mit einer Briefwaage. Stelle die Funktion *Anzahl* $\mapsto$ *Gewicht in g* graphisch dar. Liegen die Messpunkte auf einer Geraden? Woher können Abweichungen kommen?

b) Stelle den Funktionsterm auf. Wie viel Gramm wiegt ein Nagel?

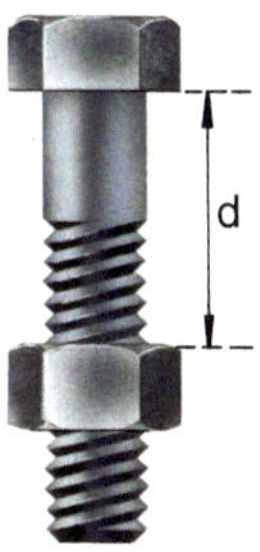

3

Für eine Schraube soll die Funktion *Anzahl der Umdrehungen der Mutter* $\mapsto$ *Abstand d* untersucht werden.

a) Drehe die Mutter bis an den Schaft. Miss den Abstand d. Drehe nun die Mutter von dort aus immer um eine Umdrehung zurück und miss den Abstand d.

b) Stelle die Funktion, wie rechts beispielhaft gezeigt, graphisch dar und bestimme auch den Term der Funktion.

c) Bestimme aus dem Graphen rechts die Länge des Schaftes und die „Gewindesteigung“.

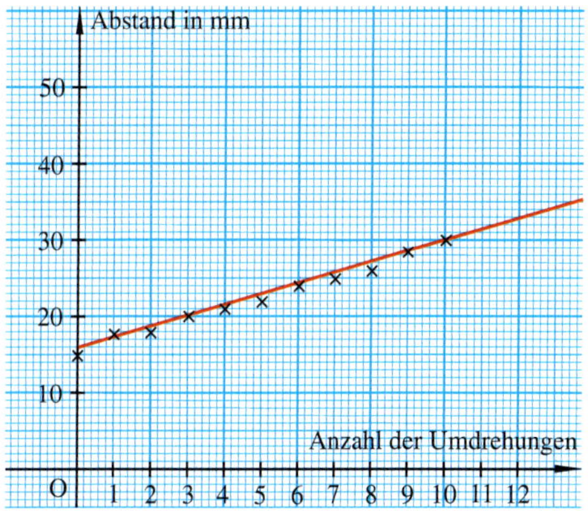

Bemerkung:
An den Graphen sieht man, dass die Messwerte „um die Ausgleichskurven streuen“.

Tabellenkalkulationsprogramme können leicht Ausgleichskurven zu gegebenen Messwerten erzeugen.

4

a) Nimm eine Schüssel oder einen Topf mit warmem Wasser. Miss alle 5 Minuten die Temperatur des Wassers. Stelle die folgende Funktion graphisch dar:
Zeitdauer in min $\mapsto$ *Temperatur in °C*

b) Ist die Funktion linear? Begründe deine Antwort.

c) Nach wie viel Minuten hat das Wasser ungefähr Zimmertemperatur angenommen? Wie zeigt sich das am Graphen?

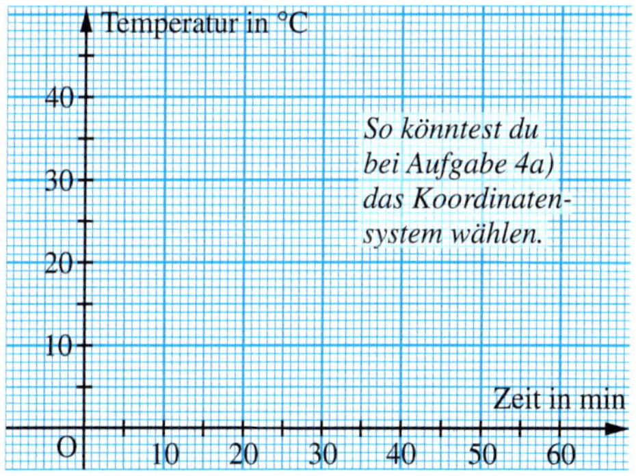

Rückblick

Lineare Funktionen
Jede Funktion $f: x \mapsto mx + t$ mit $m, t \in \mathbb{Q}$ nennt man eine lineare Funktion. Dabei gilt:
1. Der Graph von f ist eine Gerade, die die y-Achse im Punkt $(0|t)$ schneidet.
2. m ist die Steigung des Graphen von f.
3. Für je zwei Werte x_1 und x_2 mit $x_1 \neq x_2$ gilt: $m = \frac{f(x_2) - f(x_1)}{x_2 - x_1}$

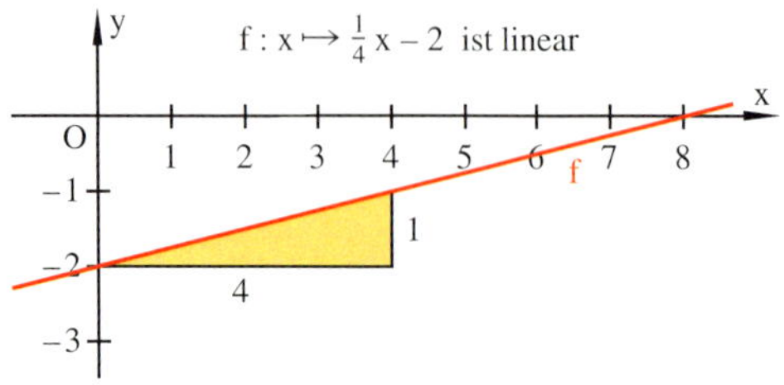

Bestimmung des Funktionsterms für lineare Funktionen

Fall 1: Man kennt einen Punkt $P(x_p|y_p)$ auf dem Graphen der Funktion f und die Steigung m des Graphen von f.
1. Schritt: f ist linear, also $f(x) = mx + t$.
2. Schritt: Auflösung der Gleichung $f(x_p) = mx_p + t = y_p$ nach t.

P(4|5) liegt auf dem Graphen der linearen Funktion f mit der Steigung 2.
1. $f(x) = 2x + t$
2. $f(4) = 2 \cdot 4 + t = 5, \Rightarrow t = -3$
Also: $f(x) = 2x - 3$

Fall 2: Man kennt zwei Punkte $P_1(x_1|y_1)$ und $P_2(x_2|y_2)$ auf dem Graphen von f.
1. Schritt: f ist linear, also $f(x) = mx + t$.
2. Schritt: Es gilt $m = \frac{f(x_2) - f(x_1)}{x_2 - x_1}$.
3. Schritt: Auflösen der Gleichung $f(x_1) = mx_1 + t = y_1$ nach t.

$P_1(3|4)$ und $P_2(5|1)$ liegen auf dem Graphen der linearen Funktion f.
1. $f(x) = mx + t$
2. $m = \frac{f(5) - f(3)}{5 - 3} = \frac{1 - 4}{2} = \frac{-3}{2} = -\frac{3}{2}$
3. $f(3) = -\frac{3}{2} \cdot 3 + t = 4, \Rightarrow t = \frac{17}{2}$
Also: $f(x) = -\frac{3}{2}x + \frac{17}{2}$

Fall 3: Man betrachtet den Graphen und kann m und t ablesen.

Lineare Funktionen und lineare Gleichungen
Man kann eine Gleichung der Form $mx + t = c$ rechnerisch oder zeichnerisch lösen.
Die rechnerische Lösung erhält man durch Äquivalenzumformungen.
Die zeichnerische Lösung erhält man so: Man zeichnet den Graphen der linearen Funktion $f: x \mapsto mx + t$. Am Graphen liest man ab, für welchen x-Wert man den vorgegebenen y-Wert c erhält.

Insbesondere erhält man die Nullstelle der Funktion f, wenn man die Gleichung $mx + t = 0$ löst.

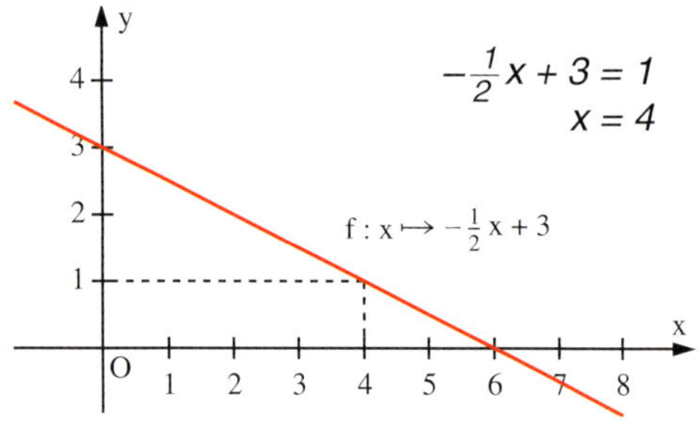

6 ist Nullstelle der Funktion f.

Lineare Ungleichungen
Ungleichungen können mit Hilfe derselben Äquivalenzumformungen gelöst werden wie Gleichungen – mit einer Ausnahme:
Bei der Multiplikation oder Division auf beiden Seiten der Ungleichung mit einer negativen Zahl muss man das Kleiner- bzw. Größerzeichen umkehren.

$(2 - x) \cdot 7 < -21 \quad |$ *Vereinfachen*
$14 - 7x < -21 \quad | -14$
$-7x < -35 \quad | : (-7)$
$x > 5$

Die Lösungsmenge einer Ungleichung kann auch als Intervall geschrieben werden.

$L = \{x | x > 5\} =]5; \infty[$

Aufgaben zum Üben und Wiederholen

1
Die Graphen im Bild gehören zu linearen Funktionen.
Gib jeweils die Funktionsvorschrift an.

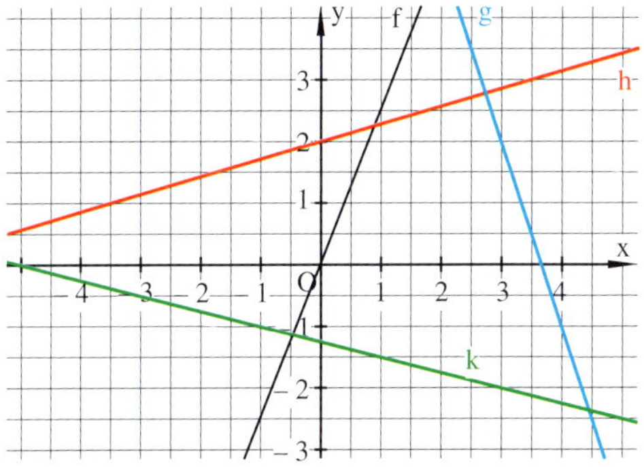

2
Zeichne den Graphen mit Hilfe eines geeigneten Steigungsdreiecks.

a) $f(x) = 2x - 3$ b) $g(x) = \frac{2}{3}x$

c) $p(x) = -\frac{7}{6}x + 3{,}5$ d) $q(x) = -\frac{3}{2}x - 1$

3
Welche der folgenden Tabellen können zu einer linearen Funktion gehören?
Begründe deine Antworten.

a)

x	–2	0	1	4	5
f(x)	2	3	3,5	5	5,5

b)

x	–2	–1	0	1	4
f(x)	2,5	1,75	0,75	0,25	–2

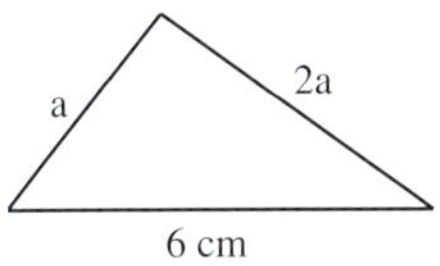

4
Wie lang muss a sein, damit der Umfang des Dreiecks größer als 30 cm ist?
Arbeite mit einer Ungleichung.

Die Lösungen zu den Aufgaben dieser Seite findest du auf den Seiten 168 und 169.

5
Der Punkt P liegt auf dem Graphen einer linearen Funktion f mit der Steigung m.
Bestimme eine Funktionsvorschrift und die Schnittpunkte mit den Koordinatenachsen.

a) P(2|3); m = –2 b) P(5|4); m = 0,5

6
Die Punkte P und Q liegen auf dem Graphen einer linearen Funktion. Bestimme jeweils eine Funktionsvorschrift und die Nullstelle.

a) P(–1|2); Q(3|6) b) P(3|–4); Q(5|7)

7
Prüfe, ob die Punkte A (1|0), B (–2|–4,5) und C (3|3) auf einer Geraden liegen.

8
Ein Wasserbehälter enthält 2500 *l* Wasser.

a) In jeder Minute fließen 200 *l* zu. Gib eine Funktionsvorschrift für die Funktion *Zeit* (in min) ↦ *Wassermenge im Behälter* (in *l*) an und zeichne den Graphen.

b) Nach wie viel Minuten enthält der Behälter 3250 *l* Wasser? Löse die Aufgabe zeichnerisch und rechnerisch.

c) Gib die Funktionsvorschrift an und zeichne den Graphen, wenn in jeder Minute 400 *l* Wasser abfließen.

9
Löse die Gleichungen zeichnerisch und rechnerisch.

a) $-2x + 6 = 1$ b) $\frac{3}{4}x + 1 = 4$

c) $-\frac{2}{5}x + 3 = \frac{7}{2}$ d) $1{,}2x - 3 = 0{,}6$

10
Bestimme die Lösungsmenge und schreibe sie als Intervall.

a) $\frac{1}{3}x + 2 > 0$ b) $3x - 4 < 6x + 1$

c) $\frac{1}{2}(3 - x) \geqq \frac{7}{4}x$ d) $2 \leqq \frac{1}{4}x + 2(1 + x)$

11
Bestimme die Lösungsmenge der Ungleichung $\frac{4}{3}x + 1 \geqq -\frac{2}{3}x - 2$ rechnerisch und graphisch.

12
a) Bestimme den Schnittpunkt R der Geraden a und b mit den Gleichungen
a: $y = \frac{2}{5}x - 1$ und b: $y = -\frac{1}{5}x + 2$

b) Bestimme den Flächeninhalt des Dreiecks, das von den Geraden a und b und der y-Achse eingeschlossen wird.

13
Bestimme die Gleichung einer Geraden, die

a) durch den Punkt P (1,5|–2,5) geht und parallel zur Geraden mit der Gleichung $y = \frac{1}{3}x + \frac{2}{3}$ verläuft.

b) bei x = 5 die Nullstelle hat und die Steigung –0,5 besitzt.

1 Lineare Gleichungen mit zwei Variablen

1
Jenni hat 16 € für Poster ausgegeben. Wie viele große Poster und wie viele kleine Poster kann sie gekauft haben? Schreibe alle Möglichkeiten in Form von Zahlenpaaren auf, z. B. $(1|6)$ für ein großes und sechs kleine Poster. Zeichne ein Koordinatensystem und trage die zu den Zahlenpaaren gehörenden Punkte ein. Was stellst du fest?

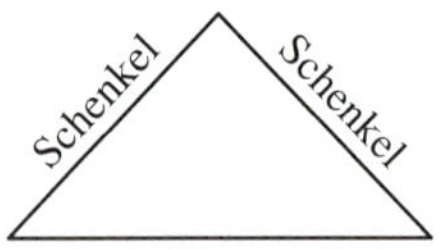

Basis (Grundseite)

Erinnerung:
In einem Dreieck ist die Summe zweier Seitenlängen stets größer als die Länge der dritten Seite. (Dreiecksungleichung)

Bei manchen Sachproblemen ist nicht nur eine, sondern sind gleich zwei Größen gesucht: Will man z. B. die Seitenlängen eines gleichschenkligen Dreiecks bestimmen, das man aus 8 cm Draht biegen kann, so kann man x für die Maßzahl der Basislänge und y für die Maßzahl der Schenkellänge setzen. Das Problem führt so auf die Gleichung: $x + 2y = 8$.
Jede Lösung dieser Gleichung besteht aus einer Zahl für x und einer Zahl für y, d. h. aus einem geordneten Zahlenpaar $(x|y)$.
Eine Lösung der Gleichung $x + 2y = 8$ ist: $x = 2$ und $y = 3$, kurz $(2|3)$, d. h., die Basis des Dreiecks könnte 2 cm und die Schenkel könnten jeweils 3 cm lang sein.
Weitere Lösungen, die man z. B. durch Probieren ermitteln kann, sind: $(1|3{,}5)$; $(4|2)$; $(8|0)$; $(10|-1)$, wobei nur $(1|3{,}5)$ eine weitere sinnvolle Lösung des Sachproblems liefert.

$$\begin{aligned} x + 2y &= 8 \quad &|-x \\ 2y &= -x + 8 \quad &|:2 \\ y &= -\tfrac{1}{2}x + 4 \end{aligned}$$

Lösungen der Gleichung $x + 2y = 8$ kann man folgendermaßen berechnen:
Man löst die Gleichung nach y auf und erhält: $y = -\frac{1}{2}x + 4$. Setzt man darin für x eine beliebige Zahl ein, so kann man den zugehörigen y-Wert direkt berechnen.
Die umgeformte Gleichung $y = -\frac{1}{2}x + 4$ kann man auch als Funktionsgleichung einer linearen Funktion $f: x \mapsto -\frac{1}{2}x + 4$ betrachten. Alle Lösungen der Gleichung liegen somit auf dem Graphen dieser linearen Funktion, also auf einer Geraden.
Die ursprüngliche Gleichung $x + 2y = 8$ kann man also auch als Gleichung einer Geraden auffassen. Ihre Lösungsmenge lässt sich in folgender Form darstellen:
$L = \{(x|y) | y = -\frac{1}{2}x + 4\}$.

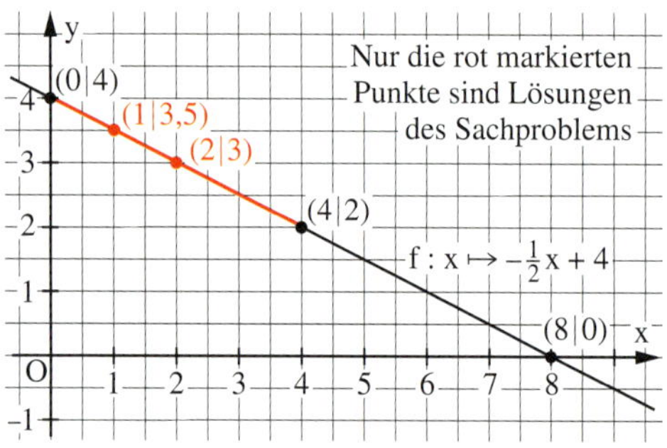

$L = \{(x|y) | y = -\frac{1}{2}x + 4\}$ wird gelesen als „Menge aller Punkte $(x|y)$, für die gilt: $y = -\frac{1}{2}x + 4$".

Gleichungen der Form $2x + 3y = 7$ heißen **lineare Gleichungen mit zwei Variablen**.
Für solche Gleichungen gilt:
1. Jede Lösung besteht aus einem Zahlenpaar $(x|y)$.
2. Die Lösungsmenge enthält unendlich viele Lösungen.
3. Die graphische Darstellung der Lösungsmenge ist eine Gerade.

Bei Sachproblemen ist oft nicht jeder Punkt der Geraden auch eine sinnvolle Lösung des Problems.

Jede lineare Gleichung mit den beiden Variablen x und y lässt sich auf die Form $ax + by = c$ (nicht gleichzeitig $a = 0$ und $b = 0$) bringen.

$y = mx + t$ heißt explizite Form und $ax + by - c = 0$ heißt implizite Form der Gleichung.

Ist $b \neq 0$, d.h., dass die Variable y in der Gleichung tatsächlich vorkommt, dann kann man eine Gleichung wie $2x + 3y = 7$ in die dazu äquivalente Form $y = -\frac{2}{3}x + \frac{7}{3}$ bringen und erhält so die Steigung $m = -\frac{2}{3}$ und den y-Achsenabschnitt $t = \frac{7}{3}$ der zugehörigen Geraden.

$3x + 0y = 6$
$x = 2$
Lösungen sind z. B. $(2|0)$; $(2|1)$; $(2|3{,}25)$

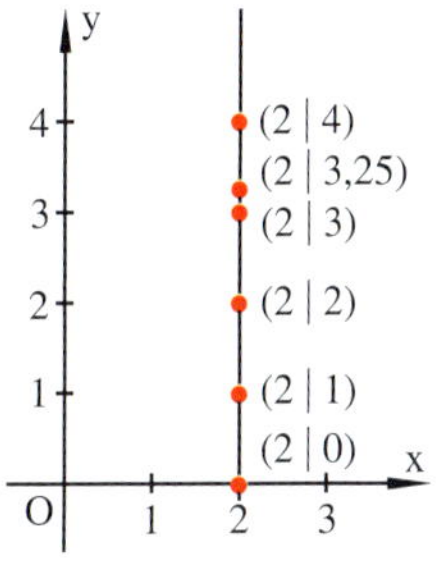

Sonderfälle

1. Für $b \neq 0$, aber $a = 0$, lässt sich die entsprechende Gleichung $by = c$ umformen zu $y = \frac{c}{b}$. Die Lösungsmenge wird durch eine Parallele zur x-Achse veranschaulicht.
2. Für $b = 0$, aber $a \neq 0$, kann man die Gleichung $ax = c$ nach x auflösen und erhält: $x = \frac{c}{a}$. Die Lösungsmenge wird durch eine Parallele zur y-Achse veranschaulicht. Diese Gerade ist jedoch kein Funktionsgraph.

Beispiel 1

a) Gib zwei Lösungen von $5x - 3y = -9$ an.
b) Beschreibe zwei Möglichkeiten, die zu der Gleichung gehörende Gerade zu zeichnen.
c) Zeichne die Gerade und lies eine weitere Lösung ab.

Lösung:

a) $5x - 3y = -9 \quad | -5x$
$-3y = -5x - 9 \quad | :(-3)$
$y = \frac{5}{3}x + 3$

z. B. für $x = -3$ erhält man $y = -2$ und für $x = 0$ erhält man $y = 3$. $(-3|-2)$ und $(0|3)$ sind Lösungen.

b) 1. Möglichkeit:
Man trägt die beiden gefundenen Lösungen als Punkte in ein Koordinatensystem ein und verbindet sie geradlinig.
2. Möglichkeit:
Aus der nach y aufgelösten Form der Gleichung $y = \frac{5}{3}x + 3$ entnimmt man die Steigung $m = \frac{5}{3}$ und den y-Achsenabschnitt $t = 3$ und zeichnet damit die zur Gleichung gehörende Gerade.

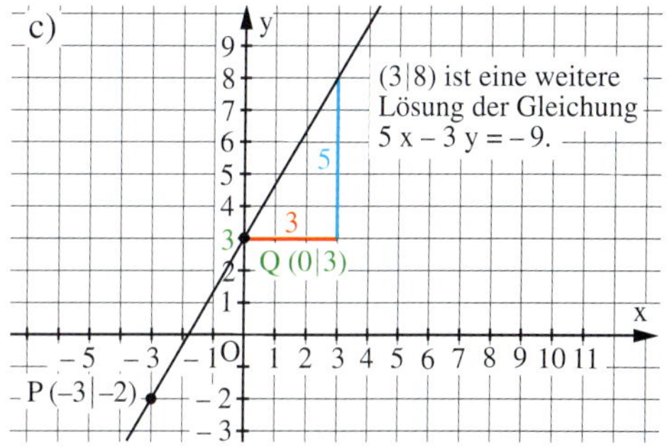

Beispiel 2

Wie viele Zimmer jeder Sorte kann die Jugendherberge haben?

Lösung:

Zahl der Vierbettzimmer: x
Zahl der Sechsbettzimmer: y
Zahl der Betten: $4x + 6y = 26$.

Da für x und y nur natürliche Zahlen sinnvoll sind, erhält man z. B. durch Probieren nur die Lösungen $(5|1)$ und $(2|3)$.

Die Herberge hat 5 Vier- und 1 Sechsbettzimmer oder 2 Vier- und 3 Sechsbettzimmer.

Aufgaben

1. Wurf 2. Wurf

2

Wirf einen Würfel zweimal. Die Zahl des ersten Wurfs wird mit x, die des zweiten Wurfs mit y bezeichnet. Hast du eine „Lösung" der Gleichung gewürfelt?

a) $x + y = 5$ b) $x + y = 2x$
c) $-x + y = 0$ d) $x + y = x - y$

3

Liegt der Punkt $P(0{,}5|\frac{1}{8})$ auf der Geraden mit der Gleichung $7x + 4y = 3$?

4

Zeichne die zugehörige Gerade und lies drei Lösungen der Gleichung ab.

a) $y - x = 0$ b) $y + x = 3$
c) $x - 0{,}5y = -2{,}5$ d) $\frac{1}{3}x + \frac{1}{6}y = -1$

5

Können die Zahlenpaare $(1|1)$, $(2|4)$, und $(3|3)$, Lösungen einer einzigen linearen Gleichung mit zwei Variablen sein? Begründe deine Antwort.

Lösungssalat zu 6:

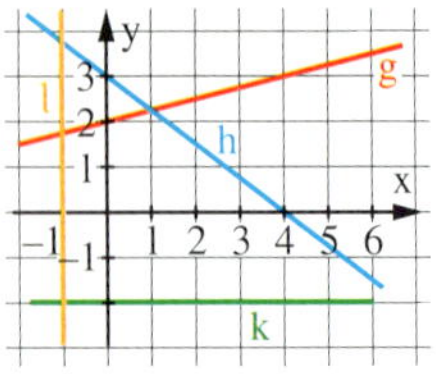

Wie viele Lollys und und wie viele Lakritzstangen kann ich mir von meinen 2 € noch kaufen?

· Lakritz: 50 ct ·

· Lollys: 25 ct ·

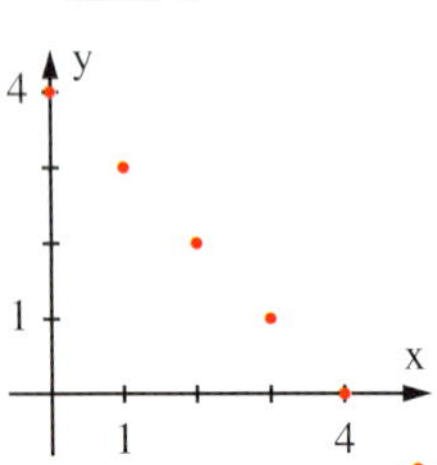

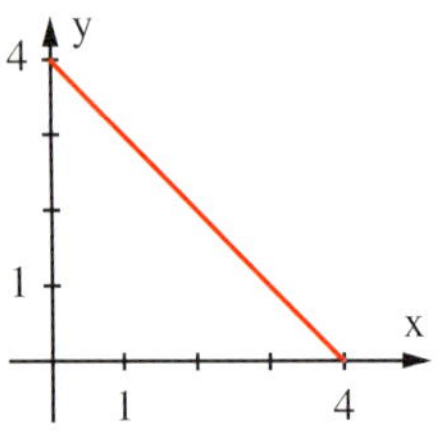

6

Bestimme die fehlende Zahl, so dass sich eine Lösung der Gleichung $3x - 0{,}5y = 1$ ergibt.

a) $(0|\ )$ b) $(\ |2)$ c) $(3|\ )$
d) $(\ |-4)$ e) $(-0{,}5|\ )$ f) $(\ |-0{,}8)$

7

a) Gib eine lineare Gleichung mit zwei Variablen an, deren Lösungen die Gerade g (h, k, l) in der linken Figur festlegen.
b) Zeichne selbst andere Geraden und lass deinen Nachbarn jeweils eine entsprechende Gleichung angeben.

8

Erfinde ein Sachproblem, das durch eine lineare Gleichung mit zwei Variablen beschrieben werden kann, und lass es deinen Nachbarn lösen. Links findest du eine kleine Anregung.

9

Welches Schaubild gehört zu welchem Text?

I Die Summe zweier positiver Zahlen beträgt 4.
II Werden zwei natürliche Zahlen addiert, so erhält man 4.
III Addiert man zwei Zahlen, so erhält man 4.
IV Die Summe zweier ganzer Zahlen ergibt 4.

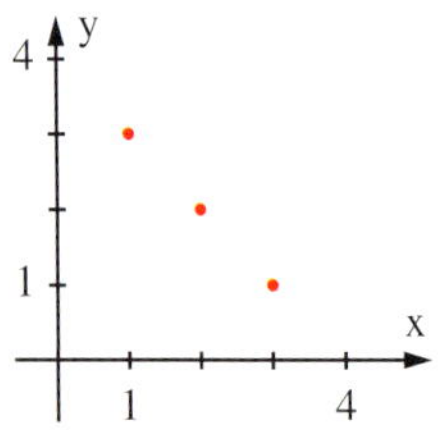

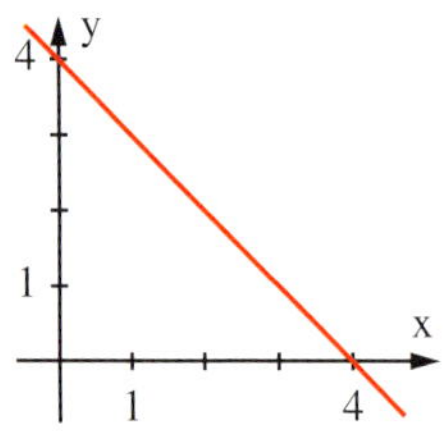

10

Stelle zu den folgenden geometrischen Aussagen eine Gleichung auf und gib alle ganzzahligen Lösungen an.

a) Der Umfang eines gleichschenkligen Dreiecks beträgt 15 cm.
b) Der Umfang eines Parallelogramms beträgt 28 cm.
c) Der Umfang eines Drachenvierecks beträgt 30 cm.
d) Die gesamte Kantenlänge einer quadratischen Säule beträgt 100 cm.

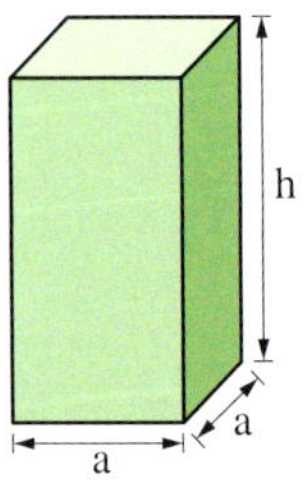

quadratische Säule

11

Gib eine Gleichung der Form $ax + by = c$ an, bei der jede Lösung einen x-Wert hat,
a) der doppelt so groß ist wie der y-Wert,
b) der um 2,5 größer ist als der y-Wert.

12

Ist die Gleichung eine lineare Gleichung mit zwei Variablen? Forme ggf. um.

a) $3x + 4 = 2x - 7y$ b) $3x^2 + 0{,}1y = 8$
c) $\frac{1}{2}u = \frac{5}{4}v - \frac{1}{2}$ d) $(a - 2b)^2 = 2$

13

Stelle zunächst eine lineare Gleichung mit zwei Variablen auf. Bestimme dann alle Lösungspaare.

a) Addiert man zur Hälfte einer natürlichen Zahl das Zehnfache einer anderen natürlichen Zahl, so erhält man 60.
b) Subtrahiert man die Gegenzahl einer natürlichen Zahl vom Dreiviertelfachen einer anderen natürlichen Zahl, so erhält man 6.

14

a) Jeder der unten gegebenen Punkte liegt auf jeweils zwei der in der Tabelle angegebenen Geraden. Wenn du sie dementsprechend einträgst, ergibt sich der Name eines griechischen Mathematikers, der um 250 n. Chr. in Alexandria lebte.
A $(-0{,}5|-0{,}5)$; D $(-1{,}5|-1{,}5)$; H $(0|3)$; I $(4{,}5|-3{,}5)$; N $(0|1)$; O $(7{,}5|-4{,}5)$; P $(1|1)$; T $(0{,}5|2{,}5)$

	$y = x$	$x + y = 1$	$x = 3 - y$
$x + 3y = -6$			
$2x + y = 3$			
$3x - y = -1$			

b) Erstellt in einer Gruppe eine entsprechende Tabelle für einen von euch gewählten Mathematiker mit 4 (6, 8, 9) Buchstaben. Lasst dann eine andere Gruppe euer Rätsel lösen.

G 15

Beim Werfen einer Münze beträgt die Wahrscheinlichkeit für „Zahl" 50 %. Erkläre, was diese Aussage bedeutet.

*2 Lineare Ungleichungen mit zwei Variablen

1
Claudia soll aus der Stadt Briefmarken mitbringen. Am Postschalter sind nur noch 45er- und 55er-Marken vorrätig. Beim Blick in den Geldbeutel stellt Claudia fest, dass sie nur noch 3,20 € bei sich hat.

a) Wie viele Möglichkeiten hat sie? Veranschauliche das Problem zeichnerisch so, dass du rasch einen Überblick hast.

b) Welche Möglichkeiten bleiben ihr, wenn sie mehr 55er- als 45er-Briefmarken haben möchte?

Um Lösungen von Ungleichungen wie $x - 2y > 4$ zu finden, löst man zunächst wie bei Gleichungen nach y auf. Dabei beachtet man, dass sich beim Multiplizieren oder Dividieren mit einer negativen Zahl das Ungleichungszeichen umkehrt.

$$x - 2y > 4 \quad | -x$$
$$-2y > -x + 4 \quad | :(-2)$$
$$y < \tfrac{1}{2}x - 2$$

Wählt man jetzt z. B. $x = 3$, dann ergibt sich $y < -\frac{1}{2}$. Also sind alle Paare $(3|y)$ mit $y < -\frac{1}{2}$ Lösungen. Entsprechend sind z. B. alle Paare $(-2|y)$ mit $y < -3$ Lösungen.

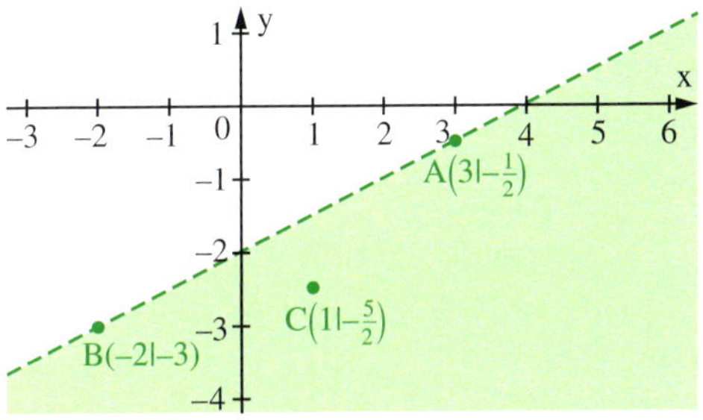

Zur Veranschaulichung der Lösungsmenge zeichnet man wieder die zur Gleichung $y = \frac{1}{2}x - 2$ gehörende Gerade. Ist z. B. $A\left(3\middle|-\frac{1}{2}\right)$ ein Punkt auf dieser, so sind alle Punkte $P(3|y)$ mit $y < -\frac{1}{2}$ „Lösungspunkte". Also wird die Lösungsmenge der Ungleichung durch eine **Halbebene** veranschaulicht. Sie lässt sich auch in folgender Form beschreiben: $L = \{(x|y) \mid y < \frac{1}{2}x - 2\}$.

Die Randgerade wird gestrichelt, falls sie nicht zur Lösungsmenge gehört. Statt „<" kann aber auch „≦" stehen. Dann gehört zur Darstellung der Lösungsmenge im Koordinatensystem der Rand mit dazu.

> Ungleichungen der Form $2x + 3y < 7$ heißen **lineare Ungleichungen mit zwei Variablen**. Der Lösungsmenge einer solchen linearen Ungleichung entspricht in einem x-y-Koordinatensystem eine Halbebene.

Beispiel 1
Bestimme die Lösungsmenge von $3x - y < 1$ und veranschauliche sie.

Lösung:

Gegeben: $3x - y < 1$

Man formt um: $-y < -3x + 1$

$y > 3x - 1$

Lösungsmenge: $L = \{(x|y) \mid y > 3x - 1\}$

Man zeichnet die zur Gleichung $y = 3x - 1$ gehörende Gerade. Danach zeigt die Ungleichung $y > 3x - 1$, um welche Halbebene ohne Rand es sich handelt.

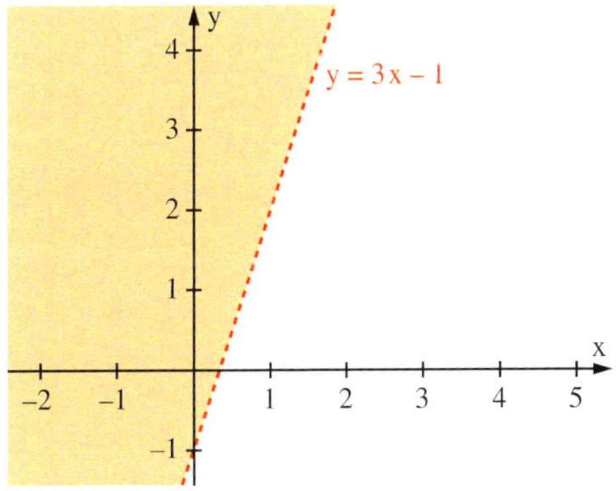

Geli wählt die richtige Halbebene so aus: Sie zeichnet die zu $3x - y = 1$ gehörende Gerade. Dann prüft sie, ob der Ursprung „Lösungspunkt" ist. Klappt diese Methode immer?

Beispiel 2

Löse die Ungleichung und veranschauliche die Lösungsmenge.

a) $2(y + x) \leqq 1{,}5 + 2x$ b) $3x - y > 4{,}5 - y$

Lösung:

a) Umformen ergibt: $y \leqq 0{,}75$

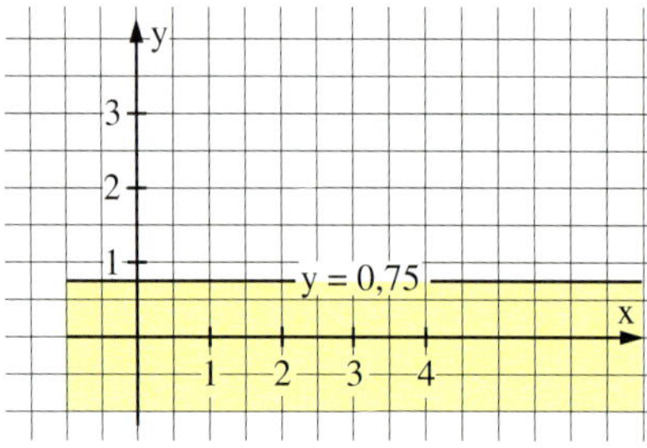

b) Umformen ergibt: $x > 1{,}5$

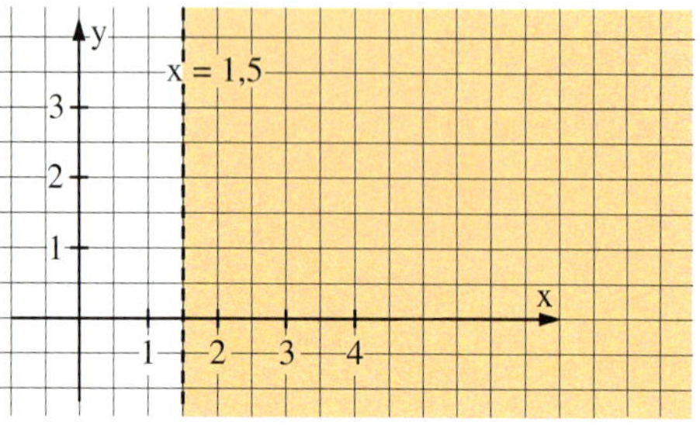

Aufgaben

2

Welche Zahlenpaare sind Lösungen der Ungleichung $10x - 12y < -9$?

a) $(0|0)$ b) $(6|5)$
c) $(5|6)$ d) $(-1|0)$
e) $(-0{,}5|0{,}5)$ f) $(1000|1001)$

3

Veranschauliche die Lösungen in einem Koordinatensystem.

a) $y \leqq 2x - 1$ b) $y \geqq -\frac{3}{4}x + 2$
c) $x - 3y < 12$ d) $x + y - 1 \geqq 0$

4

Veranschauliche die Lösungsmenge L der Ungleichung $x - 2y < 2$. Zu welcher Ungleichung sind alle diejenigen Zahlenpaare Lösungen, die nicht zu L gehören?

5

Xaver schlägt Yannik folgendes Würfelspiel vor: „Jeder von uns würfelt je einmal. Ist die Summe unserer Augenzahlen größer als 6, dann habe ich gewonnen, ist sie kleiner als 6, dann hast du gewonnen, ist sie aber 6, dann ist das Spiel unentschieden.“ Veranschauliche alle Spielausgänge in einem x-y-Koordinatensystem, wobei du auf der x-Achse die für Xaver möglichen Augenzahlen und auf der y-Achse die für Yannik möglichen einträgst. Kennzeichne die Punkte, bei denen Xaver gewinnt und erstelle dafür eine Ungleichung. Hältst du das Spiel für fair?

6

Jede Halbebene veranschaulicht die Lösungsmenge einer linearen Ungleichung. Wie lauten die Ungleichungen?

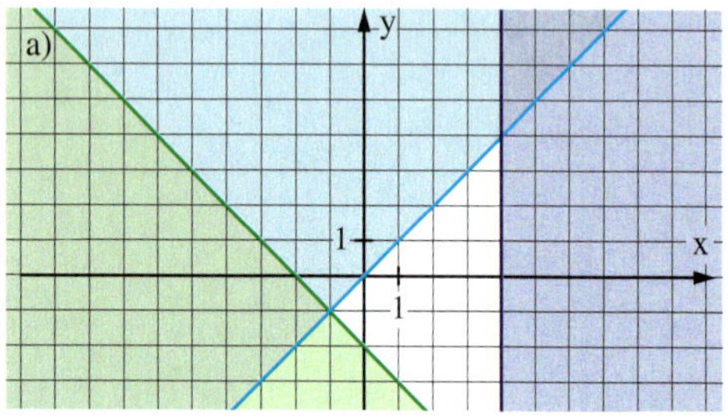

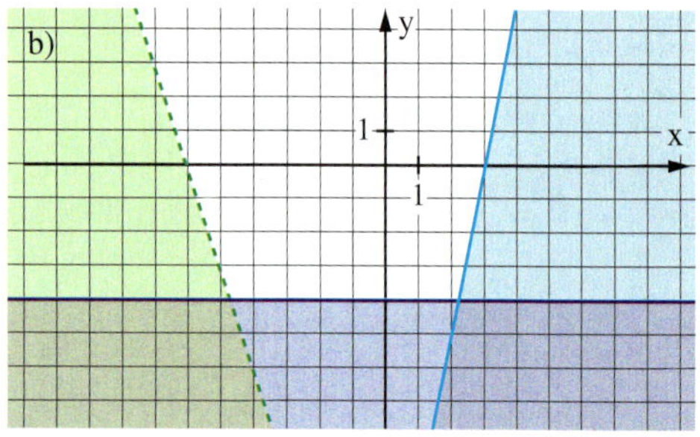

7

Stelle zunächst eine lineare Ungleichung auf. Veranschauliche die Lösungsmenge.

a) Die Summe aus dem Sechsfachen einer natürlichen Zahl und dem Vierfachen einer anderen natürlichen Zahl ist höchstens 100.

b) Das Sechsfache einer ganzen Zahl ist mindestens um sechs größer als das Dreifache einer anderen ganzen Zahl.

Zu Aufgabe 7:

Variablen einführen
↓
Ungleichung aufstellen
↓
Lösungsmenge veranschaulichen

3 Lineare Gleichungssysteme mit zwei Variablen

1

a) Versuche herauszufinden, wie viele Lastwagen 2 t und wie viele 4 t geladen haben.

b) Bezeichne die Zahl der Lastwagen mit 2 t Ladung mit x und die Zahl der Lastwagen mit 4 t Ladung mit y. Welche Gleichung gilt für die Gesamtzahl der Lastwagen, welche für das Gesamtgewicht der Ladung?

c) Zeichne zu jeder der erhaltenen linearen Gleichungen die zugehörige Gerade. Wie erhält man daraus die Zahl der Lastwagen mit 2 t bzw. 4 t Ladung?

Manche Probleme, wie das folgende Zahlenrätsel, liefern mehrere lineare Gleichungen:
Addiert man zu einer Zahl x das Doppelte einer Zahl y, so erhält man 8.
Subtrahiert man vom Dreifachen der Zahl x das Vierfache der Zahl y, so erhält man 4.
Welche Werte können die beiden Zahlen annehmen?

Die erste Bedingung liefert die Gleichung (I) $x + 2y = 8$
Die zweite Bedingung liefert die Gleichung (II) $3x - 4y = 4$
Um ein Zahlenpaar zu finden, das die beiden Gleichungen löst, kann man die zu den Gleichungen gehörenden Geraden zeichnen.

Jede der beiden linearen Gleichungen alleine besitzt unendlich viele Lösungen.

$x + 2y = 8 \quad |-x$
$2y = -x + 8 \quad |:2$
$y = -\frac{1}{2}x + 4$

$3x - 4y = 4 \quad |-3x$
$-4y = -3x + 4 \quad |:(-4)$
$y = \frac{3}{4}x - 1$

Jeder Punkt der blauen Geraden entspricht einer Lösung von $x + 2y = 8$; jeder Punkt der roten Geraden einer Lösung von $3x - 4y = 4$. Der Schnittpunkt S, d. h. das Paar $(4|2)$ erfüllt also beide Gleichungen.

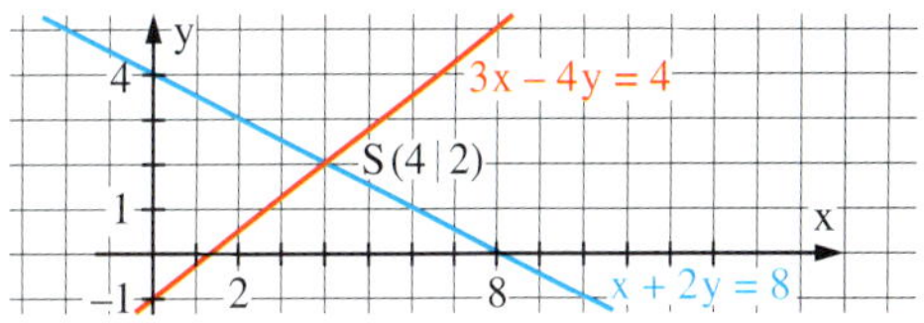

Bei einem linearen Gleichungssystem bezeichnet man meist die Gleichungen mit römischen Ziffern.

Zwei lineare Gleichungen mit zwei gemeinsamen Variablen wie z. B.
(I) $x + 2y = 8$
(II) $3x - 4y = 4$ bilden ein **lineares Gleichungssystem mit zwei Variablen**.
Ein Zahlenpaar heißt Lösung dieses linearen Gleichungssystems, falls das Paar **jede** Gleichung des Systems erfüllt.

Manchmal bietet es sich an, die Lösung eines linearen Gleichungssystems durch systematisches Probieren zu ermitteln. Wir wenden diese Strategie auf das obige Gleichungssystem an:

***Strategie:** Systematisches Probieren*

(I) $x + 2y = 8$ (II) $3x - 4y = 4$	für x einsetzen	Gleichung (I) ergibt	Gleichung (II) ergibt	
	$x = 0$:	$y = 4$	$y = -1$	Die beiden y-Werte
	$x = 2$:	$y = 3$	$y = 0{,}5$	kommen sich näher
	$x = 4$:	$y = 2$	$y = 2$	Die y-Werte stimmen überein
	$x = 5$:	$y = 1{,}5$	$y = 2{,}75$	Die beiden y-Werte
	$x = 6$:	$y = 1$	$y = 3{,}5$	entfernen sich voneinander

Bemerkung

Für die Lösungsmenge L eines linearen Gleichungssystems aus zwei Gleichungen mit zwei Variablen ergeben sich neben dem Normalfall noch zwei weitere Fälle. Dies kann man anhand der graphischen Darstellung der beiden Gleichungen durch Geraden leicht sehen:

Normalfall:
Die Geraden schneiden sich in einem Punkt;
das Gleichungssystem hat **genau** eine Lösung.

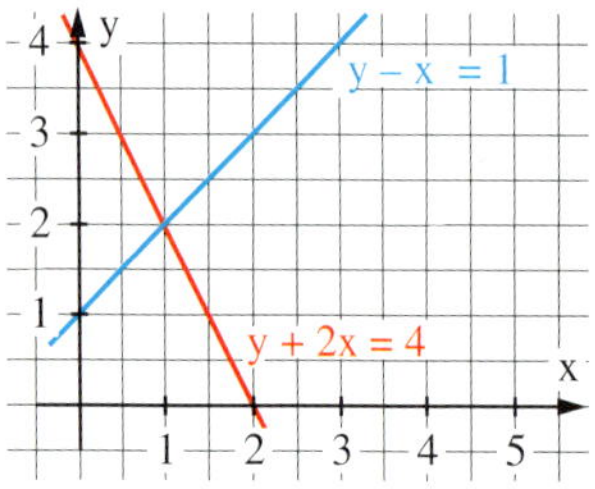

Lösung (1|2)

Sonderfall 1:
Die Geraden sind parallel und verschieden;
das Gleichungssystem hat **keine** Lösung.

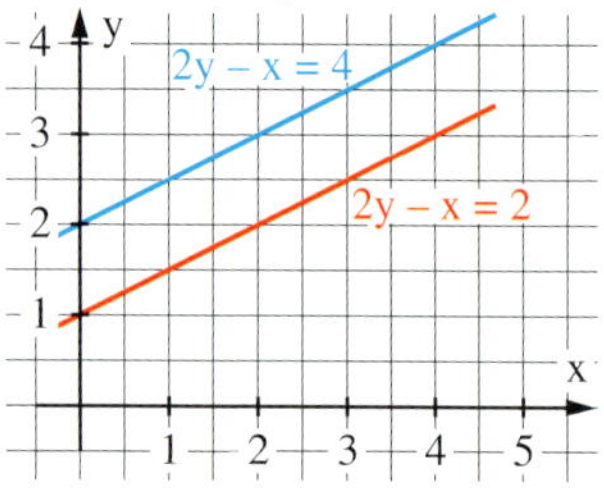

Es gibt keine Lösung; L = { }

Sonderfall 2:
Die Geraden fallen zusammen;
das Gleichungssystem hat **unendlich viele** Lösungen.

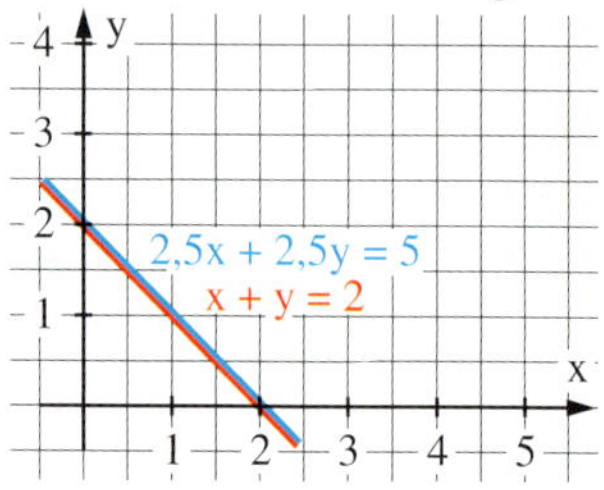

$L = \{(x|y) \,|\, y = 2 - x\}$

Beispiel 1

Julia braucht 10 Briefumschläge und 18 dazu passende Briefbögen. Von dem Briefpapier, das ihr gefällt, gibt es jedoch nur Packungen der links abgebildeten Sorten.
Was würdest du ihr raten? Beschreibe dein Vorgehen.

Lösung:
x: Anzahl der kleineren Packungen
y: Anzahl der größeren Packungen

Anzahl der Umschläge: $x + 2y = 10$
$y = -\frac{1}{2}x + 5$

Anzahl der Briefbögen: $x + 6y = 18$
$y = -\frac{1}{6}x + 3$

Schnittpunkt der beiden Geraden: (6|2).
Julia sollte sechs kleine und zwei große Packungen kaufen.

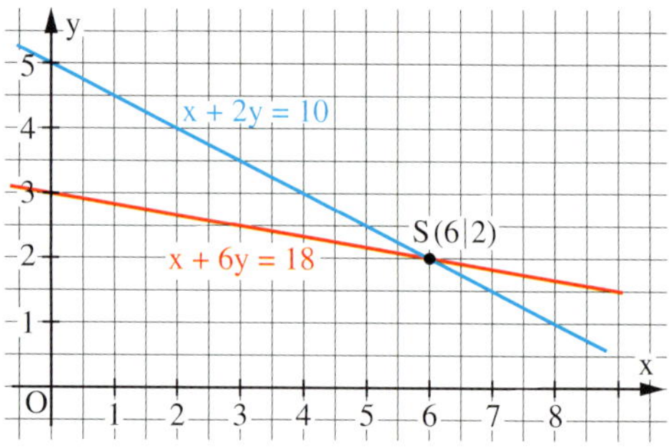

Zeichne sorgfältig!

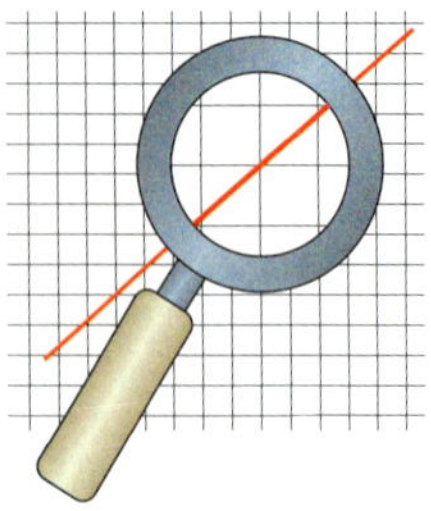

Beispiel 2

Wie viele Lösungen hat das Gleichungssystem? Begründe und bestimme ggf. die Lösung.

a) (I) $-3x + y = 4$
(II) $-3x + y = 2$

b) (I) $x + 4y = 12$
(II) $-x + 2y = 0$

Lösung:

a) Aus (I) ergibt sich: $y = 3x + 4$.
Aus (II) ergibt sich: $y = 3x + 2$.
Die Geraden haben gleiche Steigung und verschiedene y-Achsenabschnitte. Sie sind also zueinander parallel, aber verschieden und haben somit keinen gemeinsamen Schnittpunkt. Das Gleichungssystem hat also keine Lösung.

b) Aus (I) ergibt sich: $y = -\frac{1}{4}x + 3$.
Aus (II) ergibt sich: $y = \frac{1}{2}x$.
Die Geraden haben verschiedene Steigungen, sie schneiden sich; es gibt genau eine Lösung. Diese lässt sich in der folgenden Zeichnung ablesen:

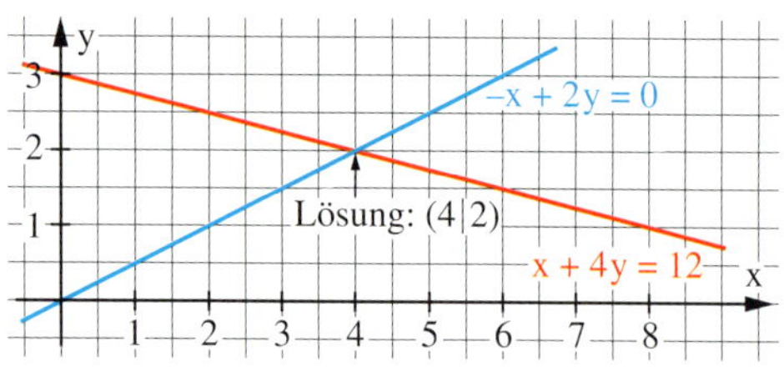

Aufgaben

Lösungssalat zu 2:

(9,5|0,5) F

(−2|−3) A

$(\frac{1}{2}|-3)$ N

(−2|3) S

$(-\frac{3}{4}|\frac{1}{5})$ E

Zweistellige Zahl:
35 = 3 · 10 + 5

In einer Obstschale befinden sich drei Birnen mehr als es Äpfel sind. Zieht man die Anzahl der Äpfel von der Zahl 5 ab, so erhält man die Anzahl der Birnen. Wie viele Äpfel und Birnen sind es?

Dominik und Jasmin sind zusammen 27 Jahre alt. Cora und die beiden zusammen sind 40 Jahre alt. Wie alt sind die drei, wenn Cora und Jasmin Zwillinge sind?

Eine Firma, die Modellautos im Hauptwerk H (5 Autos pro Tag) und einem Zweigwerk Z (3 Autos pro Tag) herstellt, soll einen Auftrag über 50 Autos erledigen. Während in H sofort die Herstellung beginnt, vergehen wegen technischer Probleme in Z zwei Tage, bis die Fertigung beginnt. Wie lange dauert die Erledigung des Auftrags?

2
Löse das Gleichungssystem zeichnerisch. Überprüfe das Ergebnis durch Einsetzen.

a) $y = 2x - 3$
$y = -\frac{1}{2}x + 2$

b) $2x + 5y = -4$
$5x + 2y = 11$

c) $2x = 3y - 3$
$4x - 5y + 7 = 0$

d) $3x - y = -3$
$y = -3x$

3
Gib jeweils ein lineares Gleichungssystem mit folgender Lösung an:

a) (2|7) b) (5|−3) c) (1,7|1,7)
d) (−1,7|−1,7) e) (0|0) f) (−4|6)

4
Wenn man die Zahlenpaare auf der Randspalte den Gleichungssystemen als Lösung zuordnet, liefern sie ein Lösungswort.

a) $x + y = 10$
$x - y = 9$

b) $3y + 9 = 0$
$6x + y = 0$

c) $2x - 5y + 2{,}5 = 0$
$60x + 140y + 17 = 0$

d) $2x + y = -1$
$-2{,}5x = 5$

5
Eine zweistellige Zahl ist achtmal so groß wie ihre Quersumme. Vertauscht man die Ziffern der Zahl miteinander, so erhält man eine um 45 kleinere Zahl. Wie heißt diese?

6
Entscheide, ohne zu zeichnen, wie viele Lösungen das System jeweils hat.

a) $2y - x = 1$
$y - 0{,}5x = -4$

b) $2y - 3x = -2$
$4y + x = 7$

c) $y - 2x = 1{,}5$
$2y - 4x = 3$

d) $x - 1 = 0$
$y - 1 = 0$

7
Löst in einer Gruppe die drei auf dem Rand stehenden Probleme. Verwendet hierbei jeweils eine Strategie, die ihr für günstig haltet, und vergleicht eure Lösungen anschließend. Denkt dabei auch an Strategien, die ihr in den letzten Jahren kennen gelernt habt.

8
Untersuche, welche Anzahl von Lösungen sich bei einem linearen Gleichungssystem mit zwei Variablen, das aus drei Gleichungen besteht, ergeben kann.

9
Elena erfand ein Rätsel: „Ich denke mir zwei Zahlen. Die erste Zahl ist 1,5-mal so groß wie die zweite Zahl. Wenn ich die zweite Zahl von 42 subtrahiere, erhalte ich die erste Zahl. Um welche Zahlen handelt es sich?“ Erfinde selbst ein ähnliches Zahlenrätsel und stelle es deinem Nachbarn.

10
a) Gib ein lineares Gleichungssystem mit zwei Gleichungen und zwei Variablen an, das (4|2) und (2|−4) als Lösung hat.

b) Variiere das Gleichungssystem aus a) so, dass es keine Lösung hat.

c) Warum gibt es kein lineares Gleichungssystem mit zwei Variablen und genau zwei Lösungen?

11
a) Erkläre das unten stehende Diagramm und beschreibe, was der Schnittpunkt der beiden Geraden hier bedeutet.

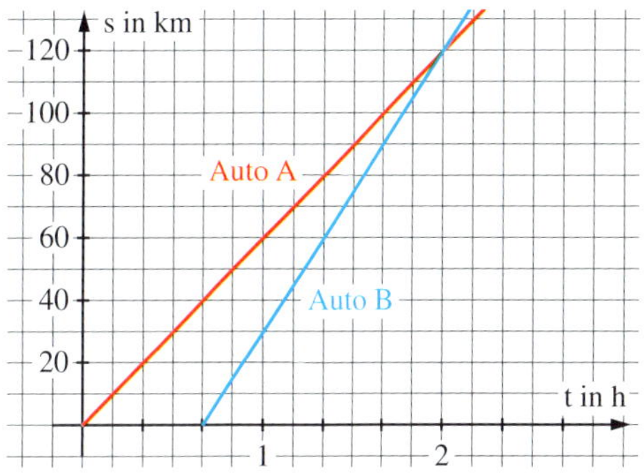

b) Ein Schwertransporter fährt mit 40 km/h. Ein LKW fährt eine halbe Stunde später ab und doppelt so schnell hinterher. Wann holt der LKW den Transporter ein?

12
Ein Trapez habe drei gleich lange Seiten, diese seien jeweils um 3 cm kürzer als die vierte Seite. Außerdem habe es einen Umfang von 9 cm. Ermittle die Seitenlängen des Trapezes. Kannst du das Trapez zeichnen?

G 13
Welchen Anteil an der Fläche des Quadrates hat die grüne Fläche?

4 Lösen mit dem Einsetzungsverfahren

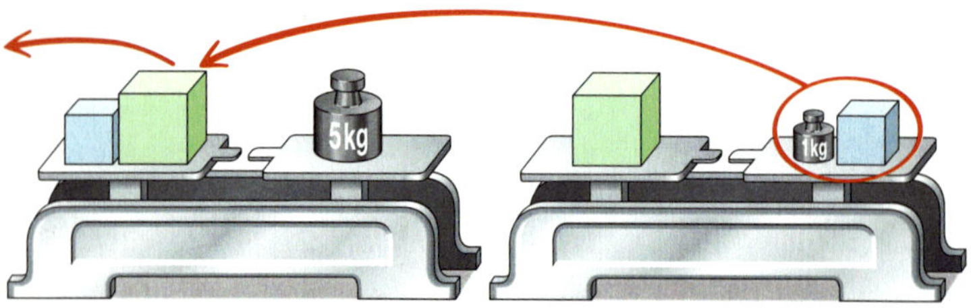

1
Die beiden gezeichneten Waagen sind im Gleichgewicht. Die blauen bzw. die grünen Päckchen sind jeweils gleich schwer. Beschreibe, wie man die Masse eines blauen Päckchens bestimmen kann, wenn die Päckchen bzw. das Gewicht entsprechend den roten Pfeilen umgesetzt werden.

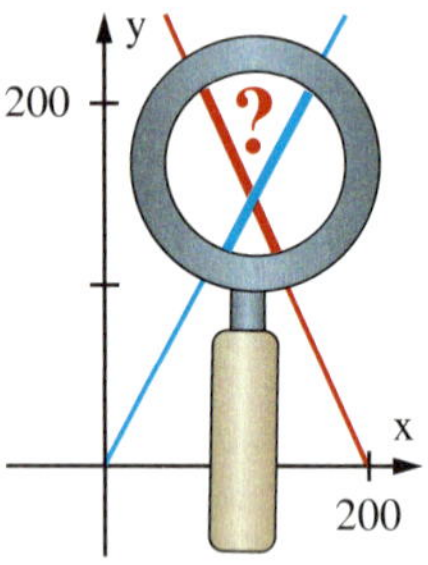

Erst die Rechnung bringt Gewissheit!

Die Lösungen von Gleichungssystemen lassen sich zeichnerisch nicht immer genau bestimmen. Ist man an einer genauen Lösung interessiert, dann ist es günstiger, Gleichungssysteme rechnerisch zu lösen. Im Folgenden wird ein häufig verwendetes Verfahren gezeigt.

Beim linearen Gleichungssystem

(I) $3x + y = 5\frac{1}{3}$

(II) $y = 2x + \frac{1}{3}$

kann man so vorgehen:

*Hier wird für y der Term $2x + \frac{1}{3}$ **eingesetzt**.*

Setzt man in der Gleichung (I) für die Variable y den Term $2x + \frac{1}{3}$ ein, so enthält Gleichung (I) nur noch eine Variable:

$$\begin{aligned} 3x + y &= 5\tfrac{1}{3} & \\ 3x + 2x + \tfrac{1}{3} &= 5\tfrac{1}{3} & \\ 5x + \tfrac{1}{3} &= 5\tfrac{1}{3} & \left|-\tfrac{1}{3}\right. \\ 5x &= 5 & |:5 \\ x &= 1 & \end{aligned}$$

Setzt man in Gleichung (I) $3x + y = 5\frac{1}{3}$ für die Variable x die Zahl 1 ein, so erhält man ebenfalls $y = 2\frac{1}{3}$.
Man sollte jedoch diejenige Gleichung wählen, die für die Berechnung günstiger ist.

Setzt man in einer der beiden Gleichungen (I) oder (II) für die Variable x die Zahl 1 ein, z. B. in Gleichung (II), so erhält man:

$$\begin{aligned} y &= 2 \cdot 1 + \tfrac{1}{3} \\ y &= 2\tfrac{1}{3} \end{aligned}$$

Lösung des Gleichungssystems: $\left(1 \middle| 2\frac{1}{3}\right)$

Wäre Gleichung (II) z. B. in der Form $2x - y = -\frac{1}{3}$ gegeben gewesen, hätte man die Gleichung zunächst nach y aufgelöst, um genauso wie oben weiterzuverfahren.

Durch das Einsetzen erhält man eine Gleichung mit nur noch einer Variablen.

Beim **Einsetzungsverfahren** wird eine der beiden Gleichungen nach einer Variablen aufgelöst. Der Term, den man für diese Variable erhält, wird dann in die andere Gleichung eingesetzt und so der Wert der 2. Variable bestimmt.
Mit diesem Wert wird durch Einsetzen in den obigen Term der Wert der 1. Variable bestimmt.

Bemerkung
Das **Einsetzungsverfahren** bietet sich an, wenn eine Gleichung des gegebenen Gleichungssystems **bereits nach einer Variablen aufgelöst ist** und der entsprechende Term somit direkt in die andere Gleichung eingesetzt werden kann.

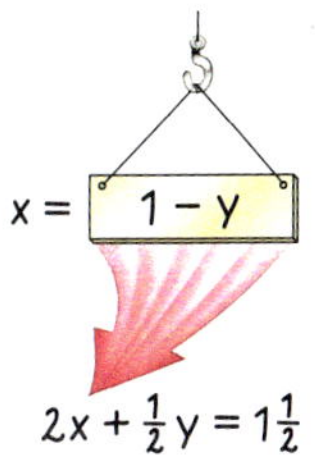

Beim Einsetzen des Terms ist es oft nötig, Klammern zu setzen!

Beispiel 1

Amelie und Ben haben zusammen eine Pizza gegessen. Hätte Amelie doppelt so viel und Ben dafür nur halb so viel gegessen, dann hätten die beiden sogar $1\frac{1}{2}$ Pizzas verspeist. Welchen Anteil der Pizza haben die beiden jeweils gegessen?

Lösung:

x: Amelies Anteil; y: Bens Anteil

(I) $x + y = 1$ aus (I) $x = 1 - y$ in (II) einsetzen

(II) $2x + \frac{1}{2}y = 1\frac{1}{2}$

(II) $2\,(1 - y) + \frac{1}{2}y = 1\frac{1}{2}$

$2 - 2y + \frac{1}{2}y = 1\frac{1}{2}$ $\quad|-2$

$-\frac{3}{2}y = -\frac{1}{2}$ $\quad|\cdot\left(-\frac{2}{3}\right)$

$y = \frac{1}{3}$ und $x = 1 - \frac{1}{3} = \frac{2}{3}$

Probe: (I) $\frac{2}{3} + \frac{1}{3} = 1$ ✓ und (II) $2 \cdot \frac{2}{3} + \frac{1}{2} \cdot \frac{1}{3} = \frac{4}{3} + \frac{1}{6} = \frac{8}{6} + \frac{1}{6} = \frac{9}{6} = 1\frac{1}{2}$ ✓

Antwort: Amelie hat $\frac{2}{3}$ der Pizza und Ben $\frac{1}{3}$ der Pizza gegessen.

Graphische Lösung zu Beispiel 2 a):
Löst man die Gleichungen nach y auf, so erkennt man, dass die zugehörigen Geraden zueinander parallel sind.

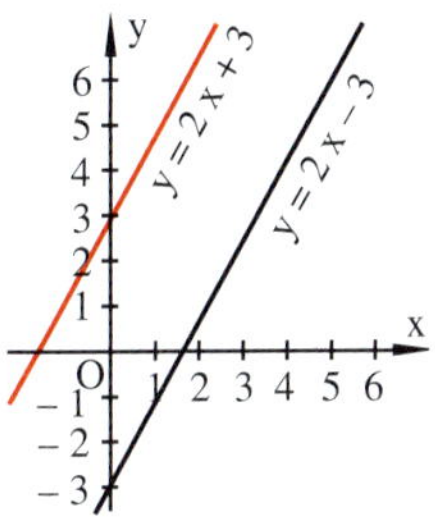

Beispiel 2

Löse mit dem Einsetzungsverfahren und mache deine Rechenschritte deutlich.

a) (I) $4x = 2y - 6$
(II) $2x - y = 3$

b) (I) $3y = 7x - 108$
(II) $2{,}5x + 3y = 6$

Lösung:

a) Gleichung (II) nach y auflösen:

$2x - y = 3$ $\quad|+y-3$

$2x - 3 = y$

In Gleichung (I) für die Variable y den Term $2x - 3$ einsetzen:

$4x = 2\,(2x - 3) - 6$

$4x = 4x - 6 - 6$ $\quad|-4x$

$0x = -12$

Es gibt keine rationale Zahl, die die Gleichung $0x = -12$ erfüllt, also $L = \{\ \}$.

b) In Gleichung (II) für 3y den Term $7x - 108$ einsetzen und nach x auflösen:

$2{,}5x + 7x - 108 = 6$ $\quad|+108$

$9{,}5x = 114$ $\quad|:9{,}5$

$x = 12$

In Gleichung (I) für die Variable x die Zahl 12 einsetzen und nach y auflösen:

$3y = 7 \cdot 12 - 108$

$3y = -24$ $\quad|:3$

$y = -8$ Lösung: $(12|-8)$

Aufgaben

2

Löse das Gleichungssystem.

a) $y = -0{,}5x + 2$
$1{,}5x + y = 3$

b) $3x + 2y = 8$
$y = 0{,}5x - 4$

c) $2{,}7x + 3{,}2y = 2{,}5$
$2{,}7x = -1{,}8y + 0{,}4$

d) $x = 5y - \frac{2}{5}$
$5y = 2x + \frac{1}{3}$

e) $7y = 2x + 4$
$4x = 10y + 6$

f) $5x - 6y = 3$
$3y = x - 1$

3

a) Suche zwei Zahlen, deren Summe 34 und deren Differenz 16 ist.

b) Eine Zahl ist um 8 größer als eine andere, aber nur halb so groß wie deren Dreifaches. Um welche beiden Zahlen handelt es sich?

Selbstvertrauen ist gut,
Kontrolle ist besser!
Überprüfe deine Ergebnisse durch Einsetzen in beide Gleichungen.

4

Löse das Gleichungssystem erst zeichnerisch und dann rechnerisch. Vergleiche danach.

a) $3x + 4y = 20$
$4x - 10y = 25$

b) $15y - 5x = 9$
$4y - x = 2$

c) $\frac{1}{2}y + \frac{1}{8}x + 1 = 0$
$\frac{1}{5}y + 7 = \frac{8}{5}x$

d) $-2x + 3y = 2$
$-3x + 4y = 3$

5

Wie viele Lösungen hat das lineare Gleichungssystem? Begründe.

a) $y = 3x + 6$
$y = 3x - 6$

b) $2x = 3y + 4$
$2x = 3y - 4$

c) $7x = 7y$
$-7x = 7y$

d) $3 = 7x + 7y$
$-3 = -7x - 7y$

Lösungssalat zu 6:

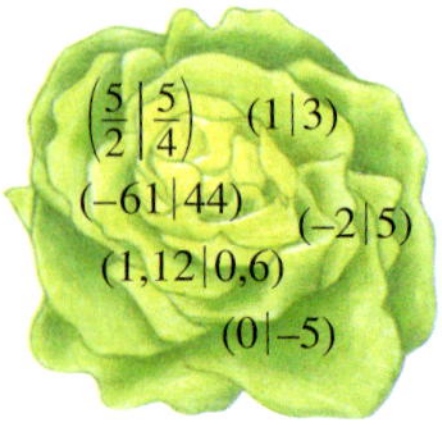

6
Bestimme die Lösung.

a) $0{,}5\,y = -8{,}5 - 0{,}5\,x$
$0{,}5\,x = 0{,}5\,y - 52{,}5$

b) $3\,y = 5\,(1 - x)$
$\frac{5}{3}x = -\frac{2}{3}y$

c) $0{,}2\,x + 0{,}4\,y = 1$
$x + 1{,}2\,y = 4$

d) $4\,y + 5\,x - 8 = 0$
$30\,x - 24 = 16\,y$

e) $2\,x - 3\,y = -7$
$4\,x + y = 7$

f) $-12\,x + 2\,y = -10$
$15\,x - 3\,y = 15$

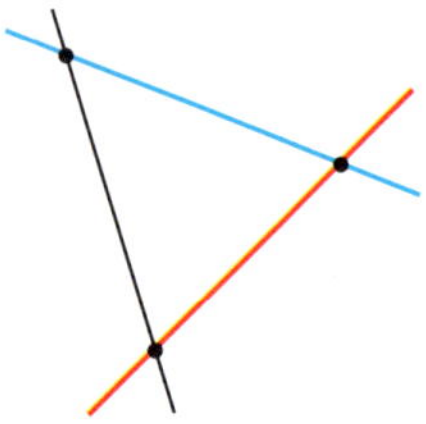

7
Die zu den drei Gleichungen gehörenden Geraden bilden ein Dreieck. Berechne die Koordinaten der Ecken.

a) $13\,y + 2\,x = 32$
$5\,x + 4\,y = 80$
$5\,y = 8\,x - 14$

b) $15\,y = -3\,x + 15$
$y + 2\,x + 3{,}5 = 0$
$7\,y = -5\,x + 25$

(9|8) L

(84|60) M

unlösbar E

(0|0) A

unendlich viele Lösungen I

8
Löse geschickt.
Wenn du die Buchstaben richtig zuordnest, ergibt sich ein Mädchenname.

a) $3\,a + 3{,}7\,b = 3{,}1$
$3\,a + 3{,}7\,b = 1{,}3$

b) $\frac{2}{3}s + \frac{3}{2}t = 5$
$\frac{2}{3}s + 1\frac{1}{2}t = 5$

c) $4\,r = 36$
$4\,s = 32$

d) $\frac{1}{14}v + \frac{1}{28}u = 2$
$u = 7 - 2\,v$

e) $0{,}5\,a - 0{,}2\,b = 30$
$a - 0{,}75\,b = 39$

f) $4\frac{1}{7}x = 7\frac{1}{4}y$
$4\frac{1}{7}y = 7\frac{1}{4}x$

Tipp zu Aufgabe 9:
In der Geradengleichung g: $y = mx + t$ sind m und t zu bestimmen:
z. B. aus $(-2|5) \in g$ folgt:
$5 = m \cdot (-2) + t$

9
Stelle die Gleichung der Geraden durch die Punkte A(−3|−1) und B(2|3) mit Hilfe eines linearen Gleichungssystems auf.

10 Das Gleichsetzungsverfahren
In Fällen, wie dem folgenden, wird das Einsetzverfahren auch Gleichsetzungsverfahren genannt:

$$\text{(I)}\quad y = 4\,x + 1$$
$$\text{(II)}\quad y = -3\,x + 2$$
$$4\,x + 1 = -3\,x + 2$$

Dieser Fall ergibt sich insbesondere, wenn man den Schnittpunkt der Graphen zweier linearen Funktionen berechnen will.
Löse mit dem Gleichsetzungsverfahren:

a) $x = -3\,y + 7$
$x = -4\,y + 7$

b) $3\,x = 7\,y - 8$
$3\,x = 8\,y - 7$

c) $5\,y = 16 - x$
$5\,y = x - 16$

d) $5{,}1\,y + 3 = 4\,x$
$4\,x = 5{,}1\,y - 3$

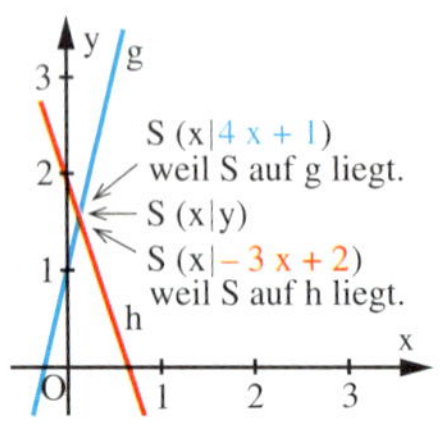

g: Gerade zu $y = 4\,x + 1$
h: Gerade zu $y = -3\,x + 2$

11
Berechne die Koordinaten des Schnittpunktes der beiden Geraden.

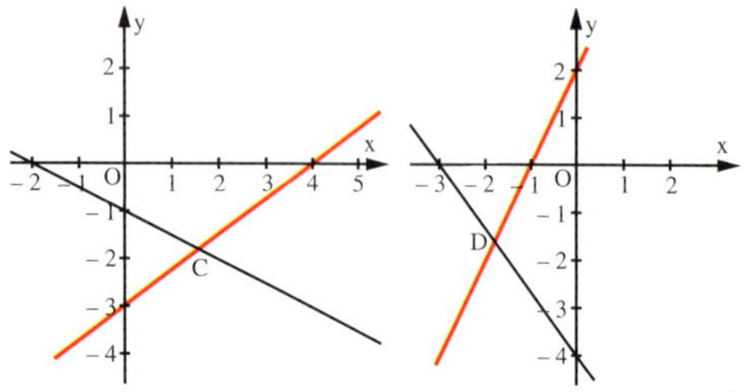

12
a) Welchen Fehler hat Klaus beim „Lösen" des Gleichungssystems gemacht?
b) Claudia hat ein Gleichungssystem richtig gelöst. Würdest du manchmal anders vorgehen? Wenn ja, erkläre warum.

Klaus:

(I) $2x + 6y = 3$
(II) $x = 7y - 2$

$2 \cdot 7y - 2 + 6y = 3$
$14y - 2 + 6y = 3$
$20y - 2 = 3$
$20y = 5$
$y = \frac{1}{4}$
$x = 7 \cdot \frac{1}{4} - 2 = -\frac{1}{4}$

Claudia:

(I) $x = 3 - 6y$
(II) $3y = \frac{1}{2}x + 2{,}5$

$3y = \frac{1}{2}(3 - 6y) + 2{,}5$
$3y = -3y + 4$
$y = \frac{2}{3}$
$3 \cdot \frac{2}{3} = \frac{1}{2}x + 2{,}5$
$-0{,}5 = \frac{1}{2}x$
$x = -1$

13
a) Die zur Gleichung $7\,y + 12\,x = 84$ gehörende Gerade g schneidet die zur Gleichung $16\,y = 72 + 9\,x$ gehörende Gerade h in einem Punkt S. Berechne die Koordinaten von S.
b) Welche Koordinaten haben die Schnittpunkte der beiden Geraden mit der x- und der y-Achse?

14
Gib mehrere lineare Gleichungssysteme mit zwei Variablen an, die man geschickt mit dem Einsetzungsverfahren (Gleichsetzungsverfahren – vgl. Aufgabe 10) lösen kann. Gib sie deinem Nachbarn zum Lösen.

G 15
Konstruiere ein Parallelogramm ABCD aus $\overline{AD} = 3$ cm; $\overline{AB} = 5$ cm; $\sphericalangle$ ADB = 90°.

5 Lösen mit dem Additionsverfahren

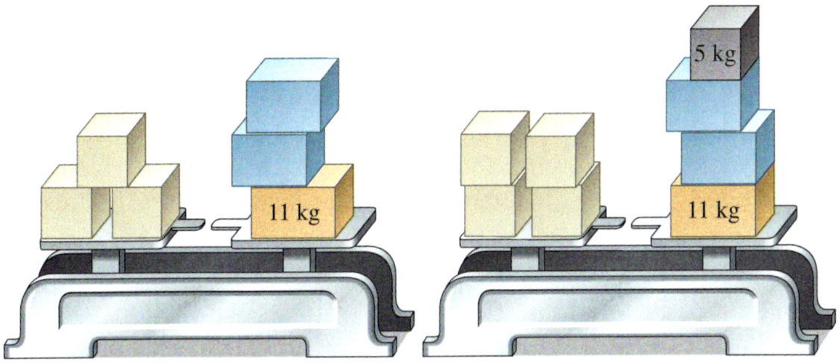

Waage 1 Waage 2

1

a) Ist Waage 2 noch im Gleichgewicht, wenn man von ihrer linken Seite so viel wegnimmt, wie auf der linken Seite von Waage 1 liegt, und gleichzeitig von ihrer rechten Seite so viel wegnimmt, wie auf der rechten Seite von Waage 1 liegt? Wie viel wiegt ein kleines (großes) Paket?

b) Kannst du auch durch geschicktes Zusammenlegen der Waageauflagen die Masse eines kleinen (großen) Pakets bestimmen?

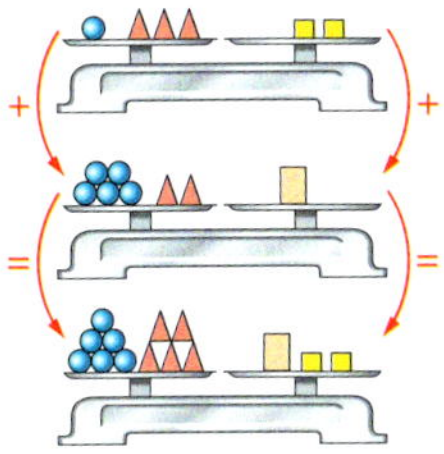

*Hier werden die beiden Gleichungen **addiert**.*

Man könnte für die Variable y genauso in Gleichung (II) die Zahl 1 einsetzen und erhält so dieselbe Lösung. Man sollte jedoch diejenige Gleichung wählen, die für die Berechnung günstiger ist.

Ist ein Zahlenpaar Lösung des Gleichungssystems

(I) $-3x + 4y = 45$
(II) $3x + 5y = -36$

dann gilt für dieses Zahlenpaar:
Die linke und die rechte Seite von (I) sind gleich, ebenso sind die linke Seite und die rechte Seite von (II) gleich.
Also ist für dieses Zahlenpaar die Summe der linken Seiten gleich der Summe der rechten Seiten:

(I) $-3x + 4y = 45$
(II) $3x + 5y = -36$

Summe der linken Seiten $-3x + 4y + (3x + 5y) = 45 + (-36)$ Summe der rechten Seiten

$\Rightarrow \quad 9y = 9$

$\Rightarrow \quad y = 1$

Setzt man z. B. in (I) für y die Zahl 1 ein, so erhält man: $-3x + 4 \cdot 1 = 45$ und damit $x = -13\frac{2}{3}$;
Lösung des Gleichungssystems: $(-13\frac{2}{3} | 1)$

Damit bei der Addition eine Variable „wegfällt", muss man oft eine oder beide Gleichungen vor dem Addieren umformen:

(I) $2x + 7y = -2{,}5$
(II) $4x + 15y = -3$

Multipliziert man die Gleichung (I) mit –2, so erhält man:

(Ia) $-4x - 14y = 5$
(II) $4x + 15y = -3$
(Ia) + (II) $y = 2$

Setzt man in (I) für y die Zahl 2 ein, so erhält man: $2x + 7 \cdot 2 = -2{,}5$ und damit $x = -8{,}25$.
Lösung des Gleichungssystems: $(-8{,}25 | 2)$

Beim Additionsverfahren genauso wie beim Einsetzungsverfahren reduziert man zunächst die Anzahl der Variablen in einer Gleichung, um diese lösen zu können.

Beim **Additionsverfahren** werden die beiden Gleichungen so addiert, dass dabei eine Variable „wegfällt". Dazu muss häufig zunächst eine Gleichung mit einer geeigneten Zahl multipliziert werden.
Die Lösung der durch die Addition entstandenen Gleichung wird in eine der ursprünglichen Gleichungen eingesetzt und so der Wert der anderen Variablen bestimmt.

Bemerkung

Das Additionsverfahren bietet sich an, wenn in beiden Gleichungen des gegebenen Gleichungssystems die Zahlenfaktoren vor einer Variablen Gegenzahlen voneinander sind, so dass diese Variable beim Addieren wegfällt.

Beachte:

Sind in beiden Gleichungen die Zahlenfaktoren vor einer Variablen gleich (Bsp. 2 b), so kann man diese Variable auch durch Subtraktion der beiden Gleichungen eliminieren.

eliminare *(lat.): entfernen*

Beide bei diesem Verfahren durchgeführten Umformungen sind **Äquivalenzumformungen**. Die Lösung eines linearen Gleichungssystems ändert sich weder, wenn man beide Seiten einer Gleichung mit der gleichen rationalen Zahl ($\neq 0$) multipliziert, noch, wenn man eine Gleichung durch die Gleichung ersetzt, in der links die Summe der beiden linken Seiten und rechts die Summe der beiden rechten Seiten steht.

Erinnerung: *Eine Äquivalenzumformung ist eine Umformung einer Gleichung, bei der sich die Lösungsmenge nicht ändert.*

Beispiel 1

Löse mit dem Additionsverfahren:

(I) $2x + 3y = 4$
(II) $3x + 4y = 5$

Lösung:

(I)	$2x + 3y = 4$	$\|\cdot 3$
(II)	$3x + 4y = 5$	$\|\cdot(-2)$
(Ia)	$6x + 9y = 12$	
(IIa)	$-6x - 8y = -10$	$\|$(Ia) + (IIa)
	$y = 2$	

In Gleichung (I) für y die Zahl 2 einsetzen:

$2x + 3 \cdot 2 = 4$	$\|-6$
$2x = -2$	$\|:2$
$x = -1$	

Lösung des Gleichungssystems: $(-1|2)$

Hier werden beide Gleichungen jeweils geschickt mit einer Zahl multipliziert, um Brüche zu vermeiden.

Beispiel 2

Bestimme mit dem Additionsverfahren die Anzahl der Lösungen des Gleichungssystems:

a) (I) $3x + 4y = 7$
(II) $6x + 8y = 16$

b) (I) $3x + 4y = 7$
(II) $6x + 8y = 14$

Lösung:

a)

(I)	$3x + 4y = 7$	$\|\cdot(-2)$
(II)	$6x + 8y = 16$	
(Ia)	$-6x - 8y = -14$	
(II)	$6x + 8y = 16$	$\|$(Ia) + (II)
	$0x + 0y = 2$	

Es gibt keine rationalen Zahlen, die das Gleichungssystem erfüllen.

b)

(I)	$3x + 4y = 7$	$\|\cdot 2$
(II)	$6x + 8y = 14$	
(Ia)	$6x + 8y = 14$	
(II)	$6x + 8y = 14$	$\|$(Ia) − (II)
	$0x + 0y = 0$	

Das Gleichungssystem wird von unendlich vielen rationalen Zahlen erfüllt.

Die Anzahl der Lösungen erkennt man in Beispiel 2 auch, wenn man beide Gleichungen jeweils nach y auflöst und dann die entsprechenden Geraden zeichnet. Bei Beispiel 2 a) ergeben sich zwei parallele und bei Beispiel 2 b) zwei identische Geraden, was man schon daran erkennt, dass die beiden gegebenen Geradengleichungen Vielfache voneinander sind.

Aufgaben

Lösungssalat zu 2 e) - h):

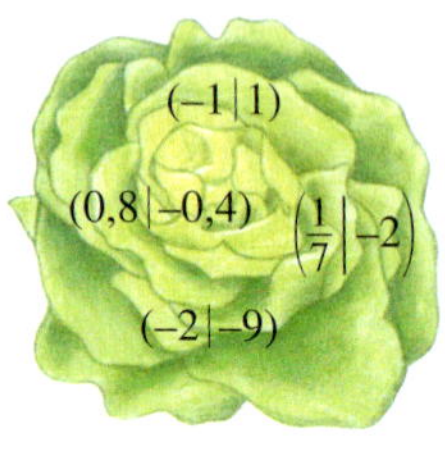

2

Löse die Gleichungssysteme jeweils mit dem Additionsverfahren.

a) $2x + 5y = 3$
$x - 5y = 9$

b) $6x + 2y = 7$
$-6x + 7y = 11$

c) $3x - 7y = 17$
$-3x + 7y = -17$

d) $6x - 8y = 3$
$-6x + 8y = 3$

e) $2x - 3y = 23$
$2x + y = -13$

f) $7x + y = -1$
$7x - 2y = 5$

g) $7x + 10y = 3$
$2x + 5y = 3$

h) $9x - 7y = 10$
$3x + y = 2$

3

Gib verschiedene lineare Gleichungssysteme an, die man geschickt mit dem Additionsverfahren lösen kann.

4

Löse das lineare Gleichungssystem.

a) $6s - 5t = 32$
$4s + 3t = -4$

b) $9a - 8b = -16$
$-4a + 3b = 11$

c) $3k = 17r + 18$
$-11k + 8r + 66 = 0$

d) $5x + 11 = 8t$
$27 = 13x + 7t$

5

In den Tüten sind verschieden viele Bonbons. Nimmt man zwei Tüten der Sorte Himbeer und drei Tüten der Sorte Erdbeer, dann hat man insgesamt 90 Bonbons. Nimmt man zwei Tüten der Sorte Himbeer und fünf Tüten der Sorte Erdbeer, dann hat man insgesamt 130 Bonbons.
Wie viele Bonbons sind in jeder Tüte?

6

Löse mit dem Verfahren, dass dir günstig erscheint. Die Ergebnisse richtig zugeordnet, ergibt sich ein Lösungswort.

a) $12a - 25b = 1$
$18a - 35b = -1$

b) $7 - 5y = 2x$
$1 - 6x = 5y$

c) $(x-2)(y+1) = xy$
$x(x+3) = x^2 + 5y$

d) $2v = 6 + 5u$
$2u = 9 - 3v$

e) $2{,}5r - 4 = 4{,}5s$
$6 - 3s = 10r$

f) $x + 8{,}\dot{6}y = 5$
$0{,}5x + 4{,}3y = 1$

g) $-\frac{1}{20}y + 2\frac{2}{15} = \frac{1}{12}x$
$\frac{x}{9} + 3\frac{1}{3} = -\frac{y}{15}$

h) $\frac{3x}{4} + \frac{7}{12} = 2 - \frac{2}{9}y$
$\frac{2y}{5} + \frac{3}{10} = 1 + \frac{x}{2}$

i) $(x+4)(y-3) = (x+7)(y-4)$
$(x-2)(y+5) = (x-1)(y+2)$

$\left(-\frac{3}{2} \mid 2\right)$	O
$(1 \mid 3)$	A
$(-10 \mid -6)$	R
$(-2 \mid -1)$	V
$(0 \mid 3)$	M
$(5 \mid 7)$	G
$\left(\frac{26}{35} \mid -\frac{10}{21}\right)$	I
unlösbar	T

__Projektvorschlag:__
Löst in Gruppenarbeit mehrere selbsterfundene lineare Gleichungssysteme mit dem Additionsverfahren und mit dem Einsetzverfahren.
Vergleicht anschließend die Lösungswege und überlegt, welches Verfahren in welchen Fällen günstiger ist.
Begründet dies, schreibt euer Ergebnis in eigenen Worten auf und präsentiert es anschließend vor der Klasse.

7

Berechne die Koordinaten des Schnittpunktes mit Hilfe des Additionsverfahrens.

a) 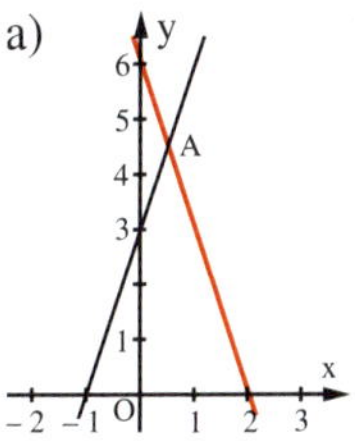

b) 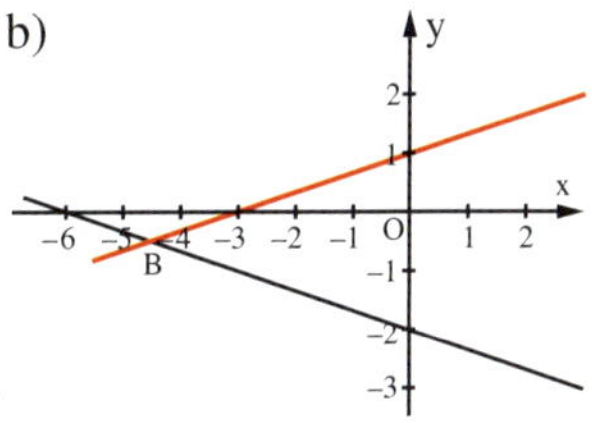

8

Die Stromtarife Ihrer Stadtwerke auf einen Blick:

	Preis in ct/kWh	Grundbetrag (€)
Tarif 1	20	30,00
Tarif 2	16	100,00

Noch günstiger ist Nachtstrom!

a) Ein Haushalt verbraucht im Jahr bis zu etwa 3000 kWh elektrische Energie. Stelle in einem Diagramm die Kosten in Abhängigkeit von der kWh-Zahl dar.
b) Bei welchem Verbrauch ist Tarif 1 (Tarif 2) günstiger?

9

Multipliziere die Gleichungen zunächst geschickt mit einer Zahl.

a) $\frac{1}{3}x - \frac{1}{5}y = -2$
$\frac{1}{2}x + \frac{1}{4}y = -\frac{1}{4}$

b) $\frac{1}{8}x + \frac{1}{15}y = 3\frac{1}{3}$
$\frac{1}{12}x + \frac{1}{25}y = 2\frac{2}{15}$

c) $0{,}4x + 0{,}5y = -0{,}2$
$1{,}5x - 0{,}2y = 3{,}4$

10

Untersucht in einer Gruppe die Lösbarkeit der folgenden linearen Gleichungssysteme und beschreibt, wie man möglichst leicht die Lösbarkeit von Gleichungssystemen, auch ohne Zeichnung, erkennen kann.

(I) $3x + 9y = -6$
(II) $-5x - 15y = -3$

(I) $0{,}25x + 4y = 0{,}5$
(II) $x + 16y = 2$

11

Gib ein lineares Gleichungssystem mit zwei Variablen an, das man geschickt mit dem Additionsverfahren lösen kann, und das die folgende Lösung hat:

a) $(4 \mid 5)$ b) $(-4 \mid 5)$ c) $(3 \mid -6)$ d) $(-3 \mid -6)$

12

a) Zeichne die Geraden zu dem Gleichungssystem: (I) $2x + 3y = 9$
(II) $4x + 3y = 15$
b) Multipliziere beide Seiten von (I) mit -2 und addiere (II).
Zeichne die Geraden zu (I) und der neuen Gleichung (II a).
c) Subtrahiere nun Gleichung (II) von Gleichung (I). Zeichne die Geraden zu (II) und der neuen Gleichung (I a).
d) Was hat sich in den Zeichnungen zu b) und c) gegenüber a) verändert, was ist gleich geblieben? Begründe.

G 13

a) Skizziere ein Netz des Körpers.
b) Zeichne das Schrägbild des Körpers so, dass die Fläche mit dem drittgrößten Flächeninhalt nach vorne weist.
c) Berechne das Volumen des Körpers.

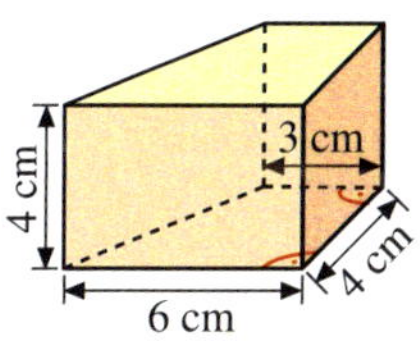

6 Lineare Gleichungssysteme in Anwendungssituationen

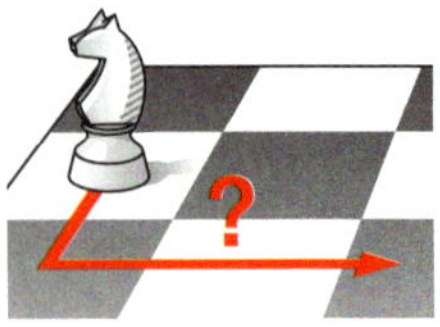

Strategie: *Aufstellen und Lösen einer Gleichung*

Das Aufstellen und anschließende Lösen eines linearen Gleichungssystems ist eine wichtige Strategie, um Probleme mit Hilfe der Mathematik zu lösen.
Bei der Bearbeitung sollte man in der Weise vorgehen, wie sie anhand der folgenden konkreten Aufgabenstellung beschrieben wird:
Das rechts stehende Bild zeigt Sandra und Dirk, die beide in die gleiche Klasse gehen. Wie viele Schülerinnen und wie viele Schüler besuchen die Klasse?

Erinnerung:
In der 7. Klasse hast du gelernt, auf ähnliche Weise Probleme mit Hilfe ***einer*** *linearen Gleichung zu lösen.*

1. Variablen einführen
Überlege zunächst, was durch die Variablen beschrieben werden soll.
Beschreibe dann auch die anderen wichtigen Größen der vorliegenden Situation durch die Variablen.

Anzahl der Mädchen: x
Anzahl der Jungen: y
Sandra hat x – 1 Mitschülerinnen und y Mitschüler
Dirk hat x Mitschülerinnen und y – 1 Mitschüler

2. Gleichungen aufstellen
Überlege, welche Größen des Sachverhalts so in Beziehung zueinander gesetzt werden können, dass für sie Gleichungen formuliert werden können.

Sandras Aussage als Gleichung:
(I) $x - 1 = 1{,}7\,y$
Dirks Aussage als Gleichung:
(II) $x = 2\,(y - 1)$

3. Gleichungssystem lösen
Wenn sich dabei ein lineares Gleichungssystem ergibt, so löse dies mit den bereits (aus Lerneinheit 4 bzw. 5) bekannten Verfahren.

In (I) für x den Term $2\,(y - 1)$ einsetzen:

$2\,(y - 1) - 1 = 1{,}7\,y$
$2y - 3 = 1{,}7\,y \quad |-1{,}7\,y \quad |+3$
$0{,}3\,y = 3 \quad |:0{,}3$
$y = 10$

In (II) für y die Zahl 10 einsetzen:
$x = 2\,(10 - 1) = 18$

4. Ergebnis überprüfen und formulieren
Überprüfe das Ergebnis im Sachzusammenhang.

Sandras Aussage:
Ihre 18 – 1 = 17 Mitschülerinnen sind 1,7-mal so viele wie ihre 10 Mitschüler. ✓
Dirks Aussage:
Seine 18 Mitschülerinnen sind doppelt so viele wie seine 9 Mitschüler. ✓

Formuliere abschließend die Antwort auf die ursprüngliche Fragestellung in Worten.

Die Klasse hat 18 Schülerinnen und 10 Schüler.

Beispiel 1
In einem rechtwinkligen Dreieck ist die eine Kathete um 1 cm länger als die andere. Verlängert man die längere Kathete um 2 cm und verkürzt die kürzere um 1 cm, so wächst der Flächeninhalt des Dreiecks um 2,5 cm^2. Berechne die Kathetenlängen.

Erinnerung:

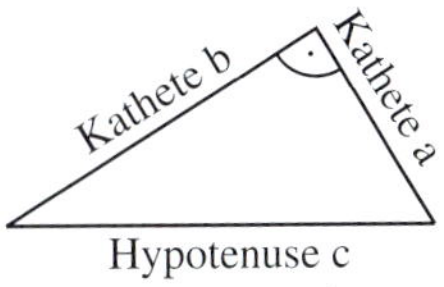

Flächeninhalt: $A = \frac{1}{2} a \cdot b$

Lösung:

1. Variablen einführen

x: Maßzahl der längeren Kathetenlänge
y: Maßzahl der kürzeren Kathetenlänge
verlängerte Kathetenlänge: $x + 2$
verkürzte Kathetenlänge: $y - 1$

2. Gleichungen aufstellen

(I) $x = y + 1$
veränderte Fläche: $A' = A + 2{,}5$

$$\frac{1}{2}(x+2)(y-1) = \frac{1}{2}xy + 2{,}5$$
$$\Rightarrow \frac{1}{2}(xy - 1x + 2y - 2) = \frac{1}{2}xy + 2{,}5$$
$$\Rightarrow \frac{1}{2}xy - 0{,}5x + y - 1 = \frac{1}{2}xy + 2{,}5$$
(II) $-0{,}5x + y = 3{,}5$

Meist ist es günstig, die Einheiten beim Rechnen zunächst wegzulassen. Man muss jedoch beachten, dass zunächst alle Größen in die passenden Einheiten umgewandelt werden.

3. Gleichungssystem lösen

In (II) für x den Term $y + 1$ einsetzen:
$$-0{,}5(y+1) + y = 3{,}5$$
$$-0{,}5y - 0{,}5 + y = 3{,}5 \quad |+0{,}5$$
$$0{,}5y = 4 \quad |:0{,}5$$
$$y = 8 \text{ und } x = 8 + 1 = 9$$

4. Ergebnis überprüfen und formulieren

$A' = \frac{1}{2}(9\,\text{cm} + 2\,\text{cm})(8\,\text{cm} - 1\,\text{cm}) = 38{,}5\,\text{cm}^2$
$A = \frac{1}{2} \cdot 9\,\text{cm} \cdot 8\,\text{cm} = 36\,\text{cm}^2$ ✓
Die Katheten sind 8 cm und 9 cm lang.

Beispiel 2

Ein Ausflugsschiff benötigt für die 12 km lange Strecke flussabwärts eine $\frac{1}{2}$ Stunde und flussaufwärts eine $\frac{3}{4}$ Stunde. Berechne daraus die Fließgeschwindigkeit des Flusses.

Da die Fließgeschwindigkeit eines Flusses örtlich verschieden ist, kann man nur etwas über die durchschnittliche Fließgeschwindigkeit sagen.

Lösung:

1. Variablen einführen

x: durchschnittliche Geschwindigkeit des Schiffes im ruhenden Wasser
y: durchschnittliche Fließgeschwindigkeit des Wassers

2. Gleichungen aufstellen

Geschwindigkeit flussabwärts:
(I) $x + y = \frac{12\,\text{km}}{0{,}5\,\text{h}} = \frac{24\,\text{km}}{\text{h}}$
Geschwindigkeit flussaufwärts:
(II) $x - y = \frac{12\,\text{km}}{0{,}75\,\text{h}} = \frac{16\,\text{km}}{\text{h}}$

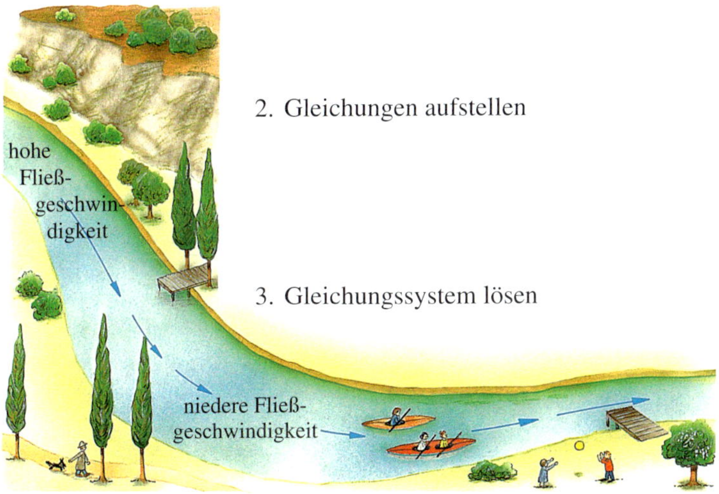

3. Gleichungssystem lösen

(I) $x + y = 24\,\frac{\text{km}}{\text{h}}$
(II) $x - y = 16\,\frac{\text{km}}{\text{h}}$ $\quad |(\text{I}) + (\text{II})$
$2x = 40\,\frac{\text{km}}{\text{h}}$ $\quad |:2$
$\Rightarrow x = 20\,\frac{\text{km}}{\text{h}}$
(I) $20\,\frac{\text{km}}{\text{h}} + y = 24\,\frac{\text{km}}{\text{h}}$, also $y = 4\,\frac{\text{km}}{\text{h}}$

4. Ergebnis überprüfen und formulieren

$12\,\text{km} : \left(20\,\frac{\text{km}}{\text{h}} + 4\,\frac{\text{km}}{\text{h}}\right) = \frac{12}{24}\text{h} = \frac{1}{2}\text{h}$ ✓
$12\,\text{km} : \left(20\,\frac{\text{km}}{\text{h}} - 4\,\frac{\text{km}}{\text{h}}\right) = \frac{12}{16}\text{h} = \frac{3}{4}\text{h}$ ✓
Der Fluss hat eine durchschnittliche Fließgeschwindigkeit von 4 km/h.

Aufgaben

1

a) Die Summe zweier Zahlen ist 17, ihre Differenz ist 7.
Wie heißen die Zahlen?

b) Die Summe aus dem Doppelten einer Zahl und dem Dreifachen einer anderen Zahl ist 26. Die Summe aus dem Dreifachen der ersten Zahl und dem Doppelten der zweiten Zahl ist 34.
Wie heißen die Zahlen?

c) Die Summe aus dem Doppelten einer Zahl und der Hälfte einer anderen Zahl ist um 1 größer als die Hälfte der Summe der beiden Zahlen. Berechne die Zahlen.

2

Johanna kauft zum Muttertag einen Strauß mit 3 Rosen und 2 Lilien. Kai kauft einen Strauß mit 2 Rosen und 3 Lilien. Ihr Vater weiß nicht, dass seine Kinder Blumen schenken und kauft einen Strauß mit 12 Rosen und drei Lilien.
Wie viel € muss der Vater für die Blumen bezahlen?

3

Ein Flugzeug hat die Geschwindigkeit $760\,\frac{\text{km}}{\text{h}}$, wenn es mit dem Wind fliegt, und die Geschwindigkeit $690\,\frac{\text{km}}{\text{h}}$, wenn es gegen den Wind fliegt. Welche Windgeschwindigkeit herrscht?
Wie weit käme das Flugzeug in einer Stunde bei völliger Windstille?

4

Ein Rechteck hat den Umfang 15 cm. Verkürzt man die eine Seite um 1 cm und verlängert die andere Seite um 1 cm, so verkleinert sich der Flächeninhalt um $6\,\text{cm}^2$.
Löse die Aufgabe mit verschiedenen Strategien und zeichne beide Rechtecke.

Nutze auch Strategien, die du schon früher kennen gelernt hast.

5

Charlotte war vor einem Jahr doppelt so alt wie Jens. In zwei Jahren wird sie 1,5-mal so alt wie Jens sein. Wie alt sind die beiden heute?

6

a) Eine zweistellige Zahl wird um 9 größer, wenn man ihre Ziffern vertauscht. Ihre Zehnerziffer ist halb so groß wie ihre Einerziffer. Wie heißt die Zahl?

b) Variiere das Zahlenrätsel so, dass die Lösungszahl 31 ist.

7

Ein Textilgeschäft bezieht 200 Hemden und 250 Pullover, die laut Rechnung zusammen 24 500 € kosten. Die Hemden werden mit 20 %, die Pullover mit 40 % Aufschlag verkauft. Dabei werden 31 900 € eingenommen. Wie teuer war ein Hemd und wie teuer ein Pullover im Einkauf?

8

a) Gib Beispiele für ein rechtwinkliges Dreieck an, dessen Flächeninhalt um $12\,\text{cm}^2$ abnimmt, wenn man beide Katheten um 1,5 cm verkürzt.

b) Gibt es unter den Dreiecken aus a) eines, dessen Flächeninhalt um $12\,\text{cm}^2$ zunimmt, wenn man seine Katheten um 1,5 cm verlängert?

*c) Variiere die Angaben aus b) so, dass ein Dreieck mit von dir vorgegebenen Kathetenlängen das Problem löst.

9

Mit Hilfe einer speziellen Pistole, die gleichzeitig mit dem Knall ein Rauchwölkchen ausstößt, soll die Schallgeschwindigkeit in Luft gemessen werden. Die Messstrecke ist 1048 m lang. Um den Einfluss des Windes auszuschalten, werden zwei Messungen ausgeführt. In Windrichtung beträgt die Laufzeit des Knalls 3,0 s, entgegen der Windrichtung 3,2 s.

a) Berechne die Schallgeschwindigkeit bei Windstille und die Windgeschwindigkeit.

b) Ergibt sich die Laufzeit des Schalls in ruhender Luft als Mittelwert der Laufzeiten?

10
Aus dem Buch „Vollständige Anleitung zur Algebra“ von Leonhard Euler (1707 – 1783): „Zwei Personen sind 29 Rubel schuldig; nun hat zwar jeder Geld, doch nicht so viel, dass er diese gemeinschaftliche Schuld allein bezahlen könnte; drum sagt der erste zum anderen: Gibst du mir zwei Drittel deines Geldes, so kann ich die Schuld sogleich allein bezahlen. Der andere antwortet dagegen: Gibst du mir drei Viertel deines Geldes, so kann ich die Schuld allein bezahlen.“ Wie viel Geld hat jeder?

Tipp zu Aufgabe 11:

96%iger Saft bedeutet, dass der Inhalt der Flasche zu 96 % aus reinem Fruchtsaft und zu 4 % aus Wasser besteht.

11
a) Ein Chemiker hat 12%ige und 30%ige Salzlösungen vorrätig. Wie muss er mischen, um 1 kg einer 20%igen Salzlösung zu erhalten?

b) In welchem Verhältnis muss man 96%igen Weingeist und 60%igen Weingeist mischen, um 80%igen zu erhalten? Wie ist zu mischen, wenn man 4,5 *l* 80%igen Weingeist braucht?

12
Die Schülerinnen und Schüler der Klasse 8 b treffen sich im Hamburger-Restaurant. Jeder isst einen Hamburger. Es werden viermal so viele Super-Hamburger mit Mayo-extra gegessen wie ohne Mayo-extra, und doppelt so viele Turbo-Hamburger ohne Mayo-extra wie mit Mayo-extra. Alle Hamburger ohne Mayo-extra kosten zusammen 29,80 €, alle mit Mayo-extra kosten zusammen 31,00 €. Wie viele Schülerinnen und Schüler hat die Klasse 8 b?

13
$2 \cdot 0{,}a3 + 3 \cdot 0{,}0b = 1{,}2b$
$2 \cdot a{,}1b - 3 \cdot 1{,}b2 = a{,}18$

Sabine hat bei den beiden Aufgaben eine Ziffer, die insgesamt dreimal vorkommt, jeweils durch ein „a“ ersetzt und eine andere Ziffer, die insgesamt viermal vorkommt, jeweils durch ein „b“ ersetzt. Wie heißen diese Ziffern?

14
a) Wie viel Liter 35%ige Essigsäure und wie viel Liter 20%ige Essigsäure muss man mischen, um 5 Liter 22%ige Essigsäure zu erhalten?

b) 18%ige Salzsäure soll mit destilliertem Wasser auf 2 % verdünnt werden. Mit welchen Anteilen muss man mischen?

15
a) Gib alle zweistelligen Zahlen an, die um 18 größer sind als ihre Quersumme. Warum gibt es mehrere Lösungen? Welche dieser Zahlen ist sechsmal so groß wie das Doppelte ihrer Zehnerziffer?

b) Formuliere eine ähnliche Aufgabe, bei der 48 die einzige Lösung ist und stelle sie deinem Nachbarn.

*16
„Das Problem der 100 Vögel“ aus einem Buch des chinesischen Mathematikers Chang Ch'iu-chien (um 485 n. Chr.): „Ein Hahn kostet 5 Sapeks, eine Henne 3 Sapeks und 3 Küken 1 Sapek. Wie viele Hähne, Hennen und Küken, insgesamt 100, kosten zusammen 100 Sapeks?“

G 17
Löse die folgenden Ungleichungen.

a) $12a + 5 - 4{,}5a < 0{,}5 \cdot 8 + 3a$

b) $-(c - 3) \leqq 3(-1 - 3c)$

c) $\frac{2}{5}(5f - 1) + \frac{1}{3}(6 - 3f) \leqq \frac{1}{2}(f - 4)$

G18
a) $\left(-\frac{3}{7}\right) \cdot 0{,}97 \cdot \frac{7}{3} \cdot \frac{1}{2}$ b) $0{,}5 - \frac{5}{9} + 1{,}25 - 1\frac{4}{9}$

c) $\frac{2}{9} \cdot 0{,}48 - 0{,}39 \cdot \frac{2}{9}$ d) $(0{,}5)^2 : \frac{1}{4} - \frac{1}{3} \cdot \left(-\frac{1}{2}\right)$

*7 Lineare Gleichungssysteme mit drei Variablen

1

Ben hat Süßigkeiten für sich und seine Freunde eingekauft. Er hat sich zwar aufgeschrieben, wie viel Geld er von jedem bekommt, hat sich aber die Einzelpreise nicht gemerkt. Stelle ein lineares Gleichungssystem auf, um die Einzelpreise der Süßigkeiten zu berechnen. Wie kann man geschickt vorgehen, um dieses zu lösen?

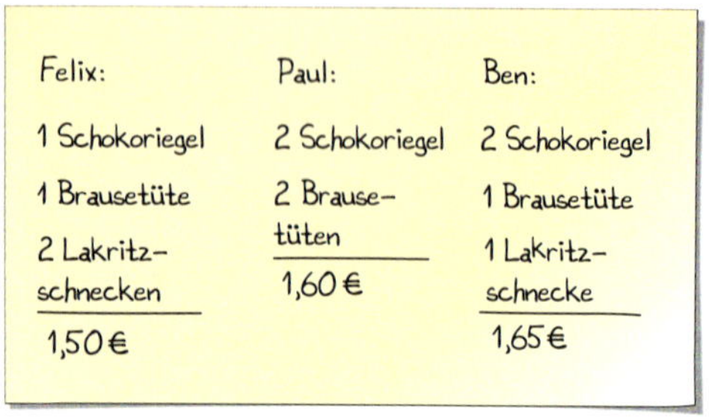

a) I: $x + y + z = 6$
II: $y + z = 3$
III: $z = 1$

b) I: $2x + 3y + 4z = 27$
II: $2y - z = 4$
III: $y + z = 3$

c) I: $2x + 3y + 4z = 38$
II: $-3x + 2y - 4z = -21$
III: $5x - 3y + 6z = 33$

2

Welche der nebenstehenden Aufgaben ist am einfachsten zu lösen? Warum ist Aufgabe b) leichter zu lösen als c)?

Eine sinnvolle Strategie, ein **lineares Gleichungssystem aus drei Gleichungen mit drei Variablen** zu lösen, ist zunächst, die Anzahl der Variablen in einer der Gleichungen zu reduzieren, bis in dieser nur noch eine einzige Variable vorkommt, um diese lösen zu können. Wenn ein lineares Gleichungssystem **Stufenform** hat, kann man die Lösung besonders leicht ermitteln.

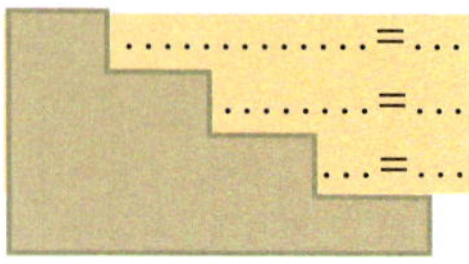

(I) $3x + 2y - 4z = -5$
(II) $0x - 4y + 2z = -2$
(III) $0x + 0y + 5z = 15$

aus (III) folgt: $z = 3$
aus (III) und (II) folgt: $y = 2$
aus (III) und (II) und (I) folgt: $x = 1$

Lösung dieses Gleichungssystems: $(1|2|3)$

*Das folgende Verfahren heißt nach seinem Erfinder auch **Gaußsches Eliminationsverfahren** (nach C. F. Gauss, 1777–1855).*

Um auch andere Gleichungssysteme einfach lösen zu können, bringen wir sie durch Äquivalenzumformungen auf Stufenform.

$x + y + z = 6$	(I)
$-x + 2y - 3z = -7$	(II)
$-x - 4y + 2z = -3$	(III)

Hier ist es günstig, zunächst x zu eliminieren. Wir könnten aber auch mit einer anderen Variable beginnen.

1. Schritt: (I) bleibt unverändert; (IIa) und (IIIa) sollen x nicht mehr enthalten, d. h. x wird eliminiert.

$x + y + z = 6$	(I)
$3y - 2z = -1$	(I) + (II) = (IIa)
$-3y + 3z = 3$	(I) + (III) = (IIIa)

2. Schritt: (I) und (IIa) bleiben unverändert; (IIIb) soll nur noch z enthalten, d. h. y wird eliminiert.

$x + y + z = 6$	(I)
$3y - 2z = -1$	(IIa)
$z = 2$	(IIa) + (IIIa) = (IIIb)

3. Schritt: Die Lösungen des Systems in Stufenform werden berechnet.

$z = 2$	
$y = 1$	z in (IIa)
$x = 3$	z und y in (I)

Lösung: $(3|1|2)$

C. F. Gauss

Beispiel:

$2x + y - 3z = 5$	(I)	Da y in der ersten Gleichung den Koeffizienten 1 hat, ist es günstig, zunächst diese Variable zu eliminieren.
$3x - 2y + z = 6$	(II)	
$4x + 3y - 2z = 16$	(III)	
$2x + y - 3z = 5$	(I)	(I) bleibt;
$7x - 5z = 16$	(II) + 2·(I) = (IIa)	aus (II) und (III) wird y eliminiert.
$-2x + 7z = 1$	(III) – 3·(I) = (IIIa)	
$2x + y - 3z = 5$	(I)	(I) und (IIa) bleiben.
$7x - 5z = 16$	(IIa)	
$39z = 39$	7·(IIIa) + 2·(IIa) = (IIIb)	Aus (IIIa) wird x eliminiert.
$z = 1;\ x = 3;\ y = 2$		Lösung: $(3\|2\|1)$

Beachte:
Sieht aus wie Stufenform;

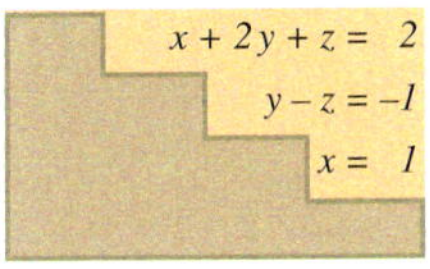

ist aber nicht Stufenform!

Von den folgenden beiden Gleichungssystemen lässt sich das linke erheblich einfacher lösen als das rechte.

(I)	$x + y + z = 6$	(I)	$x + y + z = 6$
(II)	$3y - 2z = -1$	(II)	$3y - 2z = -1$
(III)	$2z = 4$	(III)	$2x = 4$

Dies liegt daran, dass beim linken Gleichungssystem (II) nur noch zwei der drei Variablen von (I) enthält und (III) nur noch eine der Variablen von (II). Bei dem Gleichungssystem rechts ist das nicht so. Nur im ersten Fall sagen wir: Das Gleichungssystem hat **Stufenform**.

Aufgaben

3

Prüfe zuerst, ob das System Stufenform hat, und löse dann.

a) $x + y = 5$; $2x + y - z = 3$; $5z = 30$

b) $3y = 4$; $5z - x = 4$; $3y + 4x + 4z = 6$

c) $4x + 3z = 5$; $7y = 0$; $3y + 4z = 4$

4

Bestimme die Lösung.

a) $x + y - z = 1$; $x + 3y = 3$; $2x + 4y - z = 7$

b) $x - y + 2z = -2$; $3x - y + 5z = -5$; $2x - 4y + 5z = -5$

c) $10y = 4x - 3$; $\frac{2}{3} + 5y = 2x$; $0{,}4x - y = 0{,}3$

Vertauschen

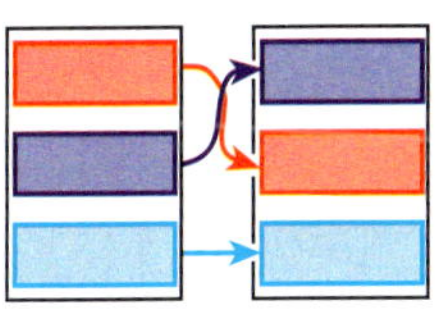

ist erlaubt.

5

Bei drei Zahlen kann man von jeweils zweien das arithmetische Mittel bilden.
Ist es möglich, dass sich dabei jedes Mal der Mittelwert 10 ergibt, obwohl die drei Zahlen verschieden sind? Ist ein anderer stets gleicher Mittelwert möglich?

6

a) Bei welcher dreistelligen Zahl mit der Quersumme 12 erhält man jedes Mal die gleiche Summe, wenn man zwei der drei Ziffern addiert?

b) Gibt es eine dreistellige Zahl mit der Quersumme 10, welche diese Eigenschaft hat?

c) Wie viele dreistellige Zahlen gibt es, bei denen je zwei der drei Ziffern dieselbe Summe ergeben?

7

Gibt es einen Quader, dessen Grundfläche den Umfang 10 cm, dessen Vorderfläche den Umfang 12 cm und dessen Seitenfläche den Umfang 8 cm hat?

Thema:

Lineare Optimierung

1

a) Beschreibe die rot gefärbte Punktmenge M durch ein System von Ungleichungen.
b) Welcher Punkt von M hat den kleinsten x-Wert (den größten y-Wert)?
c) Berechne für die Punkte A, P, B und Q die Summe beider Koordinaten. Für welchen Punkt von M ist sie am größten?

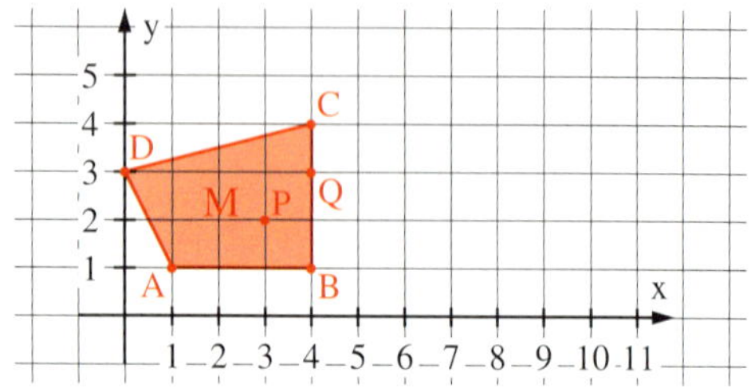

Den größten Gewinn! Die kleinsten Kosten! Die größte Stückzahl!

Im Arbeitsalltag von Betrieben treten oft Probleme der folgenden Art auf: Unter gegebenen Bedingungen (Arbeitskosten, Maschinenbelastung usw.) sollen die Unkosten möglichst niedrig gehalten werden, oder es soll der Gewinn möglichst hoch sein, oder es sollen LKWs so eingesetzt werden, dass sie möglichst gut ausgelastet sind usw.
Das folgende Beispiel zeigt, wie man solche Probleme prinzipiell lösen kann.

Ein Baustoffhändler beliefert eine Baustelle mit Kalk und Zement. Sein LKW kann höchstens 3 t laden. Die Baustelle braucht mindestens halb und höchstens doppelt so viel Zementsäcke wie Kalksäcke. x sei die Zahl der Kalksäcke, y die Zahl der Zementsäcke.
Der LKW muss so beladen werden, dass das folgende **Ungleichungssystem** gilt:

„höchstens 3 Tonnen": $35x + 50y \leqq 3000$

„mindestens halb so viel": $y \geqq \frac{1}{2}x$

„höchstens doppelt so viel": $y \leqq 2x$.

Der Lösungsmenge dieses Systems entspricht das im Diagramm grün gefärbte **„Planungsvieleck"**.
Jeder seiner Punkte P(x|y) gibt durch seine Koordinaten eine mögliche Beladung an.

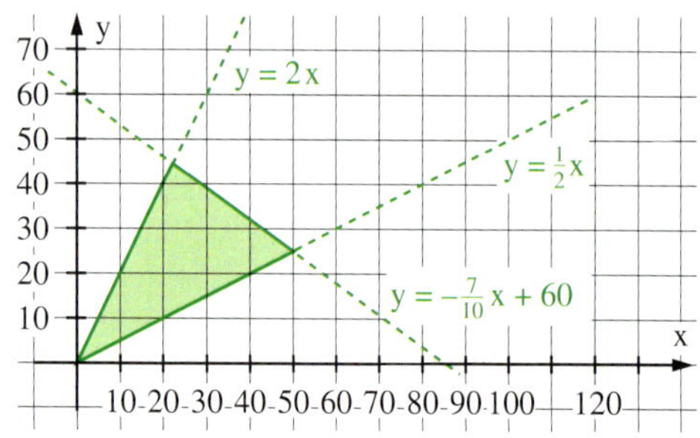

Will der Händler z. B. möglichst viele Säcke zur Baustelle fahren, so wird er diejenige Beladung (x|y) wählen, für welche der Term x + y einen **möglichst großen Wert**, einen „optimalen" Wert annimmt.

optimum (lat.): das Beste

Man nennt dies ein Problem der **linearen Optimierung**.
Diese Beladung finden wir so:
Alle Punkte $x + y = S$ bzw. $y = -x + S$ liegen auf einer Geraden mit Steigung −1. Z. B. bedeutet S = 40, dass die Gesamtzahl der Säcke 40 ist. Von allen diesen Geraden durch mindestens einen Punkt des Planungsvielecks liefert die Gerade durch die Ecke A die größtmögliche Sackzahl S.

Bei x + y = 90 ist zwar S größer, die Gerade trifft aber das Planungsvieleck nicht.

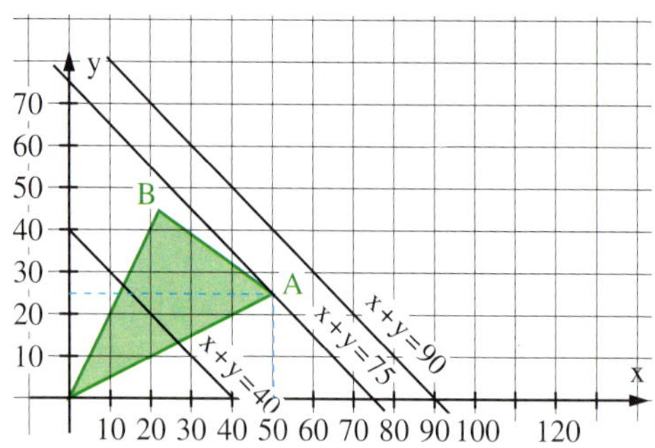

Ergebnis: Die Gerade durch den Punkt A(50|25) ist von allen Geraden g: x + y = S durch mindestens einen Punkt des Planungsvielecks diejenige mit dem größten Wert von S. Die größtmögliche Sackzahl beträgt demnach 75 Säcke, und zwar 50 Säcke Kalk und 25 Säcke Zement.

Wir nehmen nun in einem weiteren Beispiel an, dass dem Baustoffhändler die erzielten Einnahmen wichtiger sind als die Zahl der transportierten Säcke.
Der Gewinn betrage bei einem Sack Kalk 2€ und bei einem Sack Zement 4€.

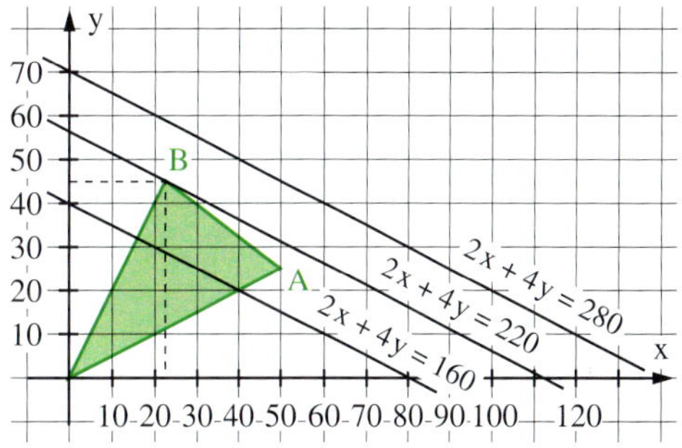

Wir suchen denjenigen Punkt $P(x|y)$ des Planungsvielecks, bei dem der Term $2x + 4y$ den größten Wert annimmt. Die Gleichungen $2x + 4y = G$ bzw. $y = -\frac{1}{2}x + \frac{1}{4}G$ ergeben Geraden mit der Steigung $-\frac{1}{2}$. Je größer der y-Achsenabschnitt dieser Geraden ist, desto größer ist der Gewinn G. Am größten ist er bei der Geraden durch die Ecke B.
Aus der Zeichnung lassen sich die Koordinaten von B nur näherungsweise ablesen.

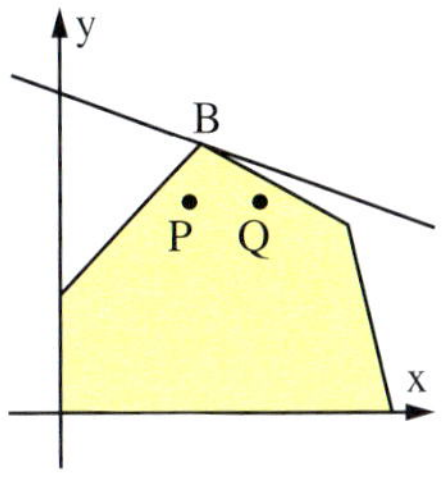

Obwohl P näher bei B liegt, führt Q zum größeren Gewinn.

In einem solchen Fall müsste man B als Schnittpunkt der Randgeraden (hier $y = 2x$ und $y = -0{,}7x + 60$) berechnen. Zur Lösung der Aufgabe untersucht man nun die Punkte im Planungsvieleck, die „in der Nähe" von B liegen und deren ganzzahlige Koordinaten zum größten Gewinn führen.
Ergebnis: Den größten Gewinn erhält der Händler, wenn er den LKW mit 22 Säcken Kalk und 44 Säcken Zement belädt. Der Gewinn beträgt dann $22 \cdot 2€ + 44 \cdot 4€ = 220€$.

2

Eine Autofabrik baut einen Typ A zu 30000€ und einen Typ B zu 20000€. Je Arbeitstag können entweder 15 Autos vom Typ A oder 30 Autos vom Typ B hergestellt werden.
Wie viele Autos von jedem Typ wird die Firma im Laufe eines Jahres (höchstens 240 Arbeitstage) herstellen, wenn sie mit einem Absatz von höchstens 6000 Autos rechnet und möglichst hohe Gesamteinnahmen erzielen will?
(Anleitung: Nimm an, dass der Typ A an x Tagen, der Typ B an y Tagen gebaut wird.)

3

Eine Kosmetikfirma produziert zwei Sorten Badeöle A und B. Jedes Badeöl wird aus drei Zwischenprodukten zusammengesetzt, die von drei Automaten A_1, A_2, A_3 hergestellt werden. Die Tabelle zeigt die Einsatzzeiten für jeden Automaten.
Wie viel Liter von A und B wird man täglich herstellen, wenn der Gewinn pro Liter 15€ bei A und 20€ bei B beträgt und der Gesamtgewinn maximal sein soll?

Zeitbedarf der Automaten

Automat	Benötigte Zeit pro Liter Badeöl in min.	
	A	B
A_1	4,5	3
A_2	4	4
A_3	1,5	6

Jeder Automat kann täglich höchstens 6 Stunden benutzt werden.

4

Ein Fahrradhändler bezieht von der Fabrik zwei Sorten Fahrräder: Sorte A zu 160€/Stck. und Sorte B zu 200€/Stck. Es sollen von B mindestens halb so viel wie von A und höchstens ebenso viel wie von A sein. Im Ganzen möchte der Fahrradhändler nicht mehr als 20000€ festlegen. Wie viel von jeder Sorte wird er nehmen, wenn sein Gesamtverdienst möglichst groß sein soll und er
a) an jedem Fahrrad gleich viel, b) an Sorte A 15%, an B 20%, c) an beiden Sorten 15% verdienen kann?

Rückblick

Lineare Gleichungen mit zwei Variablen
Für lineare Gleichungen der Form $a\,x + b\,y = c$ (bei der nicht gleichzeitig $a = 0$ und $b = 0$ sind) mit den Variablen x und y gilt:
1. Jede Lösung besteht aus einem Zahlenpaar.
2. Es gibt unendlich viele Lösungen.
3. Die den Lösungen entsprechenden Punkte liegen auf einer Geraden.

Lösungen der Gleichung $4x - 2y = 2$ sind z. B. $(1|1)$ und $(0|-1)$

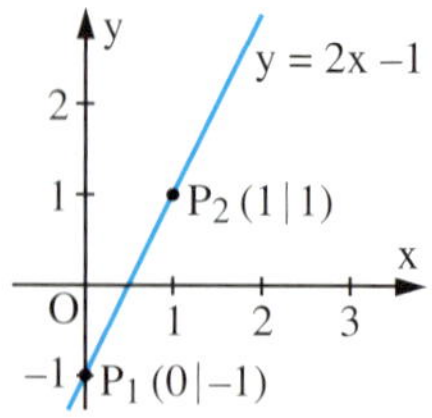

Lineare Gleichungssysteme mit zwei Variablen (LGS)
Zwei lineare Gleichungen mit zwei Variablen wie z. B.

(I) $3x + 7y = 10$
(II) $5x - y = 3$

bilden ein lineares Gleichungssystem mit zwei Variablen.
Ein Zahlenpaar heißt Lösung eines linearen Gleichungssystems mit zwei Variablen, falls das Paar jede Gleichung des Systems erfüllt.

Zeichnerisches Lösen eines LGS mit zwei Variablen
Zunächst zeichnet man die zu den beiden Gleichungen gehörenden Geraden. Die gemeinsamen Punkte der beiden Geraden erfüllen beide Gleichungen und veranschaulichen somit die Lösung des linearen Gleichungssystems.

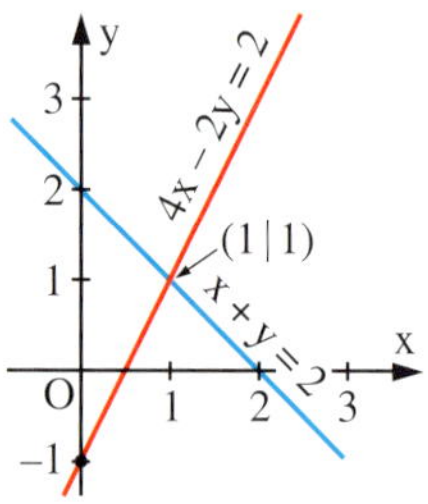

$4x - 2y = 2$
$x + y = 2$
Lösung: $(1|1)$

Zwei Rechenverfahren zum Lösen eines LGS
1. Beim **Einsetzungsverfahren** wird eine der beiden Gleichungen nach einer Variablen aufgelöst. Der Term, den man für diese Variable erhält, wird dann in die andere Gleichung eingesetzt und so der Wert der 2. Variable bestimmt.
   Mit diesem Wert wird durch Einsetzen in den obigen Term der Wert der 1. Variable bestimmt.
2. Beim **Additionsverfahren** werden die beiden Gleichungen so addiert, dass dabei eine Variable „wegfällt“. Dazu muss häufig zunächst eine Gleichung mit einer geeigneten Zahl multipliziert werden. Die Lösung der durch die Addition entstandenen Gleichung wird in eine der ursprünglichen Gleichungen eingesetzt und so der Wert der anderen Variablen bestimmt.

Einsetzungsverfahren:
(I) $y + 1 = 2x$
(II) $2x + y = 7$
(I) nach y auflösen: $y = 2x - 1$
und in (II) einsetzen: $2x + 2x - 1 = 7$
Gleichung lösen: $x = 2$
x = 2 einsetzen: $y = 2 \cdot 2 - 1 = 3$

Additionsverfahren:
(I) $3x - 4y = 5$
(II) $x - 2y = -1$ $\quad | \cdot (-3)$
(I) $3x - 4y = 5$
(IIa) $-3x + 6y = 3$ $\quad |$ (I) + (IIa)
$2y = 8 \Rightarrow y = 4$
y = 4 einsetzen: $x - 2 \cdot 4 = -1 \Rightarrow x = 7$

Lineare Gleichungssysteme in Anwendungssituationen
Hilfreich ist die Beachtung der folgenden Schritte:
1. Variablen einführen
2. Gleichungen aufstellen
3. Gleichungssystem lösen
4. Ergebnis überprüfen und formulieren

Die Differenz zweier Zahlen ist 4, ihre Summe ist 22. Wie heißen die Zahlen?
1. x, y: die beiden gesuchten Zahlen
2. (I) $x - y = 4$
(II) $x + y = 22$
3. (I) + (II) $2x = 26 \Rightarrow x = 13;\ y = 9$
4. Probe: $13 - 9 = 4$ ✓ und
$13 + 9 = 22$ ✓
Die Zahlen lauten 13 und 9.

Aufgaben zum Üben und Wiederholen

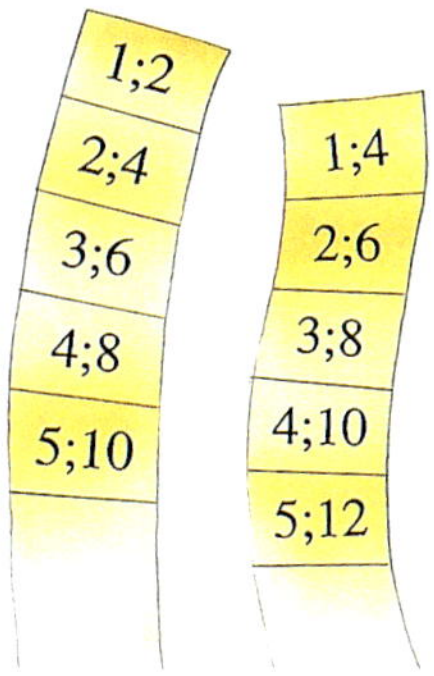

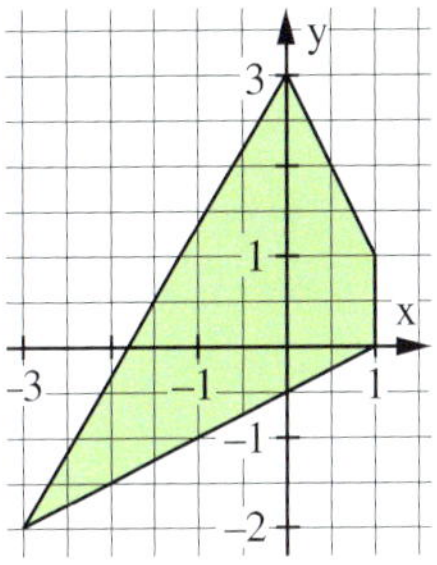

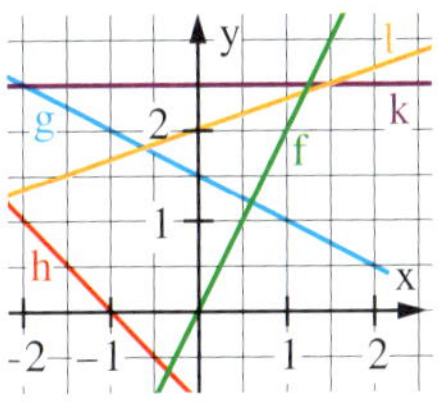

Die Lösungen zu den Aufgaben dieser Seite findest du auf den Seiten 170 und 171.

1
Stelle die Lösungsmenge graphisch dar.

a) $3y = 9x + 3$ b) $-4x + y = 0$
c) $-0{,}4x + 1{,}2y = 2$ d) $16y + 28x = -12$

2
Auf jedem Papierstreifen stehen Lösungen einer linearen Gleichung mit zwei Variablen. Wie lauten mögliche zugehörige Gleichungen in der Form $ax + by = c$? Wie viele Lösungspaare benötigt man, um die Gleichung aufzustellen?

3
Veranschauliche die Lösungen jeweils zusammen in einem Koordinatensystem.

a) $y \leqq 2x - 1$
$y < 4 - \frac{1}{2}x$
b) $3y + x > 1$
$x - \frac{1}{2}y \geqq 4$
c) $4x - 5y < 4$
$x - 2y > 3$
d) $2y < 5$
$x \leqq -2$

4
Betrachte das grüne Viereck und bestimme alle Ungleichungen, so dass die Punkte, die diese Ungleichungen erfüllen, genau den Punkten des Vierecks entsprechen.

5
Stelle zu jeder der abgebildeten Geraden die Gleichungen in der Form $ax + by = c$ auf. Überlege dir, wie viele Schnittpunkte es insgesamt gibt und bestimme diese dann exakt.

6
Bestimme die Anzahl der Lösungen.

a) $3y = 2x + 3$
$y + 1 = \frac{2}{3}x$
b) $\frac{1}{2}x + \frac{1}{3}y = \frac{2}{3}$
$\frac{1}{2}x - \frac{1}{3}y = \frac{1}{6}$
c) $0{,}8x + y = 0{,}6$
$0{,}2x + 0{,}25y = 0{,}15$
d) $0{,}5y = x - 1$
$y + 4 = 2x$

7
Löse das Gleichungssystem.

a) $y = 4x - 2$
$y = 5x - 3$
b) $-5y + x = -5$
$4y = 2 + x$
c) $5y - 2 - x = 0$
$6y - x - 3 = 0$
d) $y = 5 - 0{,}1x$
$2y - 0{,}2x = 10$
e) $\frac{7}{10}x + \frac{8}{10}y = 0$
$0{,}3x + 0{,}4y = 0$
f) $3x = 8 - 2y$
$2y = x - 8$

8
Die lineare Gleichung $2x + 5y = 0$ hat z. B. die Lösung $(5|-2)$. Wenn wir den x- und den y-Wert vervielfachen, erhalten wir weitere Lösungen wie z. B. $(10|-4)$, $(15|-6)$ usw.
Gilt dies für alle linearen Gleichungen? Begründe.

9
Löse rechnerisch mit dem Verfahren, das dir geeignet scheint.

a) $5{,}4u + 6{,}4v = 5$
$5{,}4u = -3{,}6v + 0{,}8$
b) $r - 2s = 19$
$r + 2s = 23$
c) $x = 2\frac{1}{2}y - \frac{1}{5}$
$6y = 2x + 1\frac{1}{5}$
d) $3a + 5b = 2$
$a - 5b = 8$
e) $5p = -3q + 7$
$5p = -4q + 7$
f) $5x + 3y = 7$
$-5x + 9y = 13$

10
Das Dreifache einer Zahl und das Vierfache einer anderen Zahl ergeben zusammen 52. Subtrahiert man vom Fünfzehnfachen der zweiten Zahl das Dreizehnfache der ersten Zahl, so erhält man 1.
Wie heißen die beiden Zahlen?

11
Für ein Jugendtreffen wurden insgesamt 12 Zelte aufgebaut. Es wurden nur 3- und 4-Personenzelte verwendet. Alle Zelte waren voll belegt. In den 3-Personen-Zelten schliefen die Mädchen, in den 4-Personen-Zelten schliefen die Jungen.
Wie viele der insgesamt 43 Teilnehmer des Zeltlagers waren Mädchen?

12
Gegeben sind die Punkte

a) $A(-1|1)$, $B(4|6)$, $C(2|0)$ und $D(-4|3)$,
b) $A(0|-2)$, $B(4|3)$, $C(0|-3)$ und $D(6|1{,}5)$.

Stelle mit Hilfe eines linearen Gleichungssystems die Gleichungen der Geraden AB und CD auf. Überprüfe dein Ergebnis, indem du die Geraden und die Punkte in ein Koordinatensystem zeichnest.
Ermittle den Schnittpunkt der Geraden zeichnerisch und rechnerisch.

V Laplace-Wahrscheinlichkeit

1 Ergebnismenge

1
Was könnte von Interesse sein, wenn das in der Figur abgebildete Glücksrad gedreht wird?

2
Es werden Familien mit zwei Kindern nach dem Geschlecht der Kinder befragt. Wie muss jeweils eine Frage formuliert werden, wenn die Reihenfolge, in der die Kinder geboren wurden,
a) berücksichtigt werden soll,
b) nicht berücksichtigt werden soll?

Bei der Durchführung eines Zufallsexperiments tritt genau ein Ergebnis von mehreren möglichen Ergebnissen ein. Welches Ergebnis auftreten wird, lässt sich nicht vorhersagen.

Statt Ergebnismenge sagt man auch Ergebnisraum.

Ω: Omega bzw. ω: omega ist der letzte Buchstabe des griechischen Alphabets.

Die Menge aller möglichen Ergebnisse eines Zufallsexperiments heißt **Ergebnismenge**. Sie wird mit Ω bezeichnet. Die einzelnen Ergebnisse bezeichnet man mit $\omega_1, \omega_2, \omega_3, \dots$.

Beim Würfeln wählt man meist als Ergebnismenge $\Omega = \{1; 2; 3; 4; 5; 6\}$. Sind bei einem Würfel die Seitenflächen mit geraden Zahlen blau, die mit ungeraden Zahlen rot gefärbt und interessieren wir uns nur für die gewürfelte Farbe, so wählen wir als Ergebnismenge $\Omega = \{\text{blau}; \text{rot}\}$ oder $\Omega = \{\text{gerade}; \text{ungerade}\}$. Die Wahl einer passenden Ergebnismenge hängt also vom betrachteten Merkmal (z. B. Zahl oder Farbe) ab.
Im Folgenden wird an einem Beispiel beschrieben, wie man die Ergebnismenge eines komplexeren Zufallsexperiments gewinnt.
Aus einer Urne wird zweimal nacheinander eine Kugel gezogen und jedes Mal die Farbe notiert; dabei wird die zuerst gezogene Kugel vor der zweiten Ziehung wieder zurückgelegt (Ziehen mit Zurücklegen im Unterschied zum Ziehen ohne Zurücklegen).

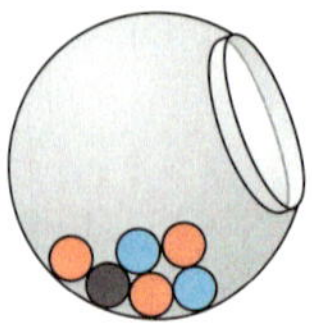

In der Wahrscheinlichkeitsrechnung nennt man Gefäße, aus denen man z. B. Kugeln zieht, Urnen. Als Urnen kann man Kisten, Tüten, Beutel, Socken, Schüsseln und vieles andere benutzen.

Jedes Ergebnis dieses Zufallsexperiments kann als Paar geschrieben werden: So bedeutet (r; b) – oder kürzer rb – dasjenige Ergebnis, bei dem im 1. Zug „rot“, im 2. Zug „blau“ gezogen wurde.
Eine Übersicht über die Ergebnismenge erhält man mit dem Baumdiagramm. Jedem Ergebnis entspricht dabei ein Pfad (von links nach rechts) durch den Baum. Die Ergebnismenge ist
$\Omega = \{(b; b), (b; r), (b; s), (r; b), (r; r), (r; s), (s; b), (s; r), (s; s)\}$.
Die Ergebnisse werden als geordnete Paare angegeben.

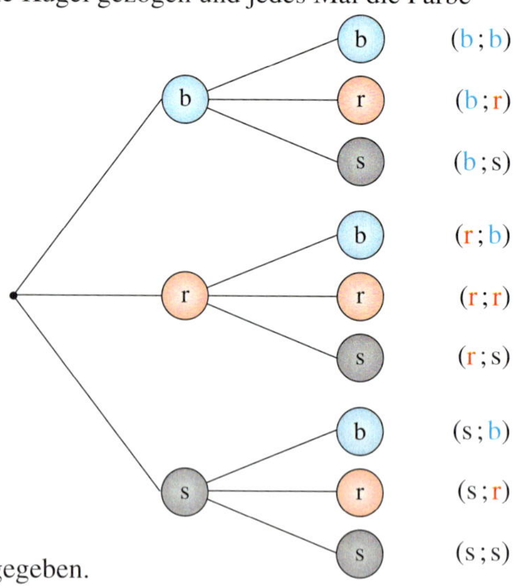

Bemerkung:
Die Ergebnisse eines Zufallsexperiments, das aus drei Teilen besteht, können beispielsweise in der Form (s; r; b) dargestellt werden.

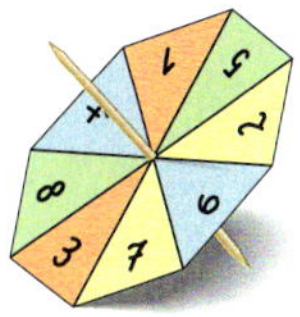

Beispiel 1
Das selbst gebastelte Glücksrad wird gedreht. Gib für zwei mögliche interessierende Merkmale jeweils die Ergebnismenge an.
Lösung:
Interessiert das Merkmal Farbe, dann ist $\Omega = \{\text{grün; gelb; rot; blau}\}$.
Interessiert das Merkmal Zahl, dann ist $\Omega = \{1; 2; 3; 4; 5; 6; 7; 8\}$.

Die Rückseiten von Münzen zeigen Wappen, Bäume, Köpfe usw.

Man spricht kurz von „Zahl“ und „Kopf“.

Beispiel 2
Gib eine Ergebnismenge für das Experiment „gleichzeitiges Werfen zweier Münzen“ an, wenn die Münzen
a) unterscheidbar
b) nicht unterscheidbar sind.

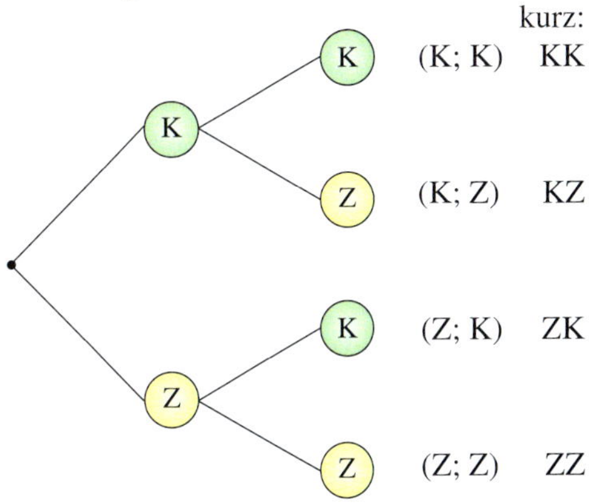

Lösung:
a) Das Experiment entspricht dem „zweimaligen Werfen einer Münze“ unter Beachtung der Reihenfolge, da man eine der beiden unterscheidbaren Münzen immer als zuerst geworfen betrachten kann.
$\Omega = \{(K; K), (K; Z), (Z; K), (Z; Z)\}$.
Ω besteht also aus 4 Elementen.
b) Das Experiment entspricht dem „zweimaligen Werfen einer Münze“ ohne Beachtung der Reihenfolge, da keine der nicht unterscheidbaren Münzen als zuerst geworfen betrachtet werden kann. $\Omega = \{\text{zweimal Kopf, einmal Kopf und einmal Zahl, zweimal Zahl}\}$. Ω besteht also aus 3 Elementen.

Aufgaben

3
Welche der folgenden Experimente sind Zufallsexperimente? Welche Ergebnisse sind jeweils möglich?
a) Werfen eines Würfels und Ablesen der oben liegenden Zahl.
b) Messen der Breite deines Tisches.
c) Befragen eines fremden Schülers, in welchem Sternzeichen er geboren wurde.
d) Aufschlagen einer Buchseite und Ermitteln des ersten Buchstabens der Seite.
e) Ermitteln des Wochentages des 1. Mai 2020.

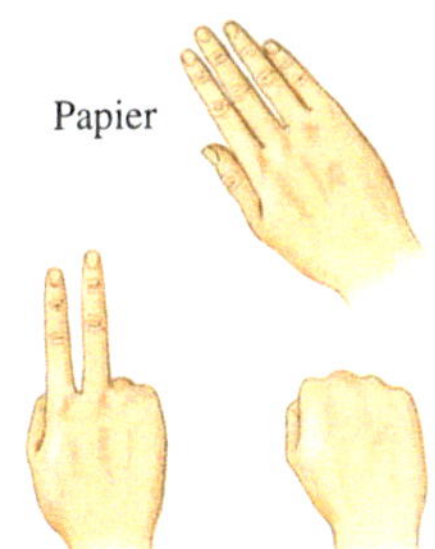

4
Jean knobelt gegen Ben. Es gilt: Schere schlägt Papier, Stein schlägt Schere und Papier schlägt Stein. Gleiche Handzeichen gelten als unentschieden.
a) Bei wie vielen Ergebnissen endet das Knobeln unentschieden?
b) Bei welchen Ergebnissen gewinnt Jean?
c) Ist das Spiel fair?

5

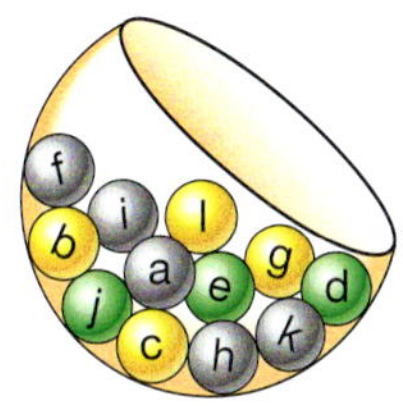

Für das Ziehen einer Kugel aus der abgebildeten Urne ergibt sich die Ergebnismenge $\Omega = \{a; b; c; d; e; f; g; h; i; j; k; l\}$.
a) Welches Merkmal wurde hier betrachtet?
b) Gib ein weiteres mögliches Merkmal und die zugehörige Ergebnismenge an.

6
Bei einem gezinkten Würfel tritt die Zahl 1 im Durchschnitt häufiger als die anderen Zahlen auf.
a) Wie kann man einen Würfel zinken, dass die 1 durchschnittlich häufiger auftritt?
b) Handelt es sich beim Werfen des gezinkten Würfels um ein Zufallsexperiment?

Erinnerung:
Jeder Weg des Baumes beschreibt ein mögliches Ergebnis.

7
Ein Würfel wird zweimal nacheinander geworfen. Gib die Ergebnismenge an, wenn
a) nach jedem Wurf die gefallene Augenzahl notiert wird
b) nur die Summe der Augenzahlen aus beiden Würfen notiert wird.

8
Urne U_1 enthält rote und schwarze, Urne U_2 weiße und schwarze Kugeln. Zunächst wird aus U_1, dann aus U_2 eine Kugel gezogen und beide Mal die Farbe notiert. Gib die Ergebnismenge an.

9
Die Glücksräder I und II werden gedreht. Gib die Ergebnismenge an, wenn
a) bei beiden Rädern die Farbe interessiert
b) bei Rad I die Zahl interessiert.

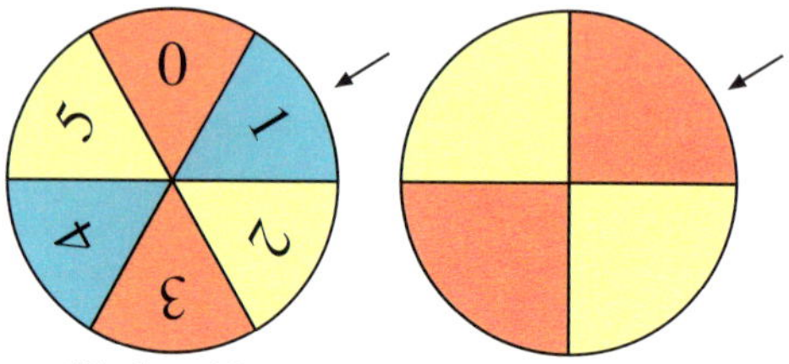

Glücksrad I   Glücksrad II

Francis Galton (1822–1911), englischer Vererbungsforscher; er führte die Fingerabdrücke im polizeilichen Erkennungsdienst ein.

10
In der Figur fällt eine Kugel durch ein dreireihiges Galton-Brett. Gib die Ergebnismenge an, wenn die möglichen Wege durch die Reihen interessieren.

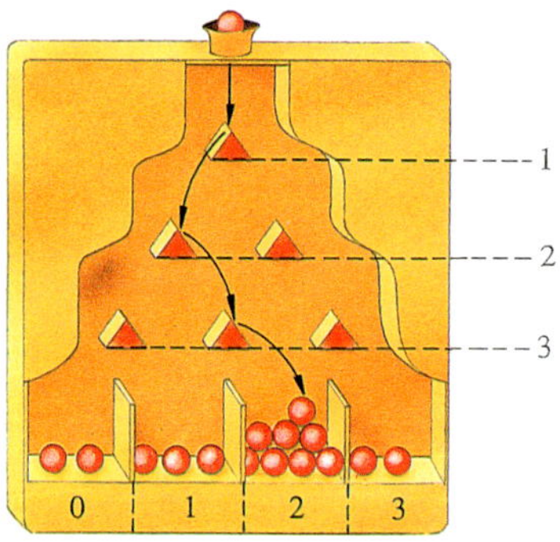

***Vorsicht**, wenn die Reihenfolge **keine** Rolle spielt!*

11
Aus vier Sportlern a, b, c, d sollen zwei zur Doping-Kontrolle ausgelost werden. Gib die Ergebnismenge an.

12
Aus einer großen Lieferung von Porzellanvasen werden nacheinander drei Vasen ausgewählt und überprüft. Schreibt man 1 für „Vase ist einwandfrei“ und 0 für „Vase ist schadhaft“, so bedeutet z. B. (1; 0; 0), dass die erste Vase einwandfrei ist und die beiden anderen schadhaft sind.
Zeichne ein Baumdiagramm und gib die Ergebnismenge an.

13
Drei Ruderboote fahren um die Wette. Jedes Ergebnis sei festgelegt durch die Reihenfolge, in der die Boote die Ziellinie passieren. Gib die Ergebnismenge an.

14
Beschreibe deinem Nachbarn ein Zufallsexperiment. Bitte ihn, eine passende Ergebnismenge anzugeben.

15
Ein Fußballverein trägt mit seiner A- und mit seiner B-Mannschaft je ein Spiel aus. Gib eine Ergebnismenge an, bei der erkennbar ist, ob die Mannschaften gewonnen, verloren oder unentschieden gespielt haben.

*16
Pia schlägt Timo folgendes Spiel vor: Auf dem Tisch liegen 10 Münzen. Abwechselnd muss jeder Spieler mindestens eine und höchstens drei Münzen wegnehmen, bis keine Münze mehr da liegt. Sieger ist, wer die letzte Münze weggenommen hat. Die möglichen Ergebnisse sind: „Pia siegt“ oder „Timo siegt“. Handelt es sich bei diesem Spiel um ein Zufallsexperiment?

G 17
Zeichne zwei parallele Geraden g und h im Abstand von 6 cm und eine dritte Gerade k, die die Parallelen schneidet.
Konstruiere die Punkte, die von den drei Geraden denselben Abstand haben.

G 18
Welchen Wert muss x annehmen?
$\left[-\left(\frac{1}{2}\right)^3 - 0{,}375\right] \cdot [0{,}\overline{6} \cdot (-0{,}5) - 1] - x = 0$

2 Ereignisse

1
Eine Münze wird dreimal geworfen und jedes Mal festgestellt, ob Kopf bzw. Zahl gefallen ist. Auf welche Ergebnisse passt die Beschreibung
a) „im 1. Wurf Kopf“ b) „niemals Zahl“?

Das Ereignis „gerade Augenzahl“ ist nicht eingetreten.

Beim Würfeln ist $\Omega = \{1; 2; 3; 4; 5; 6\}$ eine Ergebnismenge. Beim Mensch-ärgere-dich-nicht-Spiel schlägt in der dargestellten Situation Rot beim nächsten Wurf Blau, wenn das **Ereignis** „gerade Augenzahl“ eintritt. Dies ist der Fall, wenn eine 2, eine 4 oder eine 6 fällt. Man schreibt für dieses Ereignis auch $A = \{2; 4; 6\}$.

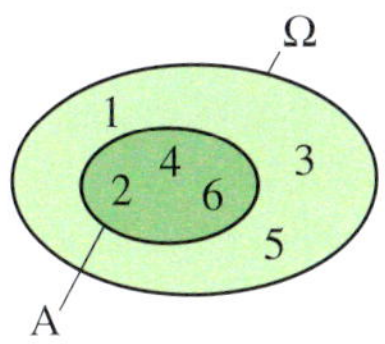

A ist eine **Teilmenge** der Ergebnismenge Ω, da jedes Element von A auch in Ω enthalten ist. Man schreibt: $A \subset \Omega$ (lies: A ist Teilmenge von Ω).
Ist das Ergebnis des Wurfs eine 2, eine 4 oder eine 6, so sagt man: Das Ereignis A ist eingetreten. Ist das Ergebnis beispielsweise eine 3, so ist A nicht eingetreten.

> Jede Teilmenge A der Ergebnismenge Ω eines Zufallsexperimentes nennt man **Ereignis**.
> Man sagt: **Das Ereignis A ist eingetreten**, wenn bei einer Durchführung des Zufallsexperiments ein Ergebnis aus A auftritt.

Erinnerung:
Die leere Menge wird auch mit dem Symbol { } bezeichnet.

Die Ergebnismenge Ω und die leere Menge Ø sind auch Teilmengen von Ω und somit Ereignisse. Da das Ereignis Ω bei jeder Durchführung des Zufallsexperiments eintritt, heißt es auch das **sichere Ereignis**. Das Ereignis Ø tritt niemals ein, es heißt **unmögliches Ereignis**.
Jedes Ereignis A hat ein **Gegenereignis** $\overline{A}$ (lies: A quer). $\overline{A}$ besteht aus den Ergebnissen von Ω, die nicht zu A gehören. Man schreibt: $\overline{A} = \Omega \setminus A$ (lies: Ω ohne A).

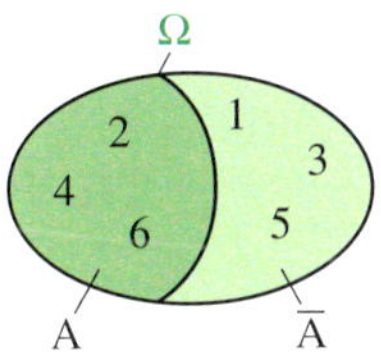

Beispiel
Gib unterschiedliche Ereignisse beim Werfen eines Würfels an. Beschreibe die Ereignisse in Worten und in aufzählender Schreibweise. Welche der angegebenen Ereignisse treten ein, wenn die Zahl 5 gewählt wird?
Lösung:
Ergebnismenge $\Omega = \{1; 2; 3; 4; 5; 6\}$.

Es gibt noch weitere Ereignisse als die angegebenen.

Beschreibung in Worten:	Aufzählende Schreibweise:
A: Augenzahl ist gerade	$A = \{2; 4; 6\}$
B: Augenzahl ist ungerade	$B = \{1; 3; 5\} = \overline{A}$
C: Augenzahl ist größer 4	$C = \{5; 6\}$
D: Augenzahl ist eine Primzahl	$D = \{2; 3; 5\}$
E: Augenzahl ist 6	$E = \{6\}$
F: Augenzahl ist durch 7 teilbar	$F = \{\,\}$
G: Augenzahl ist kleiner als 7	$G = \Omega$

Fällt bei einem Wurf die Augenzahl 5, so sind die Ereignisse B, C, D und G eingetreten.

Aufgaben

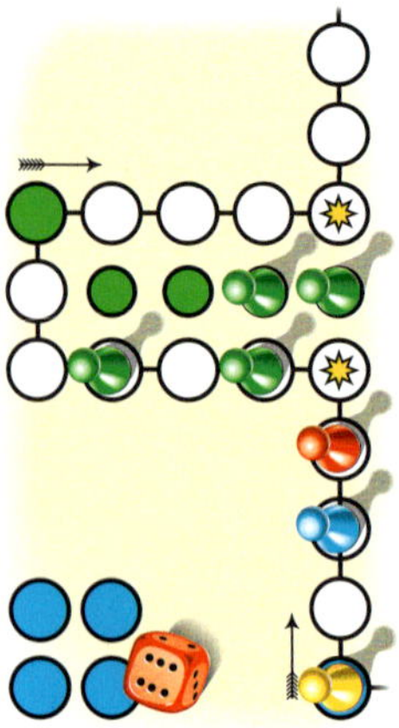

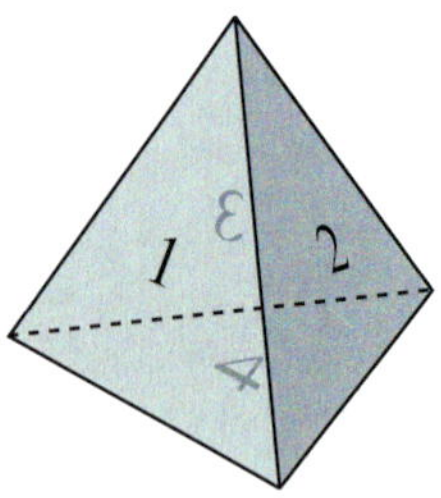

Tetraeder zu Aufgabe 10; 4 wurde geworfen

2
Die Figur zeigt eine Stellung aus einer Partie Mensch-ärgere-dich-nicht.
a) Welche Würfelergebnisse des Spielers mit den gelben Steinen sind günstig dafür, dass er rauswerfen kann?
b) Welches Ereignis würde beim Wurf von Grün dazu führen, dass dieser Spieler ins Ziel gelangen könnte?

3
Beim Werfen eines Würfels werden folgende Ereignisse betrachtet:
$A = \{1; 3; 5\}$, $B = \{2; 4; 6\}$, $C = \{4; 5; 6\}$, $D = \{2; 3\}$, $E = \{1; 4\}$, $F = \{2; 3; 5\}$.
Beschreibe diese Ereignisse in Worten.

4
In den Spielregeln für ein Würfelspiel steht: „Man werfe beide Würfel und bilde aus den beiden oben liegenden Augenzahlen die größtmögliche Zahl.“ (Beispiel: Bei 1 und 5 ist das 51.)
a) Gib die Ergebnismenge Ω für dieses Spiel an.
b) Gib folgende Ereignisse in Mengenschreibweise an:
A: Die zwei Ziffern der gebildeten Zahl sind gleich (d. h. ein Pasch).
B: Die entstandene Zahl enthält mindestens einmal die Ziffer 4.
C: Die Einerziffer ist halb so groß wie die Zehnerziffer.
D: Die entstandene Zahl ist größer als 54.
E: Die Quersumme der entstandenen Zahl ist 6.
F: Die entstandene Zahl ist größer als 10.

5
Beim Roulette gibt es u. a. die Ereignisse „douze premier“, „pair“, „rouge“, „noir“ oder „manque“.
Ermittle die Bedeutung dieser Ereignisse und beschreibe sie mit Worten und in aufzählender Schreibweise.

6
Beschreibe für ein von dir selbst gewähltes oder erfundenes Glücksspiel die Ergebnismenge und drei verschiedene Ereignisse.

7
Eine Münze wird dreimal hintereinander geworfen und jedes Mal die gefallene Seite notiert.
a) Stelle alle möglichen Ergebnisse in einem Baumdiagramm dar.
b) Beschreibe folgende Ereignisse als Teilmenge der Ergebnismenge:
A: Drei gleiche Seiten treten auf
B: Genau einmal tritt Kopf auf
C: Höchstens einmal tritt Zahl auf
D: Mindestens zweimal tritt Kopf auf.

8
Eine Urne enthält 10 Kugeln mit den Zahlen 0 bis 9. Eine Kugel wird gezogen.
a) Gib die folgenden Ereignisse in aufzählender Schreibweise an:
A: Primzahl B: Zahl teilbar durch 5
C: Gerade Zahl D: Zahl größer als 8
E: Quadratzahl F: Zahl kleiner als 4
b) Beschreibe die Gegenereignisse aus a) in Worten und gib sie in aufzählender Schreibweise an.

9
Frau Müller fährt von der Münchner Freiheit mit der U-Bahnlinie U3 oder U6 zum Marienplatz und von dort mit der S-Bahnlinie S4, S5, S6 oder S8 nach Pasing. Sie benutzt jeweils diejenige der in Frage kommenden Linien, die als Erste einfährt.
Notiere die Ergebnismenge. Gib die folgenden Ereignisse an:
A: Frau Müller fährt mit der Linie U3.
B: Frau Müller fährt nicht mit der Linie S6.

10
Ein Tetraeder mit den Ziffern 1, 2, 3, 4 wird einmal geworfen. Die Augenzahl eines Wurfs ist die Zahl auf der Standfläche.
Notiere alle möglichen Ereignisse. Wie viele Ereignisse gibt es also?

G 11
Berechne β, γ_1 und γ_2.

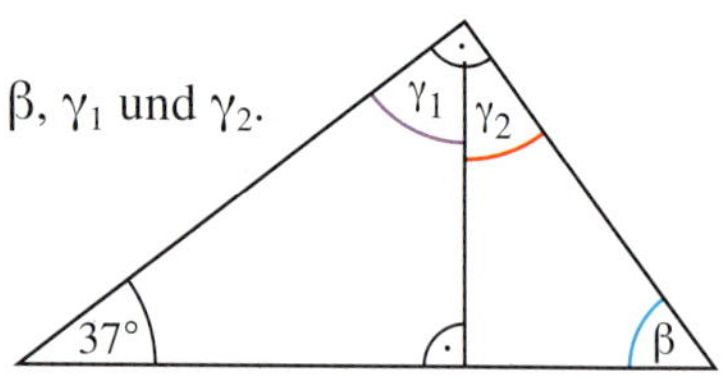

3 Relative Häufigkeit und Wahrscheinlichkeit

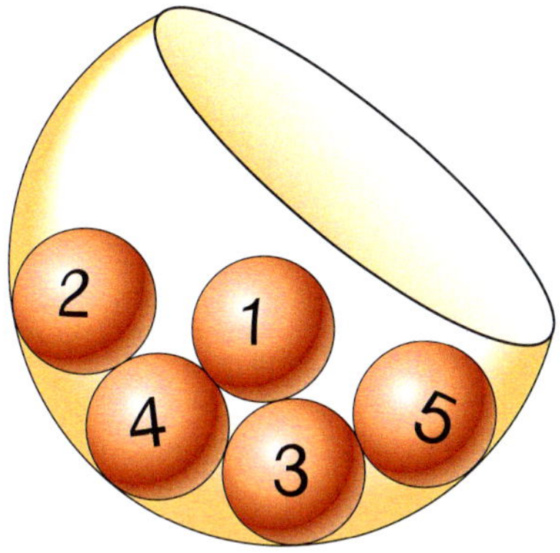

1
Mandy hat 50-mal zufällig eine Kugel aus einer Urne gezogen, wobei nach jeder Ziehung die Kugel zurückgelegt und erneut gemischt wurde. Die folgende Tabelle gibt an, wie oft Mandy dabei die einzelnen Kugeln gezogen hat.

Kugelnummer	1	2	3	4	5
Anzahl	9	12	11	10	8

Wie groß ist der Anteil der Versuche, bei denen eine Kugel mit gerader Zahl gezogen wurde?

Erinnerung:
Tritt beim 10-maligen Werfen eines Würfels viermal die Zahl 1 auf, so bezeichnet man 4 als absolute und $\frac{4}{10}$ als relative Häufigkeit des Ergebnisses 1.

Ein Ereignis ist stets eine Teilmenge der Ergebnismenge. Zu dieser Teilmenge gehören genau die Ergebnisse aus der Ergebnismenge, die die für das Ereignis geforderte Eigenschaft besitzen. So gehören zum Beispiel beim Werfen eines Würfels zum Ereignis „gerade Zahl gewürfelt“ die Ergebnisse 2, 4 und 6.
Die absolute bzw. die relative Häufigkeit eines Ereignisses erhält man deshalb aus den entsprechenden Häufigkeiten der zu diesem Ereignis gehörenden Ergebnisse.

Bei mehrfach durchgeführten Zufallsversuchen gilt:
Die **absolute Häufigkeit H (A) eines Ereignisses** A ist die Summe der absoluten Häufigkeiten der zu diesem Ereignis gehörenden Ergebnisse.
Die **relative Häufigkeit h (A) eines Ereignisses** A ist die Summe der relativen Häufigkeiten der zu diesem Ereignis gehörenden Ergebnisse.

Wenn das Zufallsexperiment n-mal durchgeführt wurde, gilt: $h(A) = \frac{H(A)}{n}$

Hier sind zum Beispiel 1 die absoluten und relativen Häufigkeiten der Augenzahlen in einem Stabdiagramm dargestellt:

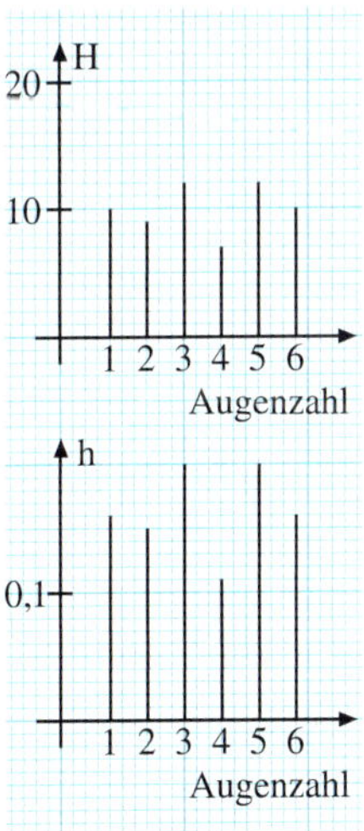

Beispiel 1
Die folgende Liste enthält die Ergebnisse von 60 Würfen mit einem Würfel.
5 2 5 3 1 6 3 5 6 3   1 5 4 6 6 2 3 2 5 3   3 1 3 6 1 5 3 6 1 5
4 4 3 6 1 5 3 1 2 1   6 1 5 4 5 2 5 2 2 3   4 4 3 6 2 1 5 4 2 6
Bestimme die absolute und relative Häufigkeit des Ereignisses „Primzahl“.
Lösung:
Zunächst werden die absoluten und relativen Häufigkeiten der Augenzahlen in Form einer Tabelle dargestellt.

Augenzahl	1	2	3	4	5	6
absolute Häufigkeit	10	9	12	7	12	10
relative Häufigkeit	$\frac{10}{60}$	$\frac{9}{60}$	$\frac{12}{60}$	$\frac{7}{60}$	$\frac{12}{60}$	$\frac{10}{60}$

Für die absolute Häufigkeit H des Ereignisses „Primzahl“ gilt: $H = 9 + 12 + 12 = 33$
Für seine relative Häufigkeit h gilt: $\frac{9 + 12 + 12}{60} = \frac{33}{60} = \frac{11}{20} = 55\,\%$.

Wahrscheinlichkeiten gibt man als Bruchzahlen an, z. B. $\frac{1}{6}$; 0,5; 30 %.

Bei einem Zufallsexperiment weist man einem Ereignis eine bestimmte „Chance“ des Eintretens zu. Statt von Chance spricht man in der Mathematik von **Wahrscheinlichkeit**. Welche tatsächliche Wahrscheinlichkeit ein Ereignis hat, können wir nur vermuten. Deshalb nehmen wir sinnvolle Werte für die Wahrscheinlichkeiten an. Häufig legen die Bedingungen des Zufallsexperiments diese Annahmen nahe. Bei einem fairen Würfel z. B. wird man dem Ereignis „gerade Zahl“ die Wahrscheinlichkeit 0,5 zuordnen.

Das Stabilisieren der relativen Häufigkeit wird als Empirisches Gesetz der großen Zahlen bezeichnet.

Legt das Experiment keine Anhaltspunkte für die Wahrscheinlichkeit eines Ereignisses nahe, z. B. für „Kopf“ beim Werfen eines Reißnagels, so liefert die relative Häufigkeit des Ereignisses bei sehr häufiger Durchführung des Experiments einen sinnvollen Richtwert.

Mit P(A) bezeichnet man die Wahrscheinlichkeit eines Ereignisses A.
***P** von **probability** (engl.): Wahrscheinlichkeit*

> Bei einem Zufallsexperiment wird jedem Ereignis A eine **Wahrscheinlichkeit P(A)** zwischen null und eins zugeordnet. Die Wahrscheinlichkeit P(A) wird durch das Experiment (z. B. Würfeln: P(„gerade Zahl“) = 0,5) oder durch die sich stabilisierende relative Häufigkeit eines Ereignisses (z. B. Reißnagel, P(„Kopf“)) nahe gelegt.

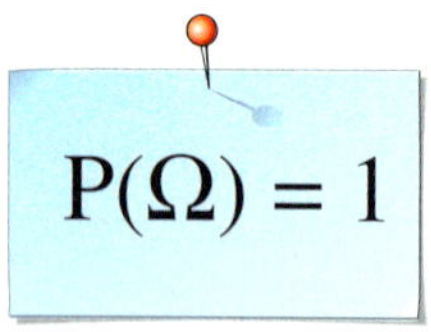

Bemerkungen

Ein Ereignis kann auch aus einem einzigen Element bestehen. In diesem Sinn sprechen wir von der Wahrscheinlichkeit eines Ergebnisses. Die Wahrscheinlichkeiten der einzelnen Ergebnisse müssen so gewählt werden, dass ihre Summe eins ergibt.
Statt zu sagen, wir nehmen für ein Ereignis die Wahrscheinlichkeit p an, sagen wir: Das Ereignis hat die Wahrscheinlichkeit p.

„Kopf“ *„Seite“*

Beispiel 2

Tina behauptet, die Wahrscheinlichkeit für das Ergebnis „Kopf“ beträgt 40 %. Thomas, Max und Dominik möchten dies überprüfen und werfen den Reißnagel je 500-mal. Sie notieren in der nebenstehenden Tabelle jeweils die absolute Häufigkeit von Kopf nach 50, 100, … 500 Würfen.
Stelle die zugehörigen relativen Häufigkeiten in einem Diagramm dar. Geben sie Anlass, Tinas Behauptung in Frage zu stellen?

Anzahl der Würfe	Abs. Häufigkeit von „Kopf“ bei		
	Thomas	Max	Dominik
50	22	18	21
100	46	43	35
150	63	57	62
200	76	79	81
250	94	103	99
300	118	122	119
350	142	140	139
400	165	161	158
450	178	181	175
500	198	201	199

Lösung:

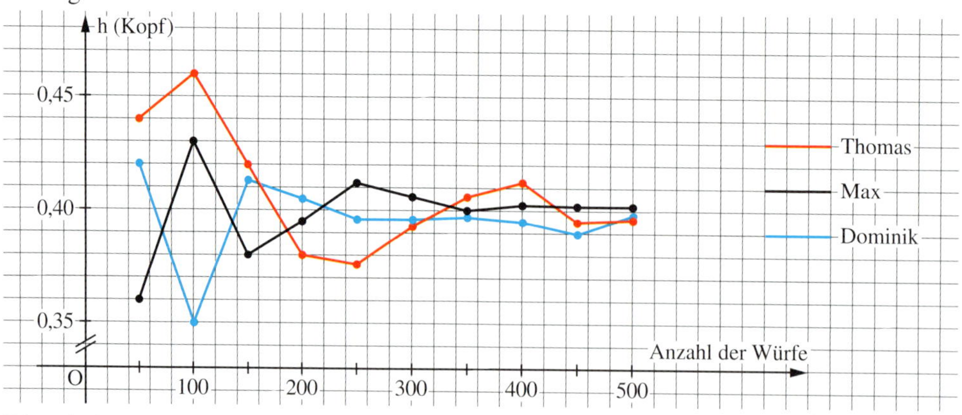

Die relativen Häufigkeiten stabilisieren sich bei 0,40. Tinas Behauptung wird gestützt.

Aufgaben

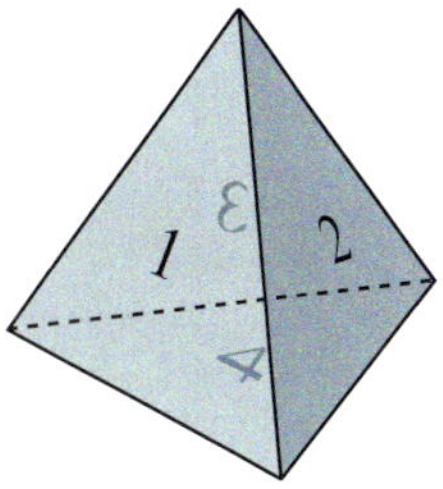

Verteilung:
1 l Saft wird auf 5 Gläser verteilt:

0,20 l
0,15 l
0,10 l
0,30 l
0,25 l

1 l

2

Ein Tetraeder wurde wiederholt geworfen und die Augenzahl notiert (Tabelle).

32113	23124	21224	11223	12112
34342	21134	42331	22331	44123
22331	31224	42112	24113	21442
34144	21113	21434	41121	44421
14321	44432	24114	32342	41232
43111	12413	42332	21312	33132
23213	41412	43142	14242	12142
12432	43112	33214	23234	13332
31422	13413	41411	23342	22343
32432	21314	44113	31132	12224
34442	11134	22324	31412	24443
42314	22331	33144	21143	22331
24323	31311	22322	32134	34333
21114	34131	14412	13422	13144

a) Ermittle für jede Augenzahl die absolute Häufigkeit bei 50, 100, 150,…, 350 Würfen.

b) Berechne die dazugehörigen relativen Häufigkeiten. Zeichne ein Diagramm.

3

a) Wirf 100-mal zwei Würfel und stelle nach jedem Wurf fest, ob das Ereignis A: „Augensumme größer als 8“ eintrat.

b) Berechne für $n = 10; 20; 30; \ldots; 100$ Würfe die relativen Häufigkeiten für A und stelle die Entwicklung in einem Diagramm dar.

4

Ein Zufallsexperiment hat 6 Ergebnisse $\omega_1, \ldots, \omega_6$. Gib an, wie sich die Wahrscheinlichkeiten auf die Ergebnisse verteilen, wenn gilt:

a) Alle Ergebnisse besitzen die gleiche Wahrscheinlichkeit.

b) Die Wahrscheinlichkeit für ω_6 ist doppelt so groß wie für die übrigen fünf Ergebnisse.

c) Die Wahrscheinlichkeit von ω_1 ist 0,2; die Wahrscheinlichkeiten aller anderen Ergebnisse sind gleich groß.

d) Die Wahrscheinlichkeiten von ω_1, ω_2, ω_3, ω_4, ω_5, ω_6 verhalten sich wie $1:3:2:1:2:1$.

5

Schlage eine Seite eines Telefonbuches auf und ermittle der Reihe nach von jeder Telefonnummer die letzte Ziffer. Untersuche mit Hilfe eines geeigneten Diagramms, ob sich die relative Häufigkeit des Ereignisses „die letzte Ziffer ist kleiner als 3“ stabilisiert. Vergleiche dein Resultat mit dem deines Nachbarn zu einer anderen Seite des Telefonbuches.

6

In einer Klasse wurde nach den Urlaubszielen gefragt. Jeder 3. Schüler gab an, in Deutschland zu bleiben. Von den übrigen gaben 40 % südliche, 20 % nördliche Reiseziele an. Die restlichen acht Schüler machten keine Angaben.

a) Wie viele Schüler sind in der Klasse?

b) Ein Schüler wird zufällig ausgewählt und nach seinem bzw. ihrem Reiseziel befragt. Mit welcher Wahrscheinlichkeit
   i) bleibt er in Deutschland,
   ii) reist er in den Süden,
   iii) reist er in den Norden,
   iv) macht er keine Angabe?

G 7

Jede Gerade veranschaulicht die Lösungen einer linearen Gleichung mit zwei Variablen.

a) Wie lauten die Gleichungen?

b) Bestimme rechnerisch die Koordinaten der Schnittpunkte von g und k, g und h sowie g und f.

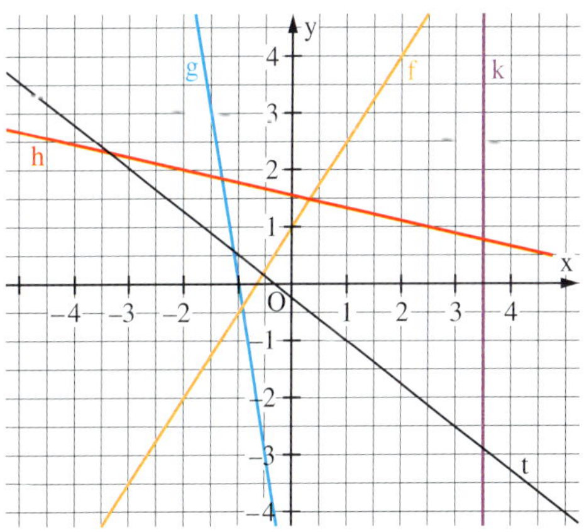

4 Laplace-Experimente

1
Beschrifte die sechs Seiten eines Bleistifts mit den Zahlen 1 bis 6. Der Bleistift wird gerollt, die Augenzahl, die am Ende oben liegt, wird notiert. Tim vermutet, dass die Wahrscheinlichkeit jeder Augenzahl $\frac{1}{6}$ beträgt. Prüfe durch ein Experiment, ob sich die Vermutung für deinen Bleistift aufrechterhalten lässt.

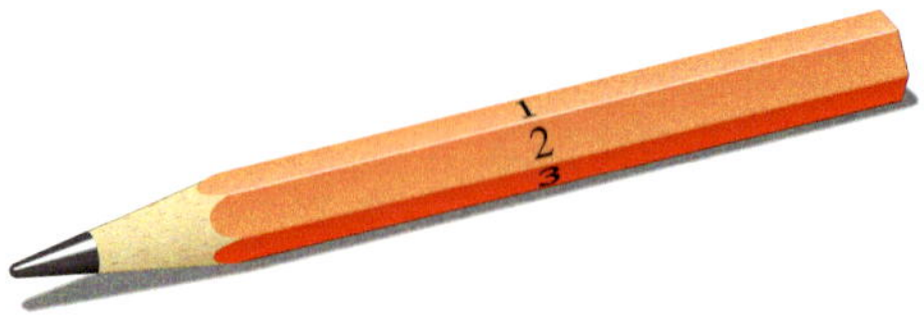

Kopf	Zahl
$\frac{1}{2}$	$\frac{1}{2}$

Häufig ist man bei Wahrscheinlichkeitsangaben sehr sicher: Eine Münze landet auf den Seiten Kopf und Zahl jeweils mit der Wahrscheinlichkeit $\frac{1}{2} = 50\,\%$.

Bei normalen Spielwürfeln beträgt die Wahrscheinlichkeit jeder Augenzahl $\frac{1}{6} \approx 16{,}7\,\%$.

Augenzahl	1	2	3	4	5	6
Wahrscheinlichkeit	$\frac{1}{6}$	$\frac{1}{6}$	$\frac{1}{6}$	$\frac{1}{6}$	$\frac{1}{6}$	$\frac{1}{6}$

Auch beim Drehen von Glücksrädern, deren Felder gleiche Öffnungswinkel haben, und beim Ziehen von Kugeln aus einer Urne ist es sinnvoll, anzunehmen, dass alle Ergebnisse gleich wahrscheinlich sind.

Zahl	1	2	3	4	5
Wahrscheinlichkeit	$\frac{1}{5}$	$\frac{1}{5}$	$\frac{1}{5}$	$\frac{1}{5}$	$\frac{1}{5}$

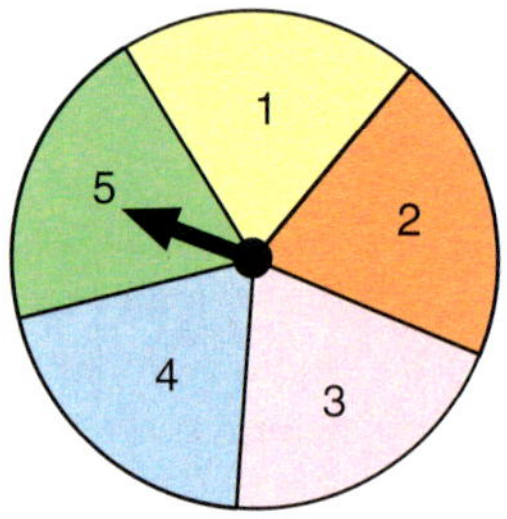

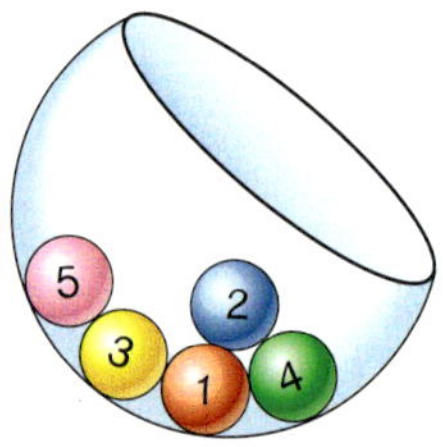

Der Franzose Pierre Simon Laplace (1749 bis 1827) war Mathematiker, Physiker und Astronom. Unter Napoleon, den er in Mathematik geprüft hatte, wurde er für kurze Zeit Innenminister und später Kanzler des Senats. Er beschäftigte sich u. a. mit der Himmelsmechanik und der Wahrscheinlichkeitstheorie.

Zufallsexperimente, bei denen **alle Ergebnisse gleich wahrscheinlich** sind, heißen **Laplace-Experimente**. Man sagt: Die Laplace-Annahme ist erfüllt. Hat ein Laplace-Experiment n Ergebnisse, dann beträgt die Wahrscheinlichkeit für jedes Ergebnis $\frac{1}{n}$.

Beispiel 1
Bei einer Lotterie gibt es 50 von 1 bis 50 nummerierte Lose. Ist es wahrscheinlicher, das Los mit Nummer 23 als das mit Nummer 1 zu ziehen? Begründe.
Lösung:
Die Laplace-Annahme ist gerechtfertigt, also ist das Ziehen der Lose gleich wahrscheinlich.

Beispiel 2
Man wirft eine Streichholzschachtel und interessiert sich dafür, welche Seite oben liegt. Ist dieses Zufallsexperiment ein Laplace-Experiment?
Lösung:
Nein. Es gibt zwar nur sechs mögliche Lagen, aber diese sind nicht gleich wahrscheinlich. Bei mehrfacher Durchführung des Experiments wird sich zeigen, dass sich die relativen Häufigkeiten der möglichen Lagen deutlich unterscheiden.

Beispiel 3
In einer Urne liegen vier Kugeln mit den Buchstaben A, L, K, O. Zwei Kugeln werden nacheinander gezogen, die Buchstaben werden in der gezogenen Reihenfolge zu einem „Wort“ zusammengelegt. Wie groß ist die Wahrscheinlichkeit für „KO“?

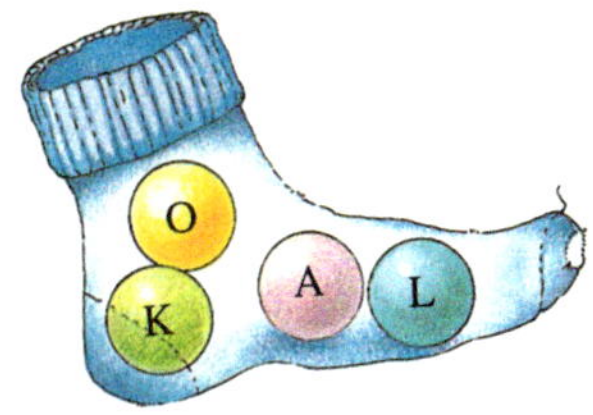

Lösung:

1. Möglichkeit:
(Baumdiagramm)

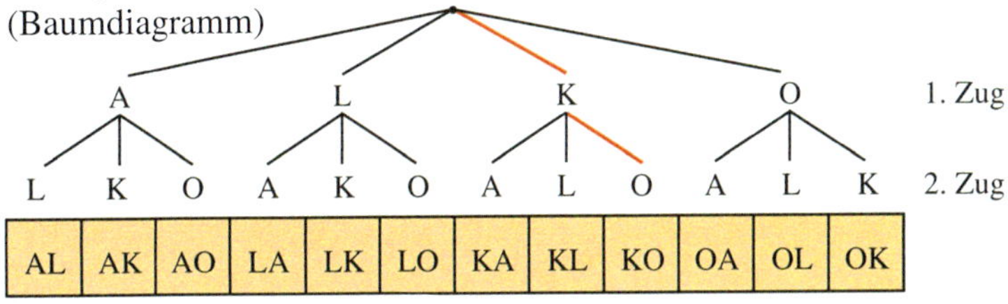

2. Möglichkeit:
(Tabelle)

		2. Zug			
		A	L	K	O
1. Zug	A	--	AL	AK	AO
	L	LA	--	LK	LO
	K	KA	KL	--	KO
	O	OA	OL	OK	--

An dem Baum oder der Tabelle erkennt man, dass $4 \cdot 3 = 12$ Wörter entstehen können. „KO“ kann nur auf eine Art entstehen, also beträgt die Wahrscheinlichkeit $\frac{1}{12} \approx 8{,}3\,\%$.

Aufgaben

(1)

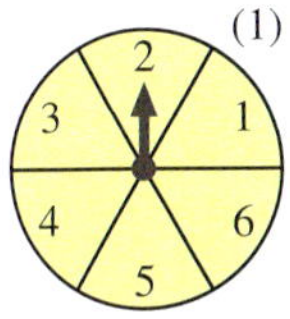

(2)

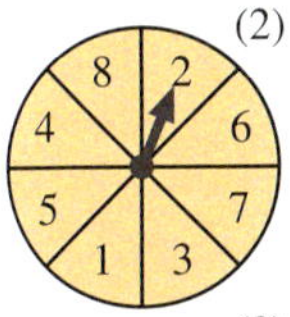

(3)

2

a) Welche Wahrscheinlichkeit hat die Zahl „6“ bei den links abgebildeten Glücksrädern?

b) Jan dreht jedes der Räder 180-mal. Wie häufig erwartest du etwa die „6“?

c) Was vermutest du, wenn die „6“ in vielen Versuchsserien viel seltener auftritt, als du erwartet hast?

3

In einer Urne sind 3 rote und eine blaue Kugel. Man zieht eine Kugel und achtet auf die Farbe.

a) Warum ist die Laplace-Annahme nicht gerechtfertigt?

b) Ändere das Experiment so ab, dass die Laplace-Annahme gerechtfertigt ist.

c) Erfinde selbst Experimente, die die Laplace-Annahme rechtfertigen (nicht rechtfertigen).

4

Das Glücksrad wird gedreht.

a) Man achtet auf die Zahlen. Welche Wahrscheinlichkeit hat die „3“?

b) Man achtet auf die Farben. Welche Wahrscheinlichkeit hat „Rot“? Welche Wahrscheinlichkeit hat „Gelb“?

5

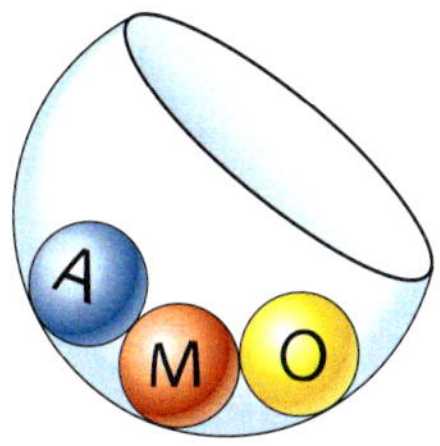

In einer Urne liegen drei Kugeln mit Buchstaben. Sie werden nacheinander gezogen und hintereinander gelegt.

a) Schreibe alle „Wörter“ auf, die dabei entstehen können. Beginne mit AMO.

b) Mit welcher Wahrscheinlichkeit entsteht das Wort OMA?

G 6

Zeichne einen Kreis k und eine Gerade g. Konstruiere die Tangenten an k, die zu g senkrecht sind.

G 7

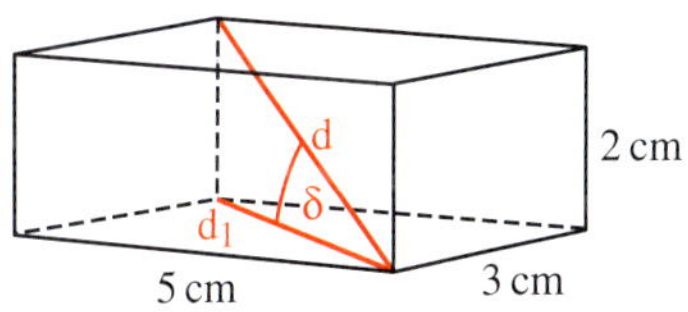

Bestimme das Volumen des Quaders. Ermittle zeichnerisch auch die Längen seiner Diagonalen d_1 und d und die Größe von δ.

5 Wahrscheinlichkeit von Ereignissen bei Laplace-Experimenten

1
Julia steht mit ihrem Stein zwei Positionen hinter Heinz. Wie groß ist die Wahrscheinlichkeit, dass sie Heinz beim nächsten Würfeln überholt?
Wo müsste Julias Stein stehen, damit die Wahrscheinlichkeit genau 50 % beträgt?

Gelb würfelt in der nebenstehenden Spielsituation. Es interessiert das Ereignis A: „Gelb kommt ins Haus", also $A = \{5; 6\}$, da diese Augenzahlen günstig sind. Für das Werfen eines Würfels ist die Laplace-Annahme sinnvoll.
$\Omega = \{1; 2; 3; 4; 5; 6\}$ enthält sechs Elemente und A zwei, also gilt: $P(A) = \frac{2}{6} = \frac{1}{3}$.

Ist M eine beliebige Menge, so schreibt man für die Anzahl ihrer Elemente $|M|$.

Für die Anzahl der Ergebnisse eines Ereignisses A verwendet man die Kurzschreibweise $|A|$. Das Ereignis $A = \{5; 6\}$ besteht aus zwei Elementen, also gilt: $|A| = 2$.

Für Laplace-Experimente gilt:
Die **Wahrscheinlichkeit P(A) eines Ereignisses A** erhält man, indem man die Anzahl der für A **günstigen** Ergebnisse **durch** die Gesamtzahl der **möglichen** Ergebnisse dividiert.

$$P(A) = \frac{\text{Anzahl der für das Ereignis A günstigen Ergebnisse}}{\text{Anzahl der möglichen Ergebnisse}} = \frac{|A|}{|\Omega|}$$

Bemerkung: Die Wahrscheinlichkeit eines Ereignisses A und die des zugehörigen Gegenereignisses $\overline{A}$ ergänzen sich zu eins, da bei jeder Durchführung des Zufallsexperiments entweder A oder $\overline{A}$ eintritt. Es gilt: $P(A) + P(\overline{A}) = 1 \Rightarrow P(\overline{A}) = 1 - P(A)$.

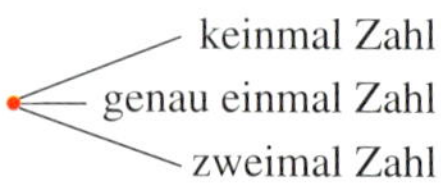

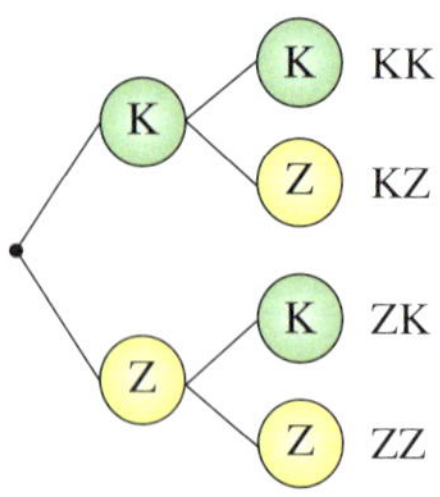

Ob die Laplace-Annahme sinnvoll ist, hängt von der Wahl der Ergebnismenge ab. Interessiert man sich beispielsweise beim Wurf zweier idealer Münzen dafür, wie oft Zahl auftritt, sind folgende Ergebnismengen denkbar:
$\Omega_1 = \{$keinmal Zahl; genau einmal Zahl; zweimal Zahl$\}$ oder bei Unterscheidung der Münzen (z. B. durch Farbe) $\Omega_2 = \{$KopfKopf; KopfZahl; ZahlKopf; ZahlZahl$\}$.
Für die Wahrscheinlichkeit des Ereignisses A: „genau einmal Zahl" ergeben sich unter Verwendung der Formel $\frac{|A|}{|\Omega|}$ je nach Wahl der Ergebnismenge unterschiedliche Werte: $\frac{1}{3}$ und $\frac{1}{2}$.
Dies liegt daran, dass die Laplace-Annahme nur bei Ω_2 sinnvoll ist, nicht aber bei Ω_1.
Bei Ω_2 wird berücksichtigt, dass es zwei unterschiedliche Möglichkeiten für das Eintreten des Ereignisses „genau einmal Zahl" gibt.
Die Formel $\frac{|A|}{|\Omega|}$ ist somit nur bei Ω_2 sinnvoll und führt zur Wahrscheinlichkeit $\frac{1}{2}$.

Für manche Zufallsexperimente, wie z. B. „Werfen eines Reißnagels" mit der Ergebnismenge $\Omega = \{$Seite; Kopf$\}$ erscheint die Laplace-Annahme ebenfalls nicht sinnvoll. Daher ist die Formel $\frac{|A|}{|\Omega|}$ nicht anwendbar.

Beispiel 1

Eine 8. Klasse besteht aus 29 Schülern, darunter sind 16 Jungen. Zur Verlosung einer Freikarte für das Schultheater schreibt jeder Schüler seinen Namen auf eine Karte. Die Karten werden gut gemischt und anschließend wird eine Karte gezogen.
Mit welcher Wahrscheinlichkeit steht auf der gezogenen Karte ein Mädchenname?
Lösung:
Man kann annehmen, dass alle Karten mit gleicher Wahrscheinlichkeit gezogen werden, das heißt, die Laplace-Annahme ist gerechtfertigt.
Die Klasse besteht aus 29 Schülern, also gibt es 29 mögliche Ziehungsergebnisse. Davon sind 13 für das interessierende Ereignis (auf der Karte steht ein Mädchenname) günstig. Die Wahrscheinlichkeit für das Ziehen einer Karte mit einem Mädchennamen ist daher $\frac{13}{29}$.

Tipp: *Überlege jeweils zuerst, warum je 900 Lose auf 3 oder 7 enden:*
1003, 1013, 1023, … usw.
1007, 1017, 1027, … usw.

Strategie: *Betrachten des Gegenteils.*
Häufig ist es wesentlich einfacher, die Wahrscheinlichkeit des Gegenereignisses zu bestimmen.

Beispiel 2

In einer Lostrommel befinden sich Lose mit den Nummern 1000 bis 9999. Losnummern mit drei Nullen bedeuten „Hauptgewinn“; endet die Losnummer auf 3 oder 7, so gibt es einen Trostpreis. Bestimme die Wahrscheinlichkeit für das Eintreten der Ereignisse:
a) Ziehen eines Hauptgewinns, b) Ziehen eines Trostpreises, c) Ziehen einer Niete.
Lösung:
Man kann annehmen, dass alle Lose mit jeweils gleicher Wahrscheinlichkeit gezogen werden (Laplace-Annahme).
Anzahl aller möglichen Ergebnisse: 9000, denn es gibt $9999 - 999 = 9000$ Lose.
Anzahl der Hauptgewinne: 9, nämlich die Lose 1000, 2000, …, 9000.
Anzahl der Trostpreise: 1800, denn auf 3 bzw. 7 enden je 900 Lose.
a) $P(\text{Hauptgewinn}) = \frac{9}{9000} = \frac{1}{1000}$ b) $P(\text{Trostpreis}) = \frac{1800}{9000} = \frac{1}{5}$
c) $P(\text{Nieten}) = 1 - P(\text{keine Nieten}) = 1 - \left(\frac{1}{1000} + \frac{1}{5}\right) = \frac{799}{1000} = 0{,}799$,
denn die Nieten bilden das Gegenereignis zu den Hauptgewinnen und Trostpreisen.

Aufgaben

2

Wie groß ist die Wahrscheinlichkeit, aus einer Lostrommel mit
a) 6 Treffern und 94 Nieten
b) 3 Treffern und 47 Nieten
einen Treffer (eine Niete) zu ziehen?

3

Ein Würfel mit dem abgebildeten Netz wird geworfen. Berechne die Wahrscheinlichkeiten für
a) eine gewürfelte Augenzahl kleiner als 3,
b) eine gewürfelte Augenzahl größer als 1,
c) eine gewürfelte Augenzahl kleiner als 1.

Beachte:
$P(\overline{A}) = 1 - P(A)$
$P(\{\}) = 0$
$P(\Omega) = 1$

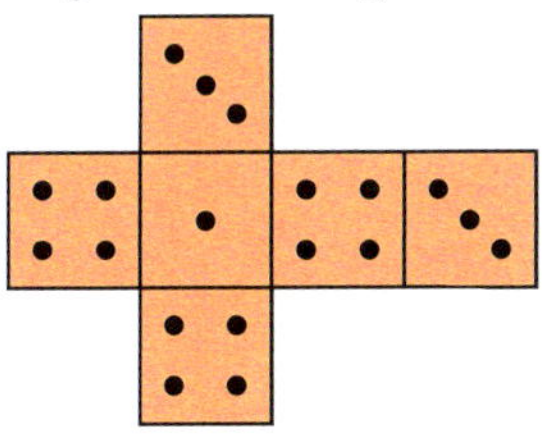

4

In einer Lostrommel liegen 100 Lose, die von 1 bis 100 durchnummeriert sind. Bestimme für das einmalige Ziehen aus dieser Trommel jeweils die Wahrscheinlichkeit für das Eintreten der folgenden Ereignisse.
A: Die Zahl auf dem Los ist durch 7 teilbar.
B: Die gezogene Zahl ist durch 6 teilbar.
C: Die gezogene Zahl endet auf 8.
D: Die gezogene Zahl endet auf 0 oder 5.
E: Die gezogene Zahl besteht aus zwei gleichen Ziffern.

5

Aus dem Wort „WAHRSCHEINLICHKEIT“ wird auf gut Glück ein Buchstabe ausgewählt. Wie groß ist die Wahrscheinlichkeit dafür, dass
a) ein R b) ein E
c) ein Konsonant d) ein Vokal
e) ein L oder E gewählt wird?

Die Herz-Karten beim Schafkopf:

6

Bei einem Schafkopfspiel mit 32 Karten wird eine Karte gezogen. Mit welcher Wahrscheinlichkeit ist die gezogene Karte
a) ein Ass, b) eine Herz-Karte, c) das Herzass,
d) eine Herz-Karte, aber kein Ass,
e) weder eine Herz-Karte noch ein Ass,
f) eine Herz-Karte oder ein Ass,
g) ein Ass, aber keine Herz-Karte?

7

Eine Lostrommel enthält 400 Lose. Die Hälfte davon sind Nieten, 80 % des Restes ergeben Trostpreise, die übrigen Lose sind Gewinne. Mit welcher Wahrscheinlichkeit ist das erste gezogene Los
a) ein Gewinnlos, b) ein Trostpreis,
c) eine Niete, d) keine Niete?

8

Fünf Seiten eines Würfels von 3 cm Kantenlänge werden blau angestrichen, die sechste Fläche bleibt ohne Anstrich.
a) Wie viel Prozent der Würfeloberfläche sind blau?
b) Der Würfel wird in Teilwürfel von 1 cm Kantenlänge zerlegt. Diese Teilwürfel werden in eine Urne gelegt, aus der anschließend einer gezogen wird. Mit welcher Wahrscheinlichkeit hat der gezogene Würfel keine, genau eine (zwei, drei, vier) blau angestrichene Fläche(n)?

9

Mit welcher Wahrscheinlichkeit ist beim Samstags-Lotto „6 aus 49“ die erste gezogene Zahl gerade?

10

Kästchen mit Nr.

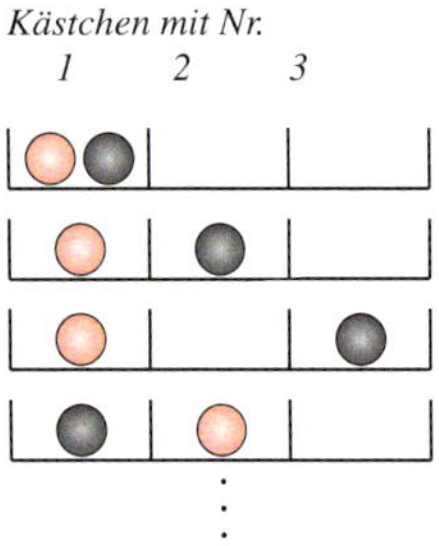

Eine rote und eine schwarze Kugel werden zufällig auf drei Kästchen verteilt.
a) Zeichne alle möglichen Belegungen der Kästchen.
b) Gib eine Ergebnismenge an.
c) Berechne die Wahrscheinlichkeiten der Ereignisse
A: Kästchen 1 ist leer
B: Nur Kästchen 1 ist leer
C: Genau ein Kästchen ist leer
D: Zwei Kästchen sind leer.

11

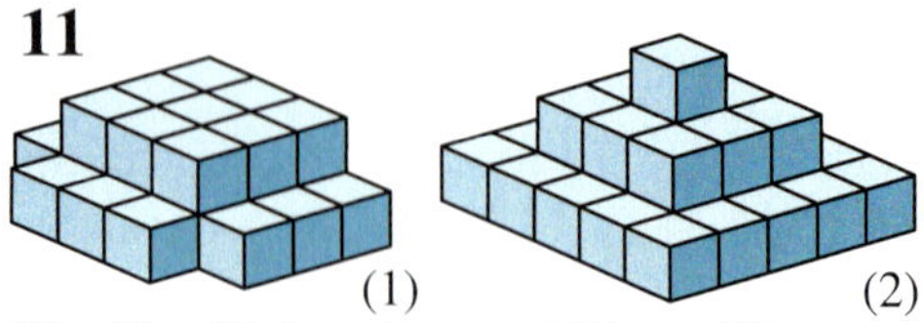

Die Oberflächen der abgebildeten Körper sind blau. Jeder Körper wird wie angegeben in Würfel zerlegt. Die Würfel von Körper (1) bzw. (2) werden anschließend in verschiedene Urnen gelegt, aus denen jeweils ein Würfel gezogen wird.
a) Mit welcher Wahrscheinlichkeit hat der gezogene Würfel von Körper (1) bzw. (2) keine, genau eine (zwei, drei, vier, fünf) blau angestrichene Fläche(n)?
b) Erfinde selbst Körper, die sich aus Würfeln zusammensetzen. Stelle dir die Oberfläche blau gefärbt vor, lasse dann deinen Nachbarn die Wahrscheinlichkeit bestimmen, einen Würfel mit keiner, genau einer (zwei, drei, vier, fünf) blau angestrichenen Fläche(n) aus einer Urne zu ziehen.

12

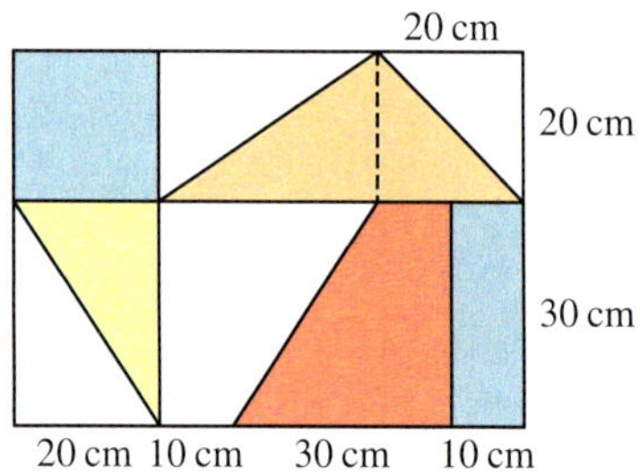

Christine hat die abgebildete Grafik gezeichnet. Ein kleiner Brotkrümel fällt zufällig auf die Grafik. Mit welcher Wahrscheinlichkeit liegt er auf einer
a) blauen b) gelben
c) orangen d) roten Fläche?

G 13

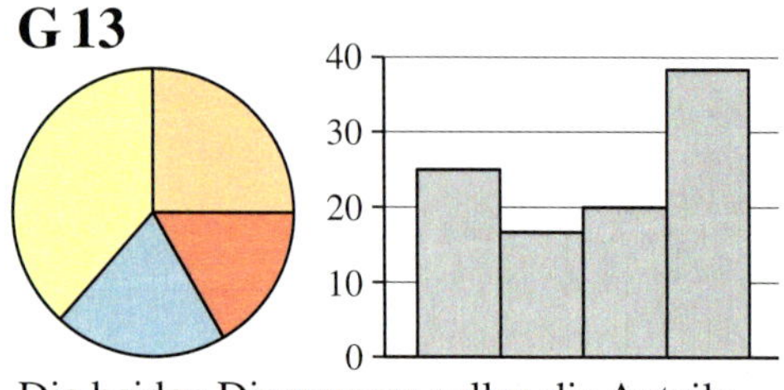

Die beiden Diagramme sollen die Anteile des gleichen Sachverhalts zeigen. Sagen sie wirklich das Gleiche aus?

6 Anzahlen und Wahrscheinlichkeit

1

Bei dem Fahrradschloss kann man vierstellige Zahlen aus den Ziffern 1 bis 9 bilden.

a) Wie viele Einstellungen sind möglich?

b) Wie groß ist die Wahrscheinlichkeit, die „richtige" Zahl zufällig einzustellen?

2

Jennifer besucht die Trabrennbahn in München-Daglfing.

a) Es starten 8 Pferde. Wie viele Möglichkeiten gibt es für den Zieleinlauf des Rennens, wenn keine zwei Pferde zugleich durch das Ziel gehen?

b) Die Anzeige zeigt den Zieleinlauf für die ersten drei Plätze eines Pferderennens an. Wie viele Möglichkeiten gibt es bei diesem Ergebnis für die restlichen Platzierungen?

c) Ein Besucher wählt zufällig drei Pferde für die ersten drei Plätze aus. Wie groß ist die Wahrscheinlichkeit, dass er den Ausgang richtig getippt hat?

Zur Berechnung von Laplace-Wahrscheinlichkeiten von Ereignissen muss man die Anzahlen der „möglichen" und die der „günstigen" Ergebnisse bestimmen.
Zieht man aus den abgebildeten Urnen A, B und C je eine Kugel, dann lässt sich die Gesamtzahl der Möglichkeiten mit einem Baum veranschaulichen.

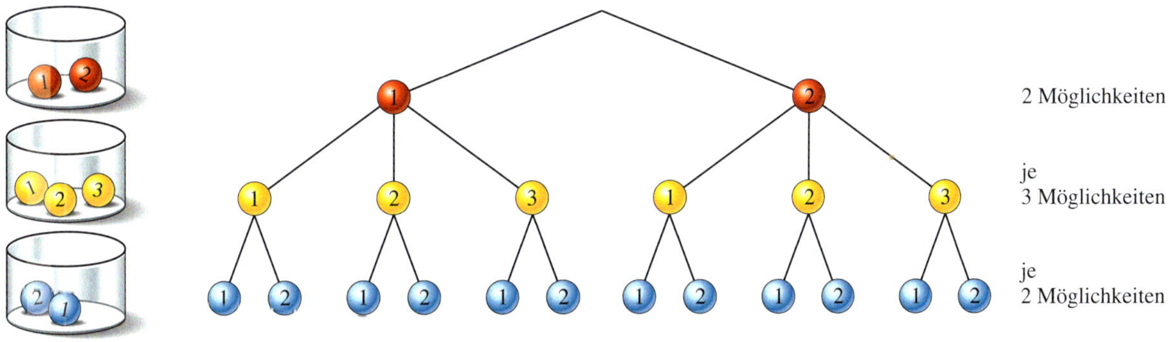

Für das Ziehen einer Kugel gibt es also 2 Möglichkeiten bei Urne A, 3 Möglichkeiten bei Urne B und 2 Möglichkeiten bei Urne C. Insgesamt erhält man durch Produktbildung $2 \cdot 3 \cdot 2 = 12$ mögliche Ergebnisse. Diese Art, die Anzahl von Möglichkeiten zu bestimmen, nennt man Produktregel oder auch Zählprinzip.

Zählprinzip
Zieht man aus k verschiedenen Mengen mit $m_1, m_2, \ldots m_k$ Elementen jeweils ein Element, so gibt es insgesamt $m_1 \cdot m_2 \cdot \ldots \cdot m_k$ Möglichkeiten.

Im obigen Beispiel ist $k = 3$, $m_1 = 2$, $m_2 = 3$ und $m_3 = 2$.

Zieht man aus nur einer Urne mit unterscheidbaren Objekten nacheinander mehrfach, so kann ebenfalls das Zählprinzip angewendet werden. Beispielsweise sollen vier Plätze A, B, C, D unter vier Schülern verlost werden. Dazu greifen die Schüler nacheinander in eine Urne mit vier Platzlosen und ziehen je eines. Der erste Schüler hat 4 Möglichkeiten, der zweite noch 3, der dritte 2 und der vierte 1. Insgesamt gibt es $4 \cdot 3 \cdot 2 \cdot 1 = 24$ Möglichkeiten.
Beim Ergebnis (B; C; A; D) hat der erste Schüler Platz B, der zweite Platz C, der dritte Platz A und der vierte Platz D. Jedes mögliche Ergebnis ist eine Anordnung der vier Buchstaben.

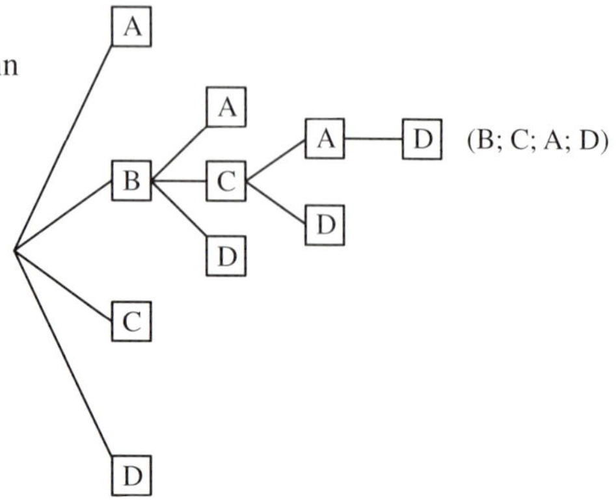

Möglichkeiten pro Zug

4 3 2 1 insgesamt $4 \cdot 3 \cdot 2 \cdot 1 = 24$

Obige Überlegung lässt sich verallgemeinern: Möchte man n Objekte **anordnen**, d. h. n Objekte nacheinander aus einer Urne ziehen, so gibt es dafür $n \cdot (n-1) \cdot (n-2) \cdot \ldots \cdot 2 \cdot 1$ Möglichkeiten.
Schreibweise: $n \cdot (n-1) \cdot (n-2) \cdot \ldots \cdot 2 \cdot 1 = n!$ (sprich: **n Fakultät**)

Die meisten Taschenrechner haben zur Berechnung der Fakultät eine Taste, nämlich x!

Beispiel 1
Die beiden Glücksräder werden gedreht. Berechne die Wahrscheinlichkeit für das Eintreten der folgenden Ereignisse:
a) Beide Glücksräder zeigen eine gerade Zahl.
b) Beide Glücksräder zeigen eine Zahl auf einem roten Feld.
Lösung:
Da bei den Glücksrädern alle Zahlenfelder gleich groß sind, kann man annehmen, dass die Laplace-Annahme erfüllt ist und alle Zahlen mit gleicher Wahrscheinlichkeit erscheinen.
Bestimmung der Anzahl aller möglichen Ergebnisse:
Jedes der beiden Glücksräder hat 12 mögliche Ergebnisse; also sind es insgesamt $12 \cdot 12 = 144$ mögliche Ergebnisse.
Bestimmung der Anzahl der„günstigen" Ergebnisse:
a) Es gibt jeweils 6 gerade Zahlen, also $6 \cdot 6 = 36$ „günstige" Ergebnisse.
b) 4 bzw. 5 Felder sind rot, also gibt es $4 \cdot 5 = 20$ „günstige" Ergebnisse.
Berechnung der Wahrscheinlichkeit:
a) $P(\text{zweimal gerade}) = \frac{36}{144} = \frac{1}{4}$
b) $P(\text{zweimal rot}) = \frac{20}{144} = \frac{5}{36}$

Beispiel 2
Alexa, Björn, Corinna und Demian setzen sich zufällig auf vier nebeneinander stehende Stühle. Mit welcher Wahrscheinlichkeit sitzt Björn zwischen Alexa und Corinna?
Lösung:
Die Formulierung „setzen sich zufällig" legt die Laplace-Annahme nahe.
Bestimmung der Anzahl aller möglichen Sitzordnungen:
4 Personen wählen unter 4 Stühlen, also $4! = 24$ mögliche Anordnungen.
Bestimmung der „günstigen" Anordnungen:
Björn muss auf einem der 2 mittleren Plätze sitzen. Für Alexa und Corinna gibt es dann jeweils 2 Möglichkeiten, neben Björn zu sitzen. Also $2 \cdot 2 = 4$ Möglichkeiten.
Bestimmung der Wahrscheinlichkeit:
$P(\text{Björn zwischen Alexa und Corinna}) = \frac{4}{24} = \frac{1}{6}$

„günstige Anordnungen"

A	B	C	D
C	B	A	D
D	A	B	C
D	C	B	A

3

Beim Fußballtoto muss man den richtigen Ausgang von 13 Fußballspielen voraussagen. Dabei bedeutet:
1: Der Gastgeber gewinnt; 0: Unentschieden; 2: Der Gast gewinnt.
Herr Arndt, der nichts vom Fußball versteht, füllt zufällig einen Tippschein aus.

a) Wie viele Möglichkeiten gibt es, eine Tippreihe auszufüllen?
b) Mit welcher Wahrscheinlichkeit rät er zufällig alle 13 richtig (alle 13 falsch)?

TOTO *13er-Wette Normal*

Nr.	Heim	Gast	Tendenz	Tipp 1	Tipp 2	Tipp 3	Tipp 4	Tipp 5	Tipp 6	Tipp 7	Tipp 8	Tipp 9
				1 0 2	1 0 2	1 0 2	1 0 2	1 0 2	1 0 2	1 0 2	1 0 2	1 0 2
1	HSV	Frankf	5-3-2	☐☐☐	☐☐☐	☐☐☐	☐☐☐	☐☐☐	☐☐☐	☐☐☐	☐☐☐	☐☐☐
2	FC Köln	Gladbach	3-4-3	☐☐☐	☐☐☐	☐☐☐	☐☐☐	☐☐☐	☐☐☐	☐☐☐	☐☐☐	☐☐☐
3	A.Biel.	Kaisersl	3-4-3	☐☐☐	☐☐☐	☐☐☐	☐☐☐	☐☐☐	☐☐☐	☐☐☐	☐☐☐	☐☐☐
4	W.Bremen	Dortmund	4-3-3	☐☐☐	☐☐☐	☐☐☐	☐☐☐	☐☐☐	☐☐☐	☐☐☐	☐☐☐	☐☐☐
5	Wolfsb.	1. FCN	5-3-2	☐☐☐	☐☐☐	☐☐☐	☐☐☐	☐☐☐	☐☐☐	☐☐☐	☐☐☐	☐☐☐
6	Bayern	Hanno.96	6-3-1	☐☐☐	☐☐☐	☐☐☐	☐☐☐	☐☐☐	☐☐☐	☐☐☐	☐☐☐	☐☐☐
7	Mainz 05	VfBStgt.	3-3-4	☐☐☐	☐☐☐	☐☐☐	☐☐☐	☐☐☐	☐☐☐	☐☐☐	☐☐☐	☐☐☐
8	Duisburg	Bayer 04	3-3-4	☐☐☐	☐☐☐	☐☐☐	☐☐☐	☐☐☐	☐☐☐	☐☐☐	☐☐☐	☐☐☐
9	Schalke	Hertha	4-3-3	☐☐☐	☐☐☐	☐☐☐	☐☐☐	☐☐☐	☐☐☐	☐☐☐	☐☐☐	☐☐☐
10	Rostock	Paderbo.	3-4-3	☐☐☐	☐☐☐	☐☐☐	☐☐☐	☐☐☐	☐☐☐	☐☐☐	☐☐☐	☐☐☐
11	LR Ahlen	Siegen	3-4-3	☐☐☐	☐☐☐	☐☐☐	☐☐☐	☐☐☐	☐☐☐	☐☐☐	☐☐☐	☐☐☐
12	Cottbus	Aachen	3-4-3	☐☐☐	☐☐☐	☐☐☐	☐☐☐	☐☐☐	☐☐☐	☐☐☐	☐☐☐	☐☐☐
13	Saarbr.	W.Burgh.	3-3-4	☐☐☐	☐☐☐	☐☐☐	☐☐☐	☐☐☐	☐☐☐	☐☐☐	☐☐☐	☐☐☐

4

Von P nach Q führen 8 Wege, von Q nach R 5 Wege und von R nach S 6 Wege. Wie viele verschiedene Routen gibt es, um von P über Q und R nach S zu kommen?

5

An einem Abfahrtslauf nehmen 10 Rennläufer teil, die die gleiche Gewinnwahrscheinlichkeit haben.

a) Wie groß ist die Wahrscheinlichkeit, dass die Rennläufer mit den Startnummern 1, 2 und 3 auch als 1., 2. bzw. 3. ins Ziel kommen?
b) Berechne die Wahrscheinlichkeit, dass die Rennläufer mit den Startnummern 1, 2 und 3 nicht unter den ersten drei sind.

6

a) Wie viele verschiedene vierstellige Zahlen lassen sich aus den Ziffern 2, 4, 6 und 8 bilden, wenn jede Ziffer in jeder Zahl genau einmal vorkommt?
b) Wie groß ist bei zufälliger Auswahl einer dieser Zahlen die Wahrscheinlichkeit, dass sie mit 2 beginnt?

7

a) 10 verschieden große Schülerinnen stellen sich zufällig in einer Reihe auf. Bestimme die Wahrscheinlichkeit, dass sie sich der Größe nach aufstellen und die größte der Schülerinnen am Anfang der Reihe steht.
b) Nimm an, dass sich die Schülerinnen jede Minute in einer anderen Reihenfolge aufstellen. Wie viele Tage würde es dauern, bis alle Möglichkeiten einmal aufgetreten sind?

8

Es stehen 8 Stühle nebeneinander. 6 Personen nehmen Platz.

a) Wie viele Sitzordnungen sind möglich?
b) Mit welcher Wahrscheinlichkeit bleiben die beiden Randplätze leer, wenn alle Plätze mit gleicher Wahrscheinlichkeit eingenommen werden?

9

Ein Multiple-Choice-Test besteht aus 5 Fragen. Zur ersten Frage gibt es 4 Antwortmöglichkeiten, zur zweiten Frage 3, zur dritten Frage 5, zur vierten Frage 5 und zur fünften Frage 2. Hans hat nichts gelernt und rät, wobei er aber weiß, dass jeweils genau eine Antwort richtig ist. Mit welcher Wahrscheinlichkeit hat Hans

a) alle Fragen richtig beantwortet,
b) nur die 3. Frage richtig beantwortet,
c) mindestens eine Frage richtig beantwortet?

10

Nico soll 3 Briefe in Umschläge tun, zukleben und zur Post bringen. Da er vergessen hat, welcher Brief in welchen Umschlag gehört, verteilt er die Briefe zufällig auf die Umschläge. Wie groß ist die Wahrscheinlichkeit, dass er

a) keinen Brief falsch eingetütet hat,
b) alle Briefe falsch eingetütet hat,
c) nur zwei Briefe falsch eingetütet hat?

G 11

Löse die Gleichungen:

a) $\frac{4}{5}(2x - 3) = 1{,}3x - \frac{3 - 2x}{4}$
b) $x(3 + 2x) = 0$

Lesetext:

Der Goldkäfer

Eine Geheimschrift wird entschlüsselt

DER GOLDKÄFER ist eine spannende Geschichte des amerikanischen Schriftstellers Edgar Allan Poe.

Geschildert wird, wie William Legrand, der auf Sullivans Insel ausgewandert ist, ein Pergament mit einer Geheimschrift findet. Er entschlüsselt diese Botschaft und kann mit Hilfe seines Freundes und seines Dieners einen versteckten Piratenschatz ausgraben. Ein mysteriöser Goldkäfer und ein Totenkopf spielen ebenfalls eine wichtige Rolle.
...

Hier kannst du Teile der Erzählung nachlesen, in denen Legrand berichtet, wie es ihm möglich war, die Geheimschrift zu entschlüsseln.

[...]: An diesen Stellen wurden Teile des Textes ausgelassen.

Legrand, der inzwischen das Pergamentblatt erhitzt hatte, reichte es mir. Zwischen dem Totenkopf und der Ziege waren in roter Tinte und ungefüger Schrift folgende Zeichen zu sehen:

53††+305))6*;4826)4†.);806*;48+II60))85;1†(;:+*8
+83(88)5*+;46(;88*96*?;8)*†(;485);5*+2:*†(;4956*
2(5*–4)8II8*;4069285);)6+8)4††;1(†9;48081;8:8†1;4
8+85;4)485+528806*81(†9;48;(88;4(†?34;48)4†;161;
:188;†?;

[...]

Da aber keine Zwischenräume vorhanden waren, war mein erster Schritt, die vorherrschenden wie die am seltensten vorkommenden Buchstaben festzustellen. Nachdem ich alle gezählt hatte, ergab sich folgende Tabelle.

Die Chiffre	8	ist	32-mal vertreten
	;		26-mal vertreten
	4		19-mal vertreten
	† und)		16-mal vertreten
	*		13-mal vertreten
	5		12-mal vertreten
	6		11-mal vertreten
	(		10-mal vertreten
	+ und 1		8-mal vertreten
	0		6-mal vertreten
	9 und 2		5-mal vertreten
	: und 3		4-mal vertreten
	?		3-mal vertreten
	II		2-mal vertreten
	– und .		1-mal vertreten.

Nun ist im Englischen das E der am häufigsten vorkommende Buchstabe. Die weitere Reihenfolge ist so: *a o i d h n r s t u y c f g l m w b k p q x z* . *E* ist in so auffallender Weise vorherrschend, dass es kaum einen Satz gibt, in dem es nicht der häufigste Buchstabe ist.
So haben wir nun also gleich zu Anfang die Grundlage für etwas, das mehr als bloßes Erraten ist. Wie eine solche Tabelle angewendet wird, ist leicht ersichtlich – für die vorliegende Schrift aber werden wir ihrer Hilfe nur teilweise bedürfen. Da unser vorherrschendes Zeichen 8 ist, so wollen wir damit beginnen, es als das *E* des Alphabets anzusehen. Um die Richtigkeit dieser Annahme nachzuprüfen, wollen wir sehen,

ob 8 häufig paarweise steht – denn e findet im Englischen oft paarweise Anwendung, z. B. in Worten wie *›meet‹*, *›fleet‹*, *›speed‹*, *›seen‹*, *›been‹*, *›agree‹* usw. Hier in unserem Fall erscheint es nicht weniger als fünfmal paarweise, obwohl die Aufzeichnung nur kurz ist.
Nehmen wir also an, 8 sei *e*. Nun ist von allen Wörtern der englischen Sprache der Artikel *the* das häufigste; wir wollen darum nachsehen, ob wir nicht mehrmals drei in gleicher Reihenfolge stehende Zeichen finden, deren letztes 8 ist. Finden wir mehrere so angeordnete drei Buchstaben, so ist mit ziemlicher Sicherheit anzunehmen, dass sie das Wort *the* vorstellen. Bei Nachprüfung finden wir nicht weniger als sieben solcher Zeichenstellungen, nämlich siebenmal die zusammenhängenden Zeichen ; 4 8 . Wir können daher folgern, dass ; für *t*, 4 für *h* und 8 für *e* steht – was für das letzte Zeichen schon voll erwiesen ist. So haben wir also schon einen großen Schritt gewonnen.
Durch Feststellung eines einzigen Wortes aber haben wir einen sehr wichtigen Punkt festgelegt, nämlich einige Anfänge und Endungen anderer Worte. [...]

Nun ist es Zeit, dass wir unsern Schlüssel, soweit wir ihn entdeckt haben, zu einer Tabelle formulieren, um Irrtümer zu vermeiden. Sie wird so aussehen:

5 = a	4 = h	† = o
+ = d	6 = i	(= r
8 = e	* = n	; = t
3 = g		

Wir haben also nicht weniger als zehn der wichtigsten Buchstaben festgestellt, und es ist wohl unnötig, die einzelnen Abschnitte der Auflösung weiterhin zu entwickeln. Ich habe genug gesagt, um Sie zu überzeugen, dass Geheimschriften solcher Art leicht enträtselbar sind, um Ihnen einen Einblick in das anzuwendende Verfahren zu geben. Behalten Sie aber immer im Auge, dass die uns vorliegende Geheimschrift zu den allereinfachsten ihrer Art gehört. Es bleibt nun nur noch übrig, Ihnen die vollständige Übersetzung der Pergamentnotiz zu geben. Hier ist sie:
A good glass in the bishop's hostel in the devil's seat forty-one degrees and thirteen minutes northeast and by north main branch seventh limb east side shoot from the left eye of the death's-head a bee line from the tree through the shot fifty feet out.

Wie lautet eigentlich diese Botschaft in deutscher Sprache?

Rückblick

Ergebnismenge (Ergebnisraum)
Die Menge aller möglichen Ergebnisse eines Zufallsexperiments nennt man Ergebnismenge. Sie wird mit Ω bezeichnet. Die einzelnen Ergebnisse bezeichnet man mit $\omega_1, \omega_2, \omega_3, \ldots$.

Werfen eines Würfels:
$\Omega = \{1; 2; 3; 4; 5; 6\}$
Werfen einer Münze: $\Omega = \{Kopf; Zahl\}$
oder $\Omega = \{0; 1\}$

Teilmenge
A ist eine Teilmenge der Menge Ω, wenn jedes Element von A auch in Ω enthalten ist. Schreibweise: $A \subset \Omega$.
Es gilt: $\emptyset \subset \Omega$ und $\Omega \subset \Omega$.

$\{2; 4; 6\} \subset \{1; 2; 3; 4; 5; 6\}$

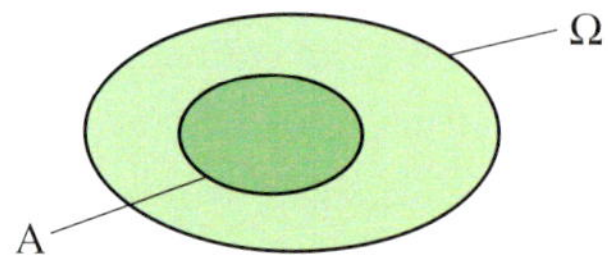

Ereignis
Bei einem Zufallsexperiment nennt man jede Teilmenge A der Ergebnismenge Ω Ereignis. Man sagt: Das Ereignis A ist eingetreten, wenn bei einer Durchführung des Zufallsexperiments ein Ergebnis aus A auftritt.

Ereignis A beim Würfelwurf sei „Augenzahl gerade", also $A = \{2; 4; 6\}$.
Das Ereignis A tritt ein, wenn eine 2, 4 oder 6 gewürfelt wird.

Gegenereignis
Das Gegenereignis $\overline{A}$ zum Ereignis A besteht aus den Ergebnissen von Ω, die nicht zu A gehören. Schreibweise: $\overline{A} = \Omega \setminus A$

Werfen eines Würfels:
$\Omega = \{1; 2; 3; 4; 5; 6\}$.
Sei $A = \{2; 4; 6\}$, dann $\overline{A} = \{1; 3; 5\}$

Wahrscheinlichkeit
Bei einem Zufallsexperiment wird jedem Ereignis A eine Wahrscheinlichkeit P(A) zwischen null und eins zugeordnet.
Die Wahrscheinlichkeit P(A) wird durch das Experiment
(z. B. Würfeln: P(„gerade Zahl") = 0,5) oder
durch die sich stabilisierende relative Häufigkeit eines Ereignisses
(z. B. Reißnagel, P(„Kopf")) nahe gelegt.

Laplace-Experimente
Zufallsexperimente, bei denen alle Ergebnisse gleich wahrscheinlich sind, heißen Laplace-Experimente. Man sagt: Die Laplace-Annahme ist erfüllt. Hat ein Laplace-Experiment n Ergebnisse, dann beträgt die Wahrscheinlichkeit für jedes Ergebnis $\frac{1}{n}$.

Werfen eines Würfels, der nicht gezinkt ist. Werfen einer Münze, die nicht manipuliert ist.

Laplace-Wahrscheinlichkeit
Für Laplace-Experimente gilt: Die Wahrscheinlichkeit P(A) eines Ereignisses A erhält man, indem man die Anzahl der für A günstigen durch die Gesamtzahl der möglichen Ergebnisse dividiert:

$$P(A) = \frac{\text{Anzahl der für A günstigen Ergebnisse}}{\text{Anzahl der möglichen Ergebnisse}} = \frac{|A|}{|\Omega|}$$

Würfeln: $\Omega = \{1; 2; 3; 4; 5; 6\}$.
Ereignis A sei „Augenzahl gerade", also $A = \{2; 4; 6\}$.
$P(A) = \frac{|A|}{|\Omega|} = \frac{3}{6} = 0{,}5$

Zählprinzip
Zieht man aus k verschiedenen Mengen mit $m_1, m_2, \ldots m_k$ Elementen jeweils ein Element, so gibt es insgesamt $m_1 \cdot m_2 \cdot \ldots \cdot m_k$ Möglichkeiten.

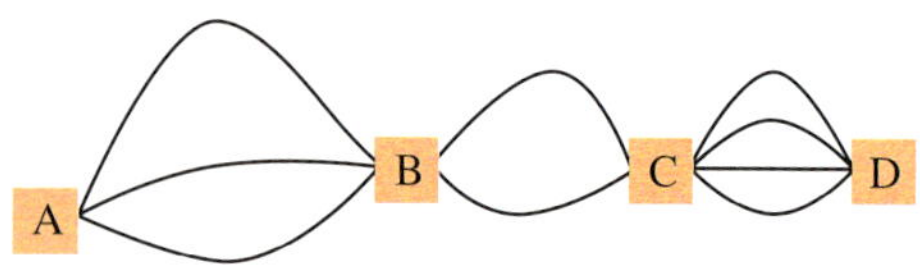

Es gibt $3 \cdot 2 \cdot 4 = 24$ verschiedene Wege von A über B und C nach D.

Aufgaben zum Üben und Wiederholen

1
Ein Multiple-Choice-Test besteht aus insgesamt 10 Fragen. Für jede Frage werden 3 Antworten angeboten, von denen jeweils genau eine richtig ist. Ein ahnungsloser Kandidat kreuzt auf gut Glück jeweils eine Antwort an. Mit welcher Wahrscheinlichkeit hat er
a) alle Antworten
b) genau die ersten vier Antworten
c) mindestens eine Antwort richtig angekreuzt?

(1)

(2)

2
Jeder der abgebildeten Körper setzt sich aus Würfeln zusammen. Die gesamte Oberfläche der Körper ist jeweils blau angemalt. Jeder Körper wird in seine Würfel zerlegt, die in eine Urne gelegt werden, aus der anschließend einer gezogen wird.
Mit welcher Wahrscheinlichkeit hat der gezogene Würfel von Körper (1) bzw. (2) keine, genau eine (zwei, drei, vier, fünf) blau angestrichene Fläche(n)?

Zu Aufgabe 7:

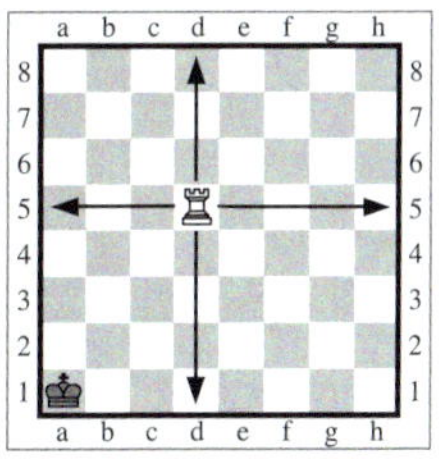

3
In einer Urne liegen eine rote und vier weiße Kugeln.
a) Wie groß ist die Wahrscheinlichkeit, dass man beim Hineingreifen die rote Kugel erwischt?
b) Frank hat beim ersten Zug eine weiße Kugel gezogen. Wie groß ist die Wahrscheinlichkeit, dass er nun beim zweiten Versuch die rote Kugel erwischt? Die erste Kugel wurde nicht wieder zurückgelegt.

4
Peter packt ein Geschenk ein. Er hat 8 verschiedenfarbige Geschenkpapiere, und ebenso viele Geschenkbänder, die die gleichen Farben wie die Geschenkpapiere haben. Wie viele Möglichkeiten hat er, das Geschenk mit Papier und Band einzupacken, wenn
a) Papier und Band verschiedenfarbig sein sollen
b) Papier und Band auch gleichfarbig sein können.

Die Lösungen zu den Aufgaben dieser Seite findest du auf den Seiten 171 und 172.

5
Eine Urne enthält 11 Kugeln, welche die Zahlen 10 bis 20 tragen. Das Zufallsexperiment besteht im Ziehen einer Kugel und Feststellen ihrer Nummer. Gib die Wahrscheinlichkeiten folgender Ereignisse an:
A: Die Quersumme der Kugelnummer ist gerade.
B: Die Quersumme der Kugelnummer ist größer als 6.
C: Die Anzahl der Teiler der Kugelnummer beträgt mindestens 4.
D: Die Kugelnummer ist eine Primzahl.
E: Die Kugelnummer ist nicht gerade, aber durch 3 teilbar.

6
Gegeben sind die Ziffern 0, 1, 2, 3. Wie viele verschiedene 4-stellige Zahlen kann man aus ihnen bilden, wenn
a) in jeder Zahl alle Ziffern verschieden sein sollen,
b) die Ziffern nicht unterschiedlich sein müssen,
c) die Null nicht vorkommen soll,
d) die Eins nicht vorkommen soll?

7
Auf einem Schachbrett steht nur der schwarze König auf A1.
a) Ein weißer Turm wird zufällig auf eines der 63 freien Felder gestellt. Mit welcher Wahrscheinlichkeit bietet er Schach?
b) Die weiße Dame wird zufällig auf eines der 63 freien Felder gestellt. Mit welcher Wahrscheinlichkeit bietet sie Schach?
c) Die Position des Königs wird geändert. In welcher Position ist die Wahrscheinlichkeit am größten, dass ihm durch den zufällig auf ein freies Feld gestellten Turm (Dame) Schach geboten wird?

8
Rebecca nimmt 10 verschiedene CDs aus ihrem CD-Ständer und legt sie in zufälliger Reihenfolge auf den CD-Wechsler.
Wie groß ist die Wahrscheinlichkeit, dass sie erst die CD „Seiltänzertraum“, dann „Unlimited: Live in Concert No. 1“ und als Drittes „Rock-Live“ aufgelegt hat?

VI Gebrochen rationale Funktionen

1 Eigenschaften gebrochen rationaler Funktionen

1
Ein Schwimmbecken wird gefüllt. Der Graph der Funktion f: *Zufluss* x (in Liter je Sekunde) $\mapsto$ *Fülldauer* y (in Stunden) ist rechts dargestellt.

a) Gib den Funktionsterm der Funktion f an.
b) Wie verhält sich der Graph der Funktion für x-Werte, die größer als 80 sind?
c) Für Werte x kleiner 3 wurde der Funktionsgraph nicht gezeichnet. Wie verhält sich der Graph der Funktion in diesem Bereich?
d) Warum kann der Funktionswert für $x = 0$ nicht bestimmt werden?

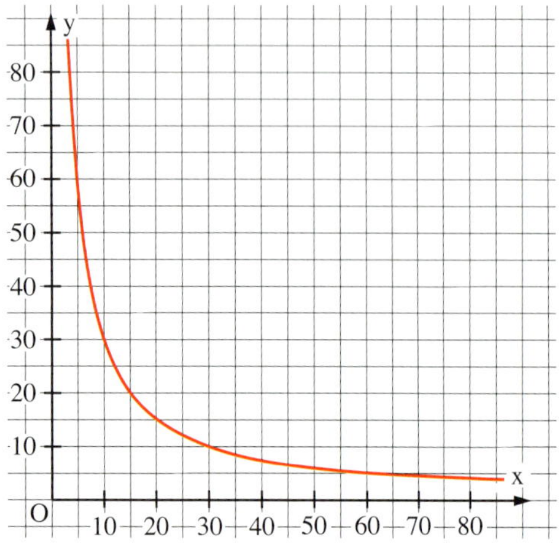

Bei den Termen $\frac{1}{x}, \frac{3}{x+2}$ oder $\frac{2-z}{z^2}$ tritt eine Variable im Nenner auf. Solche Terme heißen **Bruchterme**.

Für Brüche gilt:
Brüche sind eine andere Schreibweise für Quotienten.
Zum Beispiel
$\frac{5}{8} = 5:8$

Da man durch null nicht teilen kann, darf im Nenner eines Bruches keine Null stehen, d.h. der Bruch $\frac{a}{b}$ ist nur definiert für $b \neq 0$.

Für Bruchterme gilt entsprechend:
Bruchterme sind eine andere Schreibweise für Quotienten.
Zum Beispiel
$\frac{7x}{x-1} = 7x:(x-1)$

In Bruchterme darf man nur solche Zahlen einsetzen, für die der Nenner nicht null wird.
Man sagt: Für diese Zahlen ist der Bruchterm definiert, also im obigen Beispiel für alle rationalen Zahlen $x \neq 1$.

Bei gebrochen rationalen Funktionen musst du dir bewusst sein, dass häufig nicht alle Zahlen in der Definitionsmenge enthalten sein können.

Funktionen wie f: $x \mapsto \frac{1}{x}$, g: $x \mapsto \frac{3}{x+2}$ oder h: $z \mapsto \frac{2-z}{z^2}$, deren Funktionsterm ein Bruchterm ist, nennt man **gebrochen rationale Funktionen**.

Alle Zahlen, für die der Nenner null wird, können nicht zur Definitionsmenge der Funktion gehören.

$f(2) = \frac{1}{2}$
$f\left(-\frac{1}{2}\right) = \frac{1}{-\frac{1}{2}} = -2$
$f(0) = \frac{1}{0}$ ⚡

Bei der Funktion f: $x \mapsto \frac{1}{x}$ darf also für die Variable x nicht die Zahl 0 eingesetzt werden, bei der Funktion g: $x \mapsto \frac{3}{x+2}$ nicht die Zahl -2.

Da bei gebrochen rationalen Funktionen immer einzelne Werte nicht in der Definitionsmenge enthalten sein können, spricht man von **Definitionslücken**.

$g(-4) = \frac{3}{-4+2}$
$= \frac{3}{-2} = -1{,}5$
$g(3) = \frac{3}{3+2} = \frac{3}{5} = 0{,}6$
$g(-2) = \frac{3}{0}$

Erstellt man zur Funktion $g\colon x \mapsto \frac{3}{x+2}$ eine Wertetabelle beispielsweise im Bereich von $x = -4$ bis $x = 4$ und zeichnet man den Funktionsgraphen, so sind die Eigenschaften des Graphen wegen der Definitionslücke zunächst noch nicht besonders gut zu erkennen.

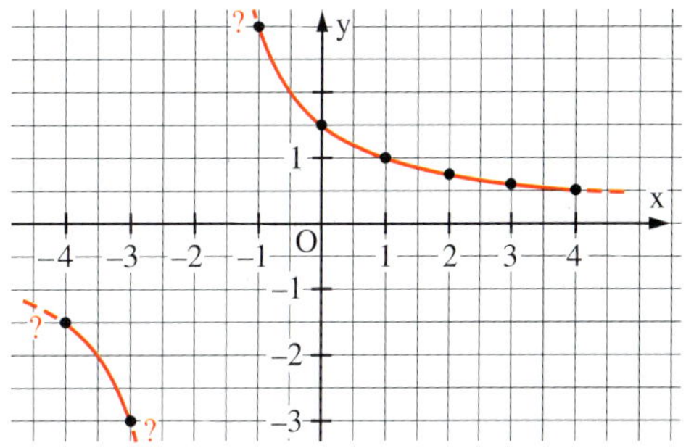

x	–4	–3	–2	–1	0	1	2	3	4
y	–1,5	–3	–	3	1,5	1	0,75	0,6	0,5

Im Bereich der x-Werte, die nahe bei –2 liegen, werden weitere Funktionswerte berechnet. Dabei fällt auf, dass für x-Werte nahe bei –2 der Nenner betragsmäßig klein und damit der Wert des Bruchs betragsmäßig groß ist: $g\left(-2\frac{1}{100}\right) = \frac{3}{-2\frac{1}{100}+2} = \frac{3}{-\frac{1}{100}} = \frac{3 \cdot 100}{-1} = -300$

$|-300| = 300$
-300 ist also betragsmäßig groß.

Setzt man dagegen einen betragsmäßig großen Wert ein, so ist der Nenner betragsmäßig groß und damit der Wert des Bruchs betragsmäßig klein: $g(100) = \frac{3}{100+2} = \frac{3}{102} \approx 0{,}03$

x	–50	–30	–15	–4	–3	–2,5	–2,1	–2	–1,9	–1,5	–1	0	1	2	3	4	10	30	50
y	–0,06	–0,11	–0,23	–1,5	–3	–6	–30	–	30	6	3	1,5	1	0,75	0,6	0,5	0,25	0,09	0,06

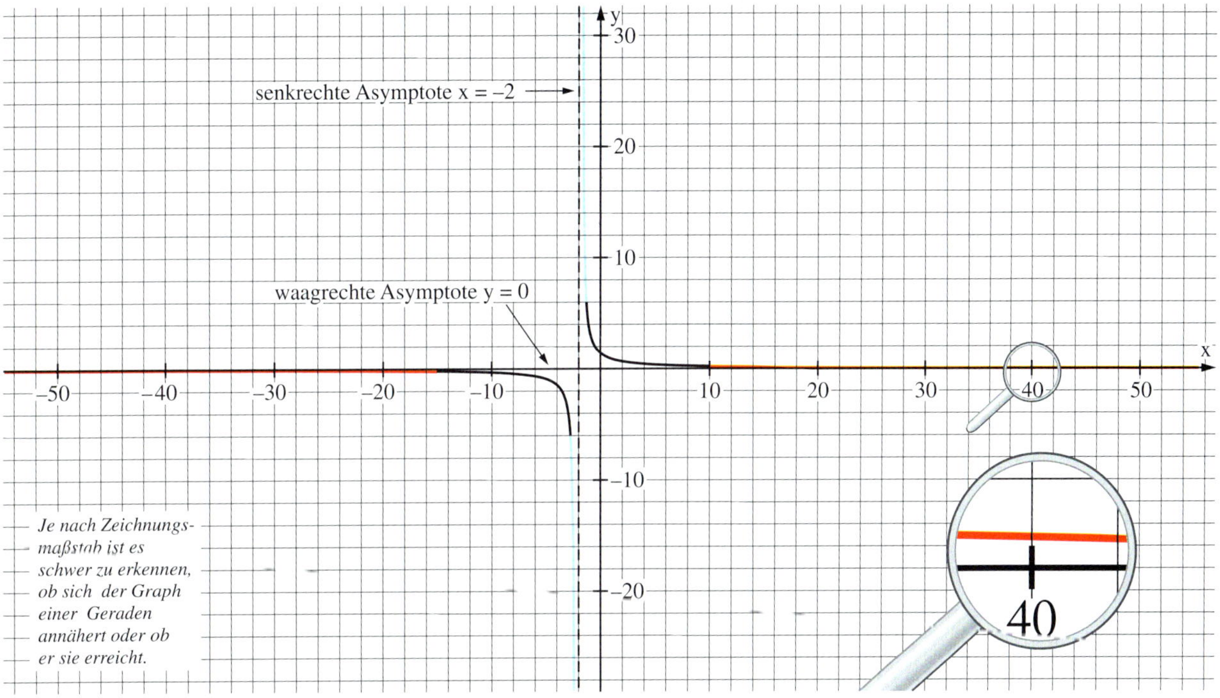

Je nach Zeichnungsmaßstab ist es schwer zu erkennen, ob sich der Graph einer Geraden annähert oder ob er sie erreicht.

Weil sich die Funktionswerte nach außen hin der Zahl 0 nähern, nähert sich der Graph also der Geraden $y = 0$ (x-Achse). Man nennt sie **waagrechte Asymptote**.
Die senkrechte Gerade mit der Gleichung $x = -2$ durch die Definitionslücke nennt man eine **senkrechte Asymptote**.

> Eine Gerade, der sich der Graph einer Funktion beliebig genau annähert, nennt man eine **Asymptote** des Funktionsgraphen.

Beispiel 1

Welche Zahlen sind nicht in der maximalen Definitionsmenge enthalten?

a) f: $x \mapsto \frac{4}{2x-3}$

b) g: $x \mapsto \frac{4}{x^2+1}$

Skizziere den Funktionsgraphen von g.

Lösung:

a) Für $x = 1{,}5$ wird der Nenner des Funktionsterms null. Die Zahl 1,5 kann also nicht in der Definitionsmenge enthalten sein.

b) Da x^2 größer oder gleich 0 ist, ganz egal welche Zahlen man für die Variable einsetzt, ist $x^2 + 1$ für keine Einsetzung gleich null.

x	−4	−2	−1	0	1	2	4
g(x)	$\frac{4}{17}$	$\frac{4}{5}$	2	4	2	$\frac{4}{5}$	$\frac{4}{17}$

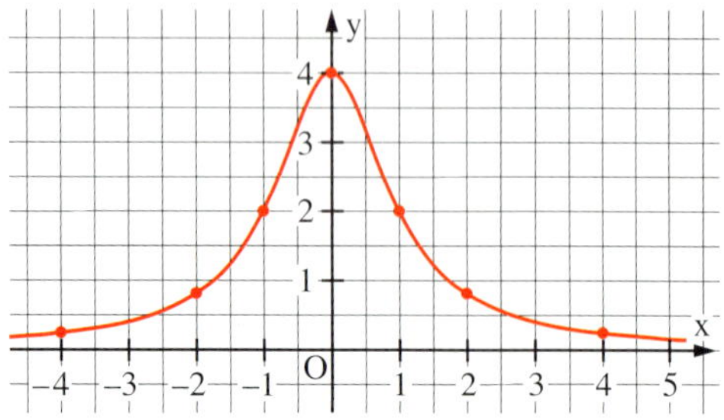

Da keine Zahl aus der Definitionsmenge ausgeschlossen werden muss, existiert auch keine senkrechte Asymptote.

Wenn man Zähler und Nenner durch x dividiert, erhält man den (für $x \neq 0$) äquivalenten Funktionsterm $f(x) = \frac{2}{3+\frac{4}{x}}$. An diesem sieht man leichter, dass sich die y-Werte für betragsmäßig große x der Zahl $\frac{2}{3}$ nähern.

Beispiel 2

Gegeben ist die Funktion f: $x \mapsto \frac{2x}{3x+4}$.

a) Welche Zahl kann nicht in der Definitionsmenge enthalten sein? Gib D_f an. Erstelle eine Wertetabelle und zeichne den Funktionsgraphen.

b) Gib die Gleichungen der beiden Asymptoten an und begründe sie.

c) Wie viel Prozent vom y-Wert der waagrechten Asymptote beträgt f(1000)?

Lösung:

a) Der Nenner $3x + 4$ kann gleich 0, wenn $x = -\frac{4}{3}$. Die Zahl $-\frac{4}{3}$ kann daher nicht in der Definitionsmenge enthalten sein.
$D_f = \mathbb{Q} \setminus \{-\frac{4}{3}\}$

x	−100	−5	−4	−3	−2	−1,5	−1	0	1	2	5	100
y	0,68	0,9	1	1,2	2	6	−2	0	0,3	0,4	0,5	0,66

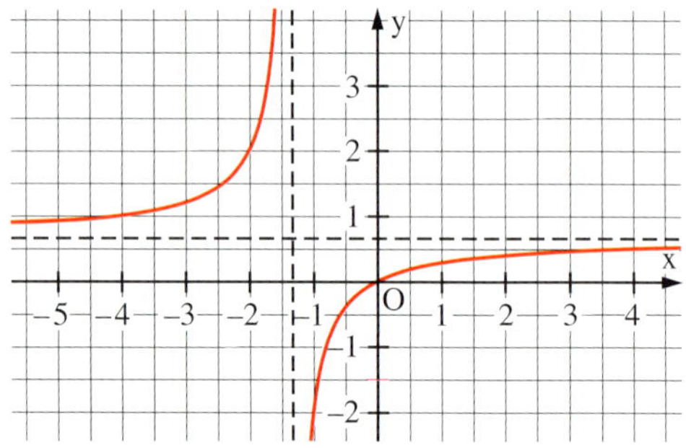

b) Senkrechte Asymptote: $x = -\frac{4}{3}$
Für betragsmäßig große x-Werte nähert sich der y-Wert der Zahl $\frac{2}{3}$. Der Summand 4 im Nenner hat dann einen geringen Einfluss auf den y-Wert. Die waagrechte Asymptote wird daher durch $y = \frac{2}{3}$ beschrieben.

c) $f(1000) = 0{,}6657 \ldots = 99{,}87\,\%$ von $\frac{2}{3}$

Aufgaben

Lösungssalat zu 2:

2

Welche Zahl(en) kann/können nicht in der Definitionsmenge enthalten sein?
Gib jeweils eine Definitionsmenge an.

a) f: $x \mapsto \frac{4}{2+3x}$

b) f: $x \mapsto \frac{3}{2x}$

c) f: $x \mapsto \frac{4}{x^2}$

d) f: $x \mapsto \frac{2x}{x^2-9}$

e) f: $z \mapsto 4z - 3$

f) f: $x \mapsto \frac{x-2}{(3-x)\cdot(x+3)}$

g) f: $x \mapsto \frac{3x+1}{2x+5}$

h) f: $t \mapsto \frac{3-t}{t-1+2t}$

i) f: $x \mapsto \frac{1}{x^2-x}$

k) f: $s \mapsto \frac{2s-1}{4}$

3

Bei den folgenden Funktionen kannst du die Zahlen, die nicht in der Definitionsmenge enthalten sein können, nicht direkt berechnen. Warum? Versuche, diese Zahlen durch systematisches Probieren herauszufinden.

a) f: $x \mapsto \frac{3}{x^2-2{,}5x+1}$

b) g: $x \mapsto \frac{3x}{x^3+8}$

c) h: $x \mapsto \frac{7-2x-x^2}{3x^4-48}$

4

Zeichne mit einem Funktionsplotter die Graphen der Funktionen. Gib die Gleichungen waagrechter und senkrechter Asymptoten an, falls solche existieren.
Beschreibe, wie man diese auch ohne den Graphen an Hand des Funktionsterms hätte finden können.

a) $f\colon x \mapsto \frac{1}{3x}$ b) $f\colon x \mapsto \frac{2}{3x-1}$
c) $f\colon x \mapsto \frac{2x}{3x-1}$ d) $f\colon s \mapsto \frac{1}{1{,}5+s}$
e) $f\colon t \mapsto \frac{t}{1{,}5+t}$ f) $f\colon x \mapsto \frac{1}{(x-2)\cdot(x+2)}$

5

Überlege dir an Hand des Funktionsterms, ob der Funktionsgraph Asymptoten besitzt und gib ggf. deren Gleichungen an.
Skizziere die Funktionsgraphen (ohne Verwendung einer Wertetabelle oder eines Funktionsplotters).

a) $f\colon x \mapsto \frac{1}{1+4x}$ b) $g\colon x \mapsto \frac{3}{2(x-1)}$
c) $h\colon x \mapsto \frac{x}{2x-1}$ d) $k\colon x \mapsto \frac{2{,}5}{x}$
e) $p\colon x \mapsto \frac{1}{2-0{,}5x}$ f) $q\colon x \mapsto \frac{-2}{x\cdot(x+3)}$

6

Zeichne die beiden Graphen der Funktionen $f\colon x \mapsto \frac{4}{x}$ und $g\colon x \mapsto \frac{4}{x^2}$ in ein gemeinsames Koordinatensystem.
Beschreibe die Gemeinsamkeiten und die Unterschiede der beiden Graphen in Worten.

7

a) Zeichne den Graphen der Funktion $f\colon x \mapsto \frac{1}{x-3}$.
Beschreibe, wie sich der Graph verändern würde, wenn statt der Zahl 3 eine größere (eine kleinere) Zahl im Funktionsterm stehen würde.
b) Was würde sich am Graph von f ändern, wenn im Zähler statt der 1 die Variable x stehen würde?
c) Zeichne mit einem Funktionsplotter die Graphen der Funktionen $f_1\colon x \mapsto \frac{x}{x-3}$; $f_2\colon x \mapsto \frac{x}{2x-3}$ und $f_3\colon x \mapsto \frac{x}{3x-3}$ in ein gemeinsames Koordinatensystem und beschreibe die Unterschiede zwischen den Graphen.

8

Zeichne die Graphen der beiden Funktionen $f\colon x \mapsto \frac{3}{x}$ und $g\colon x \mapsto \frac{20}{3} - \frac{4}{3}x$ in ein gemeinsames Koordinatensystem.
Lies die Schnittpunkte der beiden Graphen möglichst genau ab. Bestimme näherungsweise den Flächeninhalt der von den beiden Graphen zwischen den Schnittpunkten eingeschlossenen Fläche.

9

Welche Zahlen müssen aus der Definitionsmenge der Funktion ausgeschlossen werden? Gib eine Definitionsmenge an und skizziere den Funktionsgraphen.

a) $f\colon x \mapsto \frac{4}{(x+2)^2}$ b) $g\colon x \mapsto \frac{1}{x\cdot(3-x)}$

10

Gib jeweils eine gebrochen rationale Funktion an, die die Gerade mit der angegebenen Gleichung als Asymptote besitzt.

a) $x = 1$ b) $y = -2$
c) $x = 0$; der Graph soll zusätzlich durch den Punkt $(2|4)$ gehen.

11

Gib eine gebrochen rationale Funktion an, deren Graph nicht im gelben Bereich verläuft.

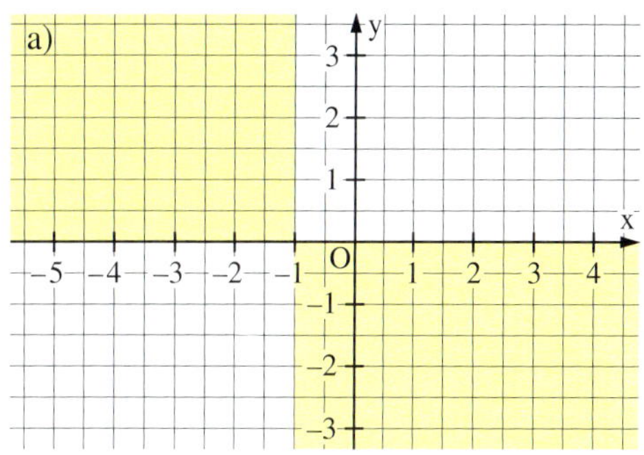

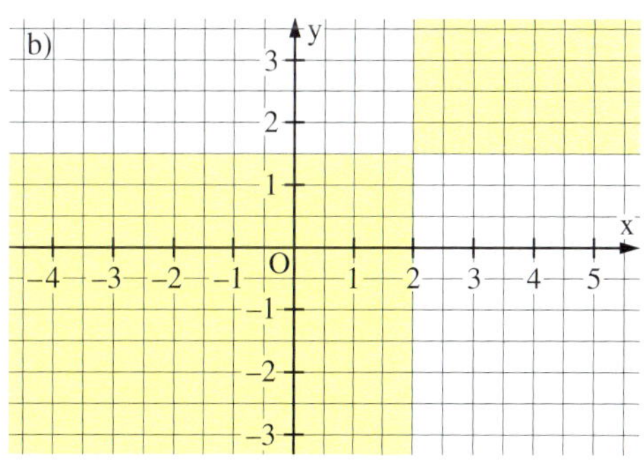

12

Die gezeichneten Funktionsgraphen sollen den Funktionstermen unten zugeordnet werden. In der Reihenfolge a) bis h) ergeben die richtig zugeordneten Buchstaben ein Lösungswort. Du musst dazu aber noch eine Verschlüsselung „knacken“.

a)
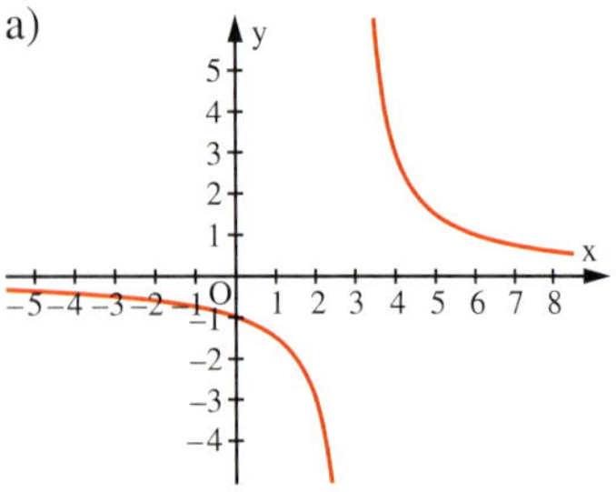

b)
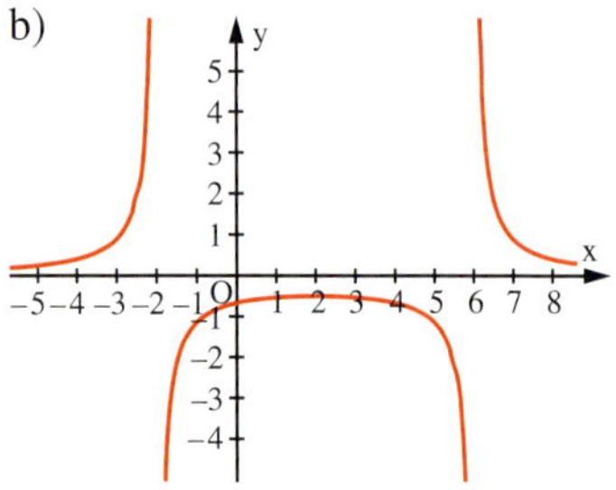

c)
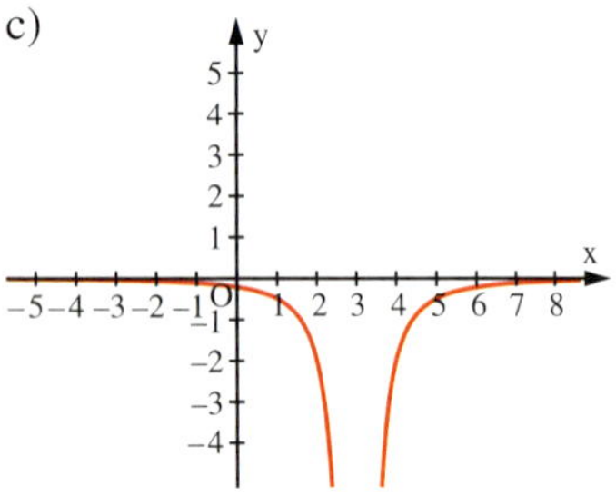

d)
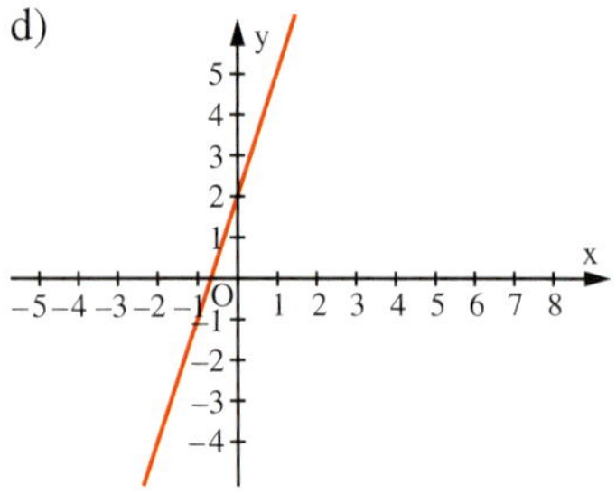

e)
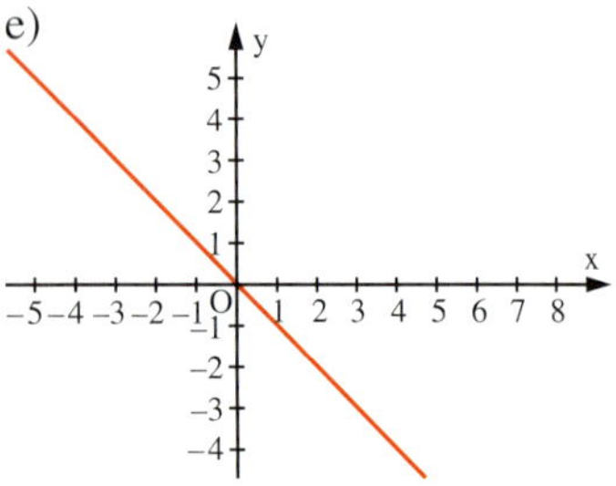

f)
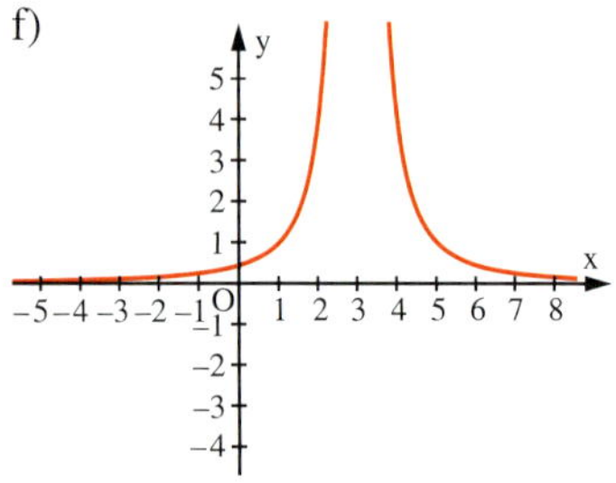

g)
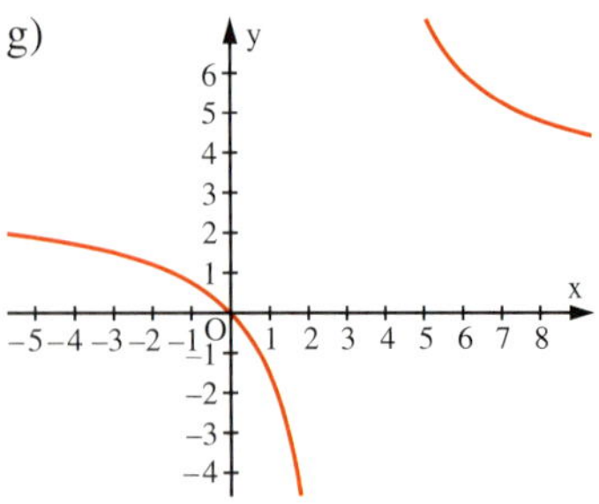

h)
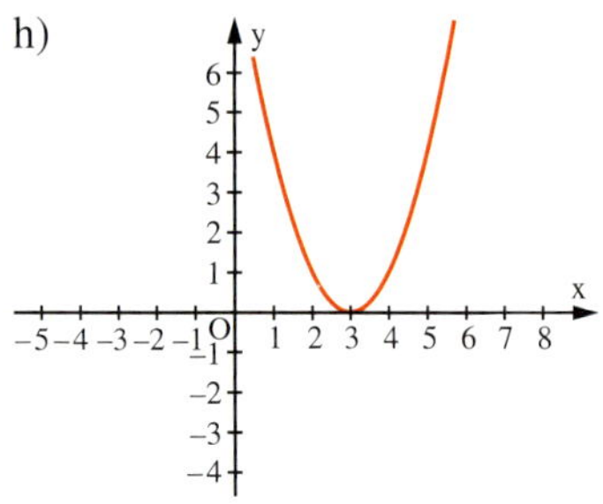

$f: x \mapsto \frac{3x}{x-3}$ |M

$f: x \mapsto \frac{4}{(x-3)^2}$ |C

$f: x \mapsto \frac{3}{x-3}$ |W

$f: x \mapsto -\frac{2}{(x-3)^2}$ |S

$f: x \mapsto 3x + 2$ |J

$f: x \mapsto \frac{1}{(x-6)(x+2)}$ |B

$f: x \mapsto \frac{x(3-x)}{x-3}$ |B

$f: x \mapsto (x - 3)^2$ |F

13

Gib gebrochen rationale Funktionen an, deren Graphen durch den Punkt $P(3|2)$ gehen.

14

Zeichne den Graphen der Funktion $f: x \mapsto \frac{x}{2x+1}$. Beschreibe, wie sich der Graph verändern würde, wenn statt der Zahl 2 eine größere (eine kleinere) Zahl im Funktionsterm stünde.

15 💻

Die folgenden Funktionen besitzen jeweils eine Definitionslücke. Die Graphen der Funktionen zeigen jedoch in der Nähe dieser Definitionslücken vier prinzipiell unterschiedliche Verhaltensweisen. Zeichne die Funktionsgraphen mit einem Funktionsplotter und beschreibe die vier unterschiedlichen Verhaltensweisen.

$f_1: x \mapsto \frac{2}{3-x}$ $\qquad$ $f_2: x \mapsto \frac{3}{2x+1}$

$f_3: x \mapsto \frac{4}{x^2}$ $\qquad$ $f_4: x \mapsto \frac{x}{x+1}$

$f_5: x \mapsto \frac{-2}{(1-x)^2}$ $\qquad$ $f_6: x \mapsto \frac{1}{x-1{,}5}$

$f_7: x \mapsto -\frac{2x}{x-1}$ $\qquad$ $f_8: x \mapsto -\frac{1}{x^2}$

Könntest du an Hand der Terme allein bereits feststellen, welcher Fall eintritt?

G 16

Die Halbgeraden w_1 und w_2 sind die Winkelhalbierenden von α und β. Der Winkel γ ist so gewählt, dass er von der Geraden g halbiert wird.

a) Übertrage die Figur für $\alpha = 40°$ ins Heft. (Die Punkte A und B sind von S beliebig weit entfernt.)

b) Bei welchem Winkel α liegen die Punkte A, S und B auf einer Geraden?

c) Wie muss α gewählt werden, damit B und S mit w_1 eine Gerade bilden? Begründe!

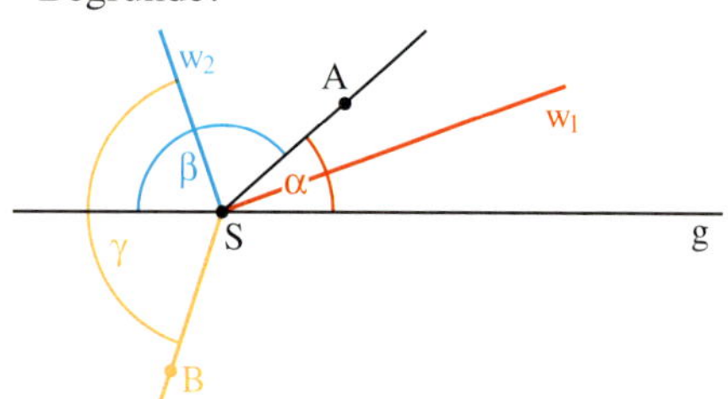

2 Rechnen mit Bruchtermen

1

Erstelle zu der Funktion f: $x \mapsto \frac{x \cdot (2 - x)}{(x - 2) \cdot 3x}$ eine Wertetabelle.
Berechne die Funktionswerte geschickt.
Beschreibe, was dir auffällt und versuche deine Beobachtung zu erklären.

2

Zeichne für die Funktionen
f: $x \mapsto \frac{x + 1}{x}$, g: $x \mapsto \frac{x}{x + 1}$ und h: $x \mapsto 1 + \frac{1}{x}$
die Funktionsgraphen.
Welche Besonderheit liegt vor? Versuche, deine Beobachtung zu begründen.

Beim Kürzen von Brüchen werden Zähler und Nenner faktorisiert und durch den gleichen Faktor dividiert: $\frac{12}{40} = \frac{3 \cdot 4}{10 \cdot 4} = \frac{3}{10}$

Um einen **Bruchterm kürzen** zu können, müssen Zähler und Nenner ebenso gegebenenfalls zunächst faktorisiert werden, um dann durch einen gemeinsamen Faktor dividieren zu können. So kann man z. B. den Term $\frac{7x}{x^2 - x}$ nicht unmittelbar kürzen, weil im Nenner eine Differenz steht.

Allerdings erhält man durch Faktorisieren und anschließend durch Kürzen mit x:

$$\frac{7x}{x^2 - x} = \frac{7x}{x \cdot (x - 1)} = \frac{7}{x - 1}$$

Zu beachten ist, dass der Ausgangsterm für die Zahlen 0 und 1 nicht definiert ist, der gekürzte Term aber nur für die Zahl 1.

Die Äquivalenz beider Terme ist daher nur für $x \in \mathbb{Q} \setminus \{0\,;\,1\}$ gegeben.

$\frac{:x}{:x}$ „Kürzen"

$\frac{7x}{x \cdot (x-1)} = \frac{7}{x-1}$

$\frac{\cdot x}{\cdot x}$ „Erweitern"

Umgekehrt kann man einen Bruchterm durch Multiplikation von Zähler und Nenner mit einem Term **erweitern**.

Da sich aus Bruchtermen durch Einsetzen von Zahlen für die Variablen Brüche ergeben, geht man beim Rechnen mit Bruchtermen wie beim Rechnen mit Brüchen vor.

Erinnerung:
$\frac{3}{5} - \frac{2}{5} = \frac{1}{5}$

Bruchterme mit gleichen Nennern werden **addiert (subtrahiert)**, indem man die Zähler addiert (subtrahiert) und den Nenner beibehält.

$$\frac{-3}{2(x-3)} + \frac{3x+5}{2(x-3)} = \frac{-3+3x+5}{2(x-3)} = \frac{2+3x}{2(x-3)}$$

$\frac{1}{6} + \frac{1}{4} = \frac{2}{12} + \frac{3}{12} = \frac{5}{12}$

Bruchterme mit verschiedenen Nennern müssen vor dem Addieren (Subtrahieren) auf den gleichen Nenner gebracht werden.

$$\frac{2}{x} - \frac{3}{x-1} = \frac{2(x-1)}{x(x-1)} - \frac{3x}{(x-1)x} = \frac{2x-2-3x}{x(x-1)}$$

Erweitern mit (x – 1) bzw. x

$\frac{2}{3} \cdot \frac{1}{3} = \frac{2 \cdot 1}{3 \cdot 3} = \frac{2}{9}$

Bruchterme werden miteinander **multipliziert**, indem man Zähler mit Zähler und Nenner mit Nenner multipliziert.

$$\frac{3x}{2(2-x)} \cdot \frac{2-x}{x+1} = \frac{3x(2-x)}{2(2-x)(x+1)} = \frac{3x}{2(x+1)}$$

Kürzen von (2 – x)

$\frac{2}{3} : \frac{1}{3} = \frac{2}{3} \cdot \frac{3}{1} = \frac{2}{1} = 2$

Durch einen Bruchterm wird **dividiert**, indem man mit seinem Kehrbruchterm multipliziert.

$$2x : \frac{4x^2}{3} = \frac{2x}{1} \cdot \frac{3}{4x^2} = \frac{2x \cdot 3}{4x^2} = \frac{2x \cdot 3}{2x \cdot 2x} = \frac{3}{2x}$$

Kürzen von 2x

Beim Rechnen mit Bruchtermen geht man wie beim Rechnen mit Brüchen vor.

$\frac{4}{3x-2} - \frac{3x+5}{3x-2}$
$\neq$
$\frac{4-3x+5}{3x-2}$

$-\frac{1}{3} = (-1):3 = \frac{-1}{3}$
dagegen
$(-1):(-3) = \frac{-1}{-3} = +\frac{1}{3}$

Beachte

1. Beim Erweitern von Bruchtermen muss stets der gesamte Zähler und Nenner mit dem Erweiterungsterm multipliziert werden. Um keinen Fehler bei der weiteren Berechnung zu machen, müssen daher Klammern gesetzt werden:
   Erweitern von $\frac{3-x}{2x}$ mit $x-2$: $\frac{(3-x)(x-2)}{2x(x-2)} = \frac{3x - x^2 - 6 + 2x}{2x^2 - 4x} = \frac{-x^2 + 5x - 6}{2x^2 - 4x}$
2. Auch beim Addieren oder Multiplizieren von Bruchtermen wirkt der Bruchstrich wie eine Klammer:
   $\frac{4}{3x-2} - \frac{3x+5}{3x-2} = \frac{4-(3x+5)}{3x-2} = \frac{4-3x-5}{3x-2} = \frac{-1-3x}{3x-2}$
3. Ein Minuszeichen vor einem Bruchterm kann in den Zähler (oder den Nenner) hineingezogen werden, nicht jedoch in Zähler und Nenner:
   $-\frac{x-2}{3x} = \frac{-(x-2)}{3x} = \frac{-x+2}{3x}$ oder $-\frac{x-2}{3x} = \frac{x-2}{-3x}$
4. Kürzen oder Erweitern mit (– 1) ändert die Vorzeichen im Zähler und im Nenner:
   $\frac{-x}{x-1} = \frac{(-1)\cdot x}{(-1)\cdot(-x+1)} = \frac{x}{-x+1}$ oder $\frac{-x}{x-1} = \frac{-x\cdot(-1)}{(x-1)\cdot(-1)} = \frac{x}{-x+1}$

Beispiel 1

Kürze:

a) $\frac{3x}{2x - x^2}$

b) $\frac{2-2x}{(x+2)\cdot(x-1)}$

c) $\frac{2-x}{2x^2-4}$

Lösung:

a) $\frac{3x}{2x-x^2} = \frac{3x}{x(2-x)} = \frac{3}{2-x}$

b) $\frac{2-2x}{(x+2)\cdot(x-1)} = \frac{-2(x-1)}{(x+2)(x-1)} = \frac{-2}{x+2}$

c) Kürzen ist hier nicht möglich.

Beispiel 2

Wie muss $\frac{2x-3}{x+2}$ erweitert werden, um den Bruch auf den Nenner $3x^2 + 6x$ zu bringen?

Lösung:

$3x^2 + 6x = 3x(x+2)$;

Erweiterungsfaktor ist daher 3 x.

$\frac{2x-3}{x+2} = \frac{(2x-3)\cdot 3x}{(x+2)\cdot 3x} = \frac{6x^2-9x}{3x^2+6x}$

Beispiel 3

Vereinfache möglichst weit.

a) $\frac{1}{x+1} + \frac{x}{x+1}$ b) $\frac{2x-6}{x+1} \cdot \frac{-x}{x-3}$

Lösung:

a) $\frac{1}{x+1} + \frac{x}{x+1} = \frac{1+x}{x+1} = 1$

b) $\frac{2x-6}{x+1} \cdot \frac{-x}{x-3} = \frac{2(x-3)\cdot(-x)}{(x+1)\cdot(x-3)} = \frac{-2x}{x+1}$
$= -\frac{2x}{x+1}$

Ausmultiplizieren vor dem Kürzen führt zu
$\frac{(2x-6)(-x)}{(x+1)(x-3)} = \frac{-2x^2+6x}{x^2-2x-3}$
und ist hier ungeschickt.

Beispiel 4

Schreibe als einen Bruch:

a) $1 - \frac{2}{x}$

b) $\frac{y}{y+1} : y$

c) $2x - x : (x-1)$

Lösung:

a) $1 - \frac{2}{x} = \frac{x}{x} - \frac{2}{x} = \frac{x-2}{x}$

b) $\frac{y}{y+1} : y = \frac{y}{y+1} \cdot \frac{1}{y} = \frac{y}{(y+1)\cdot y} = \frac{1}{y+1}$

c) $2x - x : (x-1) = 2x - \frac{x}{x-1}$
$= \frac{2x(x-1)}{x-1} - \frac{x}{x-1} = \frac{2x^2 - 2x - x}{x-1} = \frac{2x^2-3x}{x-1}$

Beispiel 5

Vereinfache und beschreibe deine Umformungen.

$\frac{3x}{2x-4} - \frac{x-2}{6-3x}$

Lösung:

$\frac{3x}{2x-4} - \frac{x-2}{6-3x}$

$= \frac{3x}{2(x-2)} - \frac{x-2}{3(2-x)}$ Faktorisieren der Nenner

$= \frac{3x}{2(x-2)} - \frac{x-2}{-3(x-2)}$

$= \frac{(-3)\cdot 3x}{(-3)\cdot 2(x-2)} - \frac{2\cdot(x-2)}{2\cdot[-3\cdot(x-2)]}$ auf Hauptnenner bringen

$= \frac{-9x-(2x-4)}{-6(x-2)} = \frac{-9x-2x+4}{-6(x-2)}$ Zusammenfassen

$= \frac{4-11x}{-6x+12}$

Aufgaben

3
Kürze so weit wie möglich.
Gib auch an, für welche Einsetzungen ursprünglicher und gekürzter Term äquivalent sind.

a) $\frac{-18x}{-45x}$ b) $\frac{-72x^2}{8x}$

c) $\frac{(-4x)\cdot 6}{12\cdot 3x}$ d) $\frac{2x^2}{(-2x)^2}$

e) $\frac{1+x}{x+1}$ f) $\frac{2+2a}{a+1}$

g) $\frac{3-6x}{4-8x}$ h) $\frac{6x+x^2}{x+6}$

i) $\frac{7-21x}{15x-5}$ k) $\frac{3u^2-u}{1-3u}$

4
Kürze so weit wie möglich.

a) $\frac{98s}{14u}$ b) $\frac{xt^2}{(xt)^2}$

c) $\frac{(ux)^2}{-(-x)^2u}$ d) $\frac{5(x+y)}{7(x+y)}$

e) $\frac{a-4at}{4tx-x}$ f) $\frac{at+1}{1-at}$

g) $\frac{a^2b-a^3}{a^2-ab}$ h) $\frac{3ax^2-3a^2x}{a^3x^2-a^2x^3}$

i) $\frac{a^2+ac-ab}{ba-b^2+bc}$ k) $\frac{2x^2-x^2y+3x^2z}{x^2y-3x^3+2x^2z}$

5
Entscheide, ob der Bruchterm gekürzt werden kann und kürze gegebenenfalls.

a) $\frac{x-3x^2}{4x^2}$ b) $\frac{x-3}{x+2x^2}$

c) $\frac{a+2}{a+1}$ d) $\frac{4x^3-2x^2}{6x-3}$

e) $\frac{ab+1}{b+1}$ f) $\frac{3x^3-x}{x^2-3x}$

6
Erweitere den Bruchterm so, dass $6x(x+3)$ als Nenner entsteht.

a) $\frac{x-1}{2x}$ b) 1

c) $\frac{2-x}{6+2x}$ d) $\frac{1-x}{2x-2}$

7
Gegeben ist der Bruchterm $\frac{5}{x+3}$.

a) Berechne den Termwert, den man erhält, wenn man für x jeweils die Zahlen
$1;\ 0{,}5;\ -7;\ \frac{2}{3};\ -\frac{1}{2}$ einsetzt.

b) Bei welchen Einsetzungen für x erhält man jeweils die folgende Zahl?
$\frac{5}{3};\ 0{,}5;\ -0{,}5;\ \frac{5}{8};\ -5$

8
Bestimme den fehlenden Zähler.

a) $\frac{2}{4a-3} = \frac{\quad}{8a-6}$

b) $\frac{7x-y}{4x-3y} = \frac{\quad}{6xy-8x^2}$

c) $\frac{2x-4}{6x} = \frac{\quad}{3x^2-9x}$

d) $\frac{-3x}{1-2x} = \frac{\quad}{2x-4x^2}$

9
Schreibe $2x$ als Bruch
a) mit dem Nenner 5,
b) mit dem Nenner $3x$,
c) mit dem Nenner $2x+1$.

10
Erweitere auf den Hauptnenner und gib die Erweiterungsfaktoren an.

a) $\frac{x}{x-2};\ \frac{1}{x+2}$ b) $\frac{2x-1}{3x};\ \frac{4}{x^2-2x}$

c) $\frac{a-1}{2a-4};\ \frac{a}{3a-6}$ d) $\frac{1}{2x^2-x};\ \frac{x-1}{3x-x^3}$

e) $\frac{2}{3x};\ \frac{x}{9x+3}$ f) $3;\ \frac{2}{4x^2-1}$

11
Suche jeweils zwei Bruchterme und die Menge von Zahlen, für die diese beiden äquivalent zueinander sind.

$\frac{4x^2+x}{2x}$ $\frac{2x}{2x+1}$ $\mathbb{Q}\setminus\{\frac{1}{2}\}$

$\frac{2x+1}{2+4x}$ $-\frac{x+1}{1-2x}$ $\mathbb{Q}\setminus\{0\}$

$\frac{x+1}{2x-1}$ $\frac{4}{2x+1}$ $\mathbb{Q}\setminus\{-\frac{1}{2}\}$

$\frac{4x}{x+2x^2}$ $\frac{4x+1}{2}$ $\mathbb{Q}\setminus\{0;-\frac{1}{2}\}$

$\frac{4x}{4x+2}$ $\frac{1}{2}$ $\mathbb{Q}\setminus\{-\frac{1}{2}\}$

Lösungssalat zu 17:

12

Erweitere so, dass nur ganze Zahlen vorkommen.

a) $\dfrac{0{,}2\,x - \frac{1}{4}}{\frac{1}{2}x + 1}$ b) $\dfrac{0{,}6\,x^2 - 1}{\frac{3}{8} - 0{,}2\,x}$

c) $\dfrac{2\,a - 0{,}4}{0{,}125\,a - 1}$ d) $\dfrac{\frac{3}{4}x^2}{\frac{x}{7} - 3}$

13

a) Gib zwei Bruchterme mit der Variablen x an, die für alle Einsetzungen für $x \in \mathbb{Q}\setminus\{0\,;\,1\}$ äquivalent sind, für x = 0 und x = 1 jedoch nicht.

b) Gib einen Bruchterm an, der für alle $x \in \mathbb{Q}\setminus\left\{\frac{1}{2}\,;\,2\right\}$ äquivalent zu $\frac{3\,x}{2\,x - 1}$ ist, für $x = \frac{1}{2}$ und x = 2 jedoch nicht.

14

Berechne und vereinfache möglichst weit.

a) $\frac{6}{2\,x + 1} - \frac{-x}{2\,x + 1}$ b) $\frac{7}{3\,x - 6} - \frac{-2}{3\,x - 6}$

c) $\frac{-4 + x}{4\,x - 3} + \frac{3\,x - 1}{4\,x - 3}$ d) $\frac{5\,a}{9\,a} + \frac{7 - a}{2\,a}$

e) $\frac{1}{x} + \frac{1}{x^2} + \frac{1}{x^3}$ f) $\frac{x + 3}{7\,x} - \frac{1}{x} + \frac{3\,x - 1}{7}$

g) $\frac{2}{x} - \frac{3}{x - 1}$ h) $\frac{1}{2\,x - 1} - 2$

i) $\frac{1}{x - 2} - \frac{1}{2 - x}$ k) $\frac{4\,a + 1}{2\,a - 10} - \frac{a}{3\,a - 15}$

l) $\frac{4{,}2}{t - 1} + \frac{0{,}4}{2 - 2\,t}$ m) $\frac{5}{4\,x^2} + \frac{2\,x - 2}{x}$

15

Setze einen passenden Term ein.

a) $\frac{2\,a + 1}{a} = 2 + \blacksquare$ b) $\frac{x + 1}{x} = \blacksquare + \frac{1}{x}$

c) $\frac{1}{2} + \blacksquare = \frac{x^2 - 5}{2\,x^2}$ d) $\frac{t + 1}{t - 1} = \frac{1}{t} - \blacksquare$

e) $\blacksquare - \frac{2}{a - 1} = \frac{1 + a}{3 - 3\,a}$ f) $\frac{1}{x} = \frac{1}{2} + \blacksquare$

g) $\frac{x - 2}{\blacksquare} \cdot \frac{4\,x}{x + 1} = \frac{x - 2}{2\,x + 2}$ h) $\frac{\blacksquare + 2}{2\,t + 1} + \frac{1}{1 + 2\,t} = 3$

i) $\frac{4\,a}{3\,a - 1} : \frac{a^2}{\blacksquare} = \frac{8}{a}$ k) $\frac{x - 2}{3\,x} \cdot \frac{3}{4 - 2\,x} + \frac{1}{\blacksquare} = 0$

16

Berechne und vereinfache möglichst weit.

a) $\frac{x + 1}{x} \cdot 3\,x^2$ b) $\frac{2\,x}{x - 1} : \frac{3\,x}{1 - x}$

c) $\frac{z}{4} \cdot \frac{3}{z}$ d) $\frac{z}{4} \cdot \frac{3}{z + 1}$

e) $5\,x : \frac{8\,x^2}{x + 1}$ f) $\frac{2\,x}{x^2 - x} \cdot \frac{3\,x - 3}{4\,x^3}$

g) $\frac{2\,x + 1}{x + 1} \cdot (2\,x + 2)^2$ h) $(x - 2) : \frac{4 - 2\,x}{3\,x}$

17

Vereinfache möglichst weit. Setze in die vereinfachten Terme für x die Zahl 2 ein, um die Werte auf dem Lösungssalat zu erhalten.

a) $\frac{4}{9\,x} + \frac{2}{9\,x}$ b) $\frac{2}{x} - \frac{3}{x}$

c) $\frac{4}{x} + \frac{2}{3\,x}$ d) $\frac{5}{x} \cdot \frac{x + 1}{15}$

e) $\frac{3}{x + 1} : \frac{6}{2 + 2\,x}$ f) $\frac{4}{x - 1} + \frac{2}{1 - x} - \frac{2\,x}{x - 1}$

g) $\frac{x + 1}{x + 2} \cdot 2 + \frac{3\,x + 1}{2 + x}$ h) $2 - \frac{2}{x + 2}$

i) $4 : \frac{4\,x - 16}{4 + x}$ k) $\frac{-2}{x - 1} + \frac{x}{3 + x} - 1$

18

Im folgenden Koordinatensystem sind die Graphen von drei Funktionen unterschiedlich farbig gezeichnet.

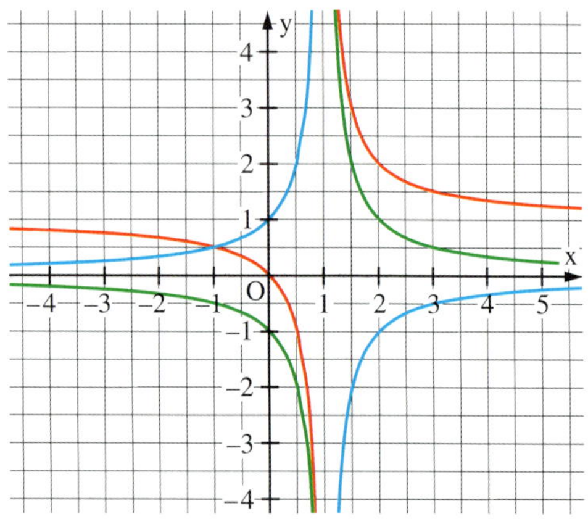

Suche zu den folgenden sechs Funktionstermen jeweils den zugehörigen Funktionsgraphen und erkläre dabei die Zusammenhänge zwischen den Graphen:

$f_1(x) = \frac{1}{1 - x}$; $f_2(x) = \frac{1}{x - 1}$;

$f_3(x) = \frac{1}{x - 1} + 1$; $f_4(x) = 1 - \frac{1}{1 - x}$;

$f_5(x) = \frac{x}{x - 1}$; $f_6(x) = \frac{1}{1 - x} \cdot (-x)$.

19

Berechne und vereinfache möglichst weit.

a) $\frac{u}{v} \cdot uv$ b) $\frac{x + y}{2\,x} : \frac{x + y}{3\,x}$

c) $4\,ax : \frac{6\,a^2}{5\,x}$ d) $\frac{4\,x - 3\,y}{x - 2\,y} : \frac{6\,y - 8\,x}{y - 2\,x}$

e) $\frac{4\,x^2}{7\,y} : \frac{6\,x}{35\,y^2}$ f) $\frac{2\,x - 1}{2\,y} : \frac{4\,y}{x}$

g) $\frac{4\,x}{3\,x^2 - x} \cdot \frac{x^3 - x}{2\,x + 4}$ h) $\frac{x + y}{2\,x} : (2\,x + 2\,y)$

20 💻

a) Zeichne die Graphen der Funktionen $f_1\colon x \mapsto \frac{2}{x-2}$ und $f_2\colon x \mapsto \frac{x}{2-x}$ sowie $f\colon x \mapsto \frac{2}{x-2} + \frac{x}{2-x}$ mit einem Funktionsplotter. Was fällt dir auf? Kannst du die Beobachtung rechnerisch begründen?

b) Skizziere den Graphen der Funktion $f\colon x \mapsto \frac{2x+4}{1-x} - \frac{x+5}{2-2x}$ (ohne Verwendung eines Funktionsplotters).

21

Versuche, den Weg durch den Irrgarten von links oben an den rechten Rand so zu verfolgen, dass die Rechenoperation am Pfeil den Term richtig umformt. Wenn du den richtigen Weg genommen hast, erhältst du rückwärts gelesen ein Lösungswort.

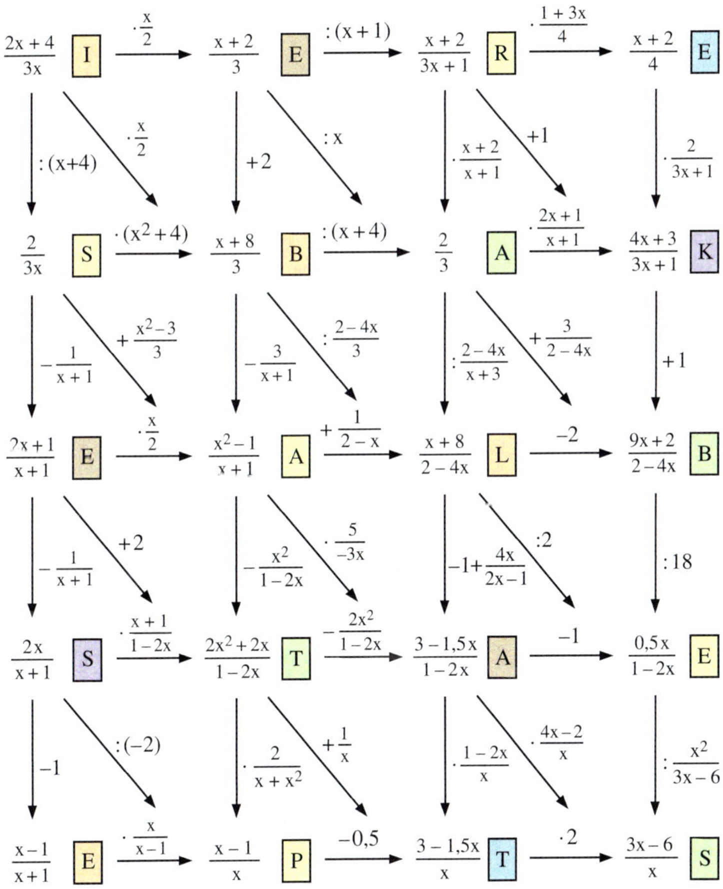

22

Klaus hat gerechnet:

$$\frac{4}{x-3} - \frac{2x}{6-2x} = \frac{4\cdot(6-2x)}{(x-3)(6-2x)} - \frac{2x(x-3)}{(6-2x)(x-3)}$$
$$= \frac{24-8x-(2x^2-6x)}{(x-3)(6-2x)}$$
$$= \frac{-2x^2-2x+24}{(x-3)(6-2x)}$$

Carina ist dagegen so vorgegangen:

$$\frac{4}{x-3} - \frac{2x}{6-2x} = \frac{4}{x-3} - \frac{2x}{-2(x-3)}$$
$$= \frac{4}{x-3} - \frac{-x}{x-3}$$
$$= \frac{4+x}{x-3}$$

Wie kannst du möglichst schnell überprüfen, ob ihre Ergebnisse übereinstimmen?

23

Vereinfache die Terme möglichst weit.

a) $\frac{a}{a-4} - \frac{2a}{12-3a}$

b) $\frac{3x}{x+2} \cdot \frac{2-x}{x^2-2x}$

c) $\frac{4}{x^3} : \frac{2x-6}{3x^3-x^2}$

d) $\frac{5}{3} + \frac{9}{4} \cdot \frac{2}{3} - \frac{1}{3}$

e) $80\,\% \cdot \left(\frac{2}{x-1} + \frac{6}{2-2x}\right)$

f) $\frac{1}{2x} + \frac{2}{x} : \frac{3}{x-1}$

g) $\frac{2x^2-2}{(x+1)^2} + \frac{-2x}{1+x}$

h) $\left(\frac{x-1}{4x}\right)^2$

i) $1 : \frac{1-2x}{1+x} - \frac{3x-3}{2x-1} : 3x$

k) $\frac{-1}{3-2x} + \frac{2}{\frac{2}{3}x-1}$

24

Erstelle eine Wertetabelle der Funktion $f\colon x \mapsto \frac{x-2}{2x+1} - \frac{2}{1-x} : \frac{1}{2x-2}$ und zeichne den Funktionsgraphen. Gib die Asymptoten der Funktion an.

25

a) Zeige durch Einsetzen von Variablenwerten, dass die Terme $\frac{1}{x} + \frac{1}{y}$ und $\frac{1}{x+y}$ nicht äquivalent sind.

b) Forme $\frac{1}{x} + \frac{1}{y}$ zu einem Term mit einem einzigen Bruch um.

Gehe bei Aufgabe 26 so vor:

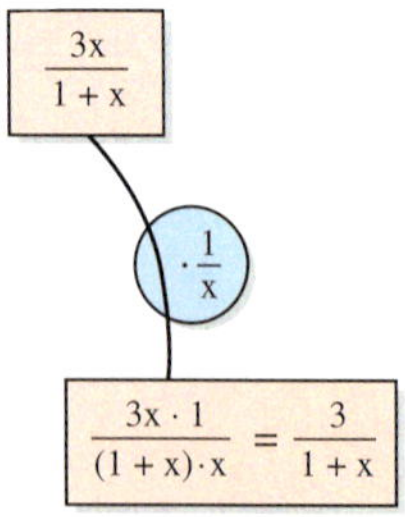

26

Zu welchem Zielterm gelangst du?

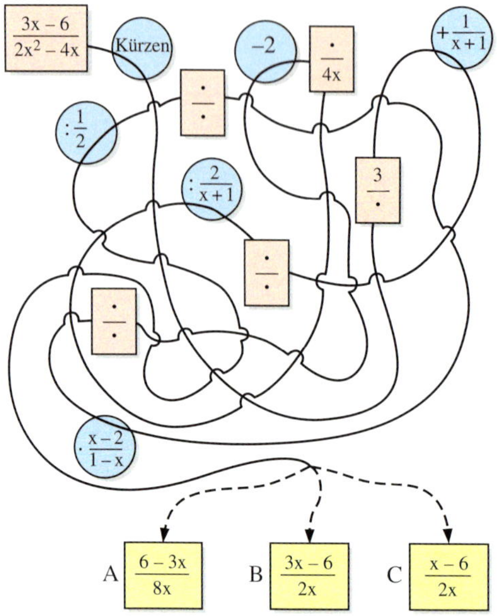

27

Zweimal wurde falsch gekürzt und zweimal falsch erweitert. Überprüfe und beschreibe die Fehler, die gemacht wurden.

$$\frac{-a}{3a-2a^2} = \frac{1}{2a-3} \qquad \frac{-1+z}{2z} = \frac{z^2+2z+1}{2z(z-1)}$$

$$\frac{2x-3x^2}{2x^2+3x} = \frac{2-3x}{3+2x} \qquad \frac{2a}{3a^2+1} = \frac{2}{3a+1}$$

$$\frac{24}{88} = \frac{3}{11} \qquad \frac{-1}{2y-4} = \frac{y-1}{(1-y)(2y-4)}$$

$$\frac{3z}{3z+5} = \frac{6z^2-7}{(3z+5)(2z-7)} \qquad \frac{y-1}{2-2y} = \frac{1}{2}$$

28

a) $\frac{x+2}{2x+\square}$

b) $\frac{x+2}{\square x+\square}$

c) $\frac{\square\cdot x+2}{\square\cdot x+\square}$

Schreibe die abgebildeten Bruchterme jeweils in dein Heft ab und ergänze in den leeren Kästchen jeweils eine Ziffer von 1 bis 6, die du mit einem Würfel ermittelst. Stelle danach jeweils fest, ob der von dir ermittelte Bruchterm durch Kürzen vereinfacht werden kann.
Wie groß ist jeweils die Wahrscheinlichkeit, dass man auf die beschriebene Weise einen kürzbaren Bruchterm erhält?
Wie groß ist jeweils die relative Häufigkeit in eurer Klasse?

29

Tina und Tim haben den Bruchterm $\frac{3x-1}{x-2} - 2 + \frac{3}{4-2x}$ umgeformt.

Tina: $\frac{10x-5}{4-2x}$

Tim: $\frac{x+4}{2x-4}$

Tobi erklärt ihnen:
Wenn ich für x beispielsweise die Zahl 1 in den Ausgangsterm und eure beiden unterschiedlichen Ergebnisse einsetze, dann kann ich leicht entscheiden, wer richtig gerechnet hat. Ich erhalte für den Ausgangsterm den Wert –2,5, für den Term von Tina den Wert 2,5 und für den von Tim den Wert –2,5. Daher hat Tina einen Fehler gemacht, während die Umformungen von Tim richtig waren.
Überlege genau, ob Tobi recht hat und begründe deine Antwort.

30

Gegeben ist die Funktion $f\colon x \mapsto \frac{3x^2-1}{2x-3}$.

a) Erstelle eine Wertetabelle zu f und zeichne den Funktionsgraph.
b) Untersuche das Verhalten des Funktionsgraphen für große x-Werte.
Besitzt der Graph eine waagrechte Asymptote?
c) Überprüfe, ob der Funktionsterm von f äquivalent ist zu dem Term
$1{,}5x + 2{,}25 + \frac{5{,}75}{2x-3}$.
d) Zeichne den Graphen von
$g\colon x \mapsto 1{,}5x + 2{,}25$ zum Graphen von f mit ein.
e) Erkläre, warum man den Graphen von g als schräge Asymptote des Graphen von f bezeichnet.
f) Versuche gemeinsam mit deinem Nachbarn herauszufinden, welche gebrochen rationalen Funktionen wie f eine „schräge" Asymptote besitzen und wie man an Hand der Funktionsterme die Steigung der Asymptote bestimmen kann.
Nehmt dazu gegebenenfalls einen Funktionsplotter zu Hilfe.

In der Lederrolle sind folgende Zeichen verwendet:

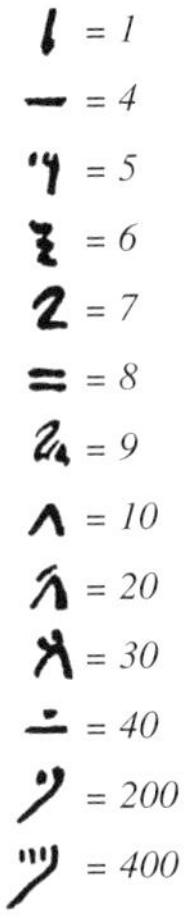

Ein Punkt über einer Zeichengruppe bedeutet den Stammbruch $\frac{1}{\text{Zeichengruppe}}$.

Einige Brüche haben eine besondere Abkürzung:

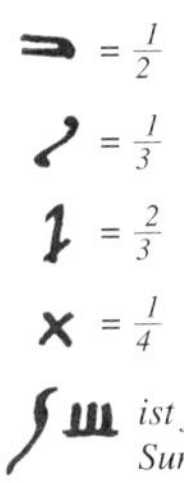

31

Die alten Ägypter verwendeten in Rechnungen neben $\frac{2}{3}$ nur Stammbrüche wie $\frac{1}{5}$ oder $\frac{1}{12}$, also nur Bruchteile eines Ganzen.
Andere Bruchteile wurden stets als Summe möglichst weniger verschiedener Stammbrüche geschrieben, z. B. $\frac{3}{5}$ als $\frac{1}{2} + \frac{1}{10}$.
In der abgebildeten Lederrolle (um 1700 v. Chr.) sind Tabellen für solche Zerlegungen angegeben.

a) Eine allgemeine Vorschrift dafür findet man im Papyrus von Akhmim, der in einem koptischen Grab entdeckt wurde:
$$\frac{n}{pq} = \frac{1}{p \cdot \frac{p+q}{n}} + \frac{1}{q \cdot \frac{p+q}{n}}$$
Bestätige diese Umformung.

b) Zerlege die Brüche $\frac{2}{5}$, $\frac{2}{15}$, $\frac{7}{12}$ und $\frac{9}{11}$ in eine Summe möglichst weniger verschiedener Stammbrüche, indem du die Formel (evt. mehrfach) anwendest.

32

Für natürliche Zahlen $n \in \mathbb{N}$ wird die Summe $\frac{n}{3} + \frac{n^2}{2} + \frac{n^3}{6}$ betrachtet.

a) Fasse die Summe zusammen.

b) Bestimme den Wert der Summe für $n = 1, 2, \dots, 5$. Welche besonderen Brüche erhältst du?

*c) Begründe allgemein, dass deine Beobachtung aus b) für jedes beliebige $n \in \mathbb{N}$ zutrifft, indem du n in der Form $n = 6k + m$ ($m = 0, 1, 2, 3, 4, 5$; $k \in \mathbb{N}_0$) schreibst.

33

a) Überprüfe, ob die drei folgenden Rechnungen stimmen:
$\frac{1}{3} + \frac{1}{6} = \frac{1}{2}$; $\frac{1}{4} + \frac{1}{12} = \frac{1}{3}$; $\frac{1}{8} + \frac{1}{56} = \frac{1}{7}$

b) Suche in den drei Beispielen eine Gesetzmäßigkeit und schreibe zwei weitere Beispiele für diese auf.

c) Schreibe die Gesetzmäßigkeit mit Variablen auf und zeige durch Termumformungen, dass diese allgemein richtig ist.

d) Berechne den Wert der Summe
$$\frac{1}{1 \cdot 2} + \frac{1}{2 \cdot 3} + \frac{1}{3 \cdot 4} + \dots + \frac{1}{19 \cdot 20}$$

34

In einer Tüte befinden sich eine unbekannte Anzahl von Kugeln in den Farben rot, blau und grün.
Dabei sind 40 % der Kugeln rot und 15 Kugeln blau.

a) Gib einen Term an für die Wahrscheinlichkeit, beim zufälligen Ziehen aus der Tüte eine rote (blaue, grüne) Kugel zu ziehen.

b) Es werden nun in der Anfangssituation von jeder Farbe 2 Kugeln entfernt. Gib erneut einen Term an für die Wahrscheinlichkeit, beim zufälligen Ziehen aus der Tüte eine rote (blaue, grüne) Kugel zu ziehen.

c) Untersuche, für welche ursprünglichen Anzahlen die Wahrscheinlichkeit nun größer ist, eine rote Kugel zu ziehen als eine blaue.

G 35

Wie viele Teiler hat die Zahl 1 000?

G 36

Begründe: Im Kreis gehören zu gleichen Sehnen gleiche Mittelpunktswinkel.

G 37

Berechne Flächeninhalt und Umfang des Kreises mit dem Radius r (Durchmesser d) und gib die Ergebnisse in cm^2 bzw. cm an.

a) $r = 2{,}5\,cm$ b) $d = 4\,dm$
c) $d = 16\frac{3}{4}\,mm$ d) $r = 0{,}03\,km$
e) $r = 1{,}23\,m$ f) $d = 2{,}25 \cdot 10^2\,mm$

3 Negative Exponenten

1
Zeolithe sind hoch poröse Tonminerale, die von feinen Kanälen durchzogen sind. Sie werden in der Chemie als Katalysatoren verwendet. Die Poren des Zeolithen ZSM-5 haben einen Durchmesser von $\frac{11}{20\,000\,000\,000}$ m. Gib diesen Durchmesser als Dezimalbruch an.

n	4	3	2	1	0	–1	–2	–3	–4
n · 5	20	15	10	5	0	–5	–10	–15	–20

Übergänge: –5, –5, –5, –5, –5, –5, –5, –5

n	4	3	2	1	0	–1	–2	–3	–4
5^n	625	125	25						

Übergänge: :5, :5

2
Wie kann man die Tabelle sinnvoll ausfüllen? Begründe deine Antwort.
Was bedeutet demnach 5^{-4}?
Was bedeutet x^{-2}?
Wie lässt sich $x^{-2} \cdot (x + 1)$ als Bruch schreiben?

Zahlen mit sehr großem oder sehr kleinem Betrag kann man übersichtlich in einer kurzen Schreibweise angeben. Diese Schreibweise heißt Potenzschreibweise mit Zehnerpotenzen.

Potenzschreibweise:		Dezimalschreibweise:	
⋮	⋮	⋮	
10^8	=	100 000 000	eine Eins mit 8 Nullen
10^7	=	10 000 000	eine Eins mit 7 Nullen
⋮	⋮	⋮	
10^2	=	100	eine Eins mit 2 Nullen
10^1	=	10	eine Eins mit 1 Null
10^0	=	1	eine Eins ohne Nullen
10^{-1}	=	0,1	eine Eins an der 1. Nachkommastelle
10^{-2}	=	0,01	eine Eins an der 2. Nachkommastelle
⋮	⋮	⋮	
10^{-7}	=	0,000 000 1	eine Eins an der 7. Nachkommastelle
10^{-8}	=	0,000 000 01	eine Eins an der 8. Nachkommastelle
⋮	⋮	⋮	

Große Zahlen wie 27 000 000 kann man auch so schreiben: $2{,}7 \cdot 10^7$
Zahlen mit kleinem Betrag, wie z. B. 0,000 003 7, kann man auch so schreiben: $3{,}7 \cdot 10^{-6}$
Ebenso kann man auch allgemein Potenzen für negative ganzzahlige Exponenten definieren.

Definition:

$a^n = \underbrace{a \cdot a \cdot \ldots \cdot a}_{n \text{ Faktoren}}$ für jede rationale Zahl a und jede natürliche Zahl n mit $n \geqq 2$.

$a^1 = a$ für jede rationale Zahl a.

$a^0 = 1$ für jede rationale Zahl a mit $a \neq 0$.

$a^{-n} = \frac{1}{a^n}$ für jede rationale Zahl a mit $a \neq 0$ und jede natürliche Zahl $n \geqq 1$.

So kann man mit Hilfe des Taschenrechners 2^{-5} leicht berechnen:
Tastenfolge:
2 [^] [(–)] 5 [=]
Ergebnis:
$2^{-5} = 0{,}031\,25$

Beachte: Klammern werden zuerst ausgerechnet. Innerhalb von Klammern oder, wenn Klammern fehlen, gilt: Potenzrechnung vor Punktrechnung; Punktrechnung vor Strichrechnung. Deshalb ist: $-5^4 = -(5^4)$, aber $-5^4 \neq (-5)^4$.

Produkte und Quotienten von Potenzen mit gleicher Basis lassen sich leicht zusammenfassen:

$a^5 \cdot a^3 = a \cdot a \cdot a \cdot a \cdot a \;\cdot\; a \cdot a \cdot a = a^8 = a^{5+3}$

$a^3 : a^5 = \frac{a \cdot a \cdot a}{a \cdot a \cdot a \cdot a \cdot a} = \frac{1}{a \cdot a} = \frac{1}{a^2} = a^{-2} = a^{3-5}$

Allgemein gilt:

> Für Potenzen mit **gleicher Basis** a ($a \neq 0$) und **ganzzahligen** Exponenten p, q gilt:
> $\mathbf{a^p \cdot a^q = a^{p+q}}$ **und** $\mathbf{a^p : a^q = a^{p-q}}$

Da $a^p : a^p = a^{p-p} = a^0$ und $\frac{a^p}{a^p} = 1$, zeigt sich nun, dass die Definition $a^0 = 1$ sinnvoll war.

Beispiel 1

Schreibe dezimal.

a) $7 \cdot 10^6$

b) $4{,}19 \cdot 10^{-7}$

Lösung:

a) $7 \cdot 10^6 = 7 \cdot 1\,000\,000 = 7\,000\,000$

b) $4{,}19 \cdot 10^{-7} = 4{,}19 \cdot 0{,}000\,000\,1 = 0{,}000\,000\,419$

Beispiel 2

Berechne a) $(-5)^3$ b) -5^4 c) 5^{-3} d) $\left(\frac{3}{4}\right)^{-2}$

Lösung:

a) $(-5)^3 = (-5) \cdot (-5) \cdot (-5) = -125$

b) $-5^4 = -(5^4) = -(5 \cdot 5 \cdot 5 \cdot 5) = -625$

c) $5^{-3} = \frac{1}{5^3} = \frac{1}{5 \cdot 5 \cdot 5} = \frac{1}{125} = 0{,}008$

d) $\left(\frac{3}{4}\right)^{-2} = \frac{1}{\left(\frac{3}{4}\right)^2} = \frac{1}{\frac{3}{4} \cdot \frac{3}{4}} = \frac{1}{\frac{9}{16}} = \frac{16}{9}$

Beispiel 3

Vereinfache:

a) $a^{-7} \cdot a^4$

b) $x^{-11} \cdot x^{-5}$

c) $a^6 : a^{-4}$

Lösung:

a) $a^{-7} \cdot a^4 = a^{-7+4} = a^{-3}$

b) $x^{-11} \cdot x^{-5} = x^{-11+(-5)} = x^{-16}$

c) $a^6 : a^{-4} = a^{6-(-4)} = a^{10}$

Aufgaben

3

Schreibe dezimal.

a) $5 \cdot 10^4$ b) $7{,}96 \cdot 10^3$ c) $13{,}87 \cdot 10^6$

d) $5{,}32 \cdot 10^9$ e) $6{,}85 \cdot 10^{11}$ f) 10^{-5}

g) $4 \cdot 10^{-3}$ h) $1{,}7 \cdot 10^{-2}$ i) $765 \cdot 10^{-4}$

4

Berechne mit Hilfe des Taschenrechners. Schreibe das Ergebnis als Produkt aus einem Dezimalbruch mit einer Stelle ($\neq 0$) vor dem Komma und einer Zehnerpotenz.

a) $10^{15} \cdot (45 : 10^{-37})$ b) $(3{,}5 \cdot 10^{57}) - 10^{17}$

c) $(14\,567{,}3 + 10^{15}) \cdot (45 : 10^{-37})$

d) $(3{,}5 \cdot 10^{57}) - (23\,456 + 6543 \cdot 10^{17})$

e) $(3{,}5 \cdot 10^{57}) + (23\,456 - 6543 \cdot 10^{26})$

5

Schreibe mit einem Dezimalbruch als Maßzahl.

a) Dauer eines Blitzes: 10^{-4} s

b) Atomdurchmesser: 10^{-10} m

c) Wellenlänge des blauen Lichtes: $4{,}8 \cdot 10^{-7}$ m

d) Erdoberfläche: $5{,}11 \cdot 10^8$ km²

e) Durchmesser von Darmbakterien: $1{,}5 \cdot 10^{-3}$ mm

f) Dicke eines Birkenblattes: $2 \cdot 10^{-2}$ mm

g) Landfläche der Erde: $1{,}49 \cdot 10^8$ km²

h) Wie viel Prozent der Erdoberfläche sind Landfläche?

Vorsilben für kleine Zahlen:

dezi (d)	10^{-1}
zenti (c)	10^{-2}
milli (m)	10^{-3}
mikro (μ)	10^{-6}
nano (n)	10^{-9}
piko (p)	10^{-12}

z. B.:
3 cm = $3 \cdot 10^{-2}$ m

6
Eine Uhr weicht täglich höchstens 10^{-11} Sekunden von der richtigen Zeit ab. Der Hersteller will mit dem Slogan werben: „Weicht in x Jahren um höchstens 1 Sekunde von der tatsächlichen Zeit ab". Welche Zahl kann für x eingesetzt werden?

7
Vergleiche die Graphen der Funktionen $f_1: x \mapsto x^{-1}$, $f_2: x \mapsto x^{-2}$, $f_3: x \mapsto x^{-3}$, $f_4: x \mapsto x^{-4}$, $f_5: x \mapsto x^{-5}$. Beschreibe Gemeinsamkeiten und Unterschiede.

8
Gib mit Hilfe von Zehnerpotenzen an.
a) 45 km in mm b) 5,8 g in μg (t)
c) 110 μm in m d) 1,5 cm^2 in m^2

9
Ein Atomkern hat einen Durchmesser von ca. 10^{-2} pm. Der Durchmesser eines Atoms ist ca. 10^4-mal größer als der Durchmesser des Atomkerns. Drücke den Durchmesser eines Atoms in pm (μm, mm) aus.

10
Schreibe als Potenz mit negativem Exponenten und möglichst kleiner Basis.
a) $\frac{1}{2^3}$; $\frac{1}{5^4}$; $\frac{1}{3^2}$; $\frac{1}{4}$; $\frac{1}{25}$; $\frac{1}{100}$; $\frac{1}{32}$; $\frac{1}{81}$; $\frac{1}{64}$; $\frac{1}{49}$; $\frac{1}{10000}$; $\frac{1}{625}$
b) 0,01; 0,001; 0,08; 0,00001; 0,000001; 0,04; 0,25; 0,0004

11
Suche die Kartenpaare, auf denen jeweils der gleiche Term steht.
Welche beiden Karten bleiben übrig?
Ermittle das Lösungswort.

- $x^{-2}(x+1)^{-1}$ | 1
- $\frac{(x+1)}{x^2+2}$ | R
- $(x+1)(x^{-2}+2)$ | 2
- $(x+1)(x+2)^{-2}$ | 3
- $\frac{x+1}{x+2}$ | N
- $x^{-2}(x+1)$ | 4
- $\frac{x+1}{x^2}$ | A
- $\frac{(x+1)}{(x+2)^2}$ | M
- $\frac{1}{x^2(x+1)}$ | O
- $\frac{(x+2)^{-1}}{(x+1)^{-1}}$ | 5

12
a) $3 \cdot \left(\frac{1}{2}\right)^{-2}$ b) $5 \cdot \left(\frac{3}{4}\right)^{-1}$ c) $72 : 6^2$
d) $-3 \cdot 0{,}5^{-3}$ e) $3 \cdot 5^2$ f) $(3 \cdot 5)^2$
g) $(-3 \cdot 2)^4$ h) $-8 : 2^{-3}$ i) $6 + 2 \cdot 3^2$
k) $6 : 2^3 - 9 \cdot 3^{-2}$ l) $8 + 2 \cdot 5^{-2}$ m) $8 + (2 \cdot 5)^{-2}$

13
Forme so um, dass keine Exponenten auftreten, die kleiner oder gleich null sind. Für welche Einsetzungen sind die Terme nicht definiert?
a) a^{-4}; b^{-7}; c^{-3}; $3 \cdot x^{-2}$; $0{,}8 \cdot z^0$
b) $(x+1)^{-1}$; $(x-4)^{-7}$; $(x-1)^0$
c) $1 : x^{-2}$; $2 : b^{-3}$; $(2 : a)^{-5}$; $x^{-2} : 3^{-2}$

14
Zeichne die Graphen der Funktionen $f_1: x \mapsto \frac{x-2}{2x-1}$ und $g: x \mapsto \left(\frac{x-2}{2x-1}\right)^{-1}$ in ein gemeinsames Koordinatensystem.

15
Schreibe als eine Potenz.
a) $x^3 \cdot x^5$ b) $y^7 \cdot y$ c) $z^3 \cdot z^3$
d) $x^{-2} \cdot x^4$ e) $x^5 : x^{-3}$ f) $a^3 : a^4$
g) $b^{-2} : b^2$ h) $x^{-1} \cdot x^{-2}$ i) $u^{-2} : u$
k) $v^{-1} : v^{-2}$ l) $x^{2k} : x^k$ m) $x^{-n} \cdot x$

16
Vereinfache die Terme.
a) $x^{-1} - \frac{x^3}{x^4}$ b) $2x^{-2}(x^2 - x)$
c) $\frac{x^{-2}}{x^2} + \frac{x^2}{x^{-2}}$ d) $x^{-2} + x^{-3}$
e) $x^n \cdot x^{1-n}$ f) $(x+2)^{-2} - \frac{1}{x+2}$
g) $x^{1-k} : x^{k-1}$ h) $x^{-1} \cdot x^2 \cdot x^{-3} \cdot x^4$
i) $(x-4) : (2x-8)^{-3}$ k) $x^{3 \cdot (2-6)} \cdot x^{(4+2) \cdot 2}$

17
Für welche natürlichen Zahlen a und n lässt sich a^{-n} als endlicher Dezimalbruch schreiben?

G 18
In einem rechtwinkligen Dreieck ist die Kathete a doppelt so lang wie die Kathete b. Verkürzt man a um 4 cm und verlängert b um 3 cm, so nimmt der Flächeninhalt um 5 cm^2 zu. Berechne den Flächeninhalt des ursprünglichen Dreiecks.

4 Bruchgleichungen

1

Der Bruch $\frac{2}{7}$ lässt sich als Summe zweier Brüche mit dem Zähler 1 so darstellen, dass der eine Nenner das Siebenfache des anderen Nenners ist.
Stelle eine Gleichung auf. Löse diese Gleichung durch systematisches Probieren.

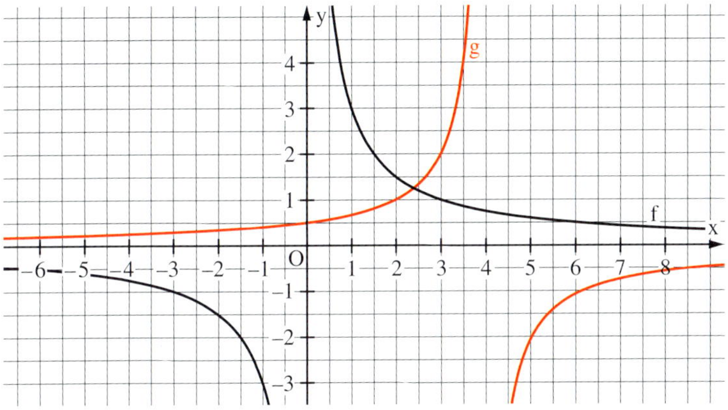

2

Die Graphen der beiden gebrochen rationalen Funktionen $f: x \mapsto \frac{3}{x}$ und $g: x \mapsto \frac{-2}{x-4}$ sind links gezeichnet.

a) Wie lässt sich die Lösung der Gleichung $\frac{3}{x} = \frac{-2}{x-4}$ näherungsweise der Zeichnung entnehmen?

b) Überprüfe deine Näherungslösung durch Einsetzen auf den beiden Seiten der Gleichung.

c) Multipliziere beide Seiten der Gleichung aus a) mit dem Term $x \cdot (x-4)$. Löse die so entstandene Gleichung.

Bei der Bestimmung von Schnittpunkten zweier gebrochen rationaler Funktionen treten Gleichungen mit Bruchtermen auf. Solche Gleichungen nennt man **Bruchgleichungen**.

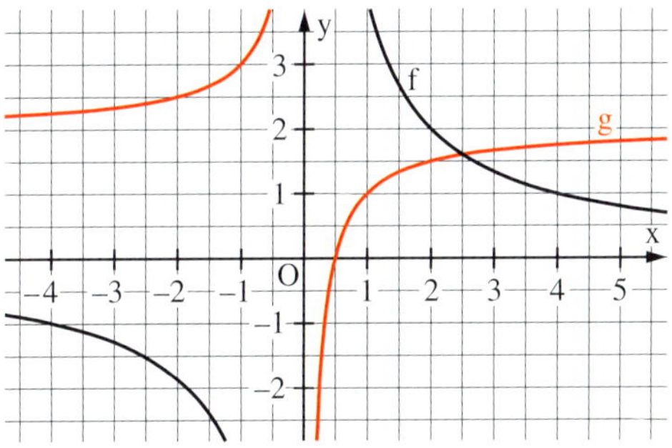

In der linken Figur sind beispielsweise die Graphen der Funktionen

$f: x \mapsto \frac{4}{x}$

und

$g: x \mapsto 2 - \frac{1}{x}$ gezeichnet.

Offensichtlich schneiden sich die Graphen im I. Quadranten.
Um die Koordinaten des Schnittpunkts rechnerisch genau zu bestimmen, muss man die Bruchgleichung $\frac{4}{x} = 2 - \frac{1}{x}$ lösen.

Die entscheidende Idee zur Lösung einer solchen Bruchgleichung besteht darin, die Gleichung mit den Nennern der Bruchterme zu multiplizieren. Auf diese Weise erhält man eine Gleichung ohne Bruchterme:

$\frac{4}{x} = 2 - \frac{1}{x} \quad \vert \cdot x$	Multiplikation mit Nenner
$\frac{4 \cdot x}{x} = \left(2 - \frac{1}{x}\right) \cdot x$	Kürzen bzw. Ausmultiplizieren
$4 = 2 \cdot x - \frac{1 \cdot x}{x} = 2x - 1$	Diese „nennerfreie" Gleichung ist eine lineare Gleichung und leicht zu lösen
$5 = 2x$, d.h. $x = 2{,}5$	

Die Lösung ist der x-Wert des Schnittpunkts der beiden Funktionsgraphen.
Den y-Wert erhält man durch Einsetzen: $y = f(2{,}5) = \frac{4}{2{,}5} = \frac{8}{5} = 1{,}6$ oder

$y = g(2{,}5) = 2 - \frac{1}{2{,}5} = 2 - \frac{2}{5} = 1{,}6$

Im vorangegangenen Beispiel kam der gleiche Nenner mehrfach vor. Häufig haben die Bruchterme einer Bruchgleichung jedoch unterschiedliche Nenner.

Multipliziert man die Bruchgleichung $\frac{3}{2-x} = \frac{x}{2x-4}$ mit beiden Nennern, so erhält man

$$\frac{3\cdot(2-x)(2x-4)}{2-x} = \frac{x\cdot(2-x)(2x-4)}{2x-4}$$
$$3(2x-4) = x(2-x)$$
$$6x-12 = 2x-x^2$$

Die so entstandene Gleichung können wir allerdings nur durch Probieren lösen.

Erinnerung:
Der Hauptnenner der beiden Brüche $\frac{1}{6}$ und $\frac{1}{9}$ ist das kleinste gemeinsame Vielfache der Zahlen 6 und 9, also 18.

Man sollte deshalb zunächst den kleinsten gemeinsamen Nenner, den **Hauptnenner** der Bruchgleichung suchen und mit diesem multiplizieren:

1. Nenner: $2-x$
2. Nenner: $2x-4 = 2\cdot(x-2) = -2\cdot(2-x)$

Hauptnenner: $-2\cdot(2-x)$

$$\frac{3}{2-x} = \frac{x}{2x-4}$$
$$\frac{3\cdot(-2)\cdot(2-x)}{2-x} = \frac{x\cdot(-2)\cdot(2-x)}{-2\cdot(2-x)}$$
$$3\cdot(-2) = x$$
$$x = -6$$

Probe: linke Seite: $\frac{3}{2-(-6)} = \frac{3}{2+6} = \frac{3}{8}$; rechte Seite: $\frac{-6}{2(-6)-4} = \frac{-6}{-12-4} = \frac{-6}{-16} = \frac{3}{8}$ ✓

$x = -6$ ist also eine Lösung der Gleichung $\frac{3}{2-x} = \frac{x}{2x-4}$

> Bruchgleichungen werden durch Multiplikation mit dem Hauptnenner der vorkommenden Nenner in nennerfreie Gleichungen umgeformt.

Folgendes Beispiel zeigt, dass die nach Multiplikation der Bruchgleichung erhaltene nennerfreie Gleichung Lösungen haben kann, die nicht Lösungen der Ausgangsgleichung sind:

$$\frac{2}{x-1} = \frac{3x-1}{x-1} \quad |\cdot(x-1) \qquad \text{mit Nenner multiplizieren}$$
$$\frac{2\cdot(x-1)}{x-1} = \frac{(3x-1)\cdot(x-1)}{x-1} \qquad \text{Kürzen}$$
$$2 = 3x-1 \quad |+1 \qquad \text{Vereinfachen}$$
$$3 = 3x \quad |:3$$
$$x = 1$$

Die Multiplikation der Ausgangsgleichung mit $(x-1)$ ist für $x = 1$ keine Äquivalenzumformung.

Für $x = 1$ sind jedoch die Bruchterme in der Ausgangsgleichung nicht definiert. Es muss also immer überprüft werden, ob die Ausgangsgleichung für die erhaltene Zahl definiert ist. Dies kann in Verbindung mit der Probe geschehen.

Die Bruchgleichung $\frac{2}{x-1} = \frac{3x-1}{x-1}$ besitzt daher keine Lösung.

Auch beim Betrachten der Graphen der beiden Funktionen

$f: x \mapsto \frac{2}{x-1}$

und

$g: x \mapsto \frac{3x-1}{x-1}$,

kann man dies vermuten, da hier kein Schnittpunkt zu erkennen ist.

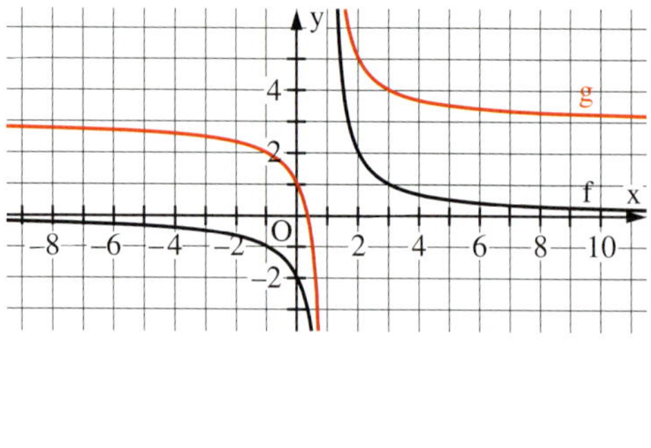

Nur solche Lösungen der nennerfreien Gleichung, für die kein Nenner gleich null wird, können Lösungen der Bruchgleichung sein.

Bemerkung

Ein etwas anderes Vorgehen als das eben beschriebene ist das Folgende:
Bringt man in der Bruchgleichung $\frac{4}{x} = 2 - \frac{1}{x}$ zunächst alle Terme auf eine Seite und fasst die Summanden zusammen, so erhält man:

$$\frac{4}{x} - 2 + \frac{1}{x} = 0$$
$$\frac{4}{x} - \frac{2x}{x} + \frac{1}{x} = 0$$
$$\frac{4 - 2x + 1}{x} = 0$$
$$\frac{5 - 2x}{x} = 0$$

Der Vergleich mit der Zahl 0 entspricht einer Multiplikation der Gleichung mit dem Nenner x.

Da ein Bruchterm nur dann gleich 0 sein kann, wenn sein Zähler gleich 0 ist, ist 2,5 eine Lösung der Bruchgleichung.

Beispiel 1

Löse die Bruchgleichung $\frac{3}{x} = \frac{1}{2 - x}$ und stelle die Lösung als Schnittpunkt zweier Funktionsgraphen dar.

Lösung:

Hauptnenner: $x \cdot (2 - x)$

$$\frac{3}{x} = \frac{1}{2 - x} \quad | \cdot x \cdot (2 - x)$$
$$\frac{3 \cdot x \cdot (2 - x)}{x} = \frac{x \cdot (2 - x)}{2 - x}$$

Dieser Zwischenschritt wird nach etwas Übung meist nicht mehr aufgeschrieben.

$$3 \cdot (2 - x) = x$$
$$6 - 3x = x \quad | + 3x$$
$$6 = 4x \quad | : x$$
$$x = 1{,}5$$

Die Ausgangsgleichung ist für x = 1,5 definiert, da kein Nenner null wird.
Die Lösung ist die x-Koordinate des Schnittpunkts der Graphen von
$f: x \mapsto \frac{3}{x}$ und $g: x \mapsto \frac{1}{2 - x}$.

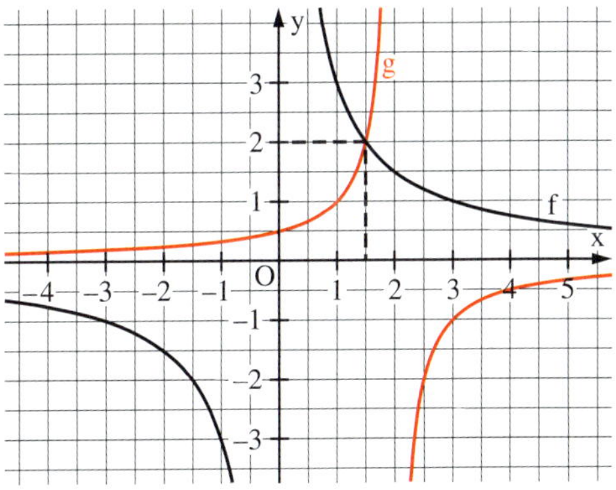

Beispiel 2

Löse die Bruchgleichung $\frac{1}{2x - 4} = \frac{1}{2} + \frac{1}{2 - x}$ und setze die Lösung zur Probe in die Gleichung ein.

Lösung:

$$\frac{1}{2(x - 2)} = \frac{1}{2} + \frac{1}{-(x - 2)}$$
$$\frac{1}{2(x - 2)} = \frac{1}{2} - \frac{1}{(x - 2)} \quad | \cdot 2 \cdot (x - 2) \text{ Hauptnenner}$$
$$\frac{2 \cdot (x - 2)}{2(x - 2)} = \frac{2 \cdot (x - 2)}{2} - \frac{2 \cdot (x - 2)}{(x - 2)}$$
$$1 = (x - 2) - 2$$
$$1 = x - 4 \quad | + 4$$
$$x = 5$$

Probe: Linke Seite: $\frac{1}{10 - 4} = \frac{1}{6}$

Rechte Seite: $\frac{1}{2} + \frac{1}{2 - 5} = \frac{1}{2} + \frac{1}{-3} = \frac{3}{6} - \frac{2}{6} = \frac{1}{6}$ ✓

Beispiel 3

Addiert man zum Zähler und zum Nenner des Bruchs $\frac{11}{15}$ jeweils dieselbe Zahl, so erhält man den Bruch $\frac{6}{7}$.
Wie heißt diese Zahl?

Lösung:

Gesuchte Zahl: x

Gleichung: $\frac{11 + x}{15 + x} = \frac{6}{7} \quad | \cdot 7(15 + x)$

$$(11 + x) \cdot 7 = 6 \cdot (15 + x)$$
$$77 + 7x = 90 + 6x \quad | - 6x - 77$$
$$x = 13$$

Probe: $\frac{11 + 13}{15 + 13} = \frac{24}{28} = \frac{6}{7}$ ✓

Die gesuchte Zahl ist 13.

In Anwendungssituationen hat man es häufig mit Gleichungen zu tun, die eine Beziehung zwischen verschiedenen Variablen beschreiben, so genannte **Formeln**.
So wird der Zusammenhang zwischen der Länge einer Wegstrecke s, der dafür benötigten Zeit t und der Durchschnittsgeschwindigkeit v allgemein durch die Gleichung
$v = \frac{s}{t}$ (mit drei Variablen) wiedergegeben.

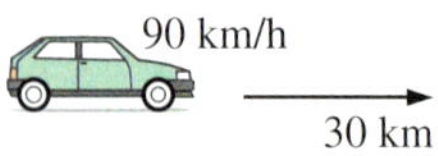

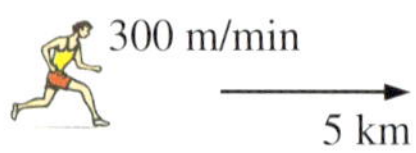

Wenn für die am Rand dargestellten Situationen die benötigte Zeit berechnet werden soll, so ist es empfehlenswert, die nötigen Umformungen zunächst allgemein durchzuführen, bis t auf einer Seite der Gleichung steht. Man sagt dann, die Formel wird **nach der Variablen t aufgelöst**. Anschließend setzt man die Größen jeweils ein und berechnet die gesuchte Zeit.

$v = \frac{s}{t} \quad |\cdot t \qquad \Rightarrow \qquad v \cdot t = s \quad |:v \qquad \Rightarrow \qquad t = \frac{s}{v}$

Auto:
$$t = \frac{30\,\text{km}}{90\,\frac{\text{km}}{\text{h}}} = \frac{30\,\text{km} \cdot \text{h}}{90\,\text{km}} = \frac{1}{3}\,\text{h} = 20\,\text{min}$$

Läufer:
$$t = \frac{5\,\text{km}}{300\,\frac{\text{m}}{\text{min}}} = \frac{5000\,\text{m} \cdot \text{min}}{300\,\text{m}} = 16\tfrac{2}{3}\,\text{min}$$

Wenn in einem Autoreifen ein Druck von 3,4 Bar herrscht, so zeigt die Messung mit einem Prüfgerät an der Tankstelle 2,4 Bar Überdruck an, also 2,4 Bar mehr als der Luftdruck von etwa 1 Bar.

Beispiel
Erwärmt sich durch schnelles Fahren ein Autoreifen und damit die Luft im Reifen, so steigt dadurch auch der Luftdruck im Reifen. Den Zusammenhang zwischen Druck und Temperatur beschreibt die Formel rechts.
Löse die Gleichung nach t auf.

Zusammenhang zwischen Druck und Temperatur eines Gases bei gleich bleibendem Volumen

$$\frac{p}{273\,°\text{C} + t} = \frac{p_0}{273\,°\text{C} + t_0}$$

p: Druck des Gases; p_0: Anfangsdruck
t: Temperatur in °C; t_0: Anfangstemperatur

Berechne, wie viel Grad Celsius die Temperatur der Luft in einem Autoreifen beträgt, wenn nach einer Fahrt der Druck von 3,4 Bar bei 22 °C auf 3,8 Bar zugenommen hat.
Lösung:

$$\frac{p_0}{273\,°\text{C} + t_0} = \frac{p}{273\,°\text{C} + t} \qquad |\cdot(273\,°\text{C} + t_0)\cdot(273\,°\text{C} + t) \text{ Hauptnenner}$$

$$\frac{p_0\cdot(273°\text{C} + t_0)\cdot(273°\text{C} + t)}{(273°\text{C} + t_0)} = \frac{p\cdot(273°\text{C} + t_0)\cdot(273°\text{C} + t)}{(273°\text{C} + t)}$$

$$p_0\cdot(273\,°\text{C} + t) = p\cdot(273\,°\text{C} + t_0)$$

$$p_0\cdot 273\,°\text{C} + p_0 t = p\cdot 273\,°\text{C} + p t_0 \qquad |-p_0\cdot 273\,°\text{C}$$

$$p_0 t = p\cdot 273\,°\text{C} - p_0\cdot 273\,°\text{C} + p t_0 \qquad |:p_0$$

$$t = \frac{273\,°\text{C}\cdot(p - p_0) + p t_0}{p_0}$$

$$t = \frac{273\,°\text{C}\cdot(3{,}8\,\text{Bar} - 3{,}4\,\text{Bar}) + 3{,}8\,\text{Bar}\cdot 22\,°\text{C}}{3{,}4\,\text{Bar}} = \frac{109{,}2\,\text{Bar}\cdot°\text{C} + 83{,}6\,\text{Bar}\cdot°\text{C}}{3{,}4\,\text{Bar}} \approx 56{,}7\,°\text{C}$$

Die Temperatur der Luft im Autoreifen beträgt nach der Fahrt etwa 57°C.

Aufgaben

3
Löse die Bruchgleichungen.

a) $\frac{12}{x} = \frac{6}{x-2}$ b) $\frac{4}{x+2} - 2 = \frac{3}{2+x}$

c) $\frac{x+8}{3x+3} + \frac{x+2}{2x+2} = 1$ d) $\frac{4x}{x-1} + \frac{3x+1}{2-2x} = 0$

e) $\frac{1}{x-1} - \frac{2}{x^2} = \frac{1}{x}$ f) $\frac{1-2x}{x-0{,}5} = \frac{-6x-5}{3x+1}$

4
Löse die Gleichungen im Kopf.

a) $\frac{4}{x} = 2$ b) $\frac{6}{x+3} = 0{,}5$

c) $\frac{2}{x} = -\frac{4}{3}$ d) $\frac{2}{x+1} = \frac{2}{2x+1}$

e) $\frac{x+1}{x} = \frac{8}{6}$ f) $\frac{x-1}{x+3} = 0$

Erinnerung:
Die Nullstellen einer Funktion sind die x-Koordinaten der Schnittpunkte des Graphen mit der x-Achse.

5

Untersuche die Funktion $f\colon x \mapsto \frac{2x-1}{4x-1}$

a) Bestimme die Nullstelle(n) der Funktion.

b) Bestimme die Asymptoten des Funktionsgraphen von f und skizziere den Graphen.

c) Für welche Einsetzungen für x hat die Funktion den Funktionswert 5?
Für welche x gilt: $\frac{2x-1}{4x-1} < 5$

d) Bestimme die Schnittpunkte des Graphen von f mit demjenigen der Funktion $g\colon x \mapsto \frac{2+0{,}5x}{x+1{,}5}$.

e) Zeichne den Funktionsgraph von g zu dem von f mit ein.

6

Jürgen versucht die Gleichung
$\frac{2}{x} + 4 = \frac{3x+2}{x}$ zu lösen.
Er rechnet:

$\frac{2}{x} + 4 = \frac{3x+2}{x} \quad |\cdot x$

$2 + 4x = 3x + 2 \quad |-2-3x$

$x = 0$

Und schreibt:
Die Zahl 0 ist die Lösung der Gleichung.
Was hat er falsch gemacht?

Lösungssalat zu 7:

7

Löse die Bruchgleichungen.

a) $\frac{1}{3} - \frac{4}{x} = 1$ b) $\frac{1}{x} - \frac{1}{x+1} = 0$

c) $\frac{x+8}{3x+3} + \frac{x+2}{2x+2} = 1$ d) $\frac{3}{4x} + \frac{3}{6x} = \frac{7}{8}$

e) $\frac{9}{2x} + 5 = \frac{17}{x}$ f) $\frac{3}{x+2} + \frac{5}{2} = 0$

g) $\frac{2x-3{,}5}{3-x} = -\frac{5}{2x-6}$ h) $\frac{5}{4x+x^2} - \frac{1}{x} = 0$

i) $\frac{x}{x-1} = -\frac{1-x}{x}$ k) $\frac{1}{x-1} - \frac{2}{x^2} = \frac{1}{x}$

8

Löse die Bruchgleichungen.

a) $\frac{4}{x+3} + \frac{1{,}5}{x} = \frac{1}{2} \cdot \frac{31}{x^2+3x}$

b) $\frac{2}{x+2} + \frac{1}{2x-6} - \frac{5}{6x-18} = 0$

c) $\frac{x^2-4}{3x} - \frac{2-x}{3} = \frac{2x}{3} - \frac{4}{x}$

d) $\frac{1}{3x} - \frac{4-6x}{3x-18x^2} = \frac{10}{-1+6x}$

e) $\frac{4x-2x}{2x} + \frac{x+1}{1+2x} - \frac{1}{2} = \frac{1-x}{x-1}$

f) $\frac{2}{x-2} + \frac{4}{x+3} = \frac{1}{6+2x} - \frac{3}{6-3x}$

9 Überkreuzmultiplizieren

Frank behauptet: Beim Lösen einer Gleichung der Form $\frac{a}{b} = \frac{c}{d}$ muss ich ja nur „über Kreuz multiplizieren".

Er rechnet $\frac{a}{b} = \frac{c}{d}$

$a\,d = c\,b.$

Erkläre, warum er mit seiner Behauptung recht hat.
Wende das Vorgehen auf die folgenden Bruchgleichungen an:

a) $\frac{3}{x+2} = \frac{2}{1-2x}$

b) $\frac{1-x}{2x-3} = \frac{3x+2}{1-6x}$

Lässt sich so auch die Bruchgleichung

c) $\frac{3x}{2-x} - 2 = \frac{-4x}{x+1}$

lösen?

10

Suche nach den Fehlern, die beim Lösen der Bruchgleichungen gemacht wurden.

① $\frac{3x}{2x+5} - 2 = \frac{1}{5+2x} \quad |\cdot(2x+5)$

$3x - 2 = 1$

$3x = 3$

$x = 1$

② $\frac{2}{x+2} = \frac{x}{x-2}$

$\frac{2}{x+2} = \frac{x}{-(2+x)} \quad |\cdot(x+2)$

$2 = -x$

$x = -2$

③ $\frac{x-1}{3x-2} + \frac{1-2x}{2-3x} = \frac{1-3x}{3x-2} \quad |\cdot(3x-2)$

$x - 1 - 1 - 2x = 1 - 3x$

$-x - 2 = 1 - 3x \quad |+3x+2$

$2x = 3$ also $x = 1{,}5$

④ $\frac{4}{1-3x} = \frac{3}{2x+3} \quad |\cdot(1-3x)\cdot(2x+3)$

$4(1-3x) = 3(2x+3)$

$4 - 12x = 6x + 9$

$-5 = 18x$

$x = -3{,}6$

11

a) Addiert man zu Zähler und Nenner des Bruchs $\frac{5}{12}$ jeweils dieselbe Zahl, so erhält man den Bruch $\frac{4}{5}$. Wie lautet die Zahl?

b) Ein Bruch ergibt gekürzt $\frac{2}{3}$. Addiert man zu Zähler und Nenner des ungekürzten Bruchs die Zahl 5, so erhält man den Bruch $\frac{5}{7}$.
Wie lautet der ungekürzte Bruch?

12

Bestimme die Schnittpunkte der Graphen von $f: x \mapsto \frac{x^2+2}{x-1}$ und $g: x \mapsto x-3$ rechnerisch.
Skizziere die beiden Funktionsgraphen.

13

Löse die folgenden Formeln nach der in Klammern stehenden Variablen auf.

a) $\varrho = \frac{m}{V}$ (V)
b) $A = \frac{1}{2}(a+c)\cdot h$ (c)
c) $B = \frac{1}{2}\cdot\frac{a+c}{h}$ (h)
d) $\frac{F_1}{F_2} = \frac{t_1}{t_2}$ (t_2)
e) $F = \frac{1}{2}gt^2$ (g)
f) $t = a - \frac{b}{b+3}$ (b)

14

Karl hat für eine Schulaufgabe fleißig die Formeln $v = \frac{s}{t}$, $s = v\cdot t$, $t = \frac{s}{v}$ auswendig gelernt.
Claudia sagt: Es genügt mir, die Formel $v = \frac{s}{t}$ zu kennen. Die anderen beiden Gleichungen erhalte ich jederzeit durch Umformungen.
Diskutiere über Vorteile und Nachteile der Vorgehensweisen von Karl und Claudia.
Wie würdest du es machen?

15

a) Gibt es für die Zahl 0,875 einen Bruch mit gleichem Wert, dessen Nenner um 3 größer ist als der Zähler?

b) Bei welcher Bruchdarstellung für 0,875 haben Zähler und Nenner die Summe 300?

16

Stelle eine Bruchgleichung auf, in der die Variable mindestens zwei Mal vorkommt und die Zahl 3,5 als Lösung besitzt.
Gib die Gleichung deinem Nachbarn zum Lösen.

17

Beschreibe die Unterschiede zwischen den Graphen der Funktionen
$f: x \mapsto \frac{x}{4}$ und $g: x \mapsto \frac{4}{x}$ in Worten.
Berechne die Koordinaten der Schnittpunkte der beiden Graphen.

18

Familie Wittke fährt mit dem Auto in den Urlaub. Ramona hat anhand der Karte ausgerechnet, dass sie erst 645 km Autobahn und dann noch 90 km Landstraße fahren müssen. Herr Wittke meint, dass sie auf der Autobahn doppelt so schnell fahren können wie auf der Landstraße. Frau Wittke sagt daraufhin: „Wir werden insgesamt $7\frac{1}{2}$ Stunden an Fahrzeit benötigen.“ Mit welchen Geschwindigkeiten hat Frau Wittke gerechnet?

19

Ein Schwimmbad wird von zwei Pumpen leer gepumpt. Die eine der beiden Pumpen würde allein drei Stunden benötigen, die andere zwei Stunden.

a) Wie lange brauchen die Pumpen, wenn sie gleichzeitig in Betrieb sind?

b) Wie lang würde eine dritte Pumpe allein brauchen, wenn die drei Pumpen es zusammen in einer Stunde schaffen würden?

c) Überprüfe, ob es möglich ist, eine dritte Pumpe so einzusetzen, dass die drei Pumpen es zusammen in 45 min schaffen.

20

a) Die Gleichung $(x-1)(x-3) = x-3$ besitzt zwei Lösungen, die sich relativ leicht ohne Umformung erkennen lassen. Welche?

b) Löse die Gleichungen $x - 1 = 1$ und $\frac{x-1}{x-2} = \frac{1}{x-2}$.

c) Durch welche Umformungen kann man aus der Gleichung in a) die Gleichungen in b) erhalten?

d) Vergleiche die Lösungen der drei Gleichungen und beschreibe die Auswirkungen der durchgeführten Umformungen.

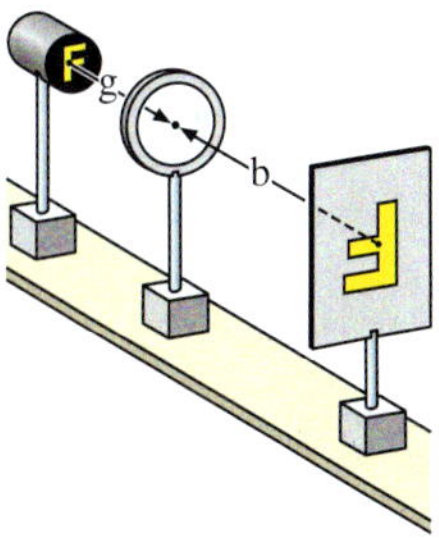

21

Das Bild am Rand zeigt, wie ein Gegenstand mit Hilfe einer Sammellinse scharf auf einen Bildschirm abgebildet wird. Dabei gilt $\frac{1}{g} + \frac{1}{b} = \frac{1}{f}$ (f: Brennweite der Linse, g: Gegenstandsweite, b: Bildweite).

a) Löse die Gleichung nach b auf.

b) Wo muss bei einer Linse der Brennweite 20 cm der Bildschirm aufgestellt werden, damit ein Gegenstand mit $g = 30\,\text{cm}$ (40 cm, 150 cm) scharf abgebildet wird?

c) Löse die Gleichung nach f auf.

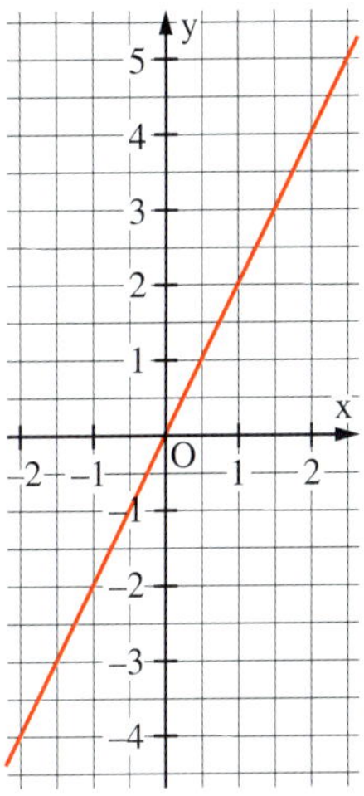

22

Eine proportionale Zuordnung $x \longrightarrow y$ ist durch zwei Eigenschaften gekennzeichnet:

1. $\frac{y_2}{y_1} = \frac{x_2}{x_1}$, das heißt, x und y ändern sich im gleichen Verhältnis.
2. $\frac{y_2}{x_2} = \frac{y_1}{x_1}$, d. h., der Quotient $\frac{y}{x}$ ist konstant.

a) Zeige, dass die zweite Eigenschaft aus der ersten folgt und umgekehrt.

b) Warum ist bei der Schlussrechnung die Anwendung der 1. Eigenschaft günstiger?

c) Bei welchen Fragestellungen erweist sich die Verwendung der 2. Eigenschaft als günstiger?

23

Stefan hat von 23 Tennis-Matches gegen Thomas 14 gewonnen. Wie oft müsste er nun in Folge gewinnen, damit sein Anteil gewonnener Spiele größer als 80 % wird?

24

Eine Firma braucht für den Versand ihrer Produkte zwei Sorten von quaderförmigen Schachteln mit quadratischer Grundfläche. Die Schachteln der Sorte A sollen 400 cm³, die der Sorte B 2400 cm³ fassen. Um das Aneinanderfügen zu erleichtern, soll außerdem die Grundkante bei der Sorte B doppelt so lang sein wie bei der Sorte A.

a) Wie hoch müssen die Schachteln sein, wenn die Sorte B um 2 cm höher sein soll als die Sorte A?

b) Für das Stapeln der Schachteln ist es günstig, wenn die Sorte B gerade doppelt so hoch ist wie die Sorte A. Lässt sich das einrichten?

25

Gegeben ist die Bruchgleichung

$\frac{x}{x-3} + \frac{1}{4x} = \frac{-5}{12-4x}$.

a) Versuche, die Gleichung rechnerisch zu lösen und erkläre, warum dies hier nicht zu einem Ziel führt.

b) Zeichne die Graphen der beiden Funktionen

$f\colon x \mapsto \frac{x}{x-3} + \frac{1}{4x}$ und $g\colon x \mapsto \frac{-5}{12-4x}$

in ein gemeinsames Koordinatensystem und lies Lösungen der Gleichung aus a) möglichst genau ab.

Überprüfe anschließend, ob die von dir gefundenen Zahlen die Gleichung exakt lösen.

G 26

Konstruiere ein Dreieck ABC aus c, h_c und dem Umkreisradius r.

a) Fertige einen Konstruktionsplan.

b) Was für ein besonderes Dreieck erhält man im Falle $c = 2r$?

c) Wie hängt die Zahl der Lösungen von der Größe h_c ab? Erläutere.

G 27

a) Die rote Linie ist das (vereinfachte) Bild, das ein Flugschreiber bei einem Flug von Köln nach München (530 km) aufgezeichnet hat. Warum ist die Linie nicht gerade?

b) Die blaue gerade Linie wurde nachträglich eingezeichnet.
Welche Auskunft gibt sie?

c) Um wie viel Prozent müsste die durchschnittliche Geschwindigkeit erhöht werden, um 25 Minuten früher in München zu sein?

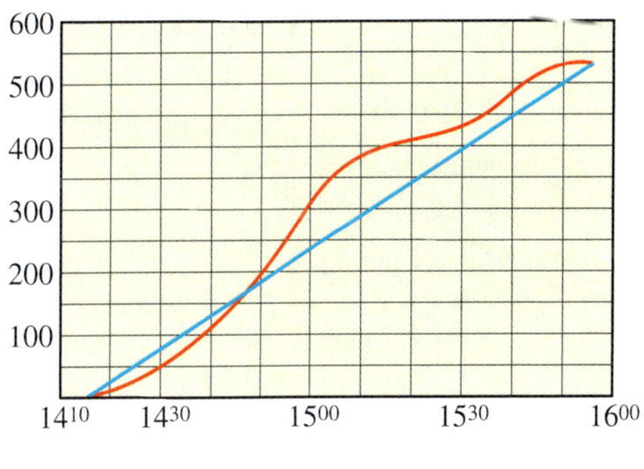

Thema:

Abenteuerliche Bruchrechnung

Falsch gekürzt – trotzdem richtig

1

Seit dem 6. Schuljahr weißt du, wie man Brüche kürzt. Peter hat falsch gekürzt, aber das Richtige herausbekommen:

$$\frac{16}{64} = \frac{1}{4}\,;\quad \frac{26}{65} = \frac{2}{5}$$

Rechne nach. Probiere ebenso: $\frac{19}{95}$; $\frac{49}{98}$; $\frac{55}{55}$

2

Die Brüche von Aufgabe 1 haben die Form $\frac{10x + y}{10y + z}$, wobei x, y, z natürliche Zahlen mit $1 \leqq x \leqq 9$; $1 \leqq y \leqq 9$; $1 \leqq z \leqq 9$ sind.

Damit man wie in Aufgabe 1 kürzen kann, müssen x, y, z die Gleichung $\frac{10x + y}{10y + z} = \frac{x}{z}$ erfüllen.

a) Löse die Gleichung nach z auf.

b) Überlege, für welche ganzzahligen x, y sich ganzzahlige z ergeben. Probiere dazu alle Möglichkeiten aus.
Zum Beispiel: Ist x = 1, so muss y = 1 oder y = 6 sein. Bestimme so alle Brüche mit zweistelligen Zählern und Nennern, die man wie in Aufgabe 1 kürzen kann.

x \ y	1	2	3	4	5	6	7	8	9
1	*z = 1*					*z = 4*			
2									
3									
⋮									
⋮									
9									

*3

Dieses besondere Kürzen kann man auch bei Brüchen mit dreistelligen Zählern und Nennern finden. Zum Beispiel:

$$\frac{499}{998} = \frac{4}{8}\,;\quad \frac{332}{830} = \frac{32}{80}\,;\quad \frac{138}{345} = \frac{18}{45}$$

Suche für jeden Fall weitere Beispiele.

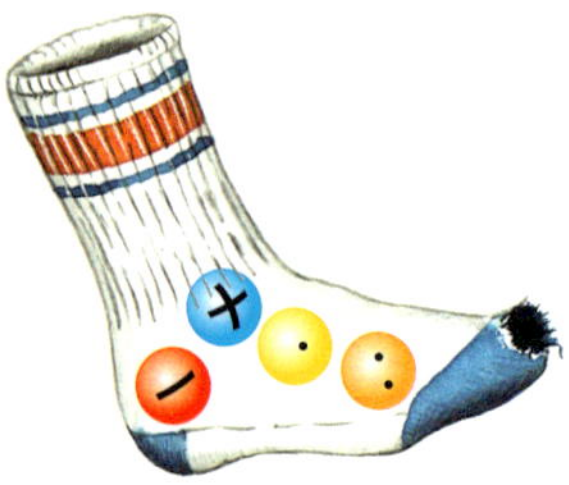

Das verlorene Rechenzeichen

4

Bestimme die fehlenden Rechenzeichen. Überprüfe jeweils alle Möglichkeiten.

$$\frac{5}{3} \blacksquare \frac{5}{2} = \frac{25}{6}\,;\quad \frac{1}{20} \blacksquare \frac{1}{5} = \frac{1}{4}\,;\quad \frac{2}{5} \blacksquare \frac{2}{7} = \frac{4}{35}\,;\quad \frac{49}{10} \blacksquare \frac{7}{5} = \frac{7}{2}$$

5

Soll die Summe zweier rationaler Zahlen gleich ihrem Produkt sein, so muss für die rationalen Zahlen x, y gelten: $y + x = x \cdot y$.

a) Löse die Gleichung nach y auf.

b) Bestimme 4 Beispiele von Zahlen, deren Summe gleich ihrem Produkt ist.

6

Bestimme weitere rationale Zahlen, für die gilt:

a) ihre Differenz ist gleich ihrem Produkt,

b) ihre Summe ist gleich ihrem Quotienten,

c) ihre Differenz ist gleich ihrem Quotienten.

Gehe dazu jeweils wie in Aufgabe 5 vor. Stelle erst die passende Gleichung auf und löse sie nach einer Variablen auf. Überlege, welche Bedingung die andere Variable erfüllen muss. Bestimme dann jeweils 4 weitere Beispiele.

Thema:

Rückenwind und Gegenwind – oder besser gar kein Wind?

Als man in der Fliegerei die ersten Wettkämpfe veranstaltete, stieß man auf ein Problem, an das bis dahin niemand gedacht hatte. Jedes Flugzeug musste eine vorgeschriebene Strecke hin und zurück durchfliegen. Dabei konnte es vorkommen, dass während des Wettkampfes Wind aufkam.
Die Veranstalter waren nicht sicher, ob ein Flugzeug, das die Strecke mit Rücken- und Gegenwind zurücklegte, gleich zu behandeln war wie eines, das bei Windstille flog. Die meisten waren der Meinung, dass sich bei einer Windströmung Vor- und Nachteile ausgleichen. Aber es gab auch Proteste!

Wir versuchen, die Sache zu klären. Der besseren Anschaulichkeit wegen denken wir uns anstelle des Windes die Strömung eines Flusses und anstelle des Flugzeuges einen Schwimmer, der einmal in stehendem Wasser (z. B. in einem See), ein andermal in der Strömung des Flusses dieselbe Strecke s (in m) hin und zurück durchschwimmt.

Die gleich bleibende Geschwindigkeit des Schwimmers bei stehendem Wasser sei v $\left(\text{in } \frac{\text{m}}{\text{s}}\right)$.
Wenn der Fluss mit der Geschwindigkeit v_f fließt, dann hat der Schwimmer flussabwärts die Geschwindigkeit $v + v_f$, flussaufwärts die Geschwindigkeit $v - v_f$.

1
Berechne den durch die Strömung des Flusses verursachten Zeitgewinn des Schwimmers, wenn er flussabwärts schwimmt.
Berechne ebenso seinen Zeitverlust, wenn er gegen den Strom schwimmt.
Vergleiche die beiden Zeitdifferenzen.
Ist die Strömung des Flusses (bzw. des Windes) ein Vorteil oder ein Nachteil oder ist sie ohne Auswirkung auf die Gesamtzeit?

2
a) Wie ergeht es einem Schwimmer, wenn seine Eigengeschwindigkeit v gerade gleich groß ist wie die Fließgeschwindigkeit v_f des Flusses? Wie zeigt sich dies in deinem rechnerischen Ergebnis?
b) Was passiert, wenn die Fließgeschwindigkeit v_f größer ist als die Eigengeschwindigkeit v des Schwimmers? Bringt die Rechnung auch diesen Sachverhalt zum Ausdruck?

3
Wie ändert sich die Zeitdifferenz, um die der Schwimmer im stehenden Wasser eher am Ziel ist als der Schwimmer im Fluss, wenn die Fließgeschwindigkeit v_f zunimmt und der Schwimmer seine Geschwindigkeit v beibehält?
Wie ändert sie sich, wenn sich die Fließgeschwindigkeit v_f verdoppelt und der Schwimmer seine Geschwindigkeit v ebenfalls verdoppelt?
Wie ändert sich die Zeitdifferenz, wenn sich die Eigengeschwindigkeit des Schwimmers und die Fließgeschwindigkeit des Flusses verdreifachen?

Rückblick

Gebrochen rationale Funktionen

Funktionen wie $f\colon x \mapsto \frac{1}{x}$, $g\colon x \mapsto \frac{3}{x+2}$, $h\colon z \mapsto \frac{2-z}{z^2}$, deren Funktionsterm ein Bruchterm ist, nennt man gebrochen rationale Funktionen. Alle Zahlen, für die der Nenner null wird, können nicht zur Definitionsmenge der Funktion gehören.

Für die gebrochen rationale Funktion $f\colon x \mapsto \frac{1+0{,}5x}{x+1{,}5}$ gehört die Zahl $-1{,}5$ nicht zur Definitionsmenge. $D = \mathbb{Q}\setminus\{-1{,}5\}$

Eine Gerade, der sich der Graph einer Funktion beliebig genau annähert, nennt man eine Asymptote des Funktionsgraphen. Man unterscheidet senkrechte und waagrechte Asymptoten.

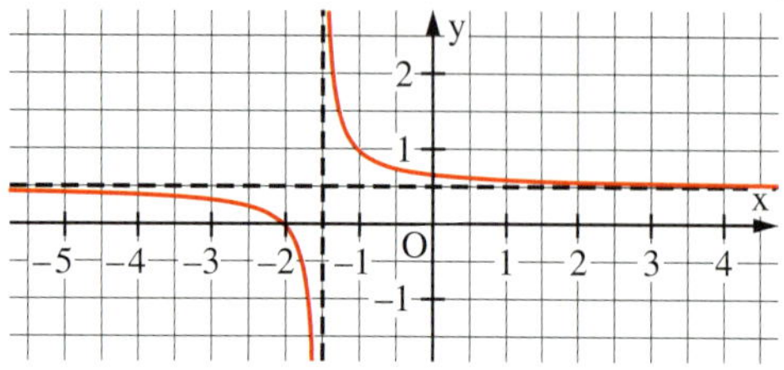

Rechnen mit Bruchtermen

Beim Kürzen werden Zähler und Nenner eines Bruchterms jeweils durch denselben Term dividiert, beim Erweitern umgekehrt jeweils mit demselben Term multipliziert.

$$\frac{x^2+2x}{4+2x} = \frac{x(x+2)}{2(2+x)} = \frac{x}{2}$$

Bruchterme mit gleichen Nennern werden addiert (subtrahiert), indem man die Zähler addiert (subtrahiert) und den Nenner beibehält. Bruchterme mit verschiedenen Nennern müssen vor dem Addieren (Subtrahieren) auf den gleichen Nenner gebracht werden.

$$\frac{4}{x} - \frac{2x-3}{x-1} = \frac{4(x-1)}{x(x-1)} - \frac{(2x-3)x}{(x-1)x}$$
$$= \frac{4x-4-(2x^2-3x)}{x(x-1)} = \frac{-2x^2+7x-4}{x(x-1)}$$

Bruchterme werden miteinander multipliziert, indem man Zähler mit Zähler und Nenner mit Nenner multipliziert.

$$\frac{3x}{2x+1} \cdot \frac{2x+1}{x^2} = \frac{3x\cdot(2x+1)}{(2x+1)\cdot x\cdot x} = \frac{3}{x}$$

Durch einen Bruchterm wird dividiert, indem man mit seinem Kehrbruchterm multipliziert.

$$\frac{2x}{x+1} : \frac{x-2}{x+1} = \frac{2x\cdot(x+1)}{(x+1)(x-2)} = \frac{2x}{x-2}$$

Negative Exponenten

Die Definition der Potenzen wird durch $x^{-n} = \frac{1}{x^n}$ sinnvoll erweitert. Es gilt dann $x^m \cdot x^n = x^{m+n}$ und $x^m : x^n = x^{m-n}$ für beliebige ganze Zahlen m und n.

$$\frac{x^3\cdot x^{-4}}{x^{-2}} = x^{3-4}\cdot x^2 = x^{-1}\cdot x^2 = x^1 = x$$

Bruchgleichungen

Bruchgleichungen werden durch Multiplikation, mit dem Hauptnenner der vorkommenden Nenner in nennerfreie Gleichungen umgeformt.
Lösungen der Bruchgleichung können nur solche Lösungen der nennerfreien Gleichung sein, für die kein Nenner gleich null wird.

$$\frac{2x-1}{1-3x} = \frac{x+1}{6x-2}$$
$$\frac{2x-1}{1-3x} = \frac{x+1}{-2(-3x+1)} \qquad |\cdot(-2)(1-3x)$$
$$-2(2x-1) = x+1$$
$$-4x+2 = x+1$$
$$x = \frac{1}{5}$$

$x = \frac{1}{5}$ ist Lösung der Bruchgleichung, da diese für $x = \frac{1}{5}$ definiert ist.

Aufgaben zum Üben und Wiederholen

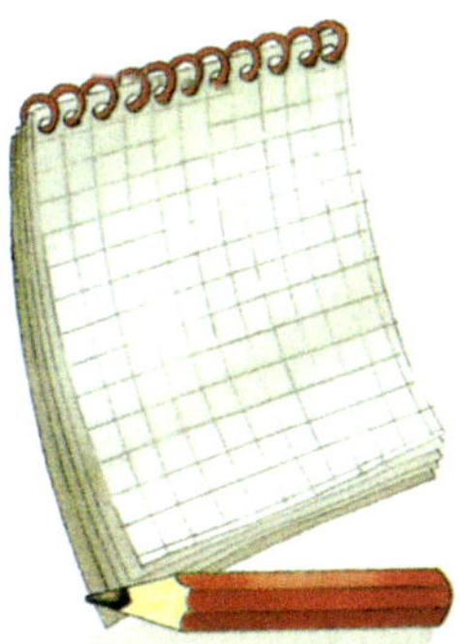

Die Lösungen zu den Aufgaben dieser Seite findest du auf den Seiten 172 und 173.

1

Erstelle eine geeignete Wertetabelle und zeichne den Funktionsgraph. Gib die Gleichungen der Asymptoten an.

a) $f\colon x \mapsto \frac{1}{2x}$ b) $f\colon x \mapsto \frac{2}{1+2x}$

c) $f\colon x \mapsto \frac{3x-1}{2x-1}$ d) $f\colon x \mapsto \frac{x+2}{4-x}$

2

Vereinfache den Funktionsterm und gib ohne Zeichnung die Gleichungen der Asymptoten an.

a) $\frac{4}{2x} + \frac{2x}{x^2} - \frac{2x+1}{x} - \frac{2}{0{,}5x} + 2$

b) $3 : (x-2)$ c) $\frac{4x}{3x^2+2x} \cdot 2x$

d) $\frac{4}{3x-2} + \frac{4}{2x-3x^2} - \frac{2}{x}$

3

Gib eine gebrochen rationale Funktion mit den gegebenen Asymptoten an.

a) $x = -2{,}5$ b) $y = -2$

c) $x = 1{,}5$ und $y = -0{,}5$

4

Kürze so weit wie möglich.

a) $\frac{3x+x^2}{3x-x^3}$ b) $\frac{3x-6}{4-2x}$ c) $\frac{4x-x^2}{2x-8}$ d) $\frac{26}{65}$

5

Gib zu den vier in das Koordinatensystem eingezeichneten Graphen die Funktionsgleichungen an.

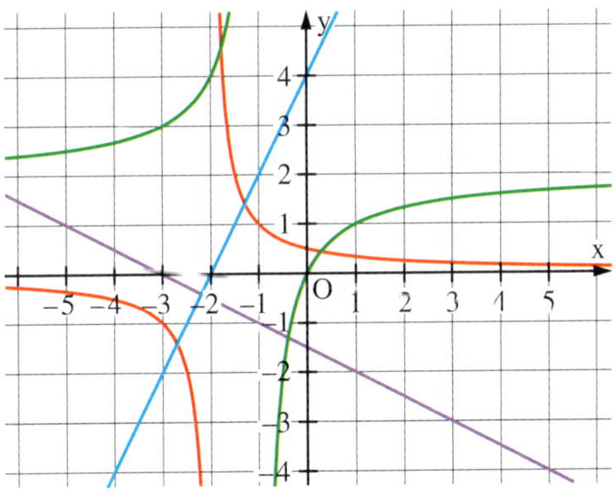

6

Fasse die Bruchterme zusammen und vereinfache möglichst weit.

a) $3 + \frac{1}{x} + \frac{1}{1+x}$ b) $\frac{5x+1}{2x-6} \cdot \frac{3-x}{5x-1}$

c) $\frac{7x-1}{12x^2} - \frac{2}{15x}$ d) $\frac{2-x}{3x} : \frac{x^2-2x}{15x^2}$

7

Vereinfache die Terme möglichst weit.

a) $\frac{3}{4x} + \frac{3x-9}{4x+1} : \frac{3-x}{1-2x}$ b) $-\frac{-2x-1}{-2x+1}$

c) $\frac{x-1}{3x} + \frac{4x^2+2x-8}{6x^2+6x} - \frac{x^2-2}{x^2+x}$

8

Löse die Gleichung.

a) $\frac{2x-3}{2-5x} = 2$ b) $2(x-2) = \frac{3x-0{,}5}{4}$

c) $x^{-3} = -1$ d) $1 - 40\,\% \cdot x = 60\,\% - x$

e) $\frac{1}{2} - \frac{2}{x} = \frac{4}{9}$ f) $\frac{3x-1}{2-3x} = \frac{2+5x}{6x-4}$

g) $x^{-1} + x^{-2} = 0$ h) $\frac{x-2}{2x+1} - 1 = \frac{0{,}5x+3}{2-x}$

i) $\frac{2(x-2)}{1-x} + 1 = \frac{x-3}{2-x}$ k) $\frac{2x+1}{2x-1} - \frac{6}{2-4x} = 1$

9

Fasse zusammen.

a) $\frac{x^3 \cdot x^{-4}}{x^{-5}}$ b) $(2y)^{-2} \cdot \frac{y^7}{4}$ c) $x^{-3} \cdot x^6 + x^{-2}$

10

Es ist stets möglich, durch Addition einer geeigneten Zahl zum Zähler und zum Nenner eines Bruches seinen Kehrbruch zu erhalten. Probiere dies zunächst an Beispielen aus und stelle zu einem der Beispiele eine passende Bruchgleichung auf und löse diese. Versuche nun allgemein, die zu addierende Zahl zu einem Bruch $\frac{a}{b}$ zu finden.

11

Dividiert man 15 durch eine natürliche Zahl und 12 durch deren Nachfolger, so ist die Differenz dieser Quotienten gleich dem Quotient aus 30 und dem Produkt der beiden aufeinander folgenden Zahlen. Welche Zahlen sind es?

12

Stelle die Bruchgleichung auf, bei der die Variable mindestens zweimal im Nenner vorkommt, die mindestens zwei unterschiedliche Nenner besitzt und deren Lösung die Zahl –2 ist.

13

Löse die Gleichungen nach jeder der vorkommenden Variablen auf. Welche Werte dürfen die Variablen dabei nicht annehmen?

a) $s = \frac{a}{1-q}$ b) $z = \frac{1}{x} - \frac{1}{y}$ c) $w = \frac{3-v}{3v}$

1 Zentrische Streckungen

1

Die nebenstehende Figur ist einem Plan der Innenstadt von Erlangen entnommen. Zeichne nur mit den üblichen Zeichengeräten (Lineal, Geodreieck) den schwarz umrandeten Ausschnitt vergrößert in dein Heft.
Worauf muss geachtet werden, damit auch dein Plan möglichst wirklichkeitsgetreu wird?

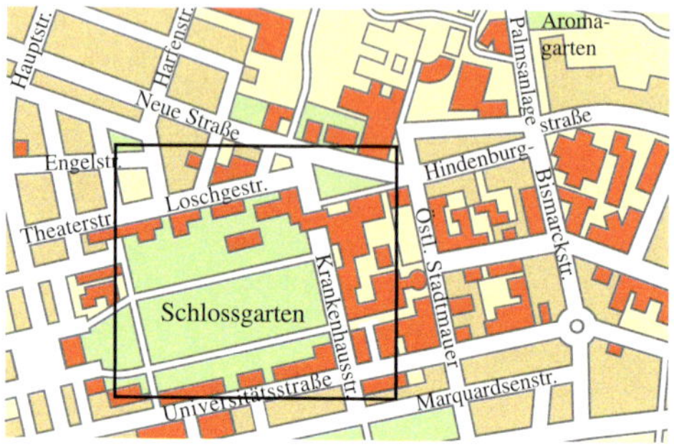

Erinnerung:
Beim Spiegeln spricht man auch von Figur und Bildfigur

Beim Spiegeln an einer Achse oder an einem Punkt werden Figuren in deckungsgleiche Bildfiguren überführt. Die Streckenlängen und Winkelgrößen ändern sich dabei nicht.

Im Folgenden wird eine gegebene Figur vergrößert oder verkleinert.

Hier wird im Maßstab 1,5 : 1 vergrößert bzw. im Maßstab 1 : 2 verkleinert.

Vergrößern:

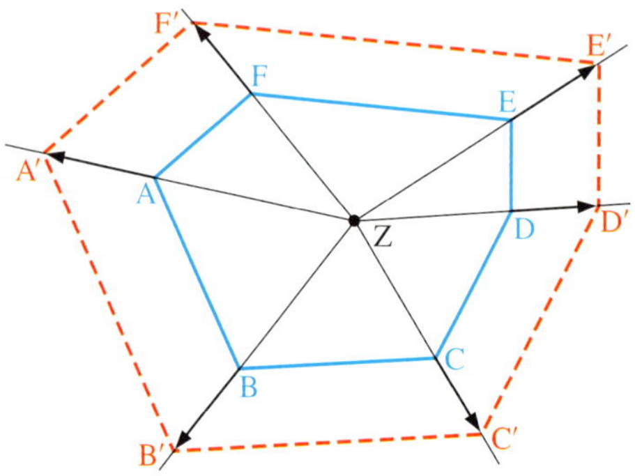

Die Streckenlängen $\overline{ZA'}$, $\overline{ZB'}$, … $\overline{ZF'}$ sind jeweils das 1,5-fache der Streckenlängen $\overline{ZA}$, $\overline{ZB}$, … $\overline{ZF}$.

Verkleinern:

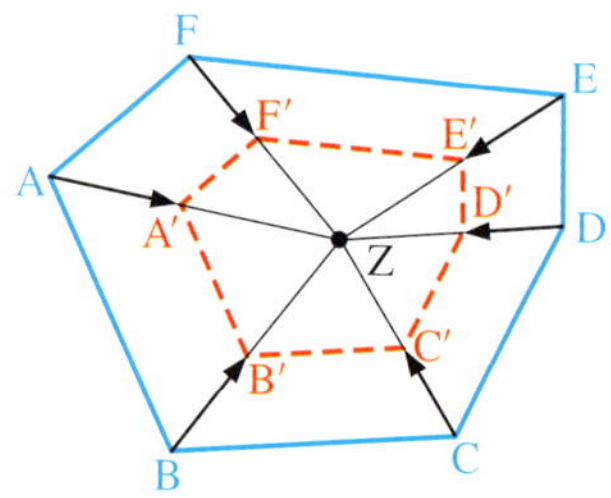

Die Streckenlängen $\overline{ZA'}$, $\overline{ZB'}$, … $\overline{ZF'}$ sind jeweils die Hälfte der Streckenlängen $\overline{ZA}$, $\overline{ZB}$, … $\overline{ZF}$.

Das Ulmer Münster ist mit 161,5 m der höchste Kirchturm der Welt.
In welchem Maßstab wurde er für diese Briefmarke verkleinert?

Man nennt dieses Verfahren zur Erzeugung einer vergrößerten bzw. verkleinerten Bildfigur eine **zentrische Streckung**.

> Bei einer zentrischen Streckung mit dem Streckzentrum Z und dem Streckfaktor k ($k > 0$) gilt für den Bildpunkt P′ zu einem Punkt P ($P \neq Z$):
> (1) P′ liegt auf der von Z ausgehenden Halbgeraden durch P
> (2) $\overline{ZP'} = k \cdot \overline{ZP}$
>
> 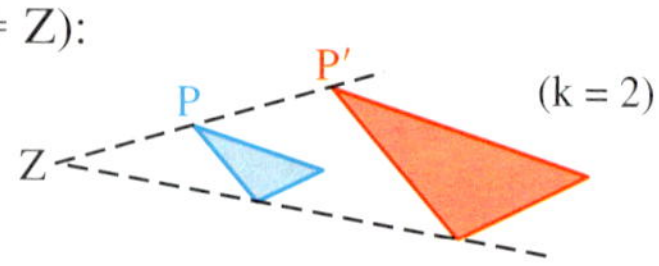
>

Beachte: Ist der Streckfaktor $k > 1$, so wird vergrößert. Ist $0 < k < 1$, so wird verkleinert.

Diese Eigenschaften lassen sich mit einem DGS gut überprüfen.

Warum kann man einer Landkarte Himmelsrichtungen direkt entnehmen, während man Entfernungen erst umrechnen muss?

An Originalfigur und (vergrößerter oder verkleinerter) Bildfigur, die durch eine zentrische Streckung entstanden ist, kann man folgende Eigenschaften erkennen:

- Strecke (Gerade) und Bildstrecke (Bildgerade) sind zueinander parallel, z. B. $[A'B'] \parallel [AB]$.
- Jede Bildstrecke ist k-mal so lang wie die Originalstrecke, z. B. $\overline{A'B'} = 2 \cdot \overline{AB}$.
- Entsprechende Winkel sind gleich groß, z. B. $\alpha = \alpha'$.
- Die Bildfigur hat den k^2-fachen Flächeninhalt der Originalfigur, z. B. $A_{A'B'C'D'} = 2^2 \cdot A_{ABCD}$.

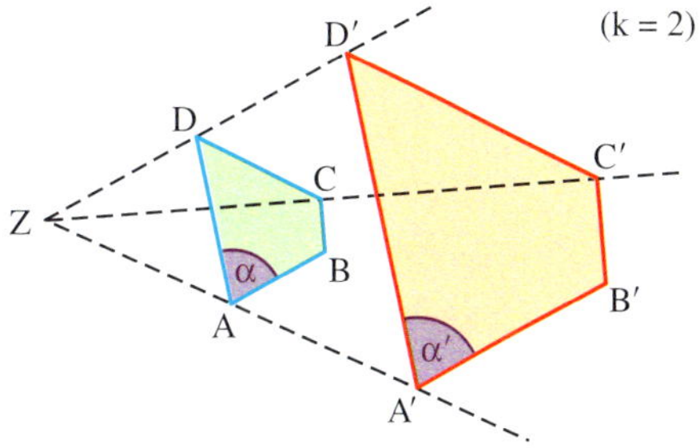

Die angeführten Eigenschaften lassen sich aber auch geometrisch begründen.
Mit Hilfe der erstgenannten Eigenschaft können alle weiteren Eigenschaften gefolgert werden.
Wir beschränken uns hier auf den Nachweis, dass bei einer zentrischen Streckung eine Gerade, die nicht durch das Streckzentrum geht, in eine parallele Gerade übergeführt wird.

Oft braucht man eine „zündende Idee" für eine Begründung. Leider gibt es kein allgemeines Verfahren, eine solche Idee zu finden.

Die Begründungsidee nutzt einen bekannten Zusammenhang für Dreiecke mit einer gemeinsamen Grundseite und dem gleichen Flächeninhalt: Ihre dritte Ecke liegt auf der Parallelen zu dieser Grundseite im Abstand der zugehörigen Höhe.

Die folgende Vorüberlegung dient der eigentlichen Beweisführung:
Die Dreiecke ZAB und ZA′B in der Figur haben die gleiche Höhe h_b und es ist $\overline{ZA'} = k \cdot \overline{ZA}$.

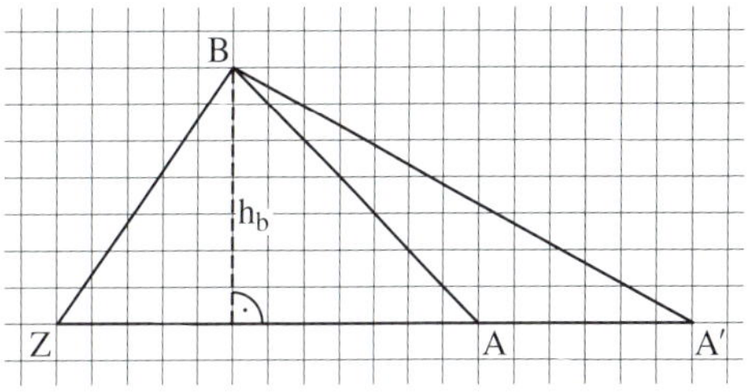

Dann gilt für ihre Flächeninhalte:

$A_{ZAB} = \frac{1}{2} \cdot \overline{ZA} \cdot h_b$

und $A_{ZA'B} = \frac{1}{2} \cdot \overline{ZA'} \cdot h_b = \frac{1}{2} \cdot k \cdot \overline{ZA} \cdot h_b$.

Also: $A_{ZA'B} = k \cdot A_{ZAB}$.

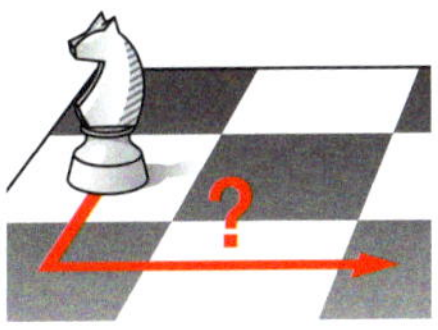

***Strategie:** Zurückführen auf etwas Bekanntes*

Dieses Ergebnis wird nun zur Begründung benutzt. In der nebenstehenden Figur wird das Dreieck ZAB durch eine zentrische Streckung mit dem Zentrum Z in das vergrößerte Dreieck ZA′B′ übergeführt.

Dabei gilt: $\overline{ZA'} = k \cdot \overline{ZA}$
$\overline{ZB'} = k \cdot \overline{ZB}$.

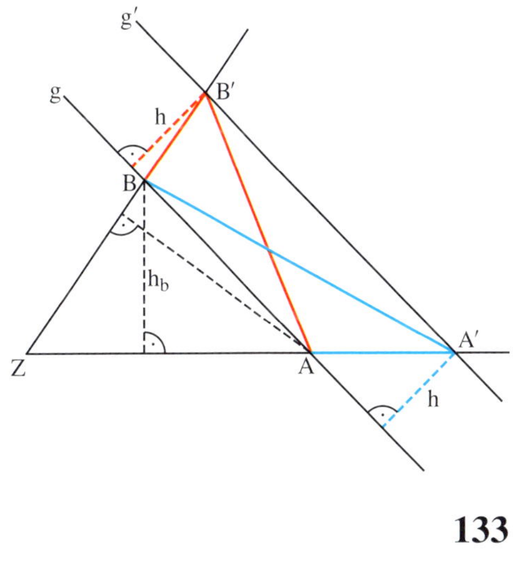

Entsprechend der Vorüberlegung haben die Dreiecke ZAB′ und ZA′B den gleichen Flächeninhalt, nämlich den k-fachen von Dreieck ZAB.
Somit sind auch die Teildreiecke AB′B und AA′B inhaltsgleich. Da diese die Seite [AB] gemeinsam haben, müssen daher die zugehörigen Höhen gleich lang sein. Das bedeutet aber, dass die Ecken A′ und B′ auf einer Parallelen zu AB liegen.
Also gilt: $g \parallel g'$.

Beispiel 1

Ein Dreieck ABC mit den Seiten $a = 5\,\text{cm}$, $b = 7\,\text{cm}$ und $c = 4\,\text{cm}$ soll durch eine zentrische Streckung in ein Dreieck $A'B'C'$ mit $c' = 3\,\text{cm}$ übergeführt werden.

a) Bestimme den Streckfaktor.

b) Berechne die übrigen Seitenlängen des Dreiecks $A'B'C'$.

c) Führe die Streckung zeichnerisch auf zwei Weisen durch. Wähle dazu zwei verschiedene Streckzentren und beschreibe kurz dein Vorgehen.

Lösung:

a) $c' = k \cdot c$, also $k = c' : c = \frac{3\,\text{cm}}{4\,\text{cm}} = \frac{3}{4}$

b) $b' = \frac{3}{4} \cdot 7\,\text{cm} = 5{,}25\,\text{cm}$ und $a' = \frac{3}{4} \cdot 5\,\text{cm} = 3{,}75\,\text{cm}$.

c) Das Dreieck ABC wird jeweils nach SSS konstruiert.

Tipp:
Es ist am geschicktesten, eine Ecke des Dreiecks als Zentrum zu wählen. Grundsätzlich ist aber jeder Punkt der Zeichenebene geeignet.

1. Möglichkeit

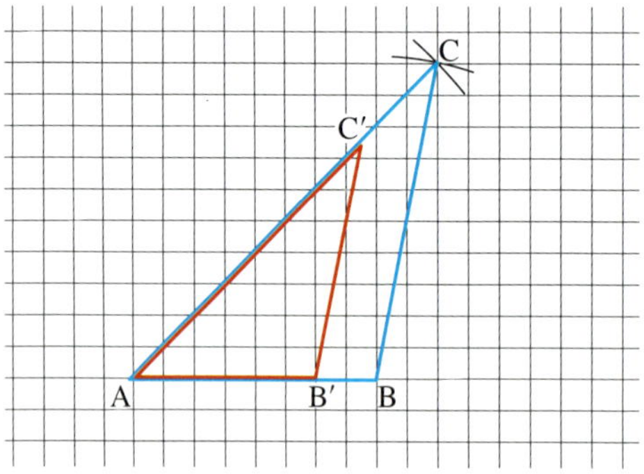

Zentrum ist A.
B′ liegt auf [AB] mit $\overline{AB'} = 3\,\text{cm}$.
C′ liegt 1. auf [AC]
2. auf der Parallelen zu BC durch B′.

2. Möglichkeit

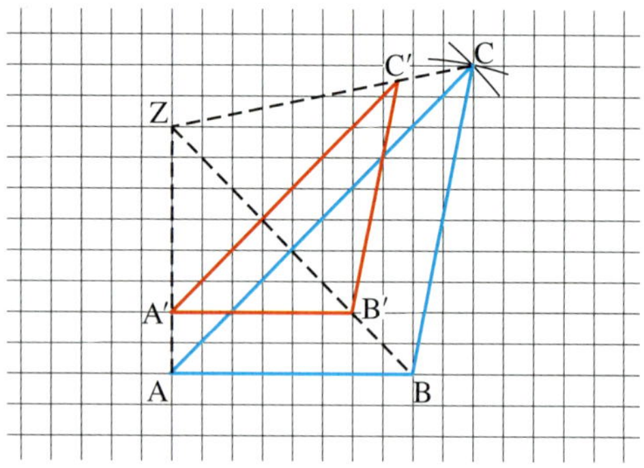

Zentrum ist Z mit $\overline{ZA} = 4\,\text{cm}$.
A′ liegt auf [ZA] mit $\overline{ZA'} = 3\,\text{cm}$.
B′ liegt 1. auf [ZB
2. auf der Parallelen zu AB durch A′
C′ liegt 1. auf [ZC
2. auf der Parallelen zu AC durch A′.

Beispiel 2

Das Viereck ABCD mit A (2 | 1), B (5 | 1), C (4 | 3) und D (2 | 3) wird vom Zentrum S (– 1 | 0) aus gestreckt. Dabei geht A in A′ (3,5 | 1,5) über. Trage die Punkte in ein Koordinatensystem ein und konstruiere das Viereck A′B′C′D′.
Beschreibe dein Vorgehen.

Erinnerung:
Konstruieren bedeutet, beim Zeichnen nur Zirkel und Lineal (Geodreieck) zu verwenden.

Lösung:

Der Punkt B′ bzw. D′ liegt
1. auf der Halbgeraden [SB bzw. [SD
2. auf der Parallelen zu AB bzw. AD durch A′.

Der Punkt C′ liegt
1. auf der Halbgeraden [SC
2. auf der Parallelen zu DC durch D′.

Konstruktion:

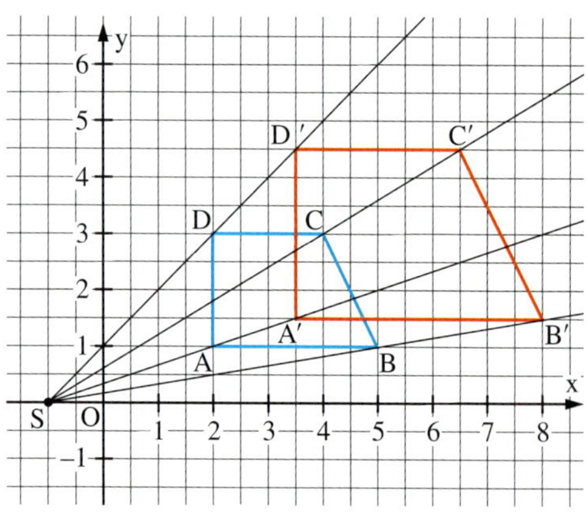

Aufgaben

2

Übertrage die Figur in dein Heft und vergrößere auf möglichst einfache Weise, ohne zu messen, im Maßstab 2 : 1.
Beschreibe dein Vorgehen.

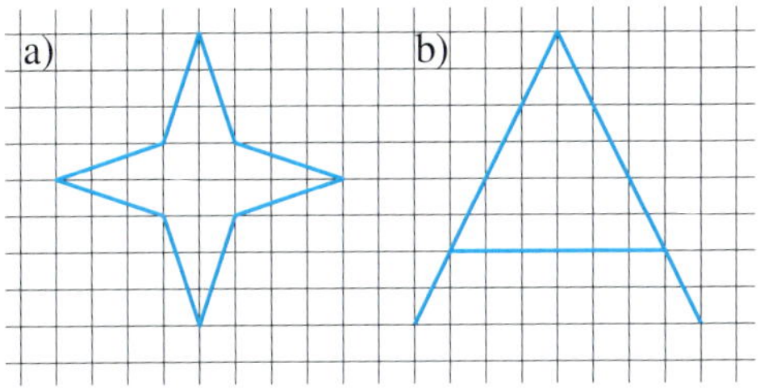

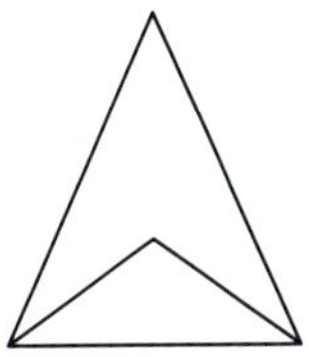

Leonie behauptet: Dies ist keine zentrische Streckung. Hat sie recht?

3

Zeichne ein unregelmäßiges Sechseck und vergrößere es um 150 %.
Vergleiche deine Vorgehensweise mit der deines Nachbarn bzw. deiner Nachbarin.
In welchem Maßstab wird vergrößert?
Um wie viel Prozent ist der Flächeninhalt des Sechsecks angewachsen?

4

Trage die Punkte A(−4 | 1,5), B(−3 | −5), C(3 | −3,5), D(6 | 0) und E(2 | 5,5) in ein Koordinatensystem ein.

a) Konstruiere zu dem Fünfeck ABCDE auf möglichst einfache Weise ein im Maßstab 1 : 2 verkleinertes Fünfeck. Beschreibe, wie du vorgehst.
b) Die Diagonalen [AC] und [BD] des Fünfecks ABCDE schneiden sich in einem Punkt S. Lies die Koordinaten von S näherungsweise aus der Zeichnung ab und berechne sie exakt.

Lösungssalat zu 9 (in der Einheit cm²):

5

In den beiden Figuren geht das kleine Quadrat aus dem großen durch eine zentrische Streckung hervor.

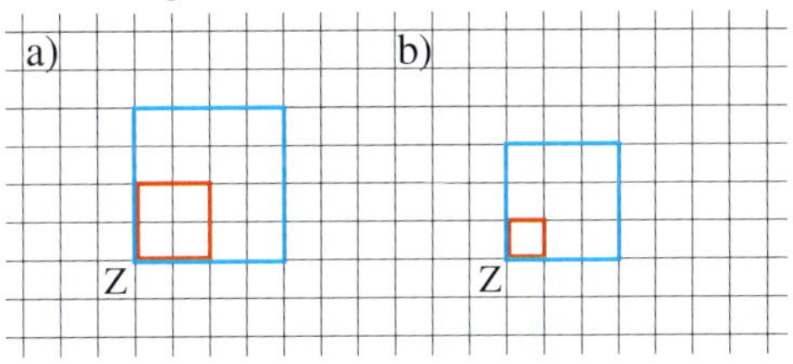

Bestimme jeweils den Streckfaktor und das Verhältnis der Flächeninhalte.

6

Zeichne ein Rechteck, das 7,5 cm lang und 3,4 cm breit ist. Vergrößere es durch eine zentrische Streckung so, dass seine Breite 4,7 cm misst.
Gib deine Lösungsschritte an.

7

Zentrische Streckungen führen

a) rechtwinklige Dreiecke in rechtwinklige Dreiecke
b) Rauten in Rauten
c) Kreise in Kreise

über. Begründe dies mit den Eigenschaften der zentrischen Streckung.

8

In der Figur ist k′ das Bild des Kreises k bei einer zentrischen Streckung.

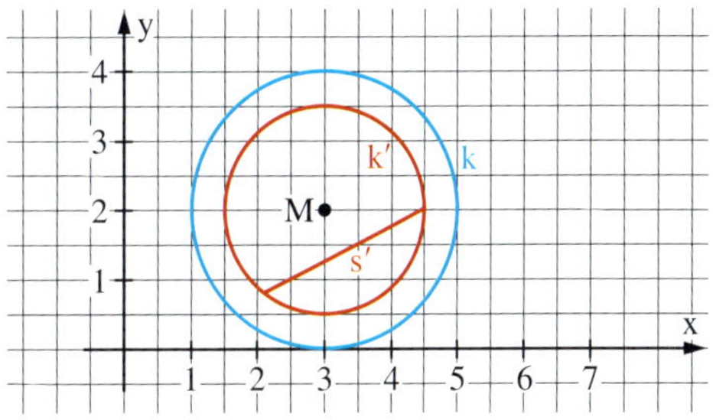

a) Gib die Koordinaten des Zentrums und den Streckfaktor an.
b) Wie verhalten sich die Flächeninhalte der Kreise k und k′ zueinander?
c) Übertrage die Figur in dein Heft und zeichne auf möglichst einfache Weise die Sehne s im Kreis k, deren Bildstrecke s′ ist. Begründe dein Vorgehen.

9

Ein Viereck mit dem Umfang $U = 20\,cm$ und dem Flächeninhalt $A = 22\,cm^2$ wird so zentrisch gestreckt, dass das Bildviereck den Umfang $U' = 1{,}5\,dm$ (280 mm; 0,08 m) besitzt. Bestimme den Flächeninhalt A′ des Bildvierecks.

10

Warum wird eine Tangente an einen Kreis k bei einer zentrischen Streckung in eine Tangente an den Bildkreis k′ übergeführt?

11

Übertrage in dein Heft und untersuche, ob das rote Viereck ein Bild des blauen Vierecks bei einer zentrischen Streckung sein kann. Gib gegebenenfalls Streckzentrum und Streckfaktor an.

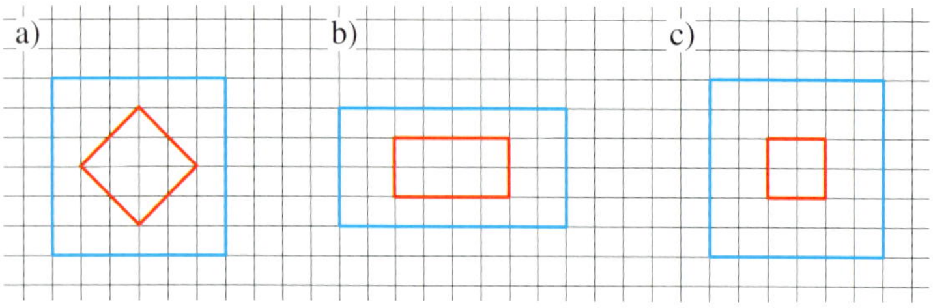

12

Ein Dreieck ABC mit $c = 4\,\text{cm}$, $\alpha = 60°$, $h_c = 3\,\text{cm}$ wird durch eine zentrische Streckung in ein Dreieck A′B′C′ mit dem Flächeninhalt $13{,}5\,\text{cm}^2$ übergeführt.
Wie groß sind c' und h_c' im Bilddreieck?

13

Das abgebildete Gerät heißt „Storchschnabel" oder „Pantograph". Mit ihm kann man Zeichnungen vergrößern.

Hinweis:
Eine Kopiervorlage zum Bau eines Storchschnabels befindet sich im Lösungen- und Materialien-Band.

Ein Storchschnabel lässt sich auch gut mit einem DGS simulieren.

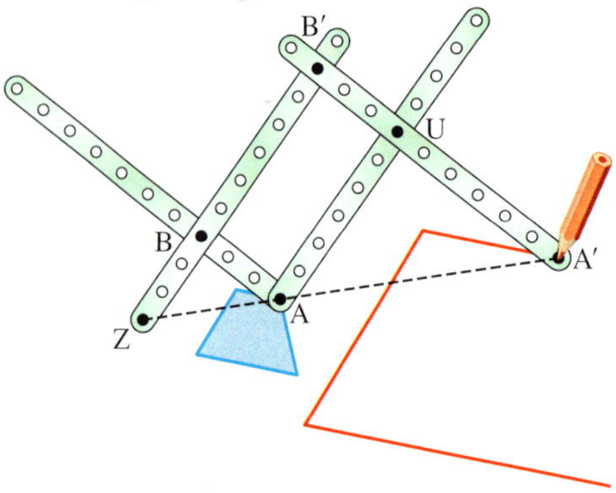

Die Lochstäbe sind drehbar verbunden. AB ist in jeder Lage parallel zu A′B′, und die Punkte Z, A und A′ liegen auf einer Geraden. Man hält das Gerät in Z auf dem Zeichenblatt fest und fährt mit A die Originalfigur ab. Dabei zeichnet der Stift in A′ ein Bild dieser Figur.

a) Mit welchem Streckfaktor k arbeitet der gezeichnete Storchschnabel?
b) Wie lässt sich k durch Versetzen der Schrauben in B und U ändern? Gib alle möglichen Streckfaktoren an.

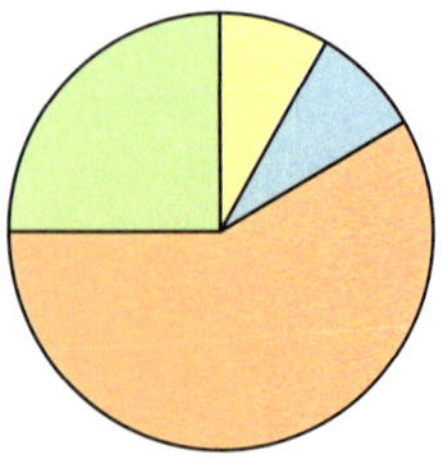

Ist bei der Erstellung von Kreisdiagrammen der Radius von Bedeutung?

14

Um für ein Sommerfest die Belegung des Schulhofs mit Ständen, Geräten usw. besser planen zu können, soll eure Klasse einen Plan eures Schulhofs in einem geeigneten Maßstab erstellen.
Wie geht ihr vor? Bildet dazu verschiedene Arbeitsgruppen.

15

Das Dreieck ABC mit $c = 8\,\text{cm}$, $h_c = 5\,\text{cm}$ wird durch eine zentrische Streckung zum Dreieck A′B′C′ vergrößert mit $a' = 10\,\text{cm}$ und $h_a' = 9\,\text{cm}$. Wie lang ist die Seite a des Dreiecks ABC?

16

Um Versuchsanordnungen besser sichtbar zu machen, verwendet man oft den Schattenwurf.

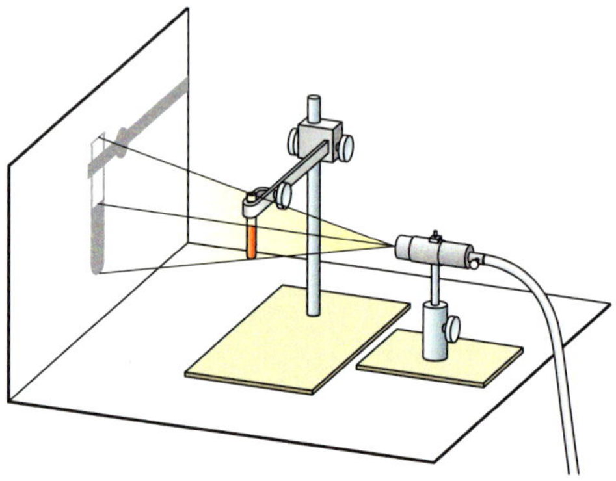

Wo muss man die Lichtquelle aufstellen, um einen 15 cm hohen Gegenstand, der 2,50 m von der Wand entfernt ist, so abzubilden, dass das Schattenbild 90 cm (60 cm) hoch ist?

G 17

„Jedes gleichseitige Dreieck hat zwei gleich große Winkel."
Formuliere den Kehrsatz in der Wenn-dann-Form und entscheide, ob er richtig ist. Begründe deine Antwort.

G 18

a) $2{,}5\,\text{ha} - 450\,\text{m}^2$ b) $78\,\text{hl} - 3\,\text{m}^3$
c) $480\,\text{mm}^3 + 1{,}3\,\text{cm}^3$ d) $1\,l - 1\,\text{cm}^3$
e) $6500\,l - 3{,}2\,\text{m}^3$ f) $1000\,\text{cm}^2 - 10\,\text{mm}^2$

2 Der Strahlensatz

1
Ein Maibaum wirft einen 15,50 m langen Schatten, der an ihm stehende Franz einen Schatten von 1 m Länge.
Kann man daraus auf die Höhe des Maibaums schließen, wenn man weiß, dass Franz 1,80 m groß ist?

2
Ein Flugzeug ist im gleichmäßigen Steigflug. Wenn es vom Abheben bei Punkt S aus 2000 m über Grund zurückgelegt hat, befindet es sich in 800 m Höhe.
Wie hoch ist es nach 3000 m Flugstrecke über Grund?

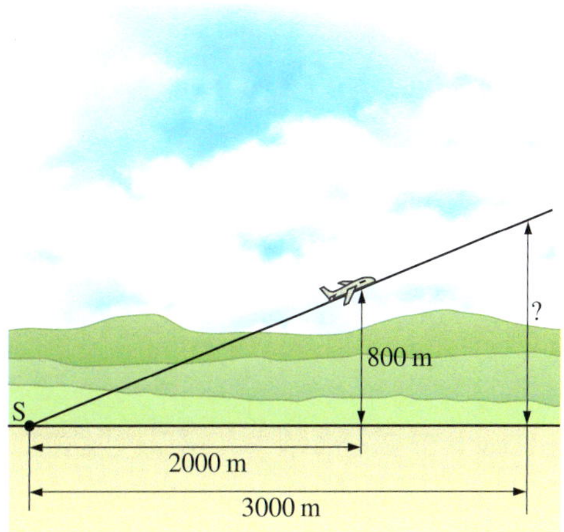

Eine passende DGS-Datei befindet sich im Internetauftritt.

3
Untersuche mit einem DGS Streckenverhältnisse an Geradenkreuzungen, die von parallelen Geraden geschnitten werden.

Bei praktischen Anwendungen und in der Geometrie selbst kommen oft Figuren vor, bei denen zwei Geraden (in den Figuren h_1 und h_2) parallel sind.
Mit Hilfe der zentrischen Streckung lässt sich für jede solche Figur zeigen, dass es Streckenverhältnisse gibt, die gleich sind.

Die abgebildeten Figuren nennt man V-Figur bzw. X-Figur.

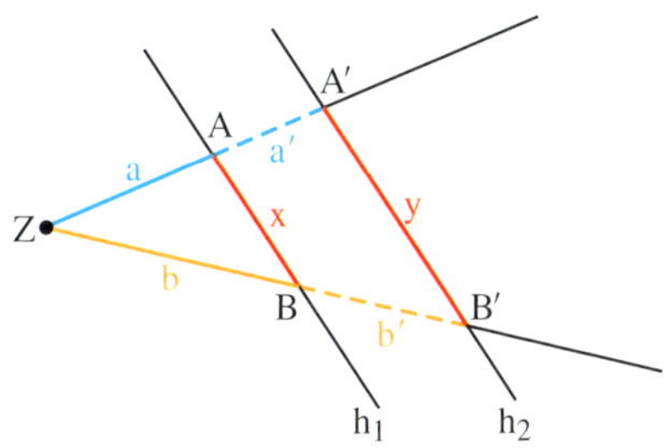

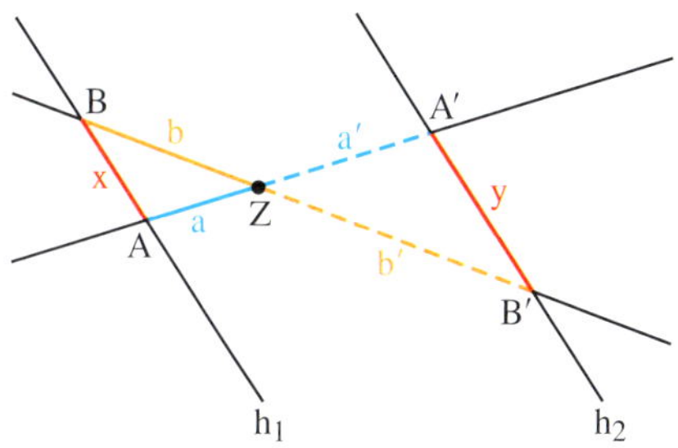

In der linken Figur kann man den Punkt A′ als Bildpunkt von A und wegen $h_1 \parallel h_2$ auch B′ als Bildpunkt von B bei einer zentrischen Streckung mit dem Zentrum Z und dem Streckfaktor $k = \overline{ZA'} : \overline{ZA} = \overline{ZB'} : \overline{ZB} = y : x$ auffassen.
Diese Streckenverhältnisse gelten ebenso für die rechte Figur: Man kann sie aus der linken Figur entstanden denken, indem man das Dreieck ZBA am Punkt Z spiegelt.

Deshalb gilt für die linke bzw. rechte Figur:

Erinnerung:
$\frac{p+q}{p} = \frac{p}{p} + \frac{q}{p} = 1 + \frac{q}{p}$

	linke Figur	rechte Figur
	$\frac{a+a'}{a} = \frac{b+b'}{b} = \frac{y}{x}$ (1)	$\frac{a'}{a} = \frac{b'}{b} = \frac{y}{x}$ (1)
Daraus folgt:	$1 + \frac{a'}{a} = 1 + \frac{b'}{b}$	$\frac{a'}{a} + 1 = \frac{b'}{b} + 1,$
also	$\frac{a'}{a} = \frac{b'}{b}$ (2)	$\frac{a'+a}{a} = \frac{b'+b}{b}.$ (2)

Aus der Gleichung (2) für die linke Figur bzw. (1) für die rechte Figur lässt sich die Gleichheit eines weiteren Streckenverhältnisses herleiten, wenn man jeweils die Kehrbrüche bildet und umformt:

Erinnerung:
Äquivalenzumformung: auf beiden Seiten der Gleichung wird die gleiche Zahl addiert.

Es ist dann $\frac{a}{a'} = \frac{b}{b'}$ $\qquad$ $\frac{a}{a'} = \frac{b}{b'}$

und somit $\frac{a}{a'} + 1 = \frac{b}{b'} + 1$ $\qquad$ $\frac{a}{a'} + 1 = \frac{b}{b'} + 1,$

also gilt $\frac{a + a'}{a'} = \frac{b + b'}{b'}$ (2′) $\qquad$ $\frac{a + a'}{a'} = \frac{b + b'}{b'}.$ (2′)

Die Ergebnisse (1), (2) und (2′) werden im Strahlensatz zusammengefasst:

Strahlensatz:
Werden zwei Geraden, die sich in einem Punkt Z schneiden, von zwei Parallelen (außerhalb von Z) geschnitten, so verhalten sich

1. je zwei Abschnitte auf der einen Geraden wie die entsprechenden Abschnitte auf der anderen Geraden,

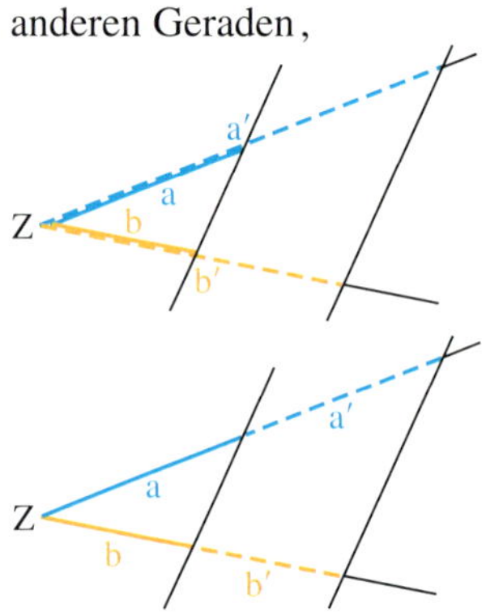

$\frac{a}{a'} = \frac{b}{b'}$

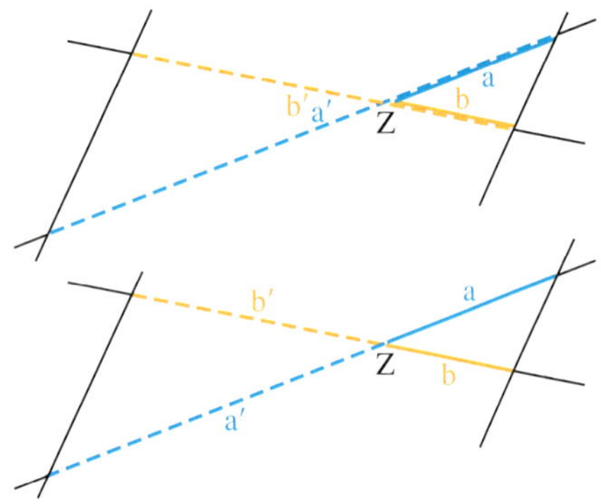

2. die Abschnitte auf den Parallelen wie die von Z aus gemessenen entsprechenden Abschnitte auf der einen Geraden (bzw. auf der anderen Geraden).

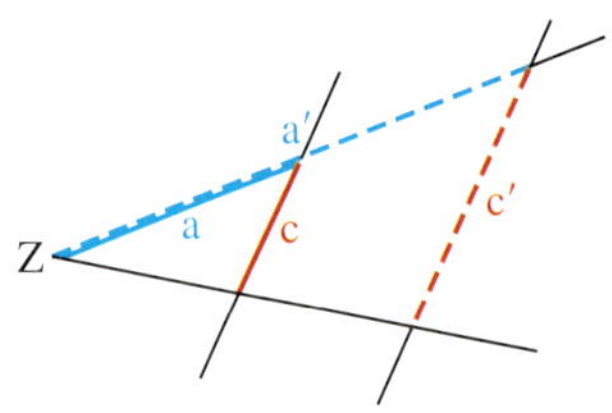

$\frac{a}{a'} = \frac{c}{c'}$

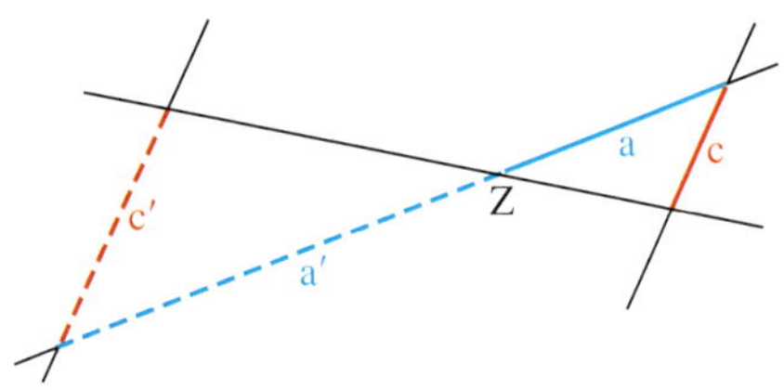

Beispiel 1
Berechne für die nebenstehende Strahlensatzfigur die Längen u und b, wenn $x = 3\,\text{cm}$, $y = 1{,}5\,\text{cm}$, $v = 2{,}5\,\text{cm}$ und $a = 4\,\text{cm}$.

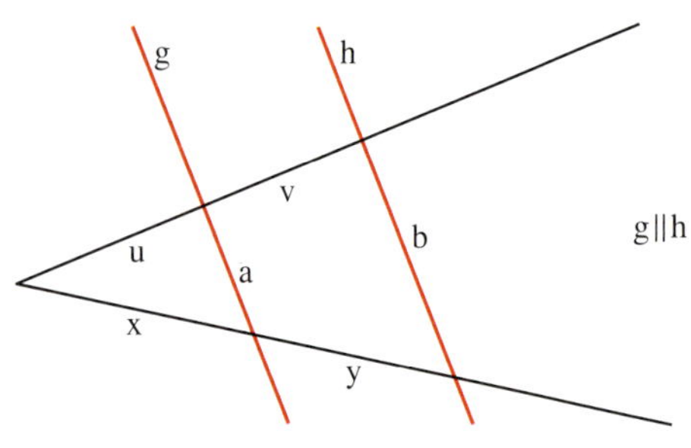

Lösung:

$\frac{u}{v} = \frac{x}{y} \;\Rightarrow\; u = \frac{x \cdot v}{y} = \frac{3\,\text{cm} \cdot 2{,}5\,\text{cm}}{1{,}5\,\text{cm}} = 5\,\text{cm}$

Die Gleichung wird mit a multipliziert.

$\frac{b}{a} = \frac{x + y}{x} \;\Rightarrow\; b = \frac{(x + y) \cdot a}{x} = \frac{4{,}5\,\text{cm} \cdot 4\,\text{cm}}{3\,\text{cm}}$

$= 6\,\text{cm}$

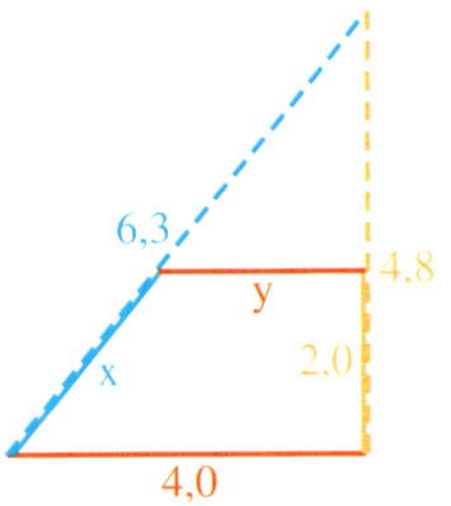

Beispiel 2

In dem Dachgebälk mit den in der Figur angegebenen Maßen wird ein horizontaler Querbalken in der Höhe 2,0 m eingezogen.
Welche Länge hat die Strecke x?
Wie lang ist der Querbalken?
Wie gehst du vor?

Lösung:
Eine „Hälfte" des Gebälks wird als Strahlensatzfigur betrachtet. Dann gilt:

$$\frac{x}{6{,}3\,\text{m}} = \frac{2{,}0\,\text{m}}{4{,}8\,\text{m}},$$

also $x = \frac{2{,}0\,\text{m} \cdot 6{,}3\,\text{m}}{4{,}8\,\text{m}} = 2{,}625\,\text{m} \approx 2{,}6\,\text{m}$

Die Strecke x ist ca. 2,6 m lang.

$$\frac{y}{4{,}0\,\text{m}} = \frac{2{,}8\,\text{m}}{4{,}8\,\text{m}},$$

also $y = \frac{2{,}8\,\text{m} \cdot 4{,}0\,\text{m}}{4{,}8\,\text{m}} = 2{,}\overline{3}\,\text{m}$

Der Querbalken ist ca. 4,7 m lang.

Beispiel 3

Tipp:
Da alle Größen in der gleichen Längeneinheit gegeben sind, können zur Vereinfachung auch in der Rechnung die Größeneinheiten weggelassen werden.

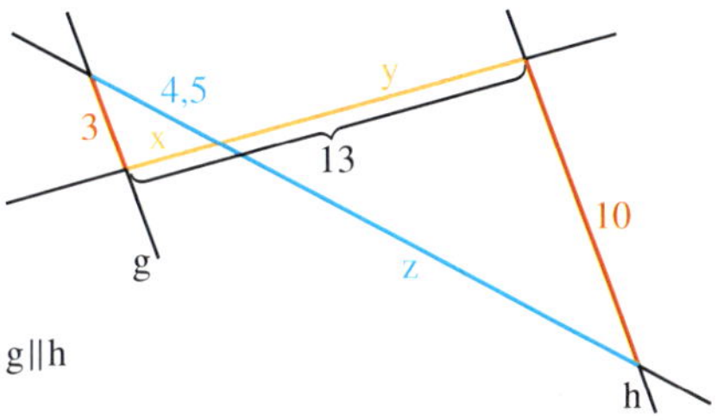

g||h

In der Figur ist g||h. Die angegebenen Streckenlängen sind in der gleichen Längeneinheit gemessen.
Berechne die Längen der Strecken x, y, z.

Lösung:

$$\frac{x}{y} = \frac{3}{10}$$

Mit $x + y = 13$ folgt $y = 13 - x$
und somit

$$\frac{x}{13 - x} = \frac{3}{10} \qquad | \cdot 10\,(13 - x)$$

$$10x = 3(13 - x)$$

$$13x = 39,$$

also $x = 3$ und $y = 10$.

$$\frac{z}{4{,}5} = \frac{10}{3},$$

also $z = \frac{4{,}5 \cdot 10}{3} = 15$

Aufgaben

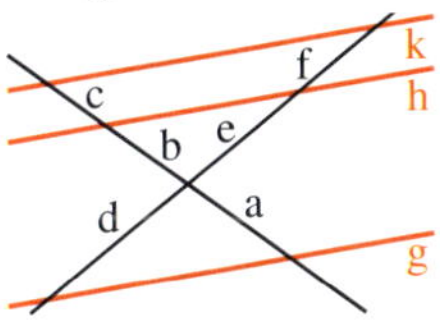

Lösungssalat zu 5:

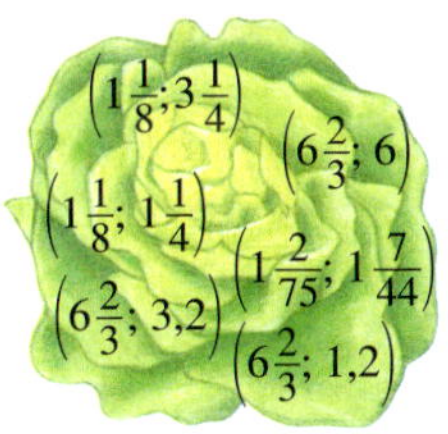

4

In der Zeichnung ist g||h||k.
Notiere die Gleichung im Heft und ergänze sie.

a) $\frac{b}{c} = \frac{\triangle}{\square}$
b) $\frac{f}{e} = \frac{\triangle}{\square}$
c) $\frac{d}{e} = \frac{\triangle}{\square}$
d) $\frac{b}{a} = \frac{\triangle}{\square}$
e) $\frac{e+f}{e} = \frac{\triangle}{\square}$
f) $\frac{\triangle}{b+c} = \frac{f}{\square}$
g) $\frac{d}{e+f} = \frac{\triangle}{\square}$
h) $\frac{b}{\triangle} = \frac{\square}{d+e}$
i) $\frac{a}{\triangle} = \frac{\square}{e+f}$
k) $\frac{b+c}{\triangle} = \frac{\square}{e}$
l) $\frac{f}{d} = \frac{\triangle}{\square}$
m) $\frac{\triangle}{a+c} = \frac{e}{\square}$

5

Die in der Tabelle angegebenen Strecken a, a', …, y beziehen sich auf die Figuren auf Seite 137.
Ihre Längen sind in der gleichen Einheit gemessen.
Berechne jeweils die fehlenden Stücke und prüfe, ob die rechnerischen Ergebnisse geometrisch sinnvoll sind.

	a	a'	b	b'	x	y
a)	3	4	5			14
b)		4	5	3	2	
c)	$\frac{7}{10}$		1,5	$2\frac{1}{5}$		1,7
d)	2,4	$\frac{3}{2}$	1,8		2	

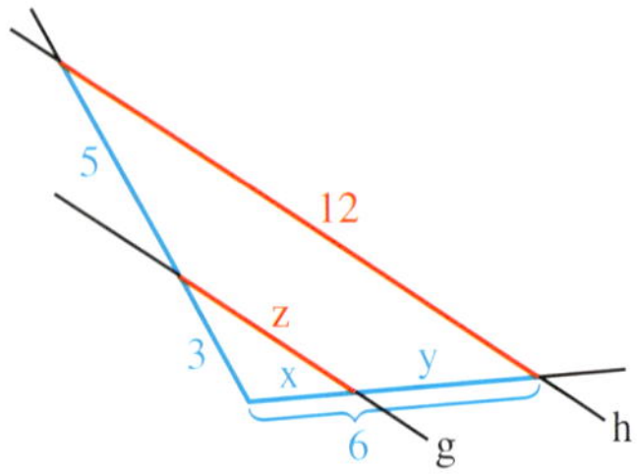

6

In den folgenden Figuren ist jeweils $g \parallel h$.
Berechne die fehlenden Längen.

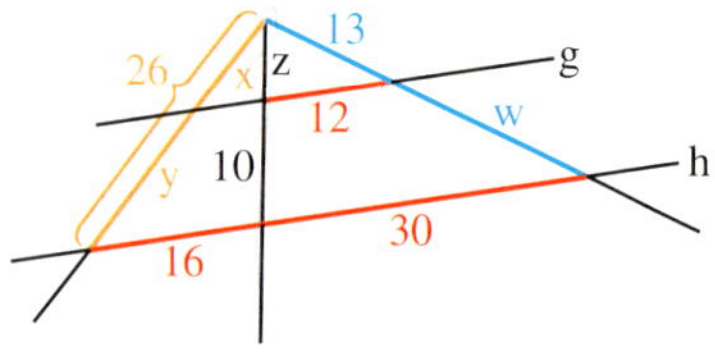

7

Wie hoch ist ein Baum, der einen 25 m langen Schatten wirft, wenn gleichzeitig der Schatten eines 1,80 m großen Wanderers 1,50 m lang ist?

8

Eine Erbse von 6 mm Durchmesser verdeckt gerade den Vollmond, wenn man sie 66 cm vom Auge entfernt hält. Berechne den Mondradius, wenn die Entfernung zum Mond mit 384 000 km anzunehmen ist. Probiere selbst mit verschiedenen Gegenständen und berechne.

9

In der Zeichnung ist $g \parallel h$. Bestimme möglichst viele gleiche Längenverhältnisse.

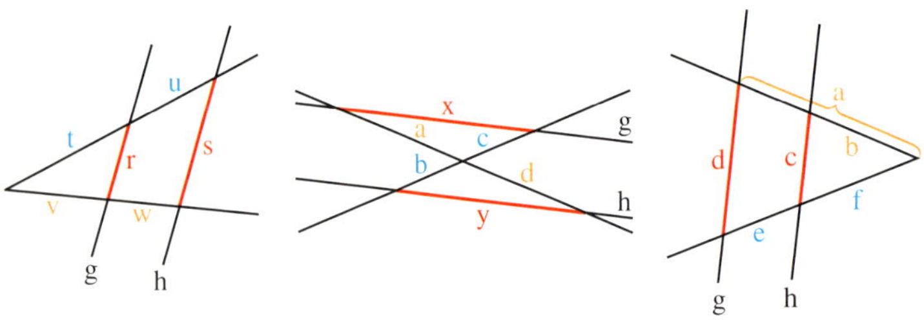

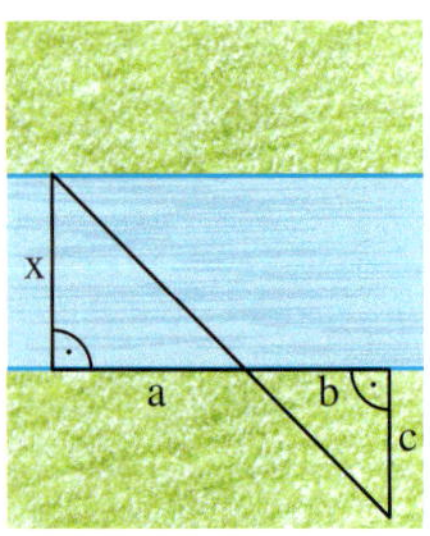

10

a) Beschreibe und begründe anhand der Figur, wie man die Breite eines Flusses bestimmen kann.

b) Berechne die Breite für $a = 75\,\text{m}$, $b = 55\,\text{m}$, $c = 22\,\text{m}$.

c) Warum wird das Verfahren besonders einfach, wenn man $a = b$ oder $a = 2b$ wählt?

d) Wie lässt sich das Verfahren abwandeln? Erläutere deinen Vorschlag.

11

Mit einer „Messlehre“ bestimmt man die Durchmesser dünner Drähte.

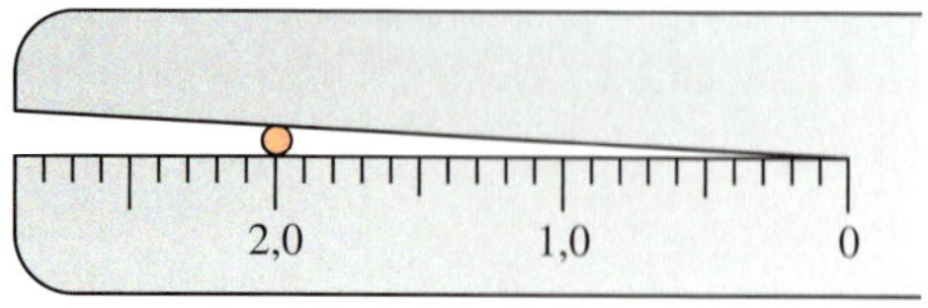

Baue mit Hilfe von Pappstreifen oder Holzleisten eine solche Lehre und beschrifte sie mit einer passenden Ableseskala.

12

Die beiden Figuren zeigen zwei Verfahren, wie man bei gegebenen Strecken a, b, c eine vierte Strecke der Länge x konstruieren kann, so dass $a : b = c : x$.

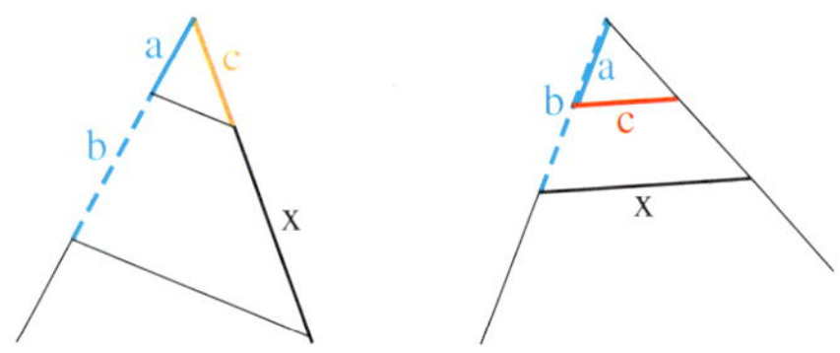

a) Beschreibe und begründe die Konstruktionen.

b) Konstruiere x möglichst einfach:
$3 : x = 2 : 5$; $3 : 5 = x : 7$; $x : 4 = 4 : 5$.

13

Die Figur zeigt ein Gerät, mit dem Forstleute Baumhöhen bestimmen. Es besteht aus zwei zueinander senkrechten Stäben, von denen der eine verschoben werden kann.

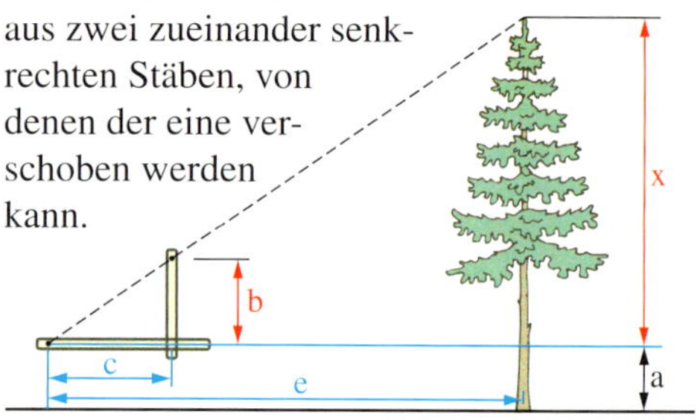

a) Beschreibe, wie damit gemessen wird.

b) Bestimme die Baumhöhe für $a = 1{,}6\,\text{m}$ (Augenhöhe), $b = 20\,\text{cm}$, $c = 24\,\text{cm}$ und $e = 20\,\text{m}$ (20 cm; 16 cm; 15 m).

c) Bestimmt auf entsprechende Weise die Höhe eures Schulhauses, Kirchturms, Stadtturms etc.
Recherchiert die wahre Größe und gebt die Abweichung in Prozent an.

Aufgaben 14, 19 und 20 für DGS-Einsatz geeignet.

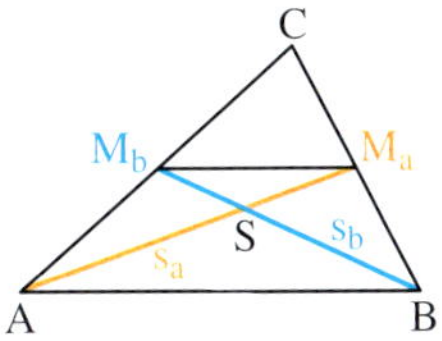

14

Im Dreieck ABC sind M_a bzw. M_b die Mitten der Seiten a bzw. b.

a) Begründe: $M_aM_b \parallel AB$.

b) Warum gilt $\overline{AB} = 2 \cdot \overline{M_aM_b}$?

c) Zeige: $\overline{SA} : \overline{SM_a} = 2:1$ bzw. $\overline{SB} : \overline{SM_b} = 2:1$.

d) Fasse die in a) – c) begründeten Aussagen jeweils in Worte.

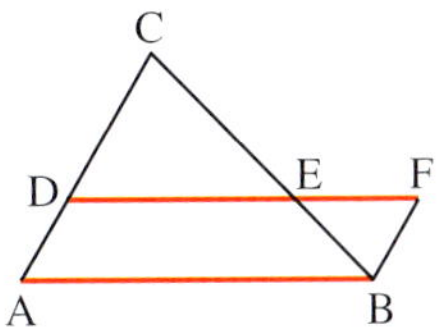

15

In der nebenstehenden Figur gilt: $AB \parallel DF$ und $AC \parallel BF$.

a) Berechne $\overline{AB}$ und $\overline{DE}$ für $\overline{AD} = 2\,\text{cm}$, $\overline{DC} = 5\,\text{cm}$, $\overline{EF} = 3\,\text{cm}$.

b) Berechne $\overline{BE}$, $\overline{BF}$ und $\overline{AB}$ für $\overline{DC} = 10\,\text{cm}$, $\overline{DE} = 5\,\text{cm}$, $\overline{EC} = 8\,\text{cm}$ und $\overline{EF} = 2\,\text{cm}$.

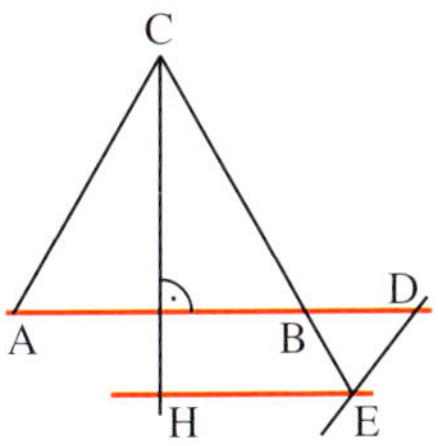

16

Berechne die Länge der Strecke [HE] in der Figur, wenn $\overline{AB} = 6\,\text{cm}$, $\overline{AC} = \overline{BC} = 12\,\text{cm}$, $\overline{BD} = 2{,}4\,\text{cm}$ sowie $DE \parallel AC$ und $HE \parallel AB$ gilt.

Wie hätte man die Aufgabe auch ohne Verwendung des Strahlensatzes lösen können?

Die hier gemachte Beobachtung kann auch gut mit einem DGS nachvollzogen werden.

17 Satz von Menelaos

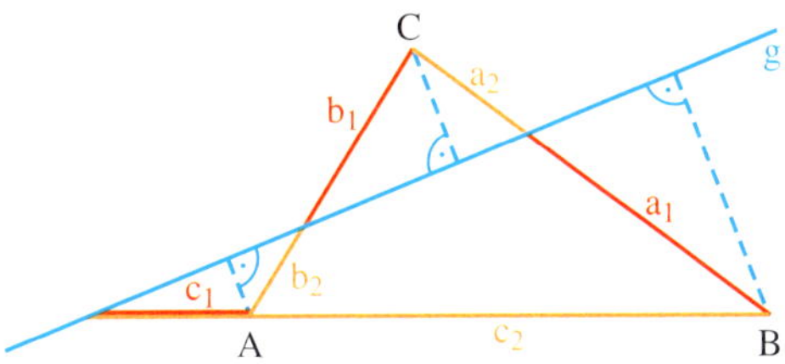

In der Figur ist g eine beliebige Gerade, welche die Seiten des ΔABC oder deren Verlängerung schneidet und durch keine Dreiecksecke geht. Dann gilt der Satz von Menelaos (mit den Bezeichnungen in der Figur):

$$\frac{a_1}{a_2} \cdot \frac{b_1}{b_2} \cdot \frac{c_1}{c_2} = 1.$$

(Anleitung: Betrachte die Lote auf g; verwende den Strahlensatz.)

Menelaos (um 100 n. Chr.): griech. Mathematiker

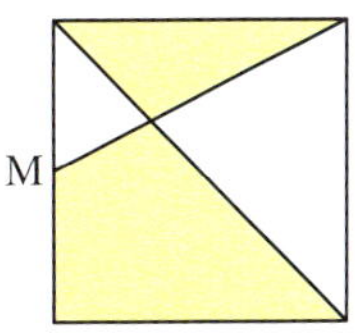

*18

In dem auf der Randspalte abgebildeten Quadrat ist der Punkt M die Mitte der Seite. Welchen Anteil an der Fläche des Quadrats hat die gelb gefärbte Fläche?

19

Verbindet man in einem Parallelogramm ABCD die Seitenmitte von [AB] mit C und die Seitenmitte von [CD] mit A, so teilen diese Verbindungsgeraden die Diagonale [BD] in drei gleich lange Teile. Zeichne eine Figur und begründe mit dem Strahlensatz.

20

Die Figur zeigt, wie man mit Hilfe von Mittelpunktsstrahl und achsenparallelem Strahl Lage und Größe des Bildes konstruieren kann, das durch eine Sammellinse von einem Gegenstand erzeugt wird.

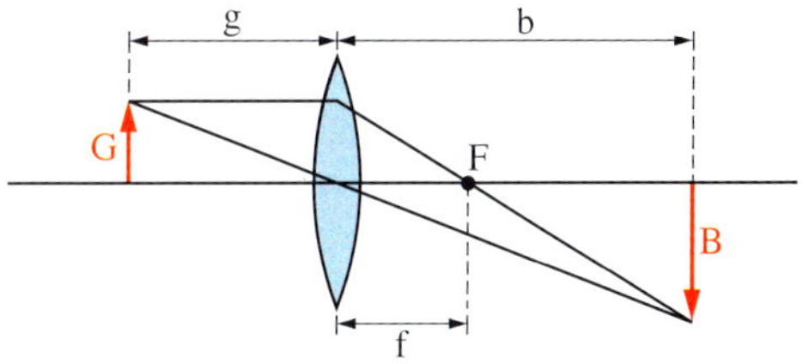

a) Welche Beziehung besteht zwischen G (Gegenstandsgröße), B (Bildgröße), g (Gegenstandsweite) und b (Bildweite)?

b) Leite die „Linsengleichung“ her:
$$\frac{1}{g} + \frac{1}{b} = \frac{1}{f}$$
(f bezeichnet darin die Brennweite.)

21

Schließt man abwechselnd das linke und rechte Auge, so macht der mit ausgestrecktem Arm aufrecht gehaltene Daumen scheinbar im Gelände einen Sprung.

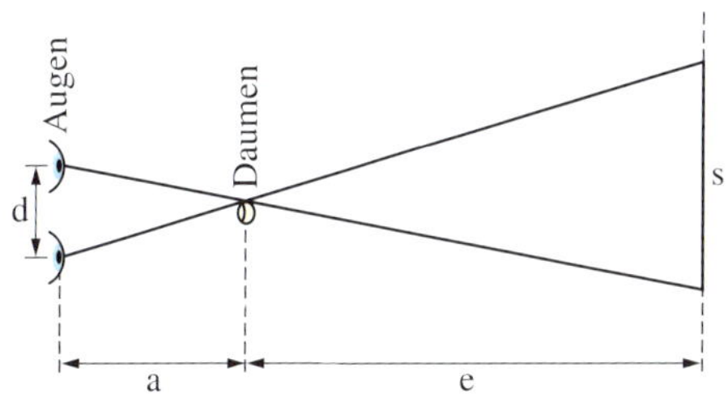

a) Welche Beziehung besteht zwischen der Armlänge a, dem Augenabstand d, der Entfernung e und der Streckenlänge s?

b) Cora hat die Armlänge 70 cm und den Augenabstand 6,4 cm. Sie schätzt bei einer Mauer die „Sprungstrecke“ s auf 5 m. Wie weit ist Cora von der Mauer entfernt, wenn die Schätzung stimmt?

Zu den Aufgaben 22 bis 24:
Wie jeden mathematischen Satz kann man auch den Strahlensatz in die „Wenn – dann-Form“ bringen. Er lautet dann (verkürzt):
„Wenn zwei Geraden g_1 und g_2 mit gemeinsamem Punkt Z von zwei Parallelen geschnitten werden, dann verhalten sich …… .“

Durch Vertauschen von Voraussetzung (Wenn-Teil) und Behauptung (Dann-Teil) erhält man den **Kehrsatz**:

„Wenn (bei einer V- bzw. X-Figur) je zwei Abschnitte auf g_1 sich wie die entsprechenden Abschnitte auf g_2 verhalten, dann sind die Geraden h_1 und h_2 zueinander parallel.“

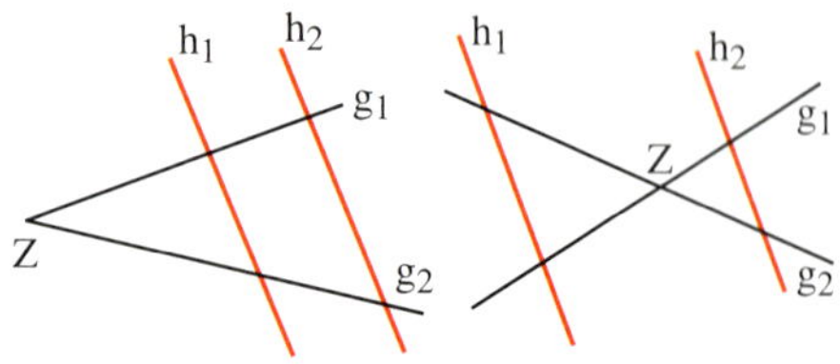

Dieser Kehrsatz ist richtig.
Dagegen gilt die Umkehrung des 2. Teils des Strahlensatzes, der sich auf die Abschnitte auf den Parallelen bezieht, nicht ohne zusätzliche Forderungen. Vergleiche dazu Aufgabe 23.

(I)

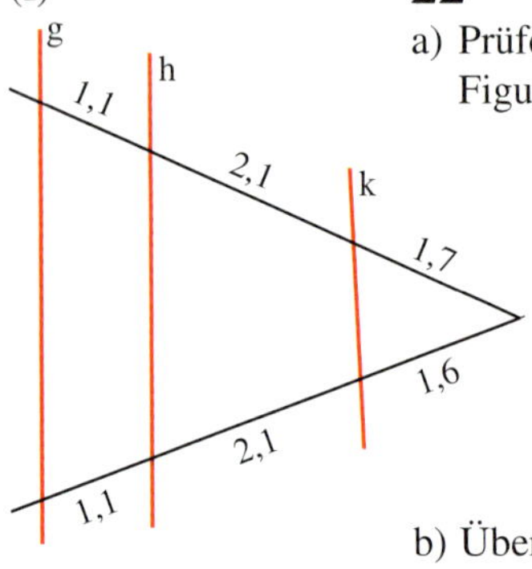

22

a) Prüfe rechnerisch, welche Geraden in der Figur parallel sind.

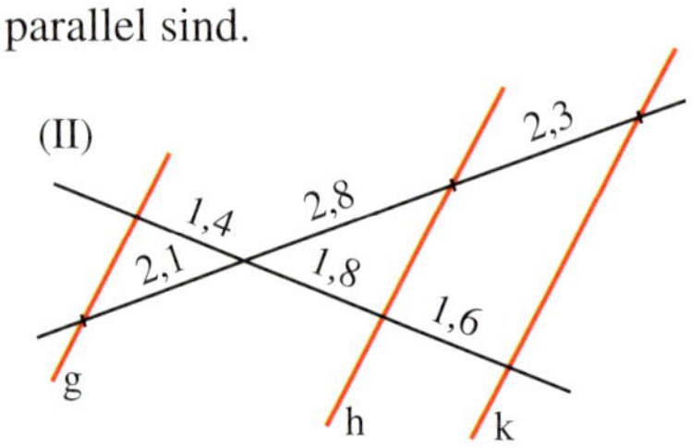

b) Überlege dir selbst Zahlenwerte und stelle eine entsprechende Aufgabe deinem Nachbarn.

23

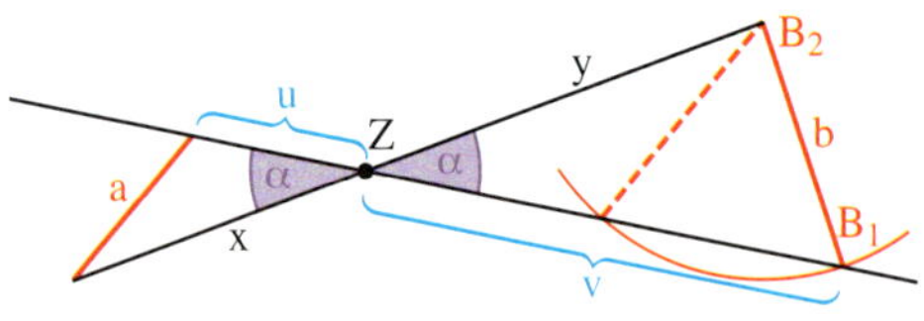

a) Fertige eine entsprechende Figur für $\alpha = 30°$, $x = 3\,\text{cm}$, $y = 4{,}5\,\text{cm}$, $a = 1{,}8\,\text{cm}$, $b = 2{,}7\,\text{cm}$ an. Warum ist ΔZB_1B_2 nicht eindeutig zu konstruieren?

b) Vergleiche die Verhältnisse $a:b$ und $x:y$. Welche Bedingung muss zusätzlich erfüllt sein, damit $a \parallel b$?

24

Im Parallelogramm ABCD ist der Punkt M der Mittelpunkt der Seite [DC].

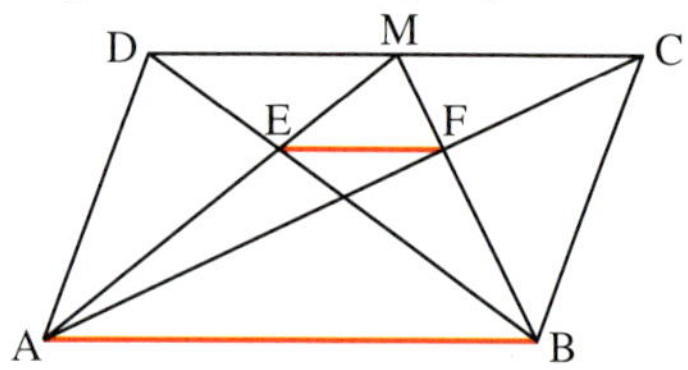

a) Begründe, dass $EF \parallel AB$ ist.
(Hinweis: Verwende die Umkehrung des Strahlensatzes.)

b) Berechne das Verhältnis $\overline{AB}:\overline{EF}$.

G 25

Die 11 Spieler einer Fußballmannschaft stellen sich in zufälliger Reihenfolge für ein Foto nebeneinander auf.

a) Wie viele verschiedene Möglichkeiten gibt es?

b) Wie viele verschiedene Möglichkeiten gibt es, wenn der Torwart in der Mitte stehen soll?

c) Mit welcher Wahrscheinlichkeit steht der Torwart zufällig in der Mitte?

G 26

Berechne.

$$\left(1-\frac{1}{2}\right)\cdot\left(1-\frac{1}{3}\right)\cdot\left(1-\frac{1}{4}\right)\cdot\ \ldots\ \cdot\left(1-\frac{1}{n}\right)$$

3 Ähnliche Figuren

1
Alle weißen „Rochen" in der Grafik von M. C. Escher sehen sich „ähnlich". Sie unterscheiden sich nur in der Größe.
Wie kann man aus dem blau umrandeten Rochen den rot umrandeten erzeugen? Miss bei beiden Rochen die Länge vom Kopf bis zur Schwanzspitze und bestimme einen Näherungswert für den benötigten Streckfaktor.

Figuren haben die „gleiche Form", wenn man sie durch zentrische Streckungen deckungsgleich machen kann. Man definiert daher:

Das Zeichen ~ war ursprünglich ein liegendes s, von ***similis*** *(lat.): ähnlich.*

> Figuren F und G nennt man zueinander **ähnlich** (in Zeichen: F ~ G), wenn man F durch eine zentrische Streckung so vergrößern oder verkleinern kann, dass das Bild F′ zu G kongruent ist.

Beachte: Nach dieser Definition sind insbesondere kongruente Figuren stets ähnlich.

Aus den Eigenschaften von Originalfigur und Bildfigur bei zentrischen Streckungen (vergl. Seite 133) ergibt sich unmittelbar der

> **Satz:**
> Für ähnliche Figuren F und G gilt:
> – entsprechende Strecken haben das gleiche Längenverhältnis,
> – entsprechende Winkel sind gleich groß.
> – Sind die Seitenlängen der Figur G k-mal so lang wie die von F, so ist der Flächeninhalt von G k^2-mal so groß wie der von F.
>
> 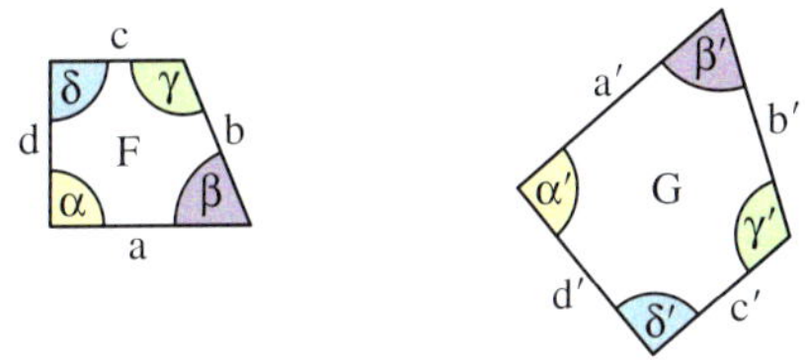
>
>
> Längen: $a':a = b':b = c':c = \ldots = k$
> Winkel: $\alpha' = \alpha$; $\beta' = \beta$; $\gamma' = \gamma$; …
> Flächeninhalte: $A_G = k^2 \cdot A_F$

Beispiel 1
In den ähnlichen Vierecken F und G entsprechen sich die Seiten b und f, wobei $b = 2\,\text{cm}$ und $f = 32\,\text{mm}$ lang ist.
a) Gib die Längenverhältnisse von einander entsprechenden Seiten an.
b) Welchen Flächeninhalt hat G, wenn $A_F = 1{,}8\,\text{cm}^2$ ist?

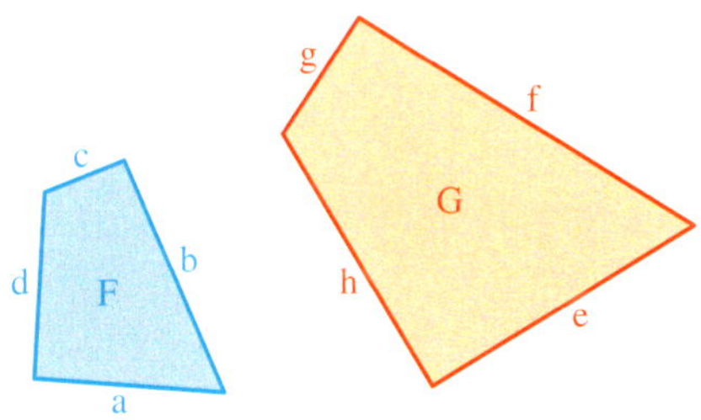

Lösung:
a) Es ist $\frac{f}{b} = \frac{32\,\text{mm}}{2\,\text{cm}} = 1{,}6$; also gilt $\frac{e}{a} = \frac{g}{c} = \frac{h}{d} = 1{,}6$.
b) $A_G = 1{,}6^2 \cdot A_F = 2{,}56 \cdot 1{,}8\,\text{cm}^2 = 4{,}608\,\text{cm}^2 \approx 4{,}6\,\text{cm}^2$.

Beispiel 2

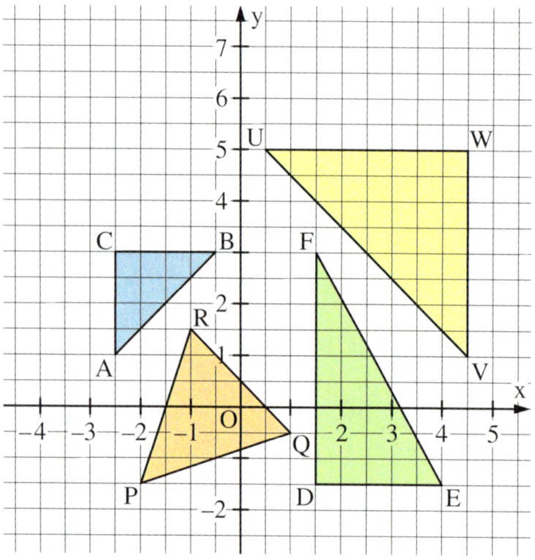

a) Warum können die Dreiecke DEF und PQR nicht zum Dreieck ABC ähnlich sein?

b) Beschreibe, wie sich durch zentrisches Strecken und Spiegeln das Dreieck ABC in das ähnliche Dreieck UVW überführen lässt.

Lösung:

a) Dreieck ABC ist rechtwinklig und gleichschenklig. Dreieck PQR hat keinen rechten Winkel, Dreieck DEF ist nicht gleichschenklig.

b) Streckt man Dreieck ABC vom Zentrum $S(-0{,}5 \mid 1)$ aus mit dem Streckfaktor $k = 2$ und spiegelt anschließend das Zwischenbild an der y-Achse, so erhält man das Dreieck UVW.

Beispiel 3

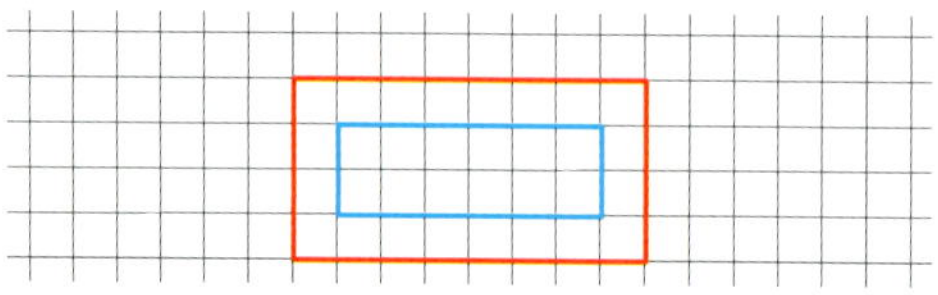

Untersuche, ob das rote und das blaue Rechteck in der Figur zueinander ähnlich sind.
Begründe dein Ergebnis.
Fertige gegebenenfalls eine geeignete Skizze an.

Lösung:
Die beiden Rechtecke sind nicht ähnlich.

1. Möglichkeit:
   Das blaue Rechteck lässt sich nicht durch eine zentrische Streckung zum roten vergrößern: Länge bzw. Breite müssten mit verschiedenen Faktoren $(k = \frac{4}{3}$ bzw. $k = 2)$ gestreckt werden.
2. Möglichkeit:

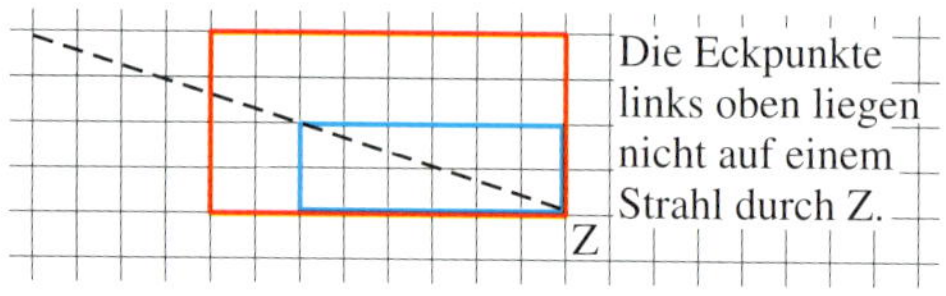

Aufgaben

2
Wo sind dir im Alltag geometrische Figuren begegnet, die ähnlich sind? Du kannst auch Gegenstände nennen, deren Umrisse oder Querschnitte ähnlich sind.
Beschreibe deine Beobachtungen, gegebenenfalls mit Hilfe von Skizzen.

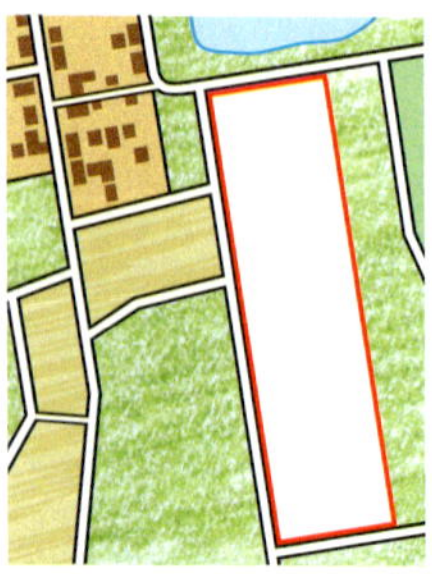

3
Ein Grundstück erscheint auf der abgebildeten Landkarte (Maßstab 1 : 10000) als 3 cm langes und 8 mm breites Rechteck.
Berechne die Seitenlängen und den Flächeninhalt des Grundstücks in Wirklichkeit.

4
Begründe oder widerlege, dass folgende Figuren stets ähnlich sind:

a) zwei gleichseitige Dreiecke,

b) zwei Quadrate,

c) zwei Rauten.

d) Beschreibe selbst Figuren, für die dein Nachbar bzw. deine Nachbarin entsprechend entscheiden soll.

5
Das Wort „ähnlich" kommt im deutschen Sprachgebrauch auch außerhalb der Mathematik vor. Nenne mehrere typische Beispiele und erläutere die unterschiedliche Verwendung im Vergleich zur Geometrie.

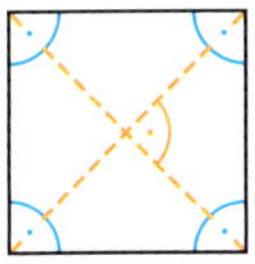

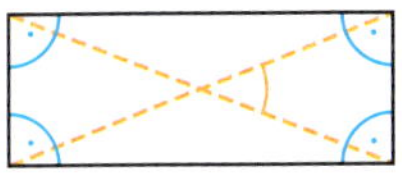

6
Begründe auf zwei unterschiedliche Weisen, dass das Quadrat und das Rechteck (siehe Randspalte) nicht zueinander ähnlich sind.

7
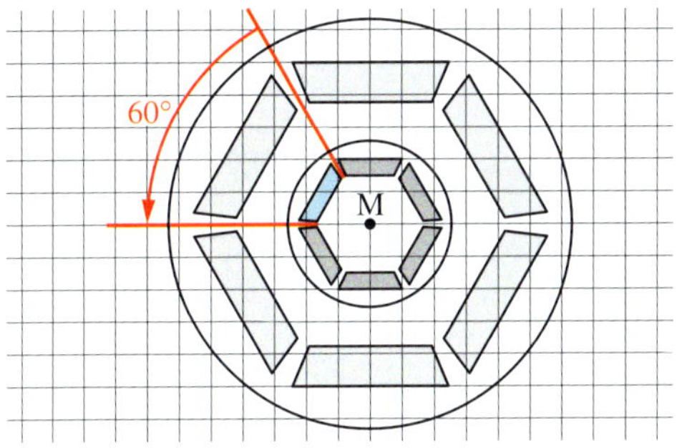

a) Durch welche Spiegelungen kann man in der Figur aus dem blau gezeichneten Trapez nach und nach das ganze innere Muster erzeugen?
b) Welche zentrische Streckung ist noch nötig, um aus dem blauen Trapez das ganze äußere Muster zu erzeugen?

8
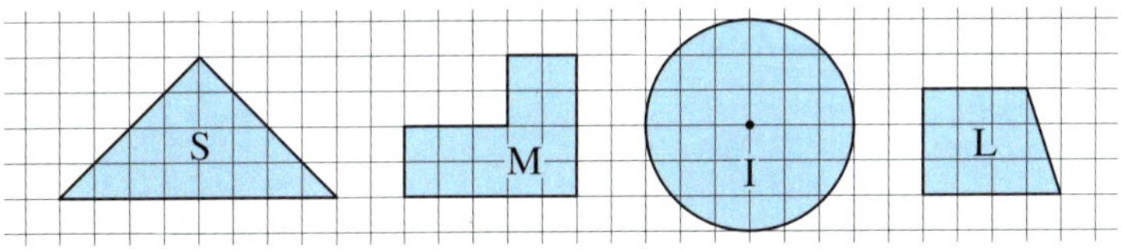

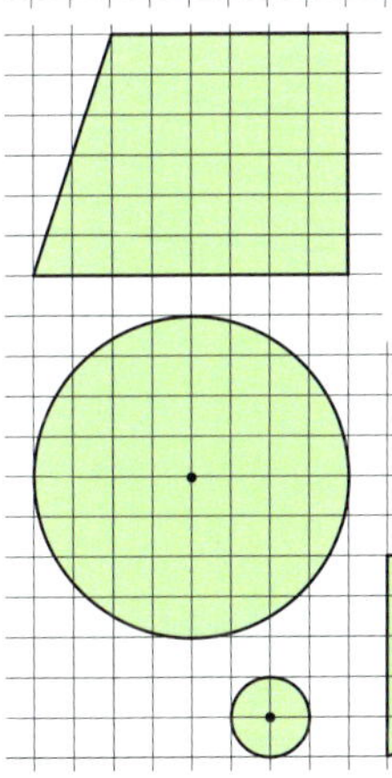

Zu jeder blauen Figur gibt es mindestens eine ähnliche grüne Figur. Im gesuchten Lösungswort kommt der zu einer gegebenen Figur gehörige Buchstabe so oft vor, wie es zu ihr ähnliche Figuren gibt.

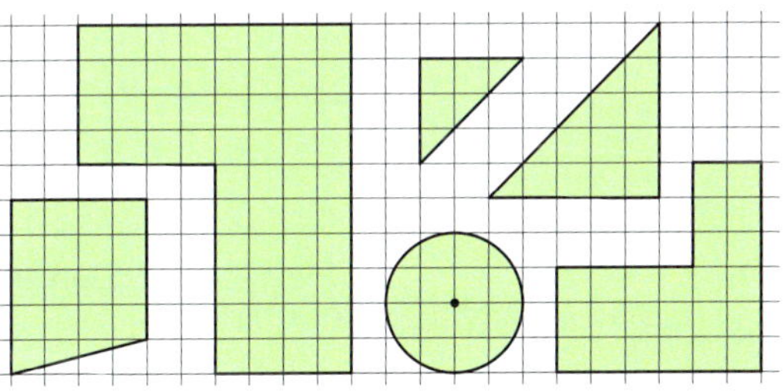

Lösungswort zu 8:

(gleiche Farbe = gleicher Buchstabe)

9
Ein Rechteck mit $a = 13\,cm$ und $b = 35\,cm$ ist zu einem Rechteck ähnlich, das den Umfang $U' = 64\,cm$ besitzt.
Berechne seine Seitenlängen a' und b'.

10
Ein Dreieck mit den Seitenlängen 2 cm, 7 cm und 6 cm ist zu einem Dreieck mit den Seitenlängen 5 cm und 15 cm (4,2 cm und 3,6 cm) ähnlich. Berechne die dritte Seitenlänge.

11
Untersuche, welche der angegebenen Papierformate zum Format des Kleinbildnegativs der Größe 24 mm × 36 mm ähnlich sind. Welche Formate (Angaben in cm!) eignen sich also für Vergrößerungen?

a) 6 × 9   b) 7 × 10   c) 9 × 13
d) 10 × 15   e) 13 × 18   f) 20 × 30

12
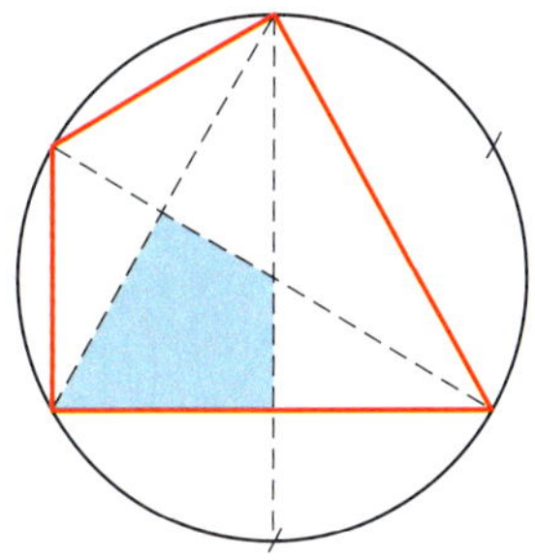

Sind das rot umrandete und das blau gefärbte Viereck ähnlich? Fertige selbst eine Zeichnung an und beschreibe deine Überlegung.

13
a) Zwei ähnliche Vielecke haben die Inhalte $A = 50\,cm^2$ und $A' = 72\,cm^2$. Der Umfang des ersten Vielecks beträgt $U = 48\,cm$. Berechne U'.
b) Die Inhalte zweier ähnlicher Dreiecke verhalten sich wie 49 : 16; ihre Umfänge unterscheiden sich um 18 cm. Berechne die Umfänge der beiden Dreiecke.

G 14
Gib einen Gitterpunkt A (Punkt mit ganzzahligen Koordinaten) auf der Geraden $g\colon y = \frac{4}{3}x - \frac{11}{3}$ an und zeichne die Gerade mit Hilfe eines Steigungsdreiecks in ein Koordinatensystem.

G 15
Eine zweistellige Zahl übertrifft ihre Quersumme und ihre Zehnerziffer um je 54.
Wie lautet die Zahl?

4 Ähnlichkeitssätze für Dreiecke

1
Die beiden Vierecke im rechten Bild stimmen in entsprechenden Winkeln überein. Sind sie zueinander ähnlich?

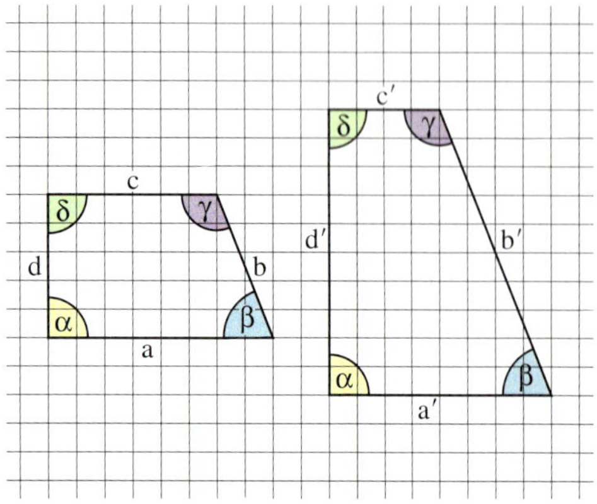

2
Zeichne zwei verschieden große Dreiecke, bei denen aber entsprechende Winkel gleich groß sind. Schneide sie aus; lege das kleine Dreieck so auf das große, dass zwei seiner Seiten auf den entsprechenden Seiten des großen Dreiecks liegen. Wie liegen die dritten Seiten zueinander? Was folgt daraus?

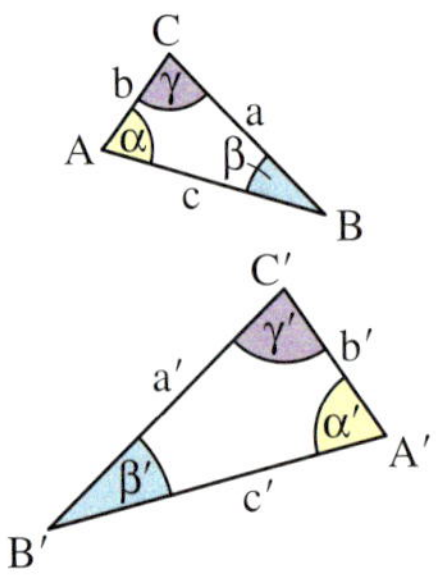

Aus $\alpha = \alpha'$, $\beta = \beta'$, $\gamma = \gamma'$ folgt $a : a' = b : b' = c : c'$.

Tipp:
Wenn Dreiecke in zwei Winkeln übereinstimmen, dann stimmen sie wegen der Winkelsumme auch im dritten überein. Daher reicht es, zwei Winkel zu prüfen.

Wenn zwei Vierecke, zwei Fünfecke usw. in entsprechenden Winkeln übereinstimmen, dann brauchen sie nicht ähnlich zu sein.
Bei Dreiecken dagegen kann man aus der Gleichheit entsprechender Winkel oder aus der Gleichheit der Verhältnisse entsprechender Seiten auf die Ähnlichkeit schließen:

> **Ähnlichkeitssätze für Dreiecke:**
> Dreiecke sind bereits dann ähnlich,
> – wenn sie in zwei (und damit in allen drei) Winkeln übereinstimmen (**WW-Satz**),
> – oder wenn sie im Verhältnis ihrer Seiten übereinstimmen (**S : S : S-Satz**)

Begründung des WW-Satzes:

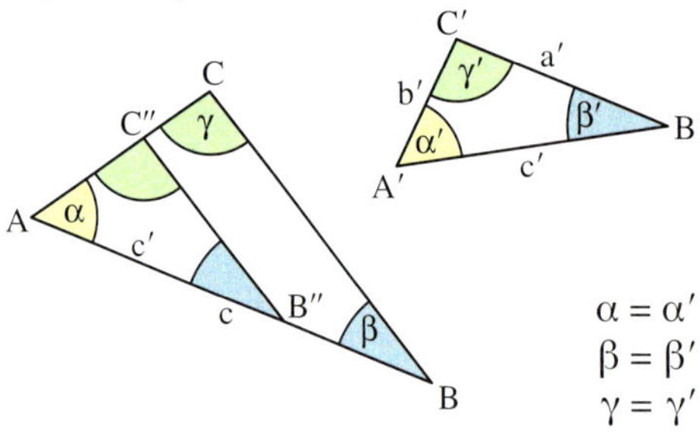

$\alpha = \alpha'$
$\beta = \beta'$
$\gamma = \gamma'$

Wenn zwei Dreiecke ABC und A′B′C′ in den Winkeln übereinstimmen, d. h. $\alpha = \alpha'$, $\beta = \beta'$ und $\gamma = \gamma'$, dann führt die Streckung mit dem Zentrum A und $k = \frac{c'}{c}$ das Dreieck ABC in das Dreieck AB″C″ über, das mit ΔA′B′C′ in der Länge c′ und den beiden Winkeln α und β übereinstimmt.
Nach dem Kongruenzsatz WSW ist ΔAB″C″ zu ΔA′B′C′ kongruent.
Damit ist ΔABC zu ΔA′B′C′ ähnlich.

Begründung des S : S : S-Satzes:

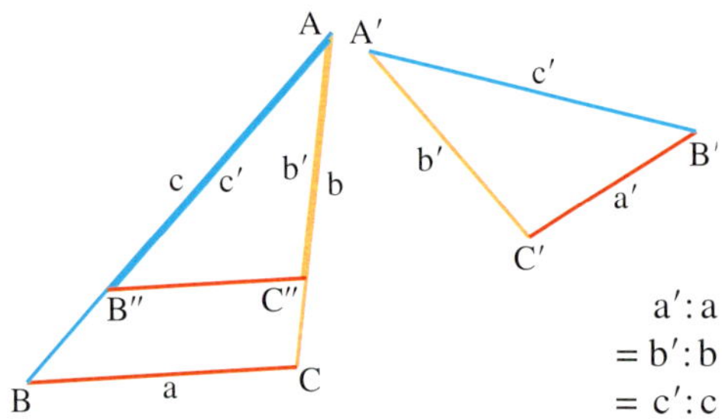

$a' : a$
$= b' : b$
$= c' : c$

Wenn zwei Dreiecke ABC und A′B′C′ im Verhältnis der drei Seiten übereinstimmen, d. h. $a' : a = b' : b = c' : c = k$, dann bildet die Streckung mit dem Zentrum A und dem Streckfaktor $k = \frac{c'}{c}$ das Dreieck ABC auf ein Dreieck AB″C″ mit den Seitenlängen a′, b′ und c′ ab.
Nach dem Kongruenzsatz SSS ist ΔAB″C″ zu ΔA′B′C′ kongruent.
Damit ist ΔABC zu ΔA′B′C′ ähnlich.

Bemerkungen

1. Die beiden Ähnlichkeitssätze entsprechen den Kongruenzsätzen WSW und SWW bzw. SSS. Auch den übrigen Kongruenzsätzen (SWS und SsW) entspricht jeweils ein Satz zur Erkennung von ähnlichen Dreiecken. Diese Sätze werden aber weniger häufig gebraucht, weshalb sie hier nicht angeführt und begründet werden.
2. Aus jedem Ähnlichkeitssatz geht der entsprechende Kongruenzsatz hervor, wenn von den Dreiecken zusätzlich verlangt wird, dass sie in der Länge wenigstens eines Paares entsprechender Seiten übereinstimmen.

Beispiel 1

a) Prüfe, ob ein Dreieck mit Winkeln von 35° und 100° zu einem Dreieck mit Winkeln von 35° und 45° ähnlich ist.

b) Prüfe, ob ein Dreieck mit den Seitenlängen 3 cm, 4 cm, 5 cm zu einem Dreieck mit den Seitenlängen 4,5 cm, 7,5 cm, 6 cm ähnlich ist.

Lösung:

a) Mit dem Winkelsummensatz ergibt sich für den jeweils fehlenden Winkel:
$180° - (100° + 35°) = 45°$
$180° - (35° + 45°) = 100°$.
Die Dreiecke sind nach WW ähnlich, da sie in den Winkeln übereinstimmen.

b) Vergleich des Verhältnisses entsprechender Seiten:
$\frac{4,5}{3} = \frac{6}{4} = \frac{7,5}{5} = \frac{3}{2}$
Die Dreiecke sind nach S : S : S ähnlich, da die Verhältnisse gleich sind.

Beispiel 2

Die Kreise in der nebenstehenden Figur haben die Durchmesser $d = 3\,cm$ und $d' = 2,4\,cm$. Die Sehne s ist 2 cm lang.

a) Berechne die Länge von s'.

b) Warum ist $AC \parallel A'C'$?

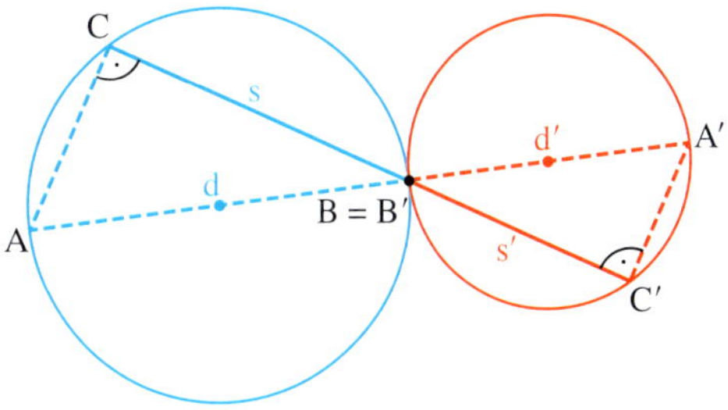

Lösung:

a) Da $\sphericalangle CBA = \sphericalangle C'BA'$ (Scheitelwinkel!) und $\sphericalangle ACB = \sphericalangle A'C'B = 90°$ (Thales-Satz) ist $\Delta ABC \sim \Delta A'BC'$ (WW).
Also gilt: $\frac{s'}{s} = \frac{d'}{d}$, d. h. $\frac{s'}{2\,cm} = \frac{2,4\,cm}{3\,cm}$ und somit $s' = 1,6\,cm$.

b) Da $\sphericalangle ACB = \sphericalangle A'C'B = 90°$, sind Wechselwinkel gleich, also folgt: $AC \parallel A'C'$.

Aufgaben

3

Untersuche, ob man aus den angegebenen Beziehungen auf die Ähnlichkeit der beiden Dreiecke ABC und RST schließen kann.

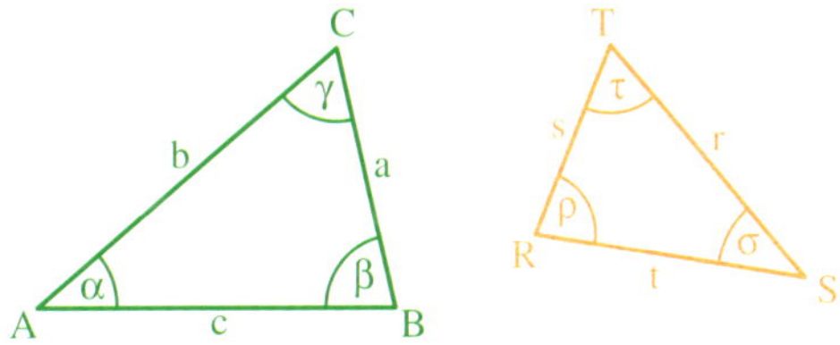

a) $\alpha = \rho$; $\beta = \sigma$
b) $a : r = b : r = c : t$
c) $a = c$; $\rho = \tau$
d) $a = b = c$; $\sigma = \tau = 60°$
e) $a : c = s : r$; $\gamma = \sigma = 110°$

4

Prüfe jeweils, ob das Dreieck mit den angegebenen Winkeln zu einem Dreieck mit Winkeln von 55° und 30° ähnlich ist.

a) $\alpha = 75°$, $\beta = 55°$
b) $\beta = 30°$, $\gamma = 95°$
c) $\alpha = 55°$, $\gamma = 105°$

5

Begründe oder widerlege:
Alle rechtwinkligen Dreiecke sind zueinander ähnlich, die

a) einen 30°- oder einen 60°-Winkel haben,
b) gleichschenklig sind.

Aufgaben 6, 7, 11 und 12 für DGS-Einsatz geeignet.

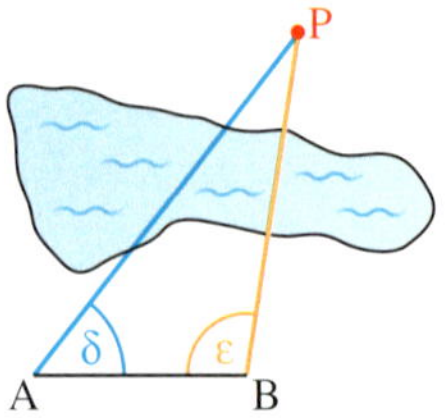

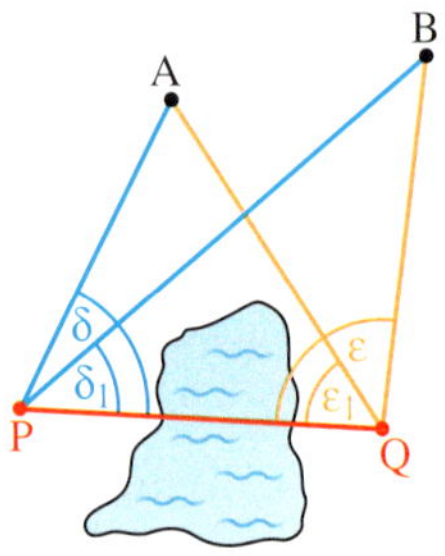

Projektvorschlag:
Bestimmt in eurem Schulhof oder am Schulgebäude entsprechend Aufgabe 6 und 7 Entfernungen, die sich nicht unmittelbar messen lassen. Verwendet zur Winkelmessung einen Theodoliten.

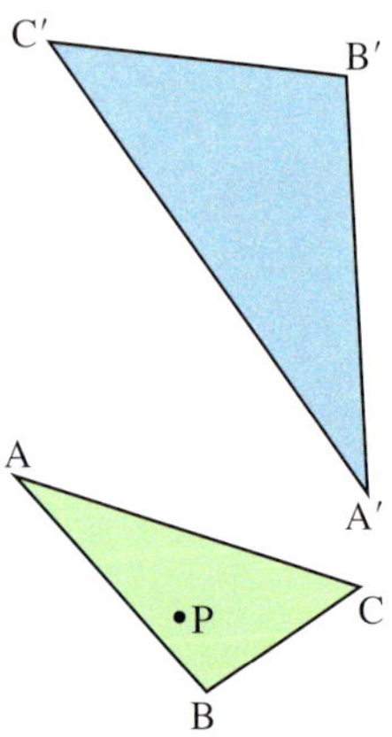

ΔA′B′C′ ~ ΔABC
Wie findet man den P entsprechenden Punkt im Dreieck A′B′C′?

6 Vorwärts einschneiden
Ein im Gelände unzugänglicher Punkt P wird von den Endpunkten einer Standlinie [AB] unter $\sphericalangle$ BAP = δ und $\sphericalangle$ PBA = ε angepeilt (vgl. Figur auf dem Rand).
Bestimme $\overline{AP}$ und $\overline{BP}$ durch Konstruktion in geeignetem Maßstab für
a) $\overline{AB}$ = 80 m, δ = 43°, ε = 52°
b) $\overline{AB}$ = 150 m, δ = 56°, ε = 98°.
Welcher Ähnlichkeitssatz wird verwendet?

7 Rückwärts einschneiden
Um die Entfernung zweier Punkte P und Q zu bestimmen, zwischen denen ein Hindernis liegt, peilt man von P und Q aus je zwei markante Punkte A und B an, deren gegenseitige Entfernung bekannt ist und misst die Winkel $\sphericalangle$ QPA = δ, $\sphericalangle$ QPB = $δ_1$, $\sphericalangle$ AQP = $ε_1$, $\sphericalangle$ BQP = ε (vgl. Figur auf dem Rand).
Bestimme $\overline{PQ}$ durch Konstruktion in geeignetem Maßstab für
a) $\overline{AB}$ = 1,8 km, δ = 68°, $δ_1$ = 42°, $ε_1$ = 36°, ε = 85°
b) $\overline{AB}$ = 2,8 km, δ = 110°, $δ_1$ = 41°, $ε_1$ = 28°, ε = 102°.
(Anleitung: Nimm zunächst für $\overline{PQ}$ eine beliebige Länge an.)

8
Zeichne ein Dreieck ABC mit a = 6 cm, b = 4 cm, c = 7 cm.
Konstruiere über der Seite [AC] ein ähnliches Dreieck ACD, so dass der Seite [AB] im Dreieck ABC die Seite [AC] im Dreieck ACD entspricht.
In welchem Maßstab ist ΔACD zu ΔABC ähnlich?
Wie verhalten sich die Flächeninhalte der beiden Dreiecke?

9
Zeichne ein beliebiges Dreieck ABC und ein dazu im Maßstab 3 : 2 ähnliches Dreieck A′B′C′ (wie auf dem Rand).
Markiere im Inneren von ΔABC einen beliebigen Punkt P.
Wie findet man den entsprechenden Punkt P′ im Dreieck A′B′C′? Beschreibe dein Vorgehen.

10

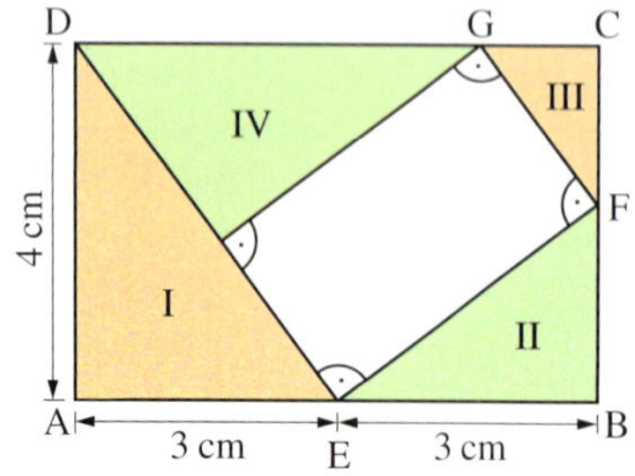

a) Zeige, dass die vier Teildreiecke I bis IV ähnlich sind.
b) Berechne die Länge der Abschnitte, in welche [BC] und [CD] durch die Punkte F bzw. G geteilt werden.

11
Zeichne ein beliebiges Dreieck mit den drei Höhen. Miss die Abschnitte, in welchen der Höhenschnittpunkt H die Höhen teilt. Multipliziere die beiden Abschnitte jeder Höhe. Was vermutest du? Beweise deine Vermutung.
(Anleitung: Betrachte ΔAHE und ΔBDH in der Figur.)

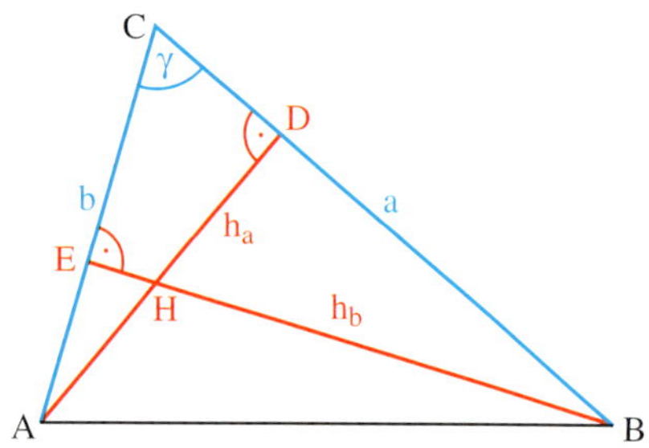

12
Zeichne ein Dreieck ABC mit a = 5,3 cm, b = 3,2 cm, c = 5,8 cm.
Konstruiere ein zu dem Dreieck ABC ähnliches Dreieck mit dem Umkreisradius 4 cm.

13
Entscheide, wenn möglich, ob die Dreiecke ABC und A′B′C′ ähnlich sein können, wenn
a) b = 8,0 cm, c = 7,3 cm, h_b = 4,8 cm, c′ = 30,0 cm, h_c' = 21,0 cm
b) U = 184 mm, U′ = 64,4 cm, A = 12 cm², A′ = 146 cm².

Aufgaben 15, 17 und 18 für DGS-Einsatz geeignet.

14

a) Begründe: Die Höhen eines Dreiecks verhalten sich umgekehrt wie die zugehörigen Seiten, d. h. für Dreieck ABC in der Figur gilt: $h_c : h_b = b : c$.
(Anleitung: Betrachte dazu die Teildreiecke ABD und AEC.)

b) Gib an, welches Seitenverhältnis jeweils gleich $h_a : h_b$ bzw. $h_c : h_a$ ist.

c) Berechne die Seitenlängen eines Dreiecks ABC, dessen Umfang 30 cm beträgt und für dessen Höhen gilt: $h_a : h_b = 6 : 4$ und $h_c : h_a = 4 : 5$.

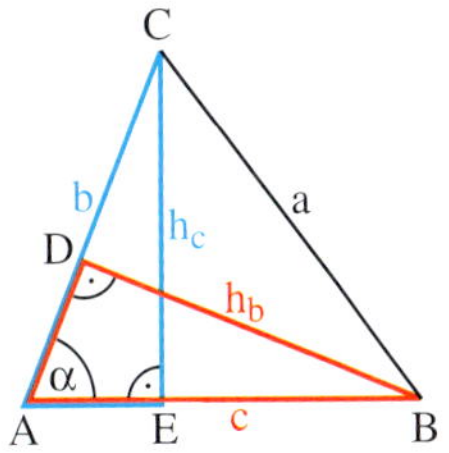

15

Einem gegebenen rechtwinkligen Dreieck ABC ist ein Quadrat DEFG so einbeschrieben, dass eine Seite auf der Hypotenuse liegt. Dadurch entstehen auf der Hypotenuse drei Abschnitte x, y, z.

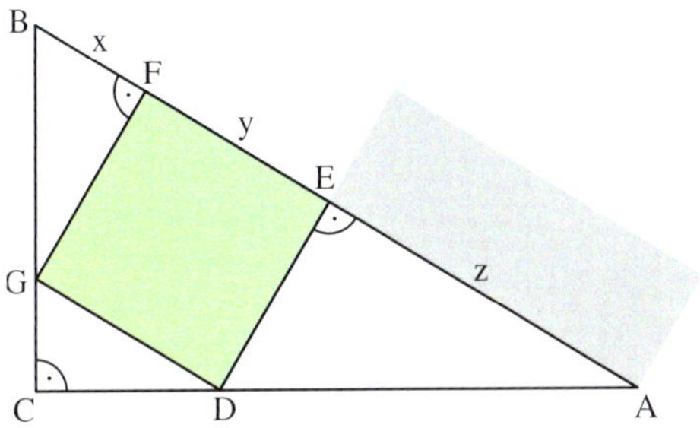

Zeige, dass das aus den äußeren Abschnitten x und z gebildete Rechteck denselben Flächeninhalt besitzt wie das Quadrat.
(Hinweis: Suche ähnliche Dreiecke und stelle eine Verhältnisgleichung auf.)

16

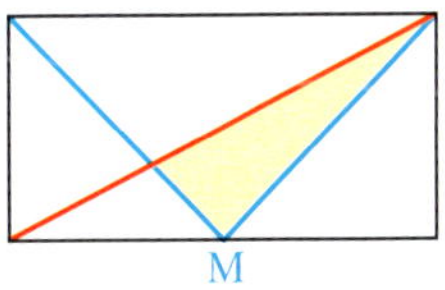

In der nebenstehenden Figur ist M die Mitte der Rechtecksseite. Welchen Bruchteil der gesamten Rechtecksfläche macht die gefärbte Fläche aus?

17

Zwei runde Säulen mit 2 m bzw. 1,5 m Durchmesser haben den Abstand (lichte Weite) 7 m. Wo steht ein Betrachter, für den die dünne Säule die dicke Säule gerade verdeckt?
Fertige eine Skizze an und berechne. Welchen geometrischen Zusammenhang nutzt du?

18

Bei dem abgebildeten Tischbillard liegt eine Kugel auf dem Punkt P. Nach dem Stoß soll die Kugel im Punkt Q von der Bande [AD] reflektiert werden und dann die Ecke C treffen. Berechne den Abstand x des Punktes Q von der Ecke D.
(Hinweis: Bei der Reflexion ist $\sphericalangle AQP = \sphericalangle CQD$.)

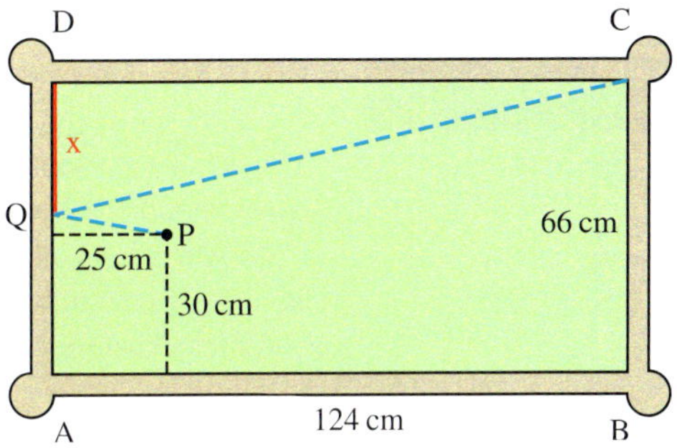

19

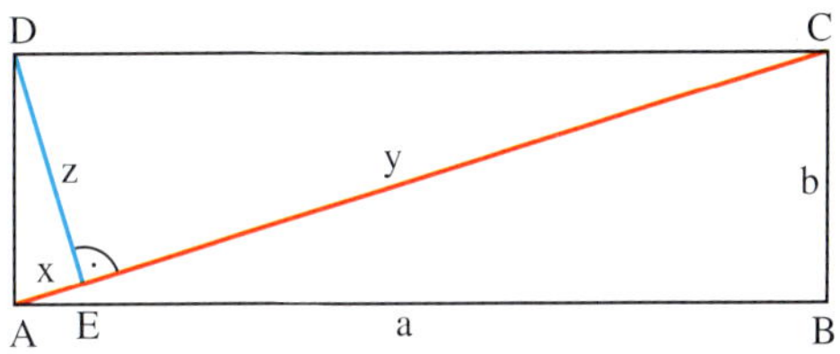

a) Zeige, dass das Rechteck ABCD in der Figur in drei ähnliche Dreiecke zerlegt ist.

b) Berechne x, y und z für a = 4 cm, b = 3 cm, $\overline{AC}$ = 5 cm.

c) Begründe: In einem Rechteck ABCD teilt das Lot von D auf die Diagonale [AC] die Diagonale im Verhältnis $b^2 : a^2$.

G 20

Die durchschnittliche Jahrestemperatur betrug 18 °C. Wie hoch war die durchschnittliche Temperatur im dritten Quartal?

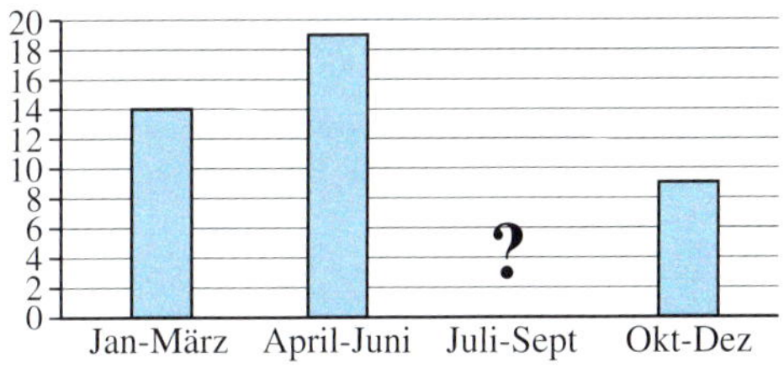

Projekt:

Perspektivisches Zeichnen nach Dürer

Albrecht Dürer (1471–1528) Maler, Zeichner, Grafiker und Wissenschaftler, lebte in Nürnberg

In Kunst, Architektur und Technik, aber auch im Alltag, begegnet man Zeichnungen von Gegenständen, die dem Betrachter einen räumlichen Eindruck – ähnlich dem natürlichen Sehen – vermitteln. Man spricht von **perspektivischen Darstellungen**. Schrägbilder, wie ihr sie aus dem Unterricht bereits kennt, gehören auch dazu.

Albrecht Dürer hat in seinem im Jahr 1525 erschienenen Lehrbuch „Unterweisung der Messung" verschiedene Verfahren aufgezeigt, die eine anschauliche, perspektivische Darstellung von Objekten ermöglichen.

Beim folgenden Projekt könnt ihr erfahren, wie Dürer dabei vorgegangen ist.

Wie könnt ihr das Projekt planen?

Im Folgenden werden drei Verfahren mit Bildern und Erläuterungen vorgestellt, sowie mögliche Aufgabenstellungen genannt. Lest den Text durch, damit ihr euch einen Überblick verschafft. Anschließend könnt ihr euch einigen, welche Gruppen ihr bildet und welche Aufgaben diese Gruppen übernehmen sollen.

Die „Glastafelmethode"

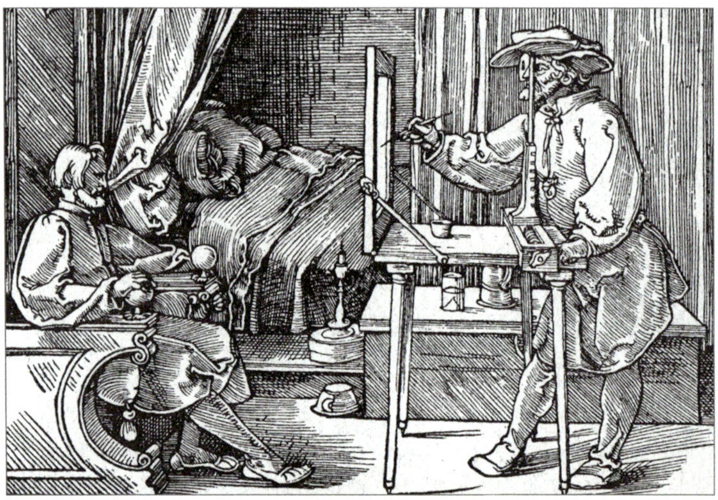

Albrecht Dürer illustriert diese Methode mit dem Holzschnitt „Der Zeichner des sitzenden Mannes". Mit einem Auge schaut der Zeichner durch die Lochblende des Visiergerätes, das am Tisch besfestigt ist. Das Stativ mit der Lochblende kann seitlich und in der Höhe verstellt werden. Ein senkrecht auf dem Tisch montierter Rahmen mit Glasscheibe, auf den ein Transparentpapier aufgespannt ist, dient dem Zeichner als Bildebene. Diese „Glastafelmethode" half den Künstlern zu Dürers Zeit, z. B. auch Holbein (1497–1543), das langwierige Modellsitzen zu verkürzen. Die Künstler fertigten dann mit Hilfe der perspektivisch richtigen Skizze in Ruhe eine Zeichnung oder ein Ölbild an.

- Verfolgt in Gedanken die Blicke zu Punkten im Raum und erklärt, wie die einzelnen Bildpunkte auf der Glasscheibe bzw. dem Transparentpapier entstehen.

- Stellt euch vor ein Fenster und wählt einen Bildausschnitt (z. B. eine Häusergruppe). Der Abstand zum Fenster muss so sein, dass man die Umrisslinien (z. B.der Gebäude) bequem mit einem abwaschbaren Stift auf die Scheibe zeichnen kann.
  Achtet darauf, dass euer Abstand zum Fenster und die Augenhöhe unbedingt immer gleich bleiben (z. B. Kinn auf eine Stuhllehne legen).

- Was stellt ihr fest, wenn ihr in die Tiefe führende Linien der Zeichnung mit einem Lineal verlängert?

- Bezieht z. B. einen alten Bildrahmen mit Transparentpapier und zeichnet entsprechend ein anderes Objekt (z. B. Mitschüler im Schulhausgang).

Die „Rastermethode“

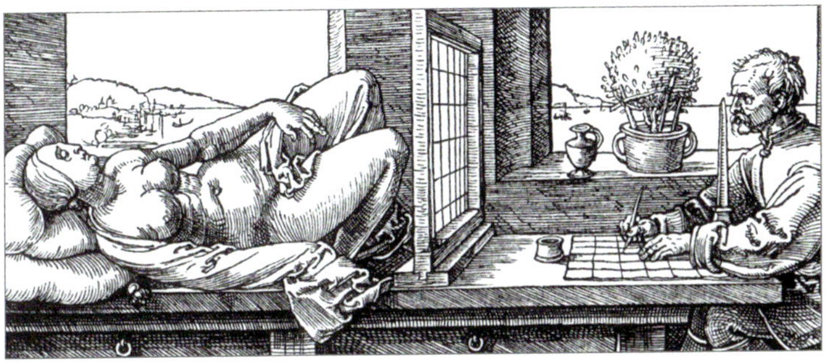

Dürers Holzschnitt „Der Zeichner des liegenden Weibes“ zeigt ein weiteres Verfahren, um zu einer anschaulichen Darstellung zu kommen.
Vor das zu zeichnende Objekt wird ein Rahmen mit einem gleichmäßigen Fadengitter gestellt. Von einem festen Blickpunkt aus wird das Original Kästchen für Kästchen auf das gerasterte Zeichenpapier übertragen.

- Baut selbst einen Rahmen (z. B. Keilrahmen aus Holz) mit einem Fadengitter (Maße?) und eine passende Visiereinrichtung.

- Zeichnet geeignete Objekte. Wie ändert sich die Zeichnung, wenn ihr das Visiergerät in der Höhe verstellt oder seit- bzw. vorwärts verschiebt?

Die „Fadenmethode“

Dürer zeigt diese Verfahren mit dem Holzschnitt „Der Zeichner der Laute“.
Der Sehstrahl wird durch einen Faden vertreten, der von einem festen Punkt an der Wand zu jedem beliebigen Punkt des Objekts geführt werden kann.
Die Stelle, an welcher der Faden durch die Ebene des Rahmens tritt, wird durch zwei sich kreuzende Fäden, einem horizontalen und einem vertikalen, markiert.
Dann kann der „Sehstrahl-Faden“ entfernt werden.
Der durch die zwei Fäden fixierte Punkt wird auf dem Papier eingetragen. Punkt für Punkt wird auf diese Weise das Objekt abgetastet.

Mögliche ergänzende Projekte:
– Geschichte der Perspektive
– Perspektive mit mehreren Fluchtpunkten
– Besondere Perspektiven (z. B. M.C. Escher)
Fragt auch eure Lehrkraft in Kunsterziehung.

- Worin unterscheidet sich dieses Verfahren von den anderen?
  Wofür ist es besonders geeignet? Welcher Fehler steckt übrigens in Dürers Darstellung?

- Plant und baut selbst eine solche Anordnung und zeichnet mit ihr ein geeignetes Objekt.

Wie stellt ihr euer Projekt vor?

Ihr könntet vor eurer oder einer anderen Klasse eure Anordnungen vorführen, sie bildlich darstellen und erklären. Sicher lassen sie sich zusammen mit euren Zeichnungen auch in einer Ausstellung präsentieren. Es bietet sich an, weitere von Dürer vorgeschlagene Methoden zum perspektivischen Zeichnen sowie seine Bedeutung als Künstler und Wissenschaftler aufzuzeigen.

Der Jakobsstab

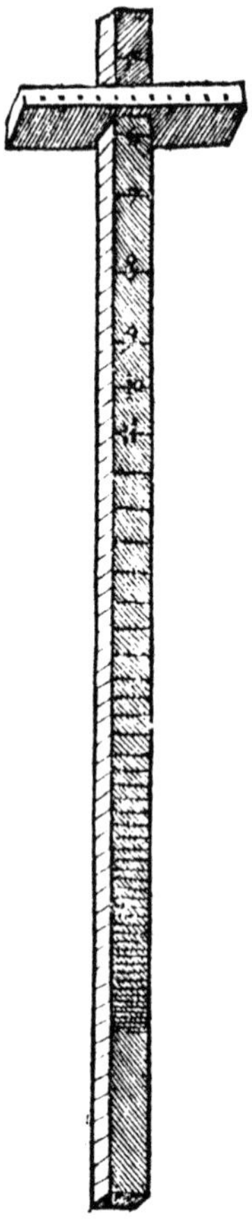

Der Jakobsstab ist ein Vermessungsgerät und wurde von LEVI BEN GERSON erfunden, der von 1288 bis 1344 in der Provence lebte. Das Gerät besteht aus einem mit einer Skala versehenen Längsstab, auf dem ein kurzer, senkrecht dazu gerichteter Querstab (Läufer) verschoben werden kann. Die Bezeichnung „Jakobsstab" soll auf den Apostel Jakobus zurückgehen. Der folgende Text stammt aus dem „Instrument Buch" von PETER APIAN (1495–1552), welches 1533 in frühneuhochdeutscher Sprache geschrieben wurde.

Underweylen stehet ein Thurn auff einer eben/das man darzů vnd dauon gehen mag: der selbig thurn mag gar leichtlich abgemessen werden/also/thrit an den Thurn/vnnd miß daruon ettlich schrit oder ellen/als weyt vnnd vil du wilt. Ich setz du gehest dauon 120 klafftern/mit vleyß gemessen/vnd stehest stille: vnd wann du den grundt vnd spitz des thurns abgesehen hast/so findest du vom aug zu dem leüffer 60 punct/vnd der leüffer ist langk 12 punct. Setz in die regel/60 geben 12 was geben 120 klafftern. Macht nach der regel detri 24 klaftern/so hoch ist der Thurn. Merck mit vleyß/das alle mal die punct/als vil der leüffer langk ist/in die mitte der Regel Detri sollen gesetzt werden.. Das obgesetzte Exempel ist in diser figur augenscheinlich begriffen.

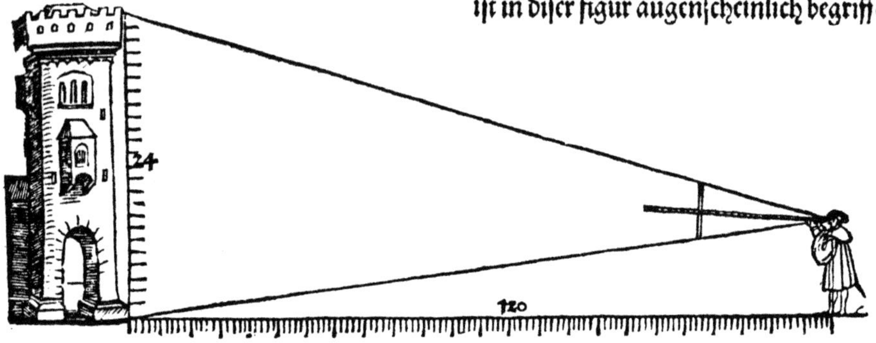

1 Klafter ist die Länge der Strecke zwischen den ausgebreiteten Armen eines erwachsenen Menschen.

„Regel detri" meint unseren Dreisatz.

In moderner Druckschrift lautet der Text:
Underweylen *(bisweilen)* stehet ein Thurn auff einer eben / das man darzu und davon gehen mag: der selbig thurn mag gar leichtlich abgemessen werden / also / thrit an den Thurn / unnd miß darvon ettlich schrit oder ellen / als weyt unnd vil du wilt. Ich setz du gehest davon 120 klafftern / mit vleyß gemessen / und stehest stille: und wann du den grundt und spitz des thurns abgesehen hast / so findest du vom aug zu dem leuffer 60 punct / und der leuffer ist langk 12 punct. Setz in die regel / 60 geben 12 was geben 120 klafftern. Macht nach der regel detri 24 klafftern / so hoch ist der Thurn. Merck mit vleyß / das alle mal die punct / als vil der leuffer langk ist / in die mitte der Regel Detri sollen gesetzt werden. Das obgesetzte Exempel ist in diser figur augenscheinlich begriffen.

1
Lies den Text von PETER APIAN. Fertige eine Skizze an. Wie hat APIAN gerechnet? Welche Voraussetzung für diese Rechnung ist streng genommen nicht erfüllt? Warum kann man in der Praxis aber doch so rechnen, wie APIAN es beschrieben hat?

2
Der Jakobsstab kann auch wie folgt eingesetzt werden: Man hält den Längsstab waagerecht und peilt über das obere Ende des Läufers die Spitze des Turmes an.
Fertige eine Skizze an. Wie ergibt sich nun die Turmhöhe?

Thema:

Ähnliche Figuren im Raum

1

Bei einer Matrioschka-Puppe sind alle Innenfiguren in etwa maßstäbliche Verkleinerungen der Außenpuppe. Die Außenpuppe im Foto ist 15 cm hoch und hat am „Bauch" einen Außendurchmesser von 7 cm.

a) Bestimme mit Hilfe der folgenden Figur die Verkleinerungsmaßstäbe aller vier Innenpuppen.

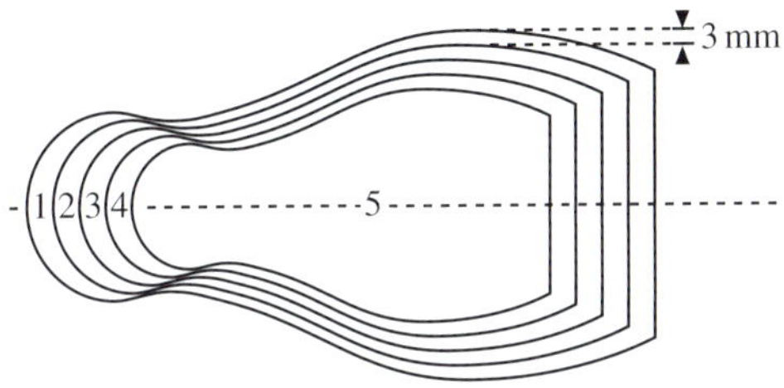

b) Mit welchem Faktor ändert sich vermutlich der Oberflächeninhalt, wie das Volumen von der Außenpuppe zur kleinsten?

2

Ein Werbefachmann hat erreicht, dass sich der Marktanteil einer neu eingeführten Gewürzmischung innerhalb eines Monats verdoppelte. Er veranschaulicht dies seinem Auftraggeber mit der folgenden Grafik.

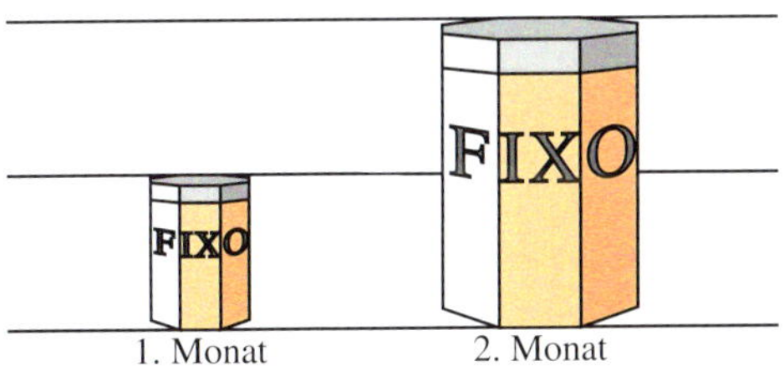

Was hat der Werbefachmann hier (absichtlich?) falsch gemacht?

3

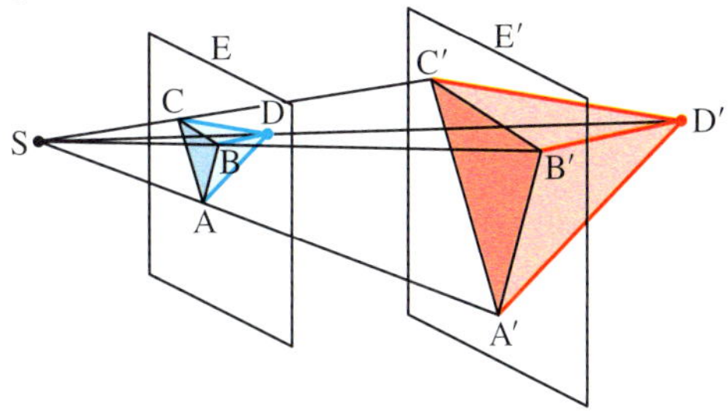

In der Figur wird eine Pyramide im Raum von einem Punkt S aus zentrisch gestreckt. Begründe an der Figur:

a) Jede Strecke [AB] wird auf eine dazu parallele Strecke [A′B′] der Länge $k \cdot \overline{AB}$ abgebildet.

b) Ein Dreieck ABC in einer Ebene E wird stets auf ein dazu ähnliches Dreieck A′B′C′ abgebildet, das in einer zu E parallelen Ebene E′ liegt.

4

In der folgenden Darstellung ist das große Prisma aus dem kleinen Prisma durch eine (räumliche) zentrische Streckung am Punkt S mit dem Faktor k und anschließender Spiegelung an S hervorgegangen.
(Man spricht in solchen Fällen meist vereinfachend von einer zentrischen Streckung mit negativem Streckfaktor.)

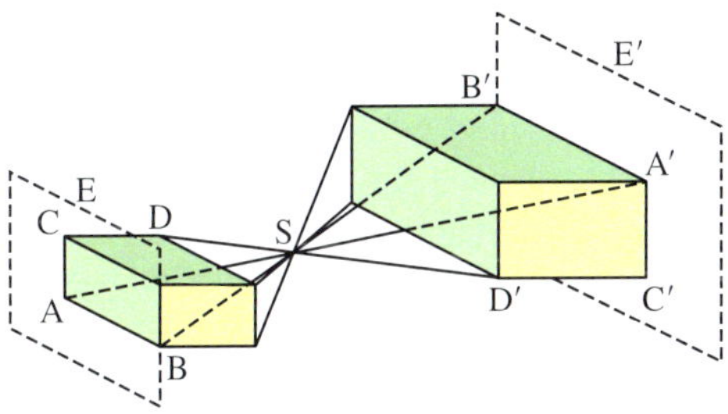

Erkläre, dass sich der Oberflächeninhalt des Prismas um den Faktor k^2 und das Volumen um den Faktor k^3 verändert.
(Hinweis:
Für das Volumen des Prismas gilt:
$V = G \cdot h$ = Grundfläche · Höhe).

Rückblick

Zentrische Streckungen

Bei einer zentrischen Streckung mit dem Streckzentrum Z und dem Streckfaktor k (k > 0) gilt für den Bildpunkt P′ zu einem Punkt P (P ≠ Z):

(1) P′ liegt auf der von Z ausgehenden Halbgeraden durch P,

(2) $\overline{ZP'} = k \cdot \overline{ZP}$.

Ist der Streckfaktor $k > 1$, so wird vergrößert. Ist $0 < k < 1$, so wird verkleinert.

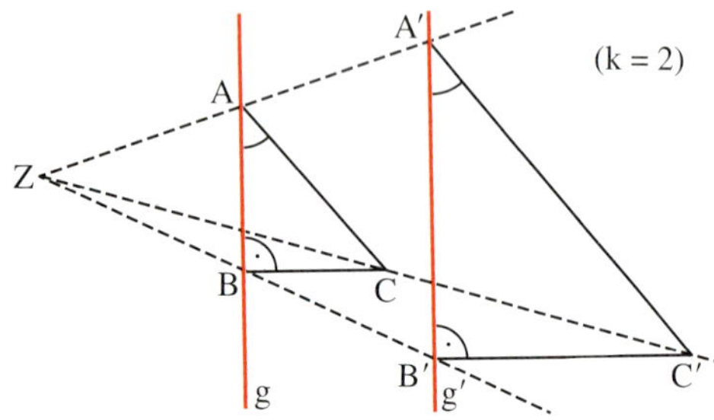

Strahlensatz

Werden zwei Geraden, die sich in einem Punkt Z schneiden, von zwei Parallelen (außerhalb von Z) geschnitten, so verhalten sich

1. je zwei Abschnitte auf der einen Geraden wie die entsprechenden Abschnitte auf der anderen Geraden,

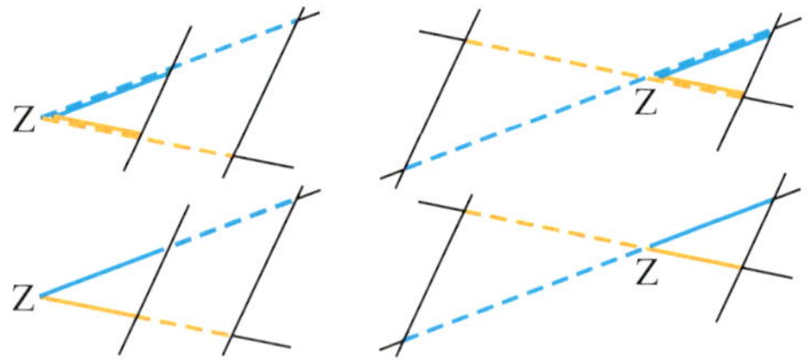

2. die Abschnitte auf den Parallelen wie die von Z aus gemessenen entsprechenden Abschnitte auf der einen Geraden (bzw. auf der anderen Geraden).

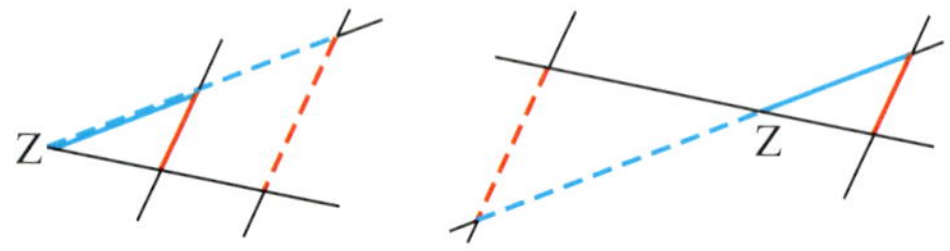

Ähnliche Figuren

Figuren F und G nennt man zueinander ähnlich (in Zeichen: F ~ G), wenn man F durch eine zentrische Streckung so vergrößern oder verkleinern kann, dass ihr Bild F′ zu G kongruent ist.

Eigenschaften ähnlicher Figuren

Für ähnliche Figuren F und G gilt:

- entsprechende Strecken haben das gleiche Längenverhältnis,
- entsprechende Winkel sind gleich groß.
- Sind die Seitenlängen von G k-mal so lang wie die von F, so ist der Flächeninhalt von G k^2-mal so groß wie der von F.

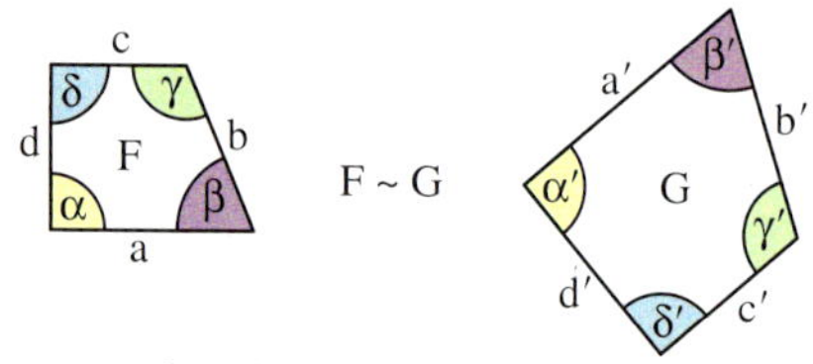

$\alpha = \alpha', \ \beta = \beta', \ \ldots$

$\frac{a}{a'} = \frac{b}{b'} = \frac{c}{c'} = \ldots$

Ähnlichkeitssätze für Dreiecke

Dreiecke sind bereits dann ähnlich,

- wenn sie in zwei (und damit in allen drei) Winkeln übereinstimmen (WW-Satz)
- oder wenn sie im Verhältnis ihrer Seiten übereinstimmen (S : S : S-Satz).

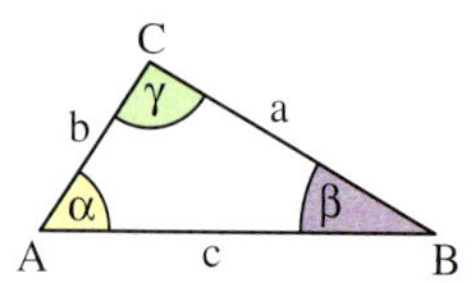

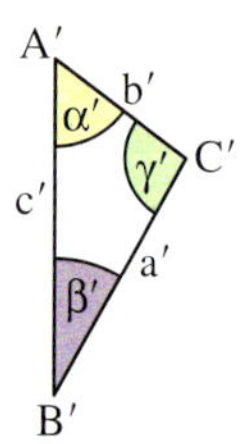

$\alpha = \alpha', \ \beta = \beta', \ \gamma = \gamma'$

Aufgaben zum Üben und Wiederholen

1
Um die Höhe h eines Turmes (Baumes usw.) zu bestimmen, liest man an einem mit gestrecktem Arm senkrecht gehaltenen Maßstab seine scheinbare Höhe h′ ab und misst die Armlänge a sowie die Entfernung e des Turmes vom Auge.
Berechne h für
a) a = 60 cm; e = 75 m; h′ = 17,5 cm
b) a = 70 cm; e = 65 m; h′ = 15,4 cm.

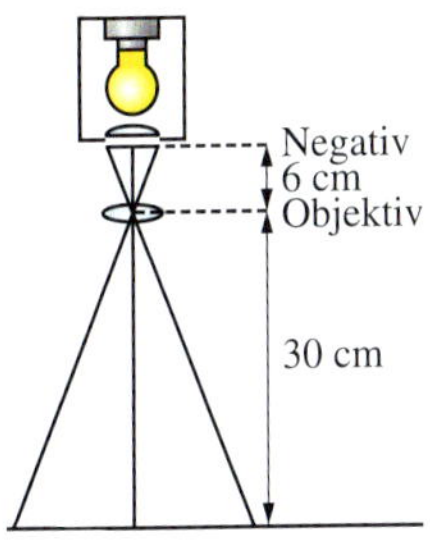

2
Von einem Kleinbildnegativ wird ein 30 mm breiter und 20 mm hoher Ausschnitt vergrößert. Das Vergrößerungsgerät ist wie in der Figur eingestellt. Berechne die Abmessungen des Bildes.

3
In den Figuren ist g∥h bzw. g∥h∥k.
Berechne jeweils x, y, u und v.

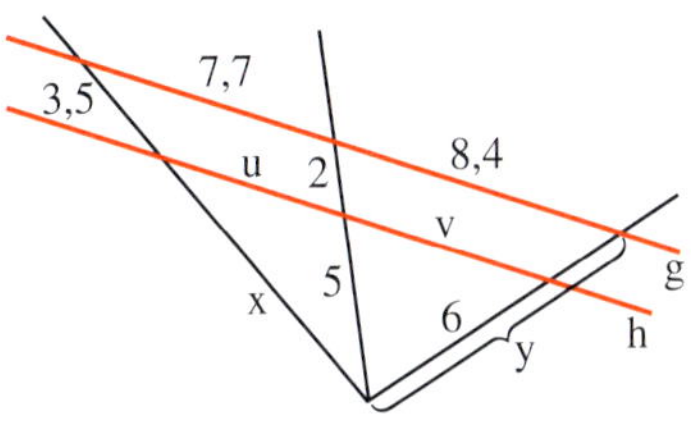

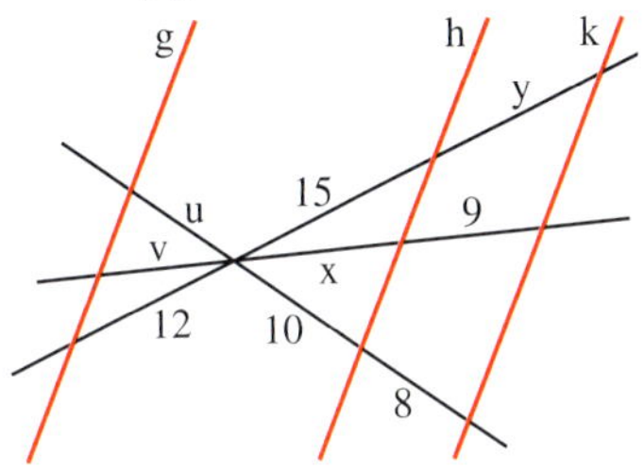

4
In der Figur gilt: AD∥FH und BC∥DE.
Weiter sind folgende Streckenlängen gegeben: $\overline{AB} = 7{,}5\,cm$, $\overline{BD} = 2{,}5\,cm$, $\overline{AE} = 7\,cm$, $\overline{DH} = 1\,cm$, $\overline{HE} = 5\,cm$.

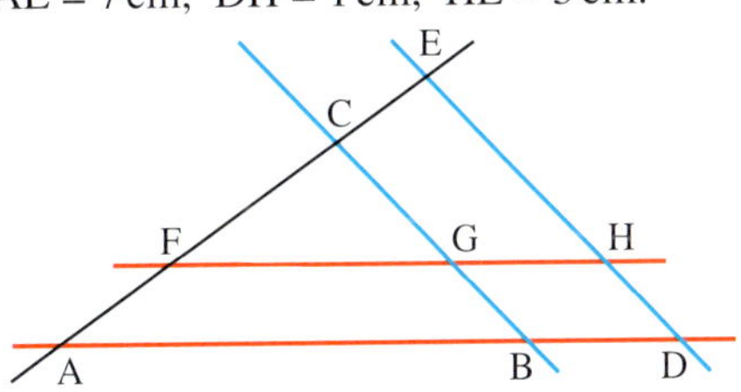

Berechne die Längen $\overline{BC}$ und $\overline{FH}$.

5
Ein Rechteck mit den Seitenlängen 15 cm und 24 cm ist zu einem Rechteck A′B′C′D′ ähnlich, das eine 36 cm lange Seite hat. Wie lang ist die andere Seite, wie groß der Flächeninhalt von A′B′C′D′?

Die Lösungen zu den Aufgaben dieser Seite findest du auf Seite 173.

6
Sind das rot umrandete und das blau gefärbte Dreieck ähnlich? Begründe.

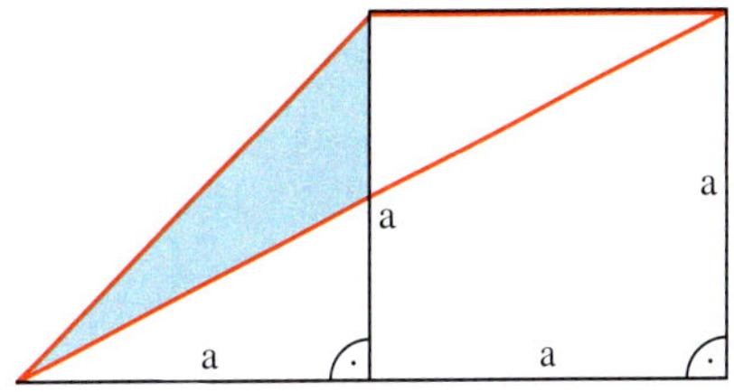

7

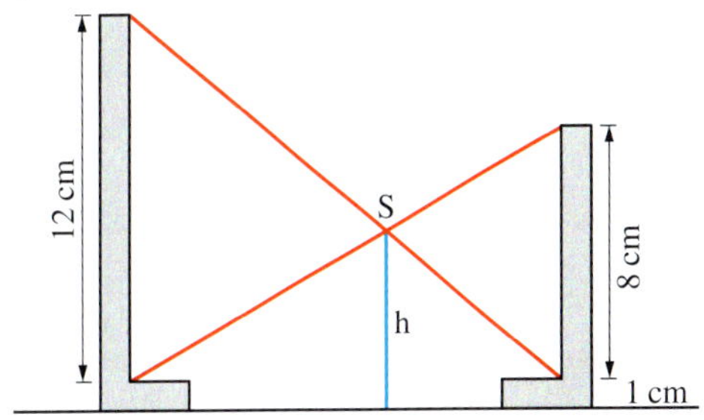

Ein 8 cm langer und ein 12 cm langer Stab mit je einer 1 cm dicken Fußplatte stehen senkrecht auf einer Tischplatte. Die Enden beider Stäbe sind „über Kreuz“ mit Gummifäden verbunden.
a) Wie viel Zentimeter über der Tischplatte befindet sich der Kreuzungspunkt S der Gummifäden?
b) In der Berechnung von a) wurde der tatsächliche Abstand der beiden vertikalen Stäbe nicht benötigt. Was bedeutet dies?

8
Die Figur zeigt einen Ausschnitt aus dem Gitterwerk eines Kranauslegers.

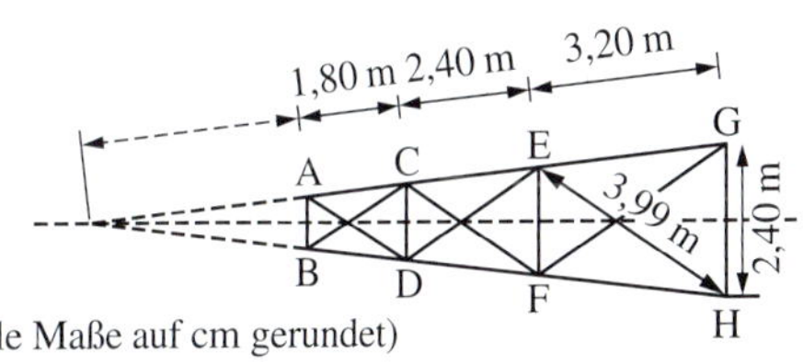

(alle Maße auf cm gerundet)

a) Um wie viel Zentimeter ist die Strebe [AB] kürzer als die Strebe [GH]? (Nutze die Ähnlichkeit!)
b) Die Streben [BC], [DE] und [FG] sind zueinander parallel. Berechne ihre Längen.

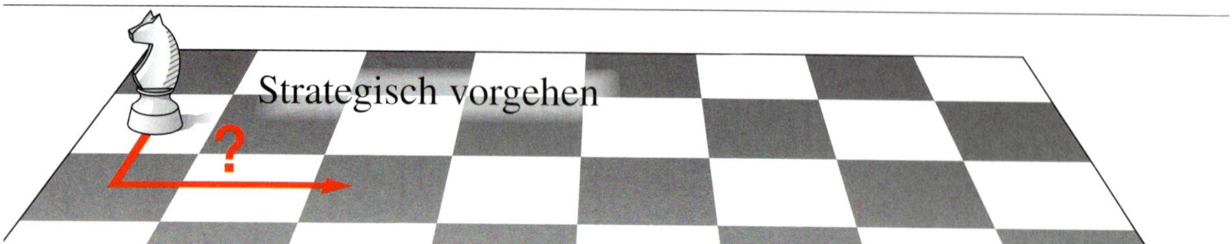

Strategisch vorgehen

Im vergangenen Jahr hast du anhand von Beispielen die folgenden vier grundlegenden mathematische Strategien verglichen, die zur Lösung eines Problems führen können.

Strategie A: **Systematisches Probieren**
ist eine sehr wichtige mathematische Vorgehensweise. Dabei solltest du jedoch nicht ziellos vorgehen, sondern auf Grund der jeweiligen Probierergebnisse den geeigneten nächsten Probierschritt wählen. Beim Probieren erkennt man auch immer wieder andere (manchmal elegantere und kürzere) Lösungswege, wie zum Beispiel das Invarianzprinzip.

Strategie B: **Die Darstellung von Sachverhalten in Zeichnungen und Diagrammen**
kann dir helfen, dir eine Situation besser vorzustellen. Wenn du einen Zusammenhang zwischen Größen im Diagramm darstellen willst, solltest du zunächst überlegen, welche Größen in der jeweiligen Problemsituation dazu gewählt werden sollten. Manchmal ist der Nachteil von Diagrammen, dass man die Ergebnisse nur näherungsweise ablesen kann.

Strategie C: **Das Invarianzprinzip**
ist eine Strategie, die oft sehr schnell und elegant zum Ziel führt. Man muss es jedoch in der konkreten Problemsituation erst erkennen. Mit etwas Übung und oft auch mit ein wenig Probieren ist das Invarianzprinzip eine sehr große Hilfe beim Lösen schwieriger Probleme.

Strategie D: **Gleichungen**
beschreiben ein Problem unter Verwendung mindestens einer Variablen. Man muss genau überlegen, welche Größe(n) man als Variable(n) wählt, wo sich in der Situation eine Gleichung ergibt und wie sie sich unter Verwendung der Variablen beschreiben lässt. Das Lösen der Gleichung führt dann zu einer Lösung des Problems.

In diesem Buch hast du verschiedene neue mathematische Werkzeuge kennen gelernt, von denen sich drei in die genannten grundlegenden Strategien einordnen lassen.

- Das zur Ermittlung von Wahrscheinlichkeiten wichtige Zählprinzip lässt sich in vielen Fällen übersichtlich an einem Baumdiagramm darstellen.
- Die Quotengleichheit bzw. die Produktgleichheit bei proportionalen bzw. umgekehrt proportionalen Zuordnungen sowie beim Strahlensatz liefern Invarianten, die zu einfachen Gleichungen führen.
- Durch Einführung von zwei Variablen lassen sich viele Sachverhalte einfacher als Gleichungen beschreiben.

Musteraufgabe: Zahlen finden
Toni stellt folgendes Zahlenrätsel: „Die Summe von zwei natürlichen Zahlen ist 200. Zieht man vom Doppelten der größeren Zahl das Dreifache der kleineren Zahl ab, so erhält man 20.“

Strategie A: **Systematisches Probieren**
Rudi untersucht für Zahlenpaare, deren Summe gleich 200 ist, ob sie die Vorgabe des Rätsels erfüllen.

Größere Zahl	Kleinere Zahl	Differenz
150	50	150
120	80	0
125	75	25
124	76	20

Er beginnt mit 150 und 50 und kann leicht feststellen, dass die Differenz deutlich zu groß ist.
Wählt er die Zahlen 120 und 80, so ist sie dagegen zu klein.
Die Erhöhung der größeren Zahl um 5 war etwas zu viel.
124 und 76 sind die Zahlen, die das Rätsel erfüllen.

Strategie D: **Gleichungen I**

Xenia führt für die größere der beiden Zahlen die Variable x ein. Sie erklärt, dass die kleinere Zahl dann durch den Term 200-x ausgedrückt werden kann, da die beiden Zahlen zusammen ja 200 ergeben müssen. Sie kann dann die folgende lineare Gleichung aufstellen, deren Lösung der gesuchte Wert für die größere Zahl ist:

$$\begin{aligned} 2x - 3(200 - x) &= 20 & & \\ 2x - 600 + 3x &= 20 & &\mid +600 \\ 5x &= 620 & &\mid :5 \\ x &= 124 & & \end{aligned}$$

124 ist also die größere der beiden Zahlen und demnach ist 76 die kleinere.

Strategie D: **Gleichungen II**

Yola führt dagegen für die beiden gesuchten Zahlen die zwei Variablen x und y ein. Diese müssen dann das folgende lineare Gleichungssystem lösen:

$$\begin{aligned} &\text{(I)} & x + y &= 200 \\ &\text{(II)} & 2x - 3y &= 20 \end{aligned} \quad \Rightarrow \quad \left\{ \begin{aligned} &2\cdot\text{(I)} & 2x + 2y &= 400 \\ &\text{(II)} & 2x - 3y &= 20 \end{aligned} \right.$$

$$\Rightarrow \; 2\cdot\text{(I)} - \text{(II)} \qquad 5y = 380 \;\Rightarrow\; y = 76 \;\text{ und }\; x = 124$$

124 und 76 sind also die beiden gesuchten Zahlen.

Die Vorgehensweisen von Xenia und Yola machen deutlich, dass man, statt in einer Problemstellung zwei Variablen einzuführen und zwei Gleichungen aufzustellen, häufig auch mit einer Variablen auskommen kann. Das Aufstellen nur einer Gleichung erfordert dabei allerdings meist etwas mehr Konzentration. Die Verwendung von zwei Variablen ist in der Regel übersichtlicher, die Berechnung der Lösung dagegen ein wenig aufwändiger.

1

Zwei aufeinander folgende natürliche Zahlen sind zusammen um 54 größer als eine dritte Zahl. Das Vierfache dieser Zahl ist um 200 größer als die größere der ersten beiden Zahlen.

2

Eine Seite eines Rechtecks mit einem Umfang von 17 cm wird um 3,5 cm verlängert, die andere dagegen um 1,5 cm verkürzt. Der Flächeninhalt vergrößert sich dadurch um $14\,\text{cm}^2$. Wie lang sind die beiden Seiten des ursprünglichen Rechtecks?

Musteraufgabe: Kugeln ziehen

In einem Säckchen befinden sich 4 rote und 2 gelbe Kugeln sowie eine blaue. Hintereinander werden drei Kugeln gezogen und der Reihe nach auf den Tisch gelegt. Wie viele unterschiedliche Ergebnisse sind möglich?

Strategie B: **Darstellung des Sachverhaltes in einem Baumdiagramm**

Thomas stellt die Abfolge der Züge in einem Baumdiagramm dar:

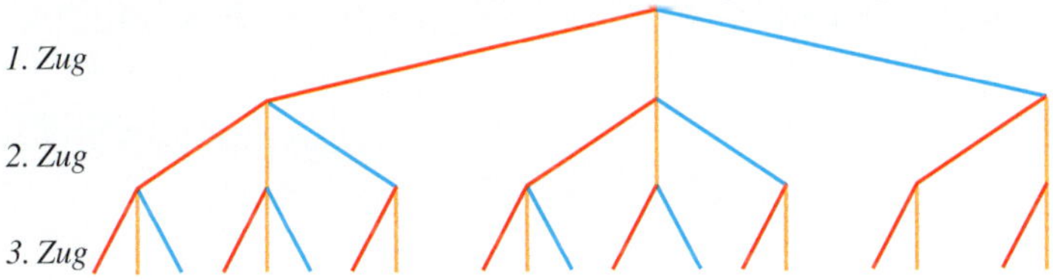

Die Zweigfarbe symbolisiert die gezogene Kugel. In der Mitte hat Thomas also die beiden Ergebnisse (gelb,gelb,rot) und (gelb, gelb, blau) dargestellt. Das Ergebnis (gelb, gelb, gelb) ist dagegen nicht möglich. Es sind also 19 unterschiedliche Ergebnisse.

3

In einem Säckchen befinden sich 5 rote, 2 grüne und 2 blaue Kugeln sowie eine schwarze. Hintereinander werden drei Kugeln gezogen und der Reihe nach auf den Tisch gelegt. Wie viele unterschiedliche Ergebnisse sind möglich?

Musteraufgabe: Unbekannte Längen
Um herauszubekommen, wie lang der Zug auf dem Bild rechts ist, kann man die angegebenen Abstände nutzen.
Das Haus im Vordergrund ist 15 Meter breit,

Skizze:

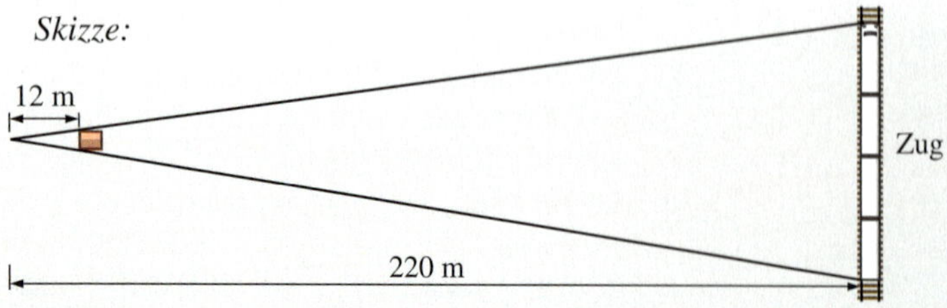

Strategie C: **Invarianzprinzip – Strahlensatz**
Constanze erkennt, dass das Verhältnis zwischen Zuglänge und Hausbreite und zwischen den Abständen vom Zug sowie vom Haus gleich groß ist. Diese Konstanz beschreibt der Strahlensatz.

$\frac{x}{15\,m} = \frac{220\,m}{12\,m} \quad | \cdot 15\,m$

$x = \frac{15\,m \cdot 220\,m}{12\,m} \Rightarrow x = 275\,m$ Der Zug ist also etwa 275 Meter lang.

4
Um die Höhe eines unbekannten Kirchturms abzuschätzen, betrachtet ihn Anna-Lena zwischen Daumen und Zeigefinger, die sie 20 cm entfernt vom Auge hält. Der Kirchturm ist zwischen den beiden 8 cm voneinander entfernten Fingerkuppen gerade ganz zu sehen. Lena misst anschließend ab, dass sie sich in diesem Moment etwa in einer Entfernung von 190 Schritten zu je 80 cm vom Turm befunden hat.

Immer wieder kannst du auch Problemstellungen entdecken, deren Lösungen die Beschaffung zusätzlicher Informationen, Modellüberlegungen und Überschlagsrechnungen erfordern. Diese Vorgehensweise hast du im vergangenen Jahr als „Fermi-Strategie“ kennen gelernt.

Musteraufgabe: So viele Autos
Der Verkehrsfunk meldet auf dem Weg nach Süden wiederum zähfließenden Verkehr zwischen dem Brunnthaldreieck und dem Irschenberg. Wie viele Fahrzeuge befinden sich wohl gerade zwischen diesen beiden Punkten?

Strategie E: **Geschicktes Abschätzen (Fermi-Strategie)**
Ricco entnimmt einem Autoatlas, dass die Länge der genannten Strecke entlang der Salzburger Autobahn etwa 35 km beträgt. Von zähfließendem Verkehr wird meist gesprochen, wenn es mit etwa 50 km/h bis 90 km/h ohne Stau vorwärts geht. Ein Auto ist etwa 5 m lang, ein Lastwagen etwa 12 m. Der Sicherheitsabstand sollte bei 70 km/h etwa 35 m betragen („halber Tacho“), meist ist er bei zähfließendem Verkehr erheblich geringer. Daher setzt Ricco als Platz für ein Auto mit Sicherheitsabstand 30 m, für einen LKW mit Sicherheitsabstand 35 m an. Er vermutet, dass etwa jedes vierte Fahrzeug ein Lastwagen ist. Ein Lastwagen und 3 PKW haben einen Platzbedarf von etwa 125 m. 8 LKW und 24 PKW benötigen 1 km. Da es drei Fahrspuren sind, befinden sich also gerade insgesamt etwa $32 \cdot 3 \cdot 35 \approx 3500$ Fahrzeuge auf der Strecke.

5
Im Jahr 2010 soll die erste deutsche Terminalanlage für flüssiges Erdgas in Wilhelmshaven in Betrieb gehen. Erdgas kann bei –160°C so verflüssigt werden, dass sich sein Volumen auf ein Sechshundertstel verringert. Das flüssige Erdgas wird dann mit dem Schiff transportiert und im Bestimmungsland wieder in den gasförmigen Zustand gebracht.
Wie viele Tankschiffe füllt die Erdgasmenge, die sich in der geplanten Ostseepipeline von Russland nach Deutschland befinden wird?

6 Kurvig

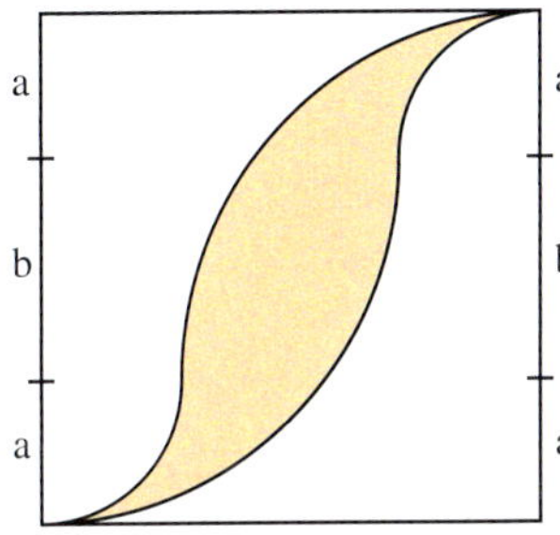

Der Rand der farbigen Figur besteht aus Kreisbögen, deren Mittelpunkte auf dem Rand des Quadrates markiert sind.

a) Begründe:
Die Figur ist punktsymmetrisch.

b) Gib einen möglichst einfachen Term zur Berechnung des Flächeninhaltes der farbig unterlegten Figur an.

c) Wie lautet der Term für den Fall $a = b$?
Wie groß ist in diesem Fall der Anteil der gefärbten Fläche an der Gesamtfläche des Quadrates?

7 Eckig

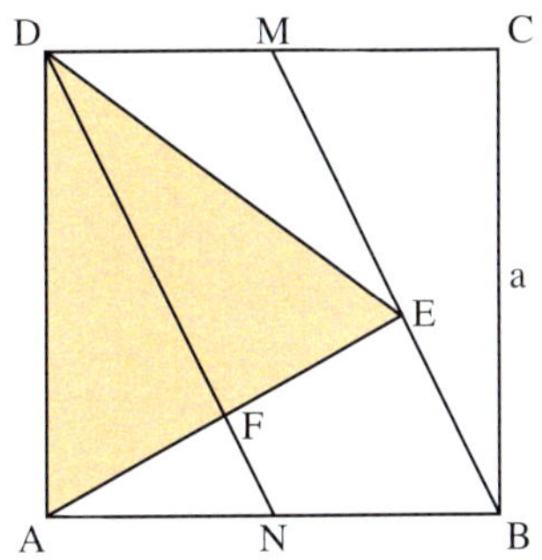

Im Quadrat ABCD mit der Seitenlänge a ist M der Mittelpunkt von [DC] und N der Mittelpunkt von [AB].

a) Zeige, dass für jeden Punkt E auf [BM] das Dreieck AFD den gleichen Flächeninhalt hat wie das Dreieck FED. Zeichne dazu geeignete Hilfslinien ein und wende den Strahlensatz an.

b) Wo muss der Punkt E liegen, damit die Dreiecke ABE und DEM den gleichen Flächeninhalt haben?
Etwa wie viel Prozent der Quadratfläche überdeckt dann die farbige Fläche des Dreiecks AED?

8 Mittelmäßig

a) Zeige zunächst an selbst gewählten Zahlenbeispielen und begründe dann allgemein, dass das arithmetische Mittel $m = \frac{1}{2}(a + b)$ zweier Zahlen a und b auf der Zahlengeraden in der Mitte zwischen a und b liegt.

b) Neben dem arithmetischen Mittel m gibt es das sog. harmonische Mittel h.
Es ist durch die Gleichung $\frac{1}{h} = \frac{1}{2}\left(\frac{1}{a} + \frac{1}{b}\right)$ festgelegt.
Löse die Gleichung nach h auf.

c) Bestimme beide Mittelwerte für $(a; b) = (3; 8), (4; 5), \left(\frac{3}{4}; \frac{4}{3}\right)$ und vergleiche sie.

d) Zeige: Für $b = \frac{1}{a}$ gilt $h = \frac{1}{m}$.

e) Das harmonische Mittel lässt sich geometrisch veranschaulichen:

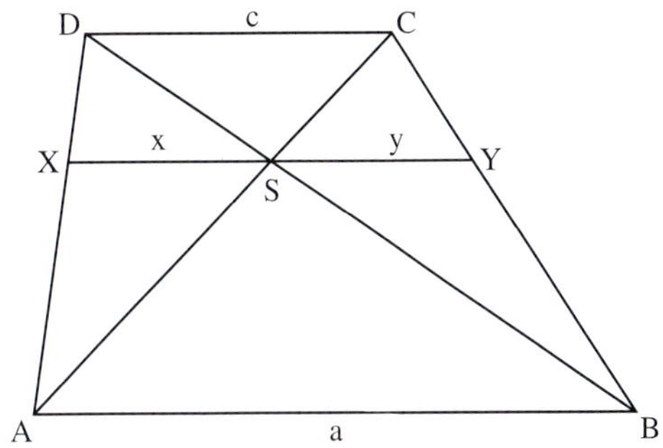

Im Trapez ABCD schneidet die Parallele zu [AB] bzw. [CD] durch den Schnittpunkt S der Diagonalen die Schenkel in X und Y.
Zeichne die Figur in dein Heft und begründe: $\overline{XY}$ ist gleich dem harmonischen Mittel der Streckenlängen a und c.
Zeige dazu zunächst, dass S die Diagonalen im Verhältnis a zu c teilt und dass S die Strecke [XY] halbiert.

f) Zeige: Die Länge der Verbindungsstrecke der beiden Schenkelmitten ist gleich dem arithmetischen Mittel m von a und c.

g) Welche Aussage über m und h kannst du auf Grund der geometrischen Veranschaulichung machen?
Bestätige diese Aussage algebraisch durch Umformung des Terms $m(a; c) - h(a; c)$.
Beachte dabei: $a^2 - 2ac + c^2 = (a - c)^2$

9 Autorensitzung

Die Schulbuchautoren treffen sich zu einer Autorensitzung und betreten in zufälliger Reihenfolge den Sitzungsraum.

a) Mit welcher Wahrscheinlichkeit betritt Frau K. als erste den Raum?
b) Mit welcher Wahrscheinlichkeit betritt Frau K. als dritte den Raum?
c) Mit welcher Wahrscheinlichkeit betritt eine Frau als erste den Raum?
d) Mit welcher Wahrscheinlichkeit betritt Frau K. als erste und Frau S. als letzte den Raum?
e) Die Autoren setzen sich an die Längsseiten des rechteckigen Tisches. Auf wie viele verschiedene Arten können sie Platz nehmen?

f) Mit einem Projektor wird ein Bild an die Wand projiziert. Das Bild im Projektor hat die Breite 15 mm und die Höhe 13 mm. Es ist vom Objektiv 5 cm entfernt.

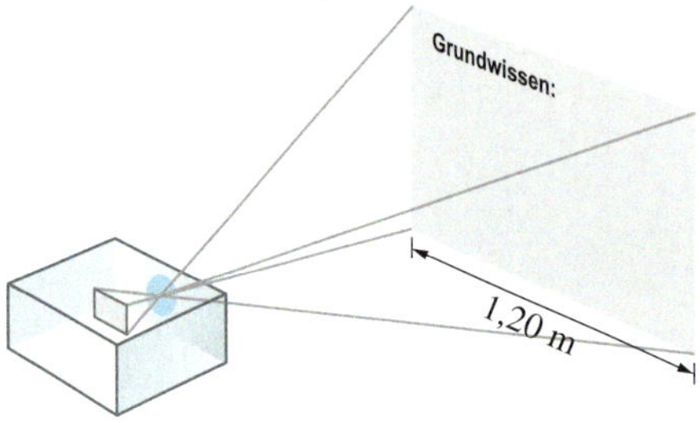

Welchen Abstand von der Objektivlinse muss die Wand haben, damit die Projektion 1,2 m breit ist?

g) Die Autoren diskutieren gerade die abgebildete Aufgabe:

Grundwissen:

Bestimme graphisch und rechnerisch die Lösung des Gleichungssystems:

(I) $y - 1 = \frac{1}{3}x$

(II) $-x + 5 = 3y$

Kannst du die Aufgabe lösen?

10 Punkte versenken

Wie beim „Schiffe versenken" zeichnen dein Tischnachbar und du verdeckt voneinander in ein Koordinatensystem (x- bzw. y-Werte z. B. von −4 bis 4) ein „Zweierboot" ein, indem ihr zwei nebeneinander liegende (aber nicht übereinander liegende) oder „diagonal benachbarte" ganzzahlige Gitterpunkte markiert (siehe z. B. Figur unten).

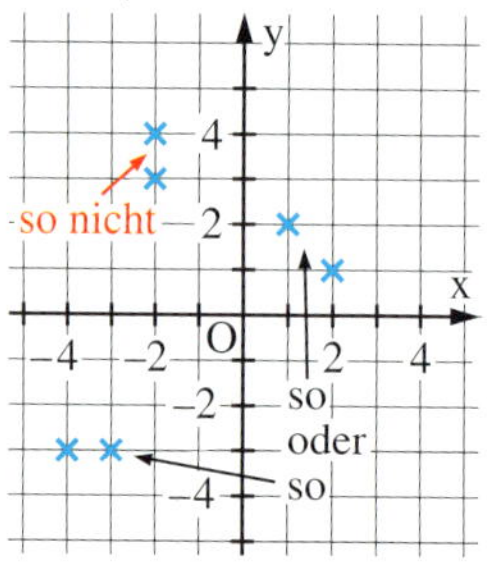

Spielvariationen: „Größeres" Koordinatensystem oder zusätzliche Verwendung von „halbzahligen" Gitterpunkten oder Verwendung von 2 „Zweierbooten" …

Ein Spieler beginnt, indem er einen Funktionsterm nennt. Der Mitspieler überprüft, ob einer seiner zwei Punkte auf dem zugehörigen Graphen liegt. Falls ja, streicht er den genannten Punkt.
Nun nennt er selbst einen Funktionsterm und der andere überprüft entsprechend usw. …
Sieger ist, wer es zuerst geschafft hat, die beiden Punkte des anderen zu versenken.

11 Bruchgleichungen in der Physik

Gleichungen vom Typ $\frac{1}{z} = \frac{1}{x} + \frac{1}{y}$ haben bei vielen physikalischen Anwendungen eine Bedeutung.

a) Bei einer Schraubenfeder ist die Zuordnung
Dehnung s *der Feder* ↦ *dehnende Kraft* F
proportional (Hooke'sches Gesetz).
Den Proportionalitätsfaktor $\frac{F}{s} = D$
bezeichnet man als Federkonstante.

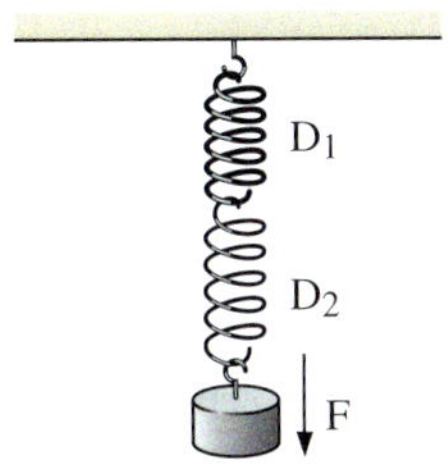

An zwei wie in der Skizze aneinander gefügten Schraubenfedern mit den Federkonstanten D_1 und D_2 zieht die gleiche Kraft F, wenn man das Eigengewicht der 2. Feder gegenüber der Kraft F vernachlässigen kann. Diese Kraft F dehnt die 1. Feder um s_1 und die 2. Feder um s_2. Zeige, dass für die Federkonstante D des Gesamtsystems beider Federn die Gleichung
$\frac{1}{D} = \frac{1}{D_1} + \frac{1}{D_2}$ gilt.

b) In einem Stromkreis ist die Zuordnung
Stromstärke I *durch ein Gerät* ↦
Spannung U *an dem Gerät*
proportional. (Ohm'sches Gesetz)
Den Proportionalitätsfaktor $\frac{U}{I} = R$
bezeichnet man als Widerstand des Gerätes.

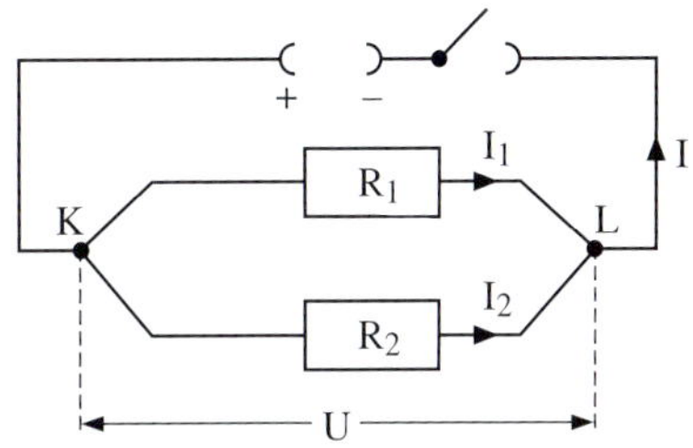

Die Skizze veranschaulicht die Situation in einem Stromkreis mit zwei parallel geschalteten Widerständen R_1 und R_2. Der Gesamtstrom I ist die Summe der beiden Teilströme I_1 und I_2. Zwischen den Verzweigungspunkten K und L herrscht in beiden Zweigen die gleiche Spannung U. Leite mit Hilfe des Ohm'schen Gesetzes für den Gesamtwiderstand R die Gleichung
$\frac{1}{R} = \frac{1}{R_1} + \frac{1}{R_2}$ her.

c) Zeige, dass für die Federkonstante des Systems zweier aneinander hängender Federn gilt:
$D < D_1$ und $D < D_2$
bzw. für den Gesamtwiderstand zweier parallel geschalteter Widerstände gilt:
$R < R_1$ und $R < R_2$.
Beschreibe die Bedeutung dieser Ungleichungen mit Worten.

12

Zeichne zu der jeweiligen Gleichung den zugehörigen Graphen in ein Koordinatensystem.
Betrachte nun folgendes Zufallsexperiment: Mit zwei unterschiedlich gefärbten Würfeln werden die beiden Koordinaten eines Punktes in diesem Koordinatensystem „erwürfelt". Bestimme die Wahrscheinlichkeit, dass der Punkt oberhalb des Graphen liegt.

a) $1{,}5\,x = y$
b) $y = 2{,}9$
c) $xy = 3$
d) $y = \frac{1}{3}x + 2$
e) $x + y = 3$
f) $x - 10 = -2y$

13 Zahlenzauber

a) Begründe: $1 + 2 + 3 + \ldots + (n-1) + n + (n-1) + \ldots + 3 + 2 + 1 = n^2$

b) Zeige, dass folgende merkwürdige Gleichungen gelten:

$$121 = \frac{22^2}{1+2+1}$$

$$12\,321 = \frac{333^2}{1+2+3+2+1}$$

$$1\,234\,321 = \frac{4444^2}{1+2+3+4+3+2+1}$$

Gilt eine entsprechende Gleichung auch für die Zahl 12 345 678 987 654 321?

14 Rechnerische Lösungen geometrischer Probleme

Wenn man die Konstruktionsbefehle eines dynamischen Geometriesystems (kurz: DGS) wie z. B. die Konstruktion von Mittelpunkten, Loten, Parallelen usw. verwendet, werden diese natürlich nicht mit Hilfe von Zirkel und Lineal vom DGS konstruiert, sondern die hierfür nötigen Daten werden exakt berechnet.

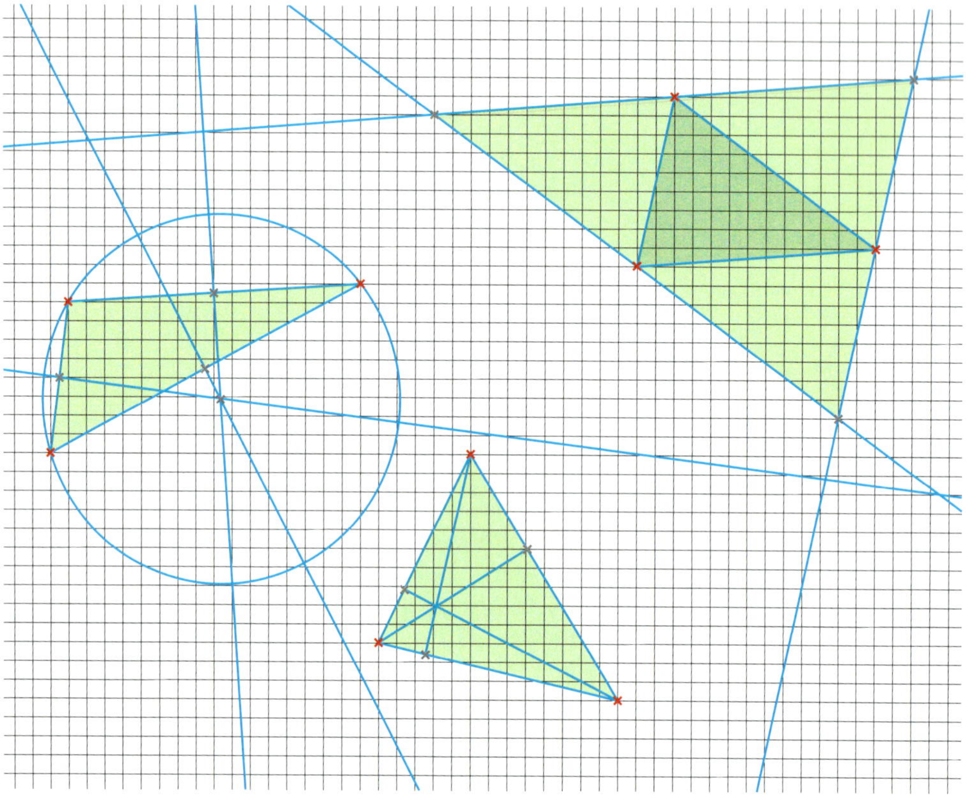

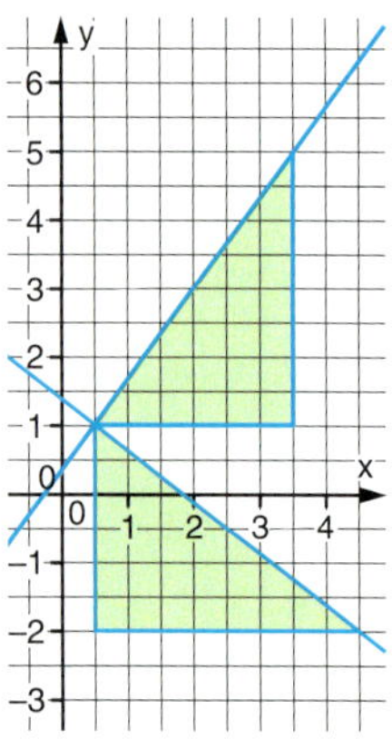

Für zwei senkrecht aufeinander stehende Geraden g und k gilt:
$m_g \cdot m_k = -1$ *bzw.*
$m_k = \frac{-1}{m_g}$

Anhand der folgenden Aufgaben erkennst du, wie auch du mit dir bereits bekannten Rechenverfahren einige solcher geometrischer Probleme exakt lösen kannst.

Lote (senkrecht stehende Geraden) und Lotfußpunkte

a) Zeichne die Gerade g mit der Gleichung $y = 2x + 1$ in dein Heft und konstruiere mit Zirkel und Lineal das Lot k vom Punkt $P(-1|4)$ aus auf die Gerade g.

b) Entnimm deiner Zeichnung die Steigung des Lotes k. Was fällt dir auf, wenn du die Steigung m_g der Geraden g und die Steigung m_k des Lotes k vergleichst? Vergleiche dazu auch die Steigungen der links abgebildeten senkrecht stehenden Geraden.

c) Begründe, dass für zwei senkrecht aufeinander stehende Geraden g und k allgemein gilt: $m_g \cdot m_k = -1$ bzw. $m_k = \frac{-1}{m_g}$.
Betrachte dazu z. B. die beiden Steigungsdreiecke in der links gegebenen Figur, die deckungsgleich sind und nur durch eine Drehung auseinander hervorgegangen sind.

d) Stelle nun durch Rechnung die Gleichung des Lotes k auf und bestimme die Koordinaten des Lotfußpunktes F, d. h. des Schnittpunktes der beiden Geraden g und k.

e) Bestimme rechnerisch die Gleichung des Lotes l auf die Gerade h: $y = -2{,}5x + 2$ in dem auf der Geraden liegenden Punkt $P(?|-3)$.

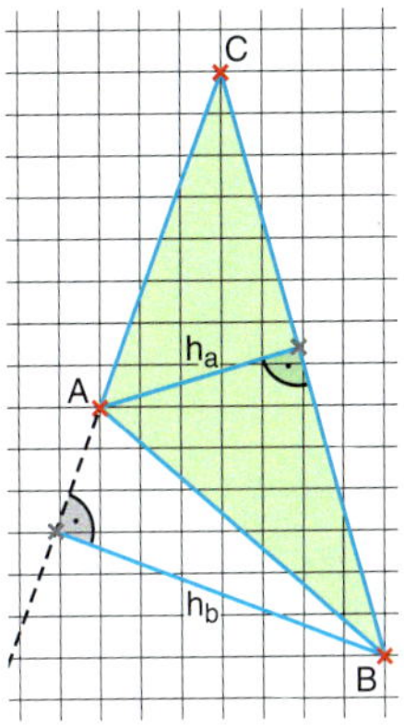

Die Höhen im Dreieck und der Höhenschnittpunkt

f) Zeichne das Dreieck ABC mit A(–2|–1,5), B(10|2) und C(2|6) in dein Heft und schätze ab, ohne zu messen, ob es sich um ein spitzwinkliges oder ein stumpfwinkliges Dreieck handelt.

g) Bestimme die Steigung der Geraden AC und BC. Welche Dreiecksart kannst du nun schon sicher ausschließen? Begründe.

h) Stelle rechnerisch die Gleichung der Höhe h_a (bzw. deren Verlängerung) auf die Seite a = [BC] durch die Ecke A auf.

i) Bestimme durch Rechnung den zugehörigen Höhenfußpunkt, d. h. den Schnittpunkt der Höhe h_a mit der Seite a = [BC] bzw. mit deren Verlängerung. Wie kannst du daraus die Art des Dreiecks exakt bestimmen?

k) Das Dreieck PQR ist durch P(0|0), Q(8|2) und R(2|9) gegeben. Stelle die Gleichungen der drei Höhen auf und zeige durch Rechnung, dass sie sich in einem Punkt, dem Höhenschnittpunkt, schneiden.

Die Mittelsenkrechten im Dreieck und der Umkreismittelpunkt U

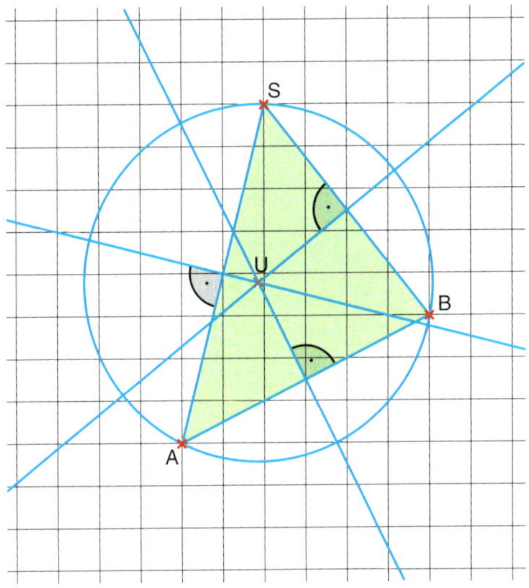

l) Gegeben sind die Punkte A(0|0), B(7|1) und C(3|9). Zeichne das Dreieck ABC in ein Koordinatensystem und konstruiere seine Mittelsenkrechten.

m) Überlege dir anhand deiner Zeichnung, wie sich die Koordinaten der Mittelpunkte der Dreiecksseiten exakt berechnen lassen und bestimme sie auf diese Art.

n) Stelle die Gleichungen aller Mittelsenkrechten durch Rechnung auf und zeige, dass diese sich alle in einem Punkt schneiden, dem Umkreismittelpunkt U.

o) Zwischen den Orten A-, B- und C-Hausen soll ein Mobilfunkmast aufgestellt werden, der von den drei Orten jeweils den gleichen Abstand hat. A-Hausen liegt genau 9 km nördlich von B-Hausen. Von B-Hausen gelangt man nach C-Hausen, wenn man 2 km genau südlich und dann noch 10 km genau östlich fährt. Übertrage die Situation in ein Koordinatensystem. Bestimme dann den Standort durch eine Konstruktion in geeignetem Maßstab und anschließend rechnerisch. Welche Abweichung stellst du fest?

Die Seitenhalbierenden im Dreieck und der Schwerpunkt

p) Zeichne das Dreieck ABC, das durch A(–3|0), B(6|–3) und C(3|6) gegeben ist, in dein Heft. Ermittle zeichnerisch und rechnerisch die Mittelpunkte L, M und N der Seiten [BC], [AC] und [AB].

q) Zeichne die Seitenhalbierenden, d. h. die Strecken [AL], [BM] und [CN]. Was stellst du fest?

r) Stelle rechnerisch die Gleichungen der Seitenhalbierenden bzw. der Verlängerungen auf und bestätige die Beobachtung aus q) durch Rechnung.

*Die Seitenhalbierenden des Dreiecks schneiden sich in einem Punkt, dem **Schwerpunkt** des Dreiecks.*
Du kannst ein Dreieck aus Pappe o. ä. in diesem Punkt im Gleichgewicht halten.

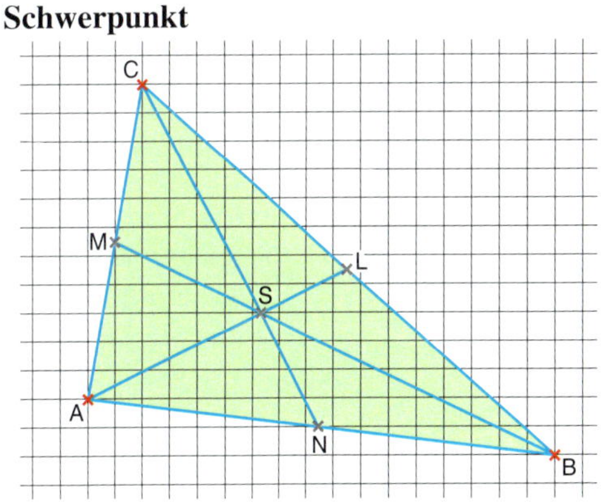

Vergrößertes Bild im Hohlspiegel

Wird ein Hohlspiegel von einer starken Lichtquelle beleuchtet (z. B. Sonne) und hält man ein Streichholz im Brennpunkt, so wird es durch die Hitze entzündet.

15 Hohler Spiegel

Sieht man aus der Nähe in einen Rasierspiegel, so sieht man sein Gesicht vergrößert und aufrecht. Das Bild scheint hinter dem Spiegel zu liegen. In der Physik spricht man von einem virtuellen Bild. Hält man den Spiegel weiter weg, so verschwimmt das Bild, es wird aber bei noch größerer Entfernung wieder scharf, jedoch ist es seitenverkehrt und steht auf dem Kopf. Man kann es mit einem Schirm auffangen. Deshalb spricht man von einem reellen Bild.

Reelles und virtuelles Bild an einem Hohlspiegel

Ein solcher Hohlspiegel ist (in guter Näherung) Teil der Oberfläche einer Kugel mit dem Mittelpunkt M und dem Radius r. Die Symmetrieachse bezeichnet man als optische Achse. Ein Strahl parallel zur optischen Achse (Parallelstrahl) geht nach der Reflexion durch den Brennpunkt F (Brennstrahl). Ein Strahl durch den Mittelpunkt M (Mittelpunktstrahl) fällt mit seinem reflektierten Strahl zusammen. Die Zeichnung veranschaulicht die Situation bei einem nicht zu stark gekrümmten Hohlspiegel. Bei ihm kann man die Spiegelfläche angenähert durch eine Ebene ersetzen (siehe 2. Zeichnung) und damit den Strahlensatz anwenden.

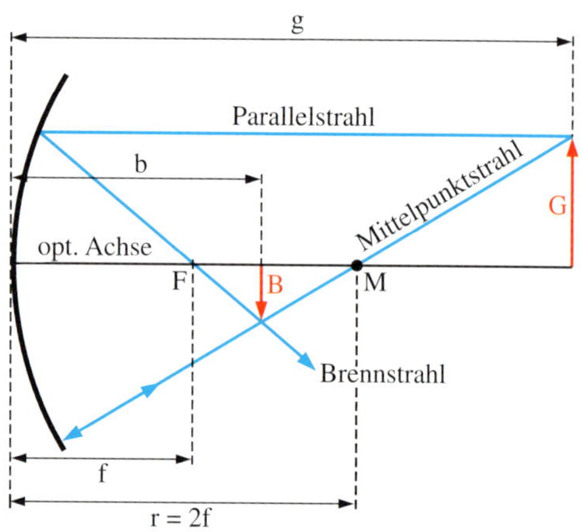

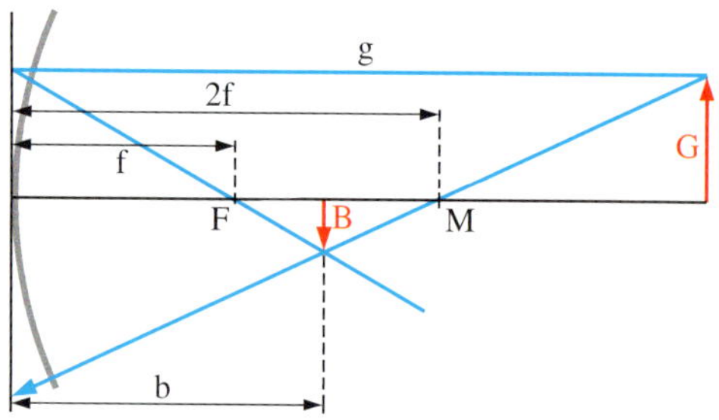

a) Erkläre anhand der Zeichnung für den Fall $g > f$ die Gleichungen
(1) $\frac{B}{G} = \frac{b-f}{f}$ und (2) $\frac{B}{G} = \frac{2f-b}{g-2f}$
und leite daraus die Gleichung:
$\frac{1}{g} + \frac{1}{b} = \frac{1}{f}$ her.
Sie wird als Linsengleichung bezeichnet.

b) Berechne b für $g = 40\,\text{cm}$ ($20\,\text{cm}$) und $f = 30\,\text{cm}$. Was fällt dir an den Ergebnissen auf? Kannst du den Unterschied erklären?

c) Leite anhand der nebenstehenden Figur die Linsengleichung geometrisch für den Fall eines vergrößerten (virtuellen) Bildes her. Welche Annahme kann man für b machen? Wodurch ist sie gerechtfertigt?

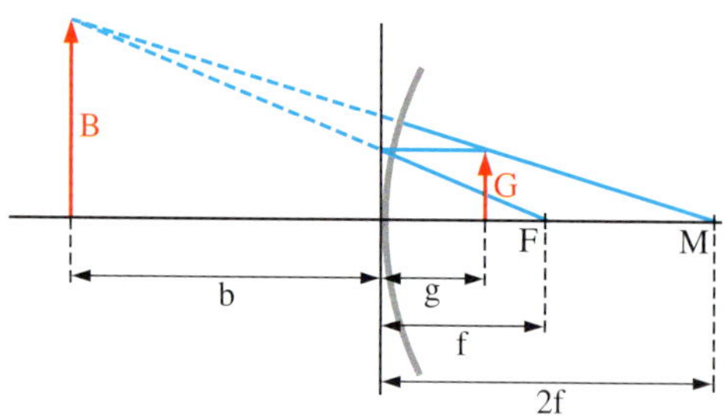

d) Im Fall $g = f$ entsteht kein Bild. Erkläre dies anhand der Linsengleichung und durch geometrische Betrachtungen.

e) Wann sind Gegenstand und Bild gleich groß?

Aufgaben dieser Art werden im Bayrischen Mathematiktest (BMT) gestellt.

16

Bei dem vorliegenden Multiple-Choice-Test ist jeweils genau eine Antwort richtig. Notiere jeweils den Lösungsbuchstaben.

a) Barbara hat sich eine neue Digitalkamera gekauft. Ihrer Freundin Christine erzählt sie, dass sie 25 % Nachlass bekommen hat und dann 185 € und ein paar Cent bezahlt hat.
Welche Angabe kommt dem ursprünglichen Preis am nächsten?
A) 240 € B) 250 €
C) 260 € D) 270 €
E) 280 €

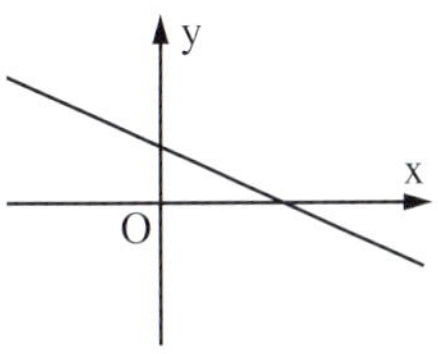

b) Welche Gleichung kann zu der skizzierten Geraden gehören?
A) $y = 0{,}5\,x - 1$
B) $y = -0{,}5\,x - 1$
C) $y = -0{,}5\,x + 1$
D) $y = 0{,}5\,x + 1$

c) In der Flagge Guyanas ist A Diagonalenschnittpunkt und B Seitenmitte. Welcher Term gibt den Flächeninhalt der gelben Fläche an?

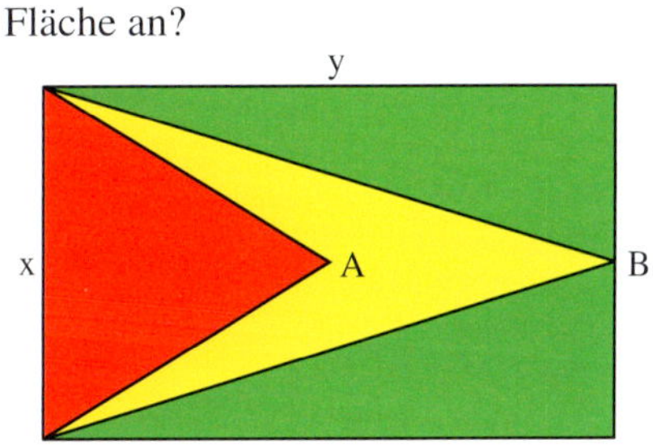

A) $y^2 - x^2$ B) $\frac{1}{2}xy$ C) $\frac{xy}{4}$

d) Welche Zahl erfüllt die Gleichung
$-\frac{2}{3x} + \frac{4}{2-x} = 0$?
A) $\frac{2}{7}$ B) $-\frac{2}{5}$ C) $-\frac{2}{7}$ D) 3,5

e) Welche Zahl ist am größten?
A) -3^2 B) $0{,}5^{-3}$ C) $\frac{1}{0{,}3}$ D) $(-5)^{-2}$

f) In einem Fußballverein sind m Männer und f Frauen. Es sind 80 Männer mehr als Frauen im Verein. Zudem sind es fünfmal so viele Männer wie Frauen. Mit welchem Gleichungssystem kann man die Anzahl der Männer und die Anzahl der Frauen berechnen?
A) (I) $5f = m$ (II) $m - 80 = f$
B) (I) $f = 5m$ (II) $m = f + 80$
C) (I) $f - 5m = 0$ (II) $f - 80 = m$
D) (I) $5f - m = 0$ (II) $m + f = 80$

g) In der Figur sind die Geraden g, h und i parallel. Welche Gleichung ist richtig?

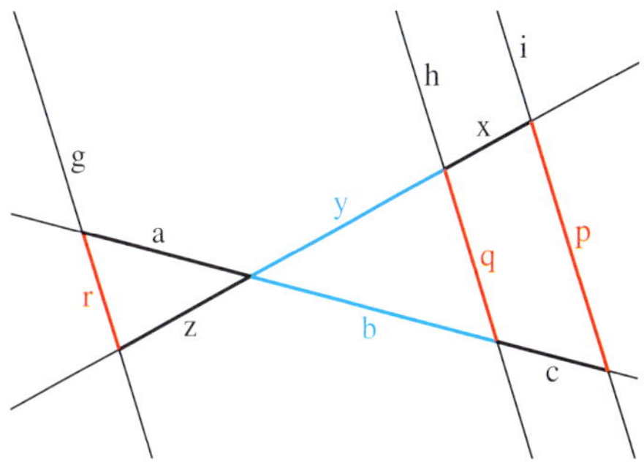

A) $\frac{q}{b} = \frac{p}{c}$ B) $\frac{r}{p} = \frac{a}{x+y}$
C) $\frac{y}{x+y} = \frac{q}{p}$ D) $\frac{p}{b+c} = \frac{a}{r}$

h) Welche Zahl erfüllt die Gleichung
$-5 - 2\left(1{,}5 - \frac{1}{2}x\right) = \frac{3}{4}x - \frac{1}{2}x : 2$?
A) -2 B) 16 C) $\frac{72}{7}$ D) 0

i) Uwe verteilt Kirschen. Barbara erhält ein Drittel der Kirschen. Thomas erhält vom Rest die Hälfte. Für Uwe und Christine bleiben je 10 Kirschen übrig.
Wie viele Kirschen brachte Uwe mit?
A) 30 B) 45 C) 60 D) 90

k) Der fünfjährige kleine Bruder von Judith bekommt die Aufgaben a) bis i) in die Hände und kreuzt bei jeder Frage zufällig einen Buchstaben an.
Mit welcher Wahrscheinlichkeit (auf Prozent genau) hat er alle Antworten richtig?
A) 0 % B) 5 % C) 7 % D) 11 %
Mit welcher Wahrscheinlichkeit (auf Prozent genau) hat er keine einzige Antwort richtig?
A) 0 % B) 7 % C) 53 % D) 80 %

Rückblick, Seite 23

1

a) Für die gegebenen Wertepaare gilt $x \cdot y = 84$, also ist $x \mapsto y$ eine umgekehrt proportionale Zuordnung mit der Zuordnungsvorschrift $x \mapsto \frac{84}{x}$.

x	0,8	2	3	3,2	3,5
y	**105**	42	28	**26,25**	24

b) Für die gegebenen Wertepaare gilt $\frac{y}{x} = \frac{1}{9}$, also handelt es sich bei $x \mapsto y$ um eine proportionale Zuordnung mit der Zuordnungsvorschrift $x \mapsto \frac{1}{9}x$.

x	3,6	6,75	8,1	10,8	11,7
y	0,4	0,75	**0,9**	1,2	**1,3**

2

Eier (Stück)	3	5	7
Milch in ml	375	625	875
Mehl in g	270	450	630
Fett in g	75	125	175

Es ist nicht sinnvoll, von $1\frac{1}{2}$, $2\frac{1}{2}$ oder $3\frac{1}{2}$ Prisen Salz zu sprechen.
Eine sinnvolle Angabe könnte sein: Prise Salz, große Prise Salz bzw. 2 Prisen Salz.

3

a) neue Schienen: $60{,}3\,\frac{kg}{m}$

alte Schienen: $\approx 48\,\frac{kg}{m}$

Der Quotient gibt die Masse pro Meter an. Die neuen Schienen sind also schwerer – vermutlich haben sie einen größeren Querschnitt und sind damit stabiler.

b) $60{,}3 : 48 \approx 1{,}26 = \frac{126}{100}$

Das neue Schienenstück ist ca. 26 % schwerer.

c) Masse von 1 km Gleis:

alte Schienen:

$2 \cdot 48\,\frac{kg}{m} \cdot 1000\,m = 96\,000\,kg = 96\,t$

neue Schienen: 120,6 t

4

a)

Länge l in cm	1	1,5	2	3	4	6	8	10	12
Breite b in cm	12	8	6	4	3	2	1,5	1,2	1

b) Für alle zugeordneten Größen gilt $l \cdot b = 12\,cm^2$. Die Zuordnung ist also umgekehrt proportional. Das Produkt gibt den Flächeninhalt eines Rechteckes der Länge l und der Breite b an.
Zuordnungsvorschrift: $l \mapsto \frac{12\,cm^2}{l}$

5

a) Anzahl der Tage: t
Ausgaben pro Tag: a
Es gilt: $a \cdot t = 870\,€$,
also ist $t \mapsto a = \frac{870\,€}{t}$ eine umgekehrt proportionale Zuordnung.

b)

t in d	4	6	8	10	12
a in $\frac{€}{d}$	217,50	145	108,75	87	72,50

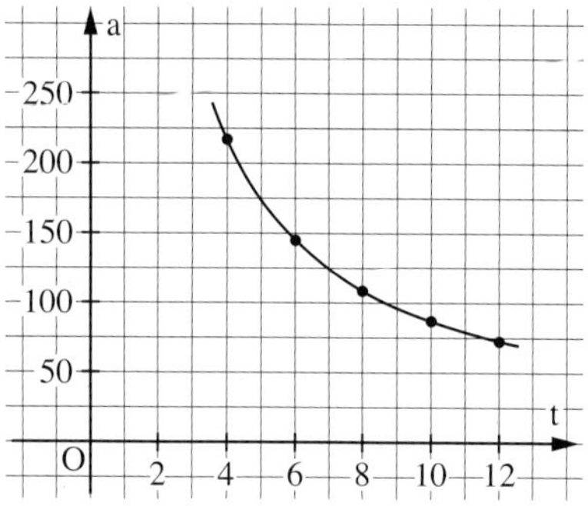

c) Die umgekehrte Zuordnung $a \mapsto t$ ist ebenfalls umgekehrt proportional, denn auch hier gilt $a \cdot t = 870\,€$

6

a) Die beiden Geraden beschreiben eine Bewegung mit konstanter Geschwindigkeit. Je steiler die Gerade, desto größer die Geschwindigkeit. Der nicht geradlinige Graph beschreibt eine Bewegung, bei der die Geschwindigkeit in der 1. Stunde und in der 4. und 5. Stunde angenährt konstant ist. In der 2. und 3. Stunde nimmt die Geschwindigkeit zunächst ab und steigt dann wieder an.

b) flache Gerade: $\frac{\text{Weg}}{\text{Zeit}} = 12{,}5\,\frac{km}{h}$

$t \mapsto s = 12{,}5\,\frac{km}{h} \cdot t$

steile Gerade: $\frac{\text{Weg}}{\text{Zeit}} = 75\,\frac{km}{h}$

$t \mapsto s = 75\,\frac{km}{h} \cdot t$

7

Für die Zuordnung *Zeitpunkt* $\mapsto$ *Außentemperatur* gibt es keine einfache Gesetzmäßigkeit, die eine Berechnung gestattet.

8

a) $63\,\frac{km}{h} = 63 \cdot \frac{1000\,m}{3600\,s} = 17{,}5\,\frac{m}{s}$

b) $37{,}5\,\frac{m}{s} = 37{,}5 \cdot \frac{\frac{1}{1000}\,km}{\frac{1}{3600}\,h} = 37{,}5 \cdot 3{,}6\,\frac{km}{h}$

$= 135\,\frac{km}{h}$

c) $475\,\frac{m}{min} = 475\,\frac{\frac{1}{1000}\,km}{\frac{1}{60}\,h} = 475 \cdot 0{,}06\,\frac{km}{h}$

$= 28{,}5\,\frac{km}{h}$

9

Es gilt: Zins = Kapital · Zinssatz.
Bei konstantem Zins ist die Zuordnung *Kapital* $\mapsto$ *Zinssatz* umgekehrt proportional.

Rückblick, Seite 43

1

Daran, dass es eine Parallele zur y-Achse gibt, die den Graphen in mehr als einem Punkt schneidet.

2

a) (A) – (3), (B) – (1), (C) – (2), (D) – (4)

b) Mögliche Lösungen:

(A)

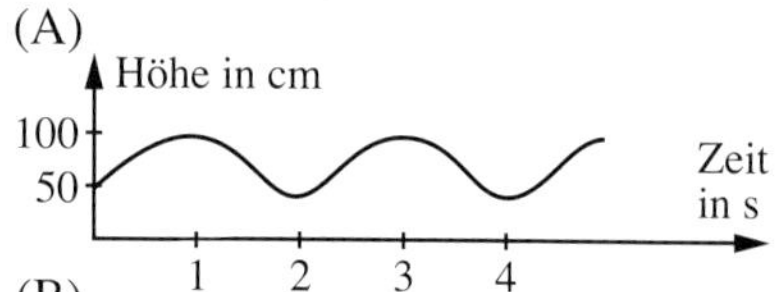

(B)

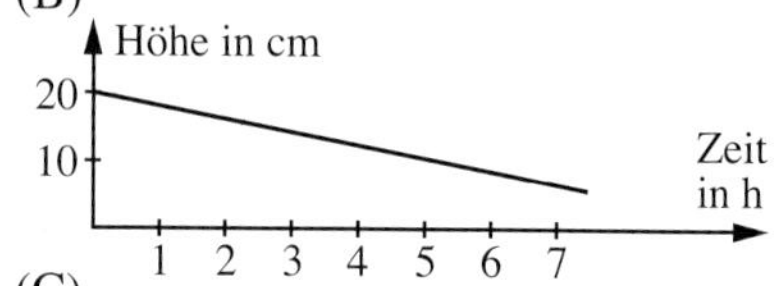

(C)

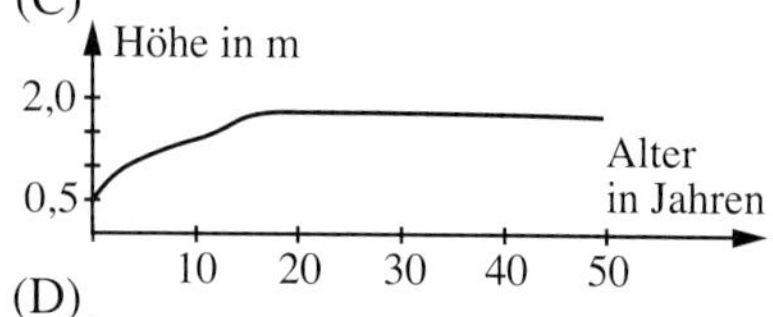

(D)

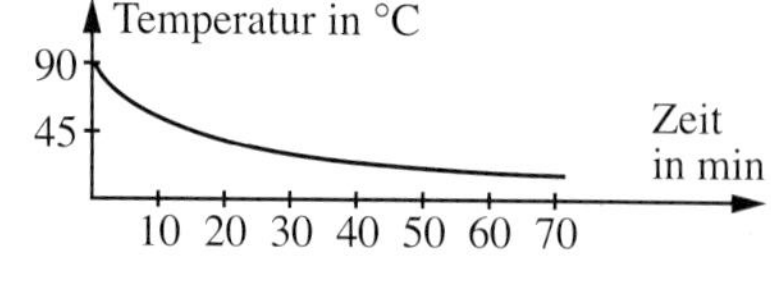

c)
(D)

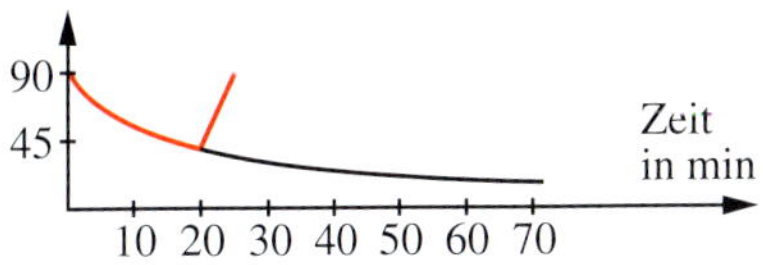

3
Nein, er hat nicht recht. Der untere Graph gehört zu einer anderen Funktion. Er schneidet zwar ebenso wie der obere Graph die y-Achse beim Wert 2,5. Jedoch verläuft der untere Graph im weiteren durch den Punkt (2,5|5), wohingegen der obere Graph im weiteren durch den Punkt (2,5|7,5) verläuft. Daher gehören sie zu unterschiedlichen Funktionen.
Anmerkung:
Zeichnet man einen größeren Ausschnitt des mittleren Graphen, so erkennt man, dass auch dieser durch A(0|2,5) und B(2,5|7,5) verläuft. Er gehört demnach zur selben Funktion wie der obere Graph.

4

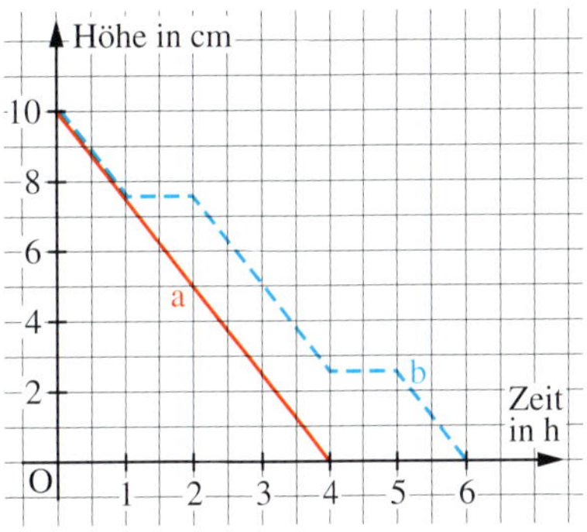

5
a) $r(x) = 0{,}5x$; $D = \mathbb{Q}$

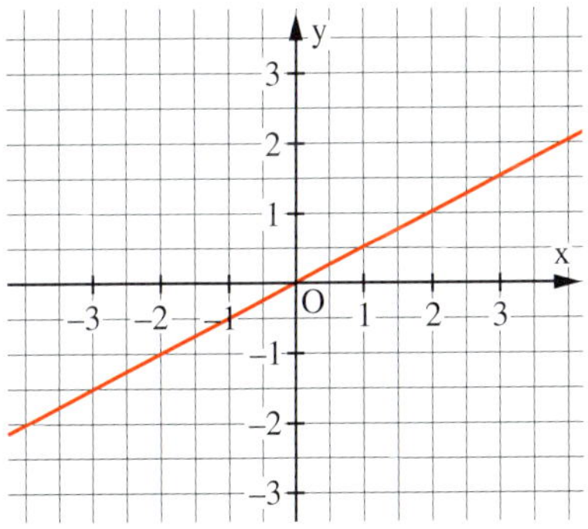

b) $f(x) = (x + 3)^2$; $D = \mathbb{Q}$

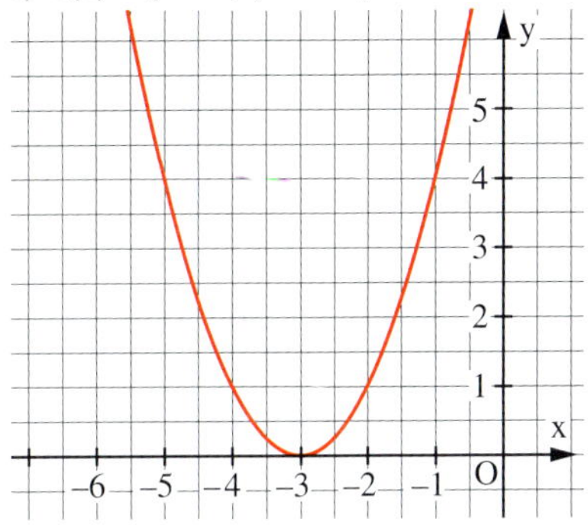

c) $k(x) = \frac{1}{x-3}$; $D = \mathbb{Q} \setminus \{3\}$

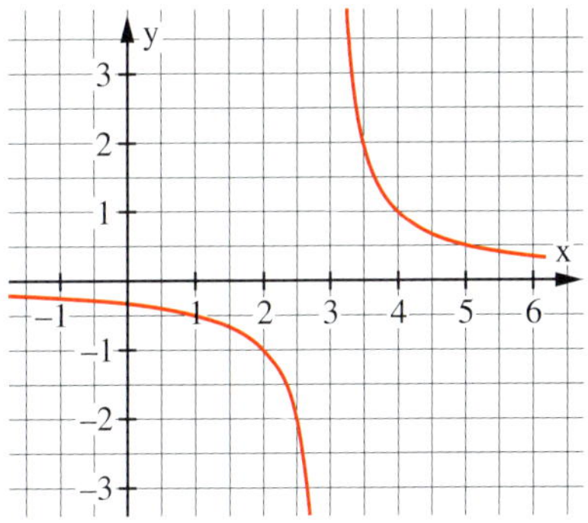

6
Es sind jeweils zwei mögliche Beispiele angegeben:
a) a: $x \mapsto 2x$ oder a: $x \mapsto x^2 - 1$
b) b: $x \mapsto \frac{1}{x}$ oder b: $x \mapsto \frac{2}{x} + 3$
c) c: $x \mapsto \frac{5}{x+2}$ oder c: $x \mapsto \frac{1}{2x+4}$
d) d: $x \mapsto \frac{2}{x-\frac{1}{3}}$ oder d: $x \mapsto \frac{1}{3x-1}$

7
a)

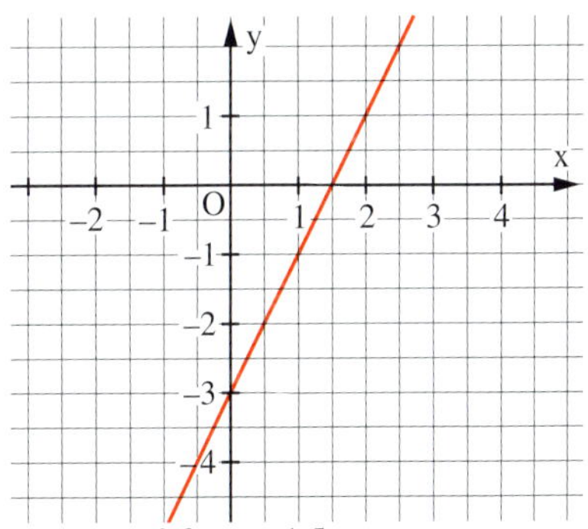

$a(x) = 0$ für $x = 1{,}5$;
$a(x) < 0$ für $x < 1{,}5$

b)

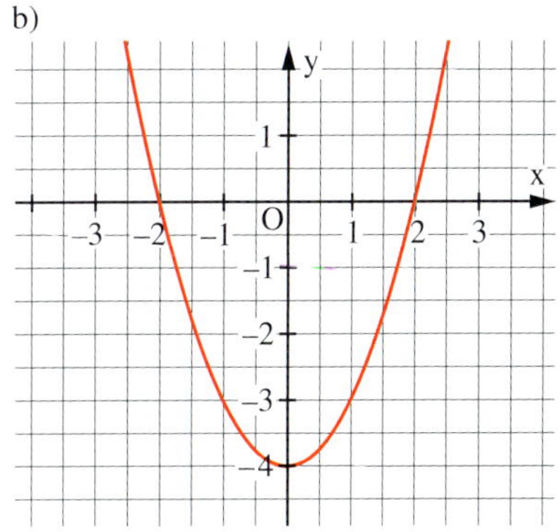

$b(x) = 0$ für $x_1 = -2$ oder $x_2 = 2$;
$b(x) < 0$ für $-2 < x < 2$

c)

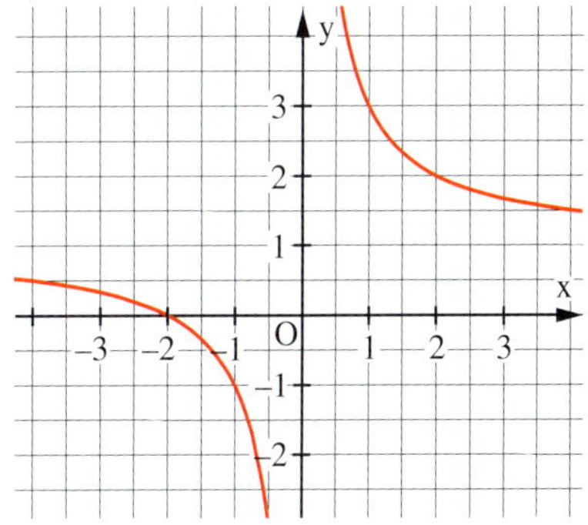

$c(x) = 0$ für $x = -2$;
$c(x) < 0$ für $-2 < x < 0$

d)

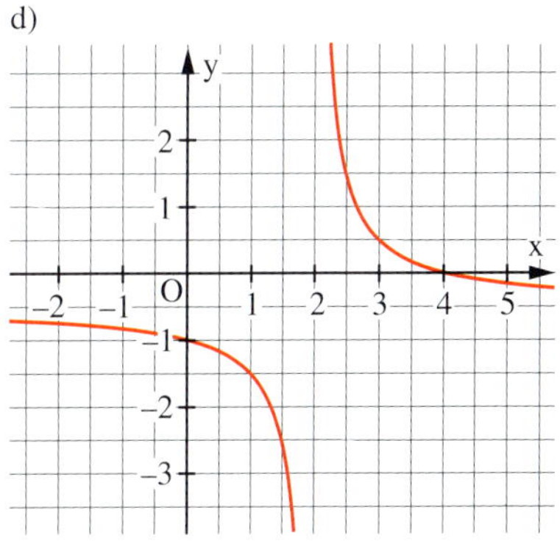

$d(x) = 0$ für $x = 4$;
$d(x) < 0$ für $x < 2$ oder $x > 4$

e) Hier ist es sinnvoll, den Funktionsterm erst zu vereinfachen:
$e(x) = -1{,}5x + 2{,}25$

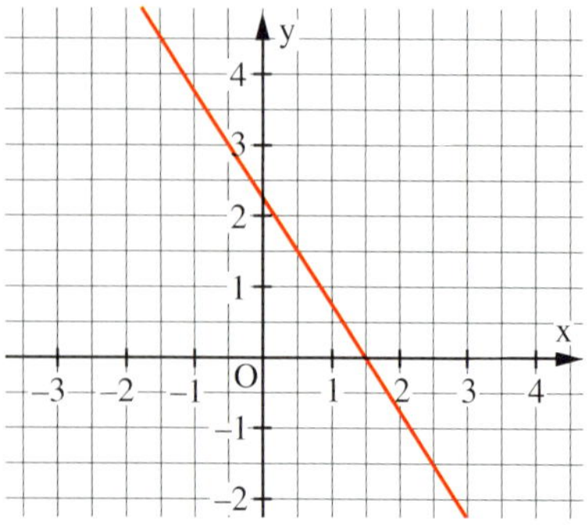

$e(x) = 0$ für $x = 1{,}5$;
$e(x) < 0$ für $x > 1{,}5$

f) Hier ist es sinnvoll, den Funktionsterm erst zu vereinfachen:
$f(x) = -x^2 - x + 2$

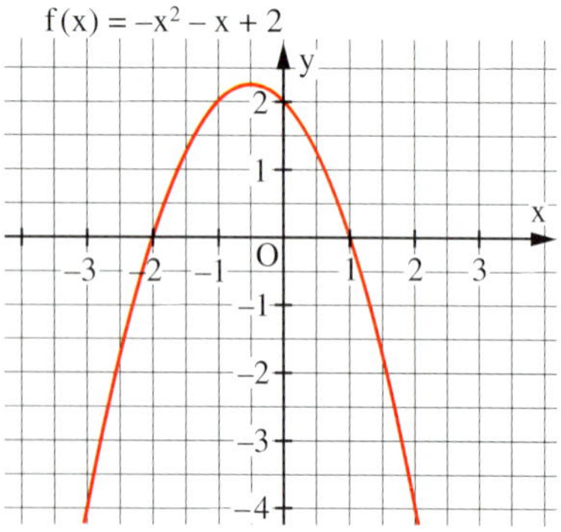

$f(x) = 0$ für $x_1 = -2$ oder $x_2 = 1$
$f(x) < 0$ für $x < -2$ oder $x > 1$

g) Der Graph G_f steigt für $x < -0{,}5$ an und erreicht für $x = -0{,}5$ seinen höchsten Punkt. Er verläuft dabei immer flacher, je näher man dem x-Wert $-0{,}5$ kommt. Für $x > -0{,}5$ fällt der Graph, er verläuft für zunehmende x-Werte immer steiler.
In den Punkten $N_1(-2|0)$ und $N_2(1|0)$ schneidet der Graph G_f die x-Achse, im Punkt $S(0|2)$ die y-Achse.

8

a) Länge der Kreisbögen:
$l_B = 2 \cdot \pi \cdot r \approx 2 \cdot 3{,}14 \cdot 36{,}50\,\text{m}$
$= 229{,}22\,\text{m}$
Länge des geraden Abschnitts:
$l_G = (400\,\text{m} - 229{,}22\,\text{m}) : 2 = 85{,}39\,\text{m}$

b) $A = l_G \cdot 2 \cdot r + \pi \cdot r^2$
$\approx 85{,}39\,\text{m} \cdot 2 \cdot 36{,}50\,\text{m}$
$+ 3{,}14 \cdot (36{,}50\,\text{m})^2$
$= 10416{,}735\,\text{m}^2 \approx 1{,}04\,\text{ha}$

c) Der Innenrand der 2. Bahn von innen hat in der Kurve einen größeren Radius: $r_2 = r + 1{,}20\,\text{m} = 37{,}70\,\text{m}$.
Für die 3. Bahn gilt $r_3 = r + 2 \cdot 1{,}20\,\text{m} = 38{,}90\,\text{m}$. Für die 8. Bahn gilt dann $r_8 = r + 7 \cdot 1{,}20\,\text{m} = 44{,}90\,\text{m}$.
Daher läuft er in den Kurven
$l_K = 2 \cdot \pi \cdot r_8 \approx 2 \cdot 3{,}14 \cdot 44{,}90\,\text{m}$
$\approx 281{,}97\,\text{m}$.
Also benötigt er $281{,}97\,\text{m} - 229{,}22\,\text{m} = 52{,}75\,\text{m}$ an Kurvenvorgabe.

9

Die Länge der vier Halbkreise kann in Abhängigkeit von x angegeben werden (beginnend mit dem kleinsten Halbkreis):
$l_1 = 3{,}14 \cdot x$
$l_2 = 3{,}14 \cdot 2x$
$l_3 = 3{,}14 \cdot 3x$
$l_4 = 3{,}14 \cdot 4x$
Die Gesamtlänge der Kreisbögen beträgt 31,4 cm, daher gilt:
$3{,}14 \cdot x + 3{,}14 \cdot 2x$
$+ 3{,}14 \cdot 3x + 3{,}14 \cdot 4x = 31{,}4\,\text{cm}$
Durch Vereinfachen erhält man:
$31{,}4\,x = 31{,}4\,\text{cm}$
oder: $x = 1\,\text{cm}$
Antwort:
Die Länge der Strecke x beträgt 1 cm.

Rückblick, Seite 61

1

f: $x \mapsto 2{,}5x$; g: $x \mapsto -3x + 11$
h: $x \mapsto \frac{2}{7}x + 2$; k: $x \mapsto -0{,}25x - 1{,}25$

2

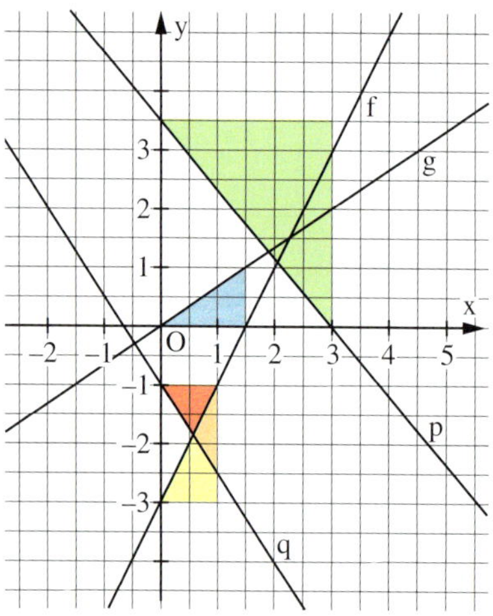

3

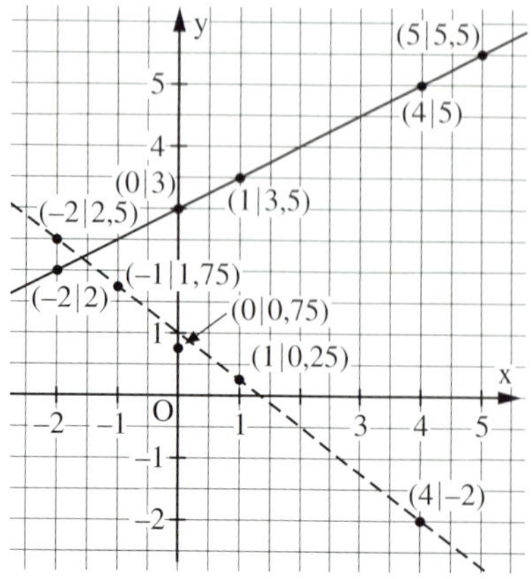

Da bei a) alle Punkte der Tabelle auf einer Geraden liegen, können sie zu einer linearen Funktion gehören.
Dies ist bei b) nicht der Fall, da der Punkt $(0|0{,}75)$ nicht auf der Geraden durch die anderen Punkte liegt.

4

$U = 3a + 6\,\text{cm}$;
aus $3a + 6\,\text{cm} > 30\,\text{cm}$ folgt $a > 8\,\text{cm}$.
Die Seite a muss länger als 8 cm sein.

5

a) f: $x \mapsto -2x + 7$;
Schnittpunkt mit x-Achse: $(3{,}5|0)$
Schnittpunkt mit y-Achse: $(0|7)$

b) f: $x \mapsto 0{,}5x + 1{,}5$;
Schnittpunkt mit x-Achse: $(-3|0)$
Schnittpunkt mit y-Achse: $(0|1{,}5)$

6

a) $m = \frac{6-2}{3+1} = 1$, also $f(x) = x + t$
$f(-1) = 2$; aus $-1 + t = 2$ folgt $t = 3$,
also $f(x) = x + 3$
Nullstelle $N(-3|0)$

b) $m = \frac{7+4}{5-3} = \frac{11}{2} = 5{,}5$,
also $f(x) = 5{,}5x + t$
$f(3) = -4$;
aus $16{,}5 + t = -4$ folgt $t = -20{,}5$,
also $f(x) = 5{,}5x - 20{,}5$
Nullstelle $N\left(3\frac{8}{11}\middle|0\right)$

7

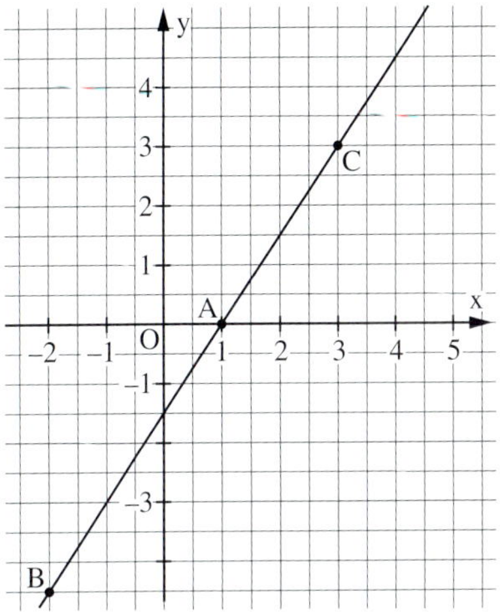

Die Punkte A, B und C liegen auf einer Geraden.
Rechnerische Überprüfung:
Gerade AB: $g(x) = 1{,}5x - 1{,}5$
Test für C: $g(3) = 4{,}5 - 1{,}5 = 3$
d. h. $C \in AB$.

8

a) b)

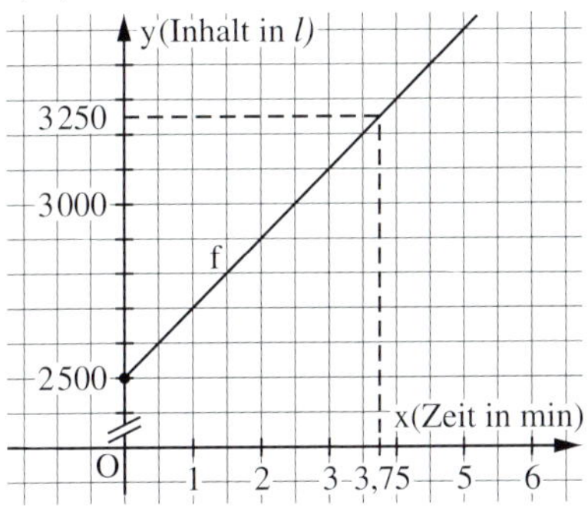

a) $f: x \mapsto 200x + 2500$;
b) $f(x) = 3250$,
also $200x + 2500 = 3250$; $x = 3{,}75$
Nach 3,75 Minuten (3 Min 45 Sek) enthält der Behälter 3250 *l*.

c) $g: x \mapsto -400x + 2500$

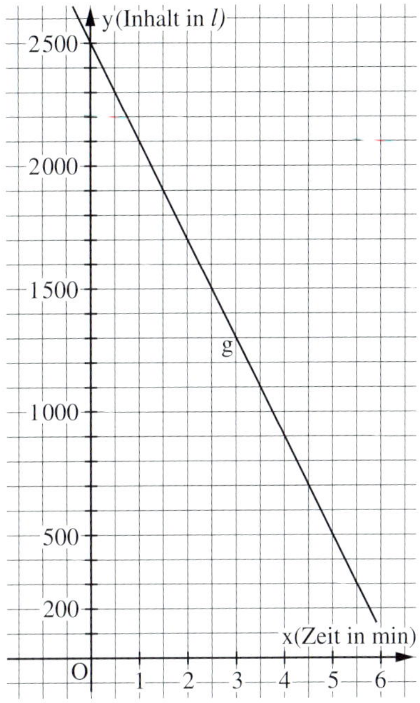

9

a) b) c) d) Zeichnerische Lösung
$f: x \mapsto -2x + 6$
$g: x \mapsto \frac{3}{4}x + 1$
$h: x \mapsto -\frac{2}{5}x + 3$
$k: x \mapsto 1{,}2x - 3$

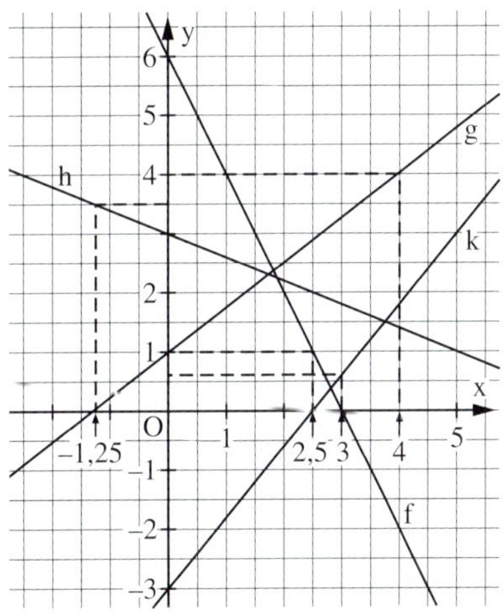

Rechnerische Lösung
a) $-2x + 6 = 1$; $x = 2{,}5$
b) $\frac{3}{4}x + 1 = 4$; $x = 4$
c) $-\frac{2}{5}x + 3 = \frac{7}{2}$; $x = -1\frac{1}{4}$
d) $1{,}2x - 3 = 0{,}6$; $x = 3$

10

a) $x > -6$; $L = \{x \mid x > -6\} =]-6; \infty[$
b) $x > -\frac{5}{3}$; $L = \{x \mid x > -\frac{5}{3}\} =]-\frac{5}{3}; \infty[$
c) $x \leqq \frac{2}{3}$; $L = \{x \mid x \leqq \frac{2}{3}\} =]-\infty; \frac{2}{3}]$
d) $x \geqq 0$; $L = \{x \mid x \geqq 0\} = [0; \infty[$

11

Rechnerisch: $\frac{4}{3}x + 1 \geqq -\frac{2}{3}x - 2 \quad |-1$
$\frac{4}{3}x \geqq -\frac{2}{3}x - 3 \quad |+\frac{2}{3}x$
$2x \geqq -3 \quad |:2$
$x \geqq -1{,}5$

Graphisch: $f: x \mapsto \frac{4}{3}x + 1$
$g: x \mapsto -\frac{2}{3}x - 2$

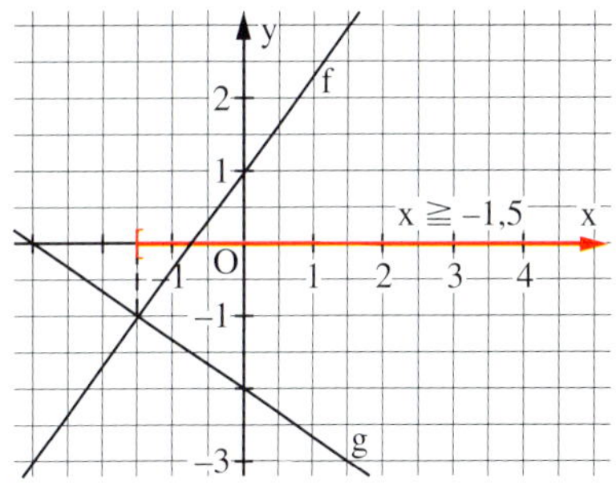

$L = \{x \mid x \geqq -1{,}5\}$

12

a) Der Schnittpunkt R(5 | 1) kann graphisch oder rechnerisch bestimmt werden.
b)

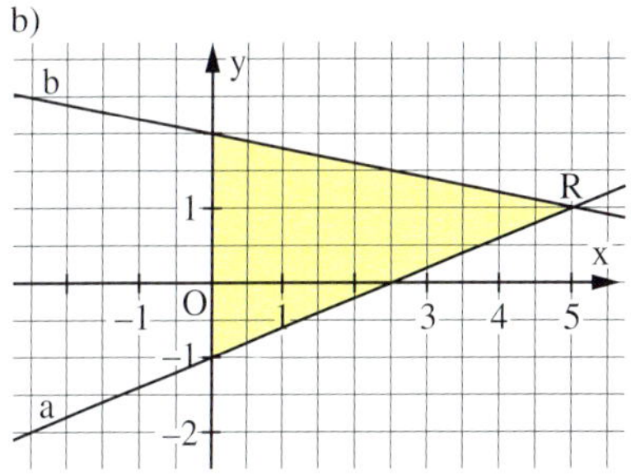

$A = \frac{1}{2}\, g \cdot h = \frac{1}{2} \cdot 3\,\text{cm} \cdot 5\,\text{cm} = 7{,}5\,\text{cm}^2$

13

Ansatz: $f(x) = mx + t$;
a) Aus $m = \frac{1}{3}$ und $f(1{,}5) = -2{,}5$ folgt
$\frac{1}{3} \cdot 1{,}5 + t = -2{,}5$; $t = -3$
Also $y = f(x) = \frac{1}{3}x - 3$
b) Aus $m = -0{,}5$ und $f(5) = 0$ folgt
$-0{,}5 \cdot 5 + t = 0$; $t = 2{,}5$
Also $y = f(x) = -0{,}5x + 2{,}5$

Rückblick, Seite 85

1

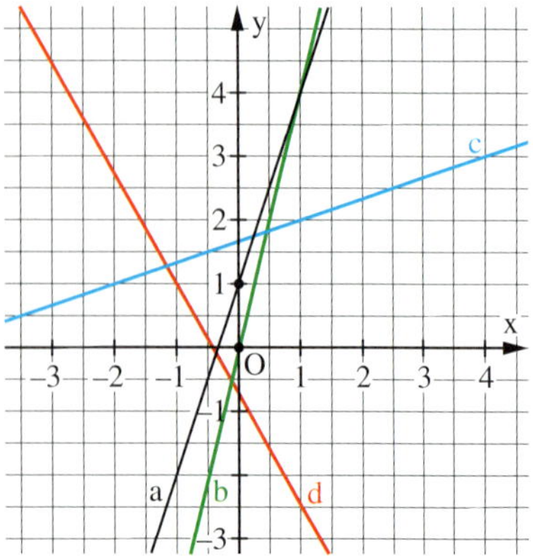

2

linker Streifen: z. B. $2x - y = 0$
rechter Streifen: z. B. $2x - y = -2$
Es genügen zwei Lösungspaare, um eine Gleichung aufzustellen.

3

a)

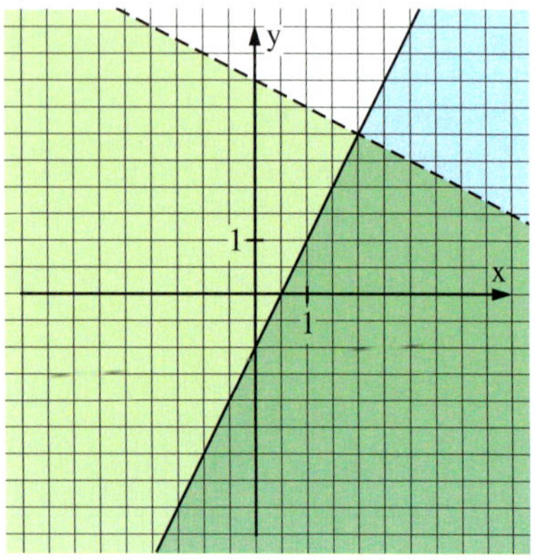

b)

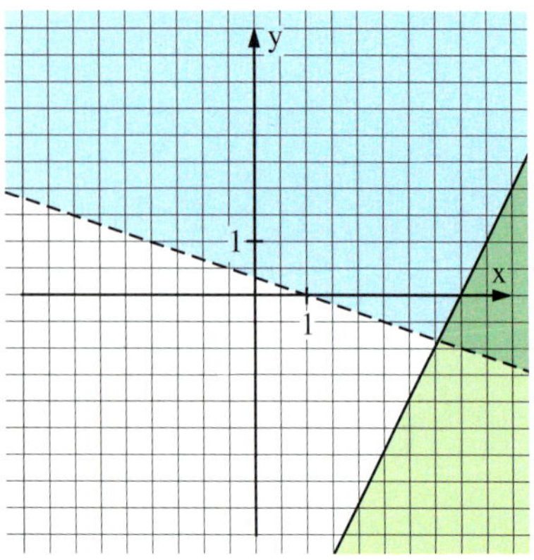

c)

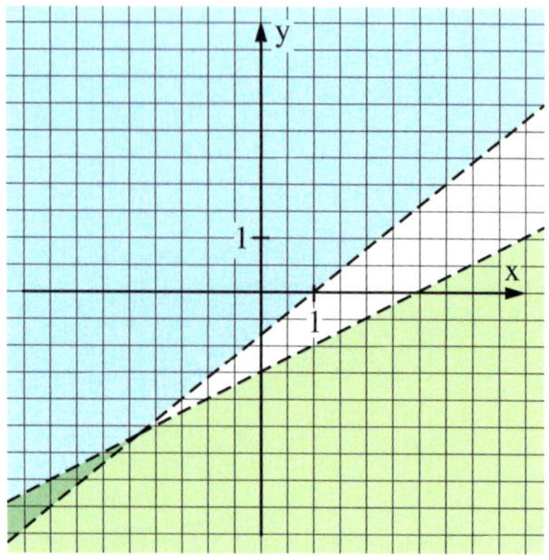

d)

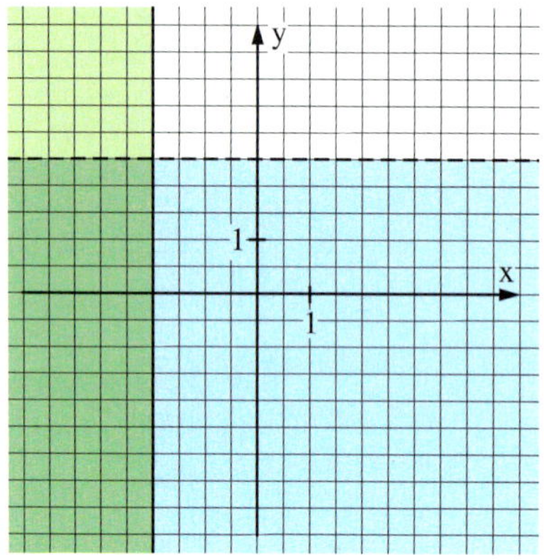

4

$x \leqq 1$
$y \leqq -2x + 3$
$y \leqq \frac{5}{3}x + 3$
$y \geqq \frac{1}{2}x - \frac{1}{2}$

5

z. B. f: $2x - y = 0$
g: $\frac{1}{2}x + y = 1{,}5$ oder $x + 2y = 3$
h: $x + y = -1$
k: $y = 2{,}5$
l: $\frac{1}{3}x - y = -2$ oder $x - 3y = -6$

Da alle fünf Geraden nicht parallel zueinander verlaufen, ergeben sich $(5 \cdot 4) : 2 = 10$ Schnittpunkte
f und g: $(0{,}6 \mid 1{,}2)$
f und h: $\left(-\frac{1}{3} \middle| -\frac{2}{3}\right)$
f und k: $(1{,}25 \mid 2{,}5)$
f und l: $(1{,}2 \mid 2{,}4)$
g und h: $(-5 \mid 4)$
g und k: $(-2 \mid 2{,}5)$
g und l: $(-0{,}6 \mid 1{,}8)$
h und k: $(-3{,}5 \mid 2{,}5)$
h und l: $(-2{,}25 \mid 1{,}25)$
k und l: $(1{,}5 \mid 2{,}5)$

6

a) keine Lösung
b) genau eine Lösung: $\left(\frac{5}{6} \middle| \frac{3}{4}\right)$
c) unendlich viele Lösungen
d) keine Lösung

7

a) Lösung: $(1 \mid 2)$
b) Lösung: $(10 \mid 3)$
c) Lösung: $(3 \mid 1)$
d) Lösung: $(0 \mid 5)$
e) Lösung: $(0 \mid 0)$
f) Lösung: $(4 \mid -2)$

8

Die graphische Darstellung der Lösungsmenge der linearen Gleichung $2x + 5y = 0$ ist eine **Ursprungs**gerade, was man auch daran erkennt, dass die Gleichung nach der Variablen y aufgelöst, die Funktionsgleichung einer direkten Proportionalität ergibt: $y = -\frac{2}{5}x$.
Nur in solch einem Spezialfall $ax + by = \mathbf{0}$, d. h. $y = -\frac{a}{b}x$ gilt: dem Doppelten, Dreifachen, … des x-Wertes entspricht auch das Doppelte, Dreifache, … des y-Wertes.

9

a) Lösung: $\left(-\frac{23}{27} \middle| \frac{3}{2}\right)$
b) Lösung: $(21 \mid 1)$
c) Lösung: $(1{,}8 \mid 0{,}8)$
d) Lösung: $(2{,}5 \mid -1{,}1)$
e) Lösung: $(1{,}4 \mid 0)$
f) Lösung: $\left(\frac{2}{5} \middle| \frac{5}{3}\right)$

10

1. Zahl: x 2. Zahl: y
(I) $3x + 4y = 52$
(II) $15y - 13x = 1$
Lösung: $x = 8$ und $y = 7$

11

Anzahl der Mädchen-Zelte: x
Anzahl der Jungen-Zelte: y
(I) $3x + 4y = 43$
(II) $x + y = 12$
Lösung: $x = 5$ und $y = 7$
Es waren 15 Mädchen.

12

a) Gerade AB: (I) $1 = -1\,m + t$
(II) $6 = 4\,m + t$
ergibt: AB: $y = x + 2$
Gerade CD: (I) $0 = 2\,m + t$
(II) $3 = -4\,m + t$
ergibt: CD: $y = -\frac{1}{2}x + 1$

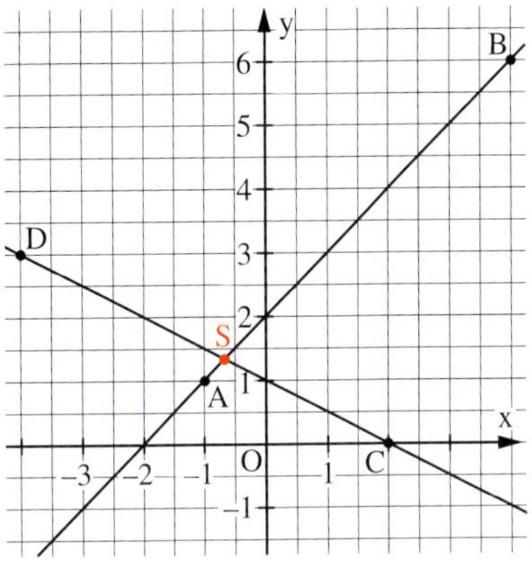

Schnittpunkt $S\left(-\frac{2}{3}\middle|\frac{4}{3}\right)$

b) Gerade AB: (I) $-2 = 0\,m + t$
(II) $3 = 4\,m + t$
ergibt: AB: $y = \frac{5}{4}x - 2$
Gerade CD: (I) $-3 = 0\,m + t$
(II) $1{,}5 = 6\,m + t$
ergibt: CD: $y = \frac{3}{4}x - 3$

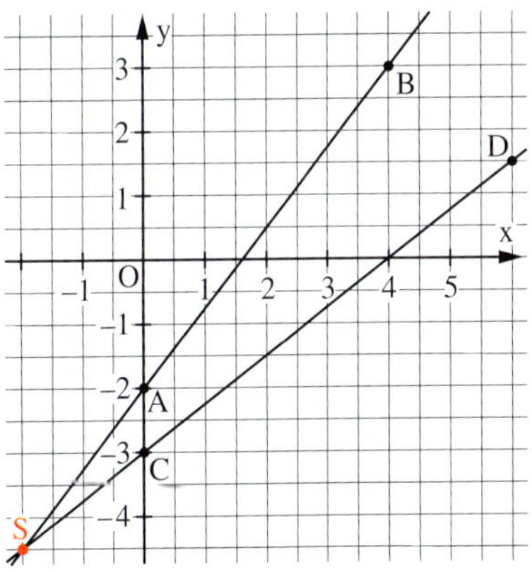

Schnittpunkt $S(-2\,|\,-4{,}5)$

Rückblick, Seite 105

1

Nach dem Zählprinzip gibt es insgesamt $3\cdot3\cdot3\cdot3\cdot3\cdot3\cdot3\cdot3\cdot3\cdot3 = 3^{10} = 59049$ verschiedene Möglichkeiten, die Antworten anzukreuzen.

a) Bei genau einer Möglichkeit sind alle Antworten richtig. Also gilt für die Wahrscheinlichkeit des Ereignisses „alle Antworten sind richtig“: $\frac{1}{59049} \approx 0{,}000017$.

b) Die ersten 4 Antworten sind richtig; es gibt pro Frage 1 Möglichkeit. Die nächsten 6 Antworten sind falsch; es gibt pro Frage 2 Möglichkeiten, also insgesamt $1\cdot1\cdot1\cdot1\cdot2\cdot2\cdot2\cdot2\cdot2\cdot2 = 64$ Möglichkeiten.
P(„genau 4 Antworten sind richtig“) $= \frac{64}{59049} \approx 0{,}0011 = 0{,}11\,\%$

c) Man berechnet zunächst die Wahrscheinlichkeit des Gegenereignisses „alle Antworten sind falsch“, da diese einfach bestimmt werden kann: Wenn alle Antworten falsch sind, gibt es pro Frage 2 Möglichkeiten, falsch zu antworten, also insgesamt $2\cdot2\cdot2\cdot2\cdot2\cdot2\cdot2\cdot2\cdot2\cdot2 = 2^{10} = 1024$ Möglichkeiten, alles falsch zu beantworten. Die Wahrscheinlichkeit, alle Fragen falsch zu beantworten, beträgt somit: $\frac{1024}{59049}$. Folglich ist die Wahrscheinlichkeit mindestens eine richtige Antwort zu haben
$1 - \frac{1024}{59049} = \frac{58025}{59049} \approx 0{,}98$.

2

Körper (1) besteht aus $4\cdot3\cdot2 + 3 = 27$ Teilwürfeln.

Anzahl blauer Flächen	0	1	2	3	4	5
Anzahl der Teilwürfel	2	3	11	9	2	0
Wahrscheinlichkeit	$\frac{2}{27}$	$\frac{3}{27}$	$\frac{11}{27}$	$\frac{9}{27}$	$\frac{2}{27}$	0

Körper (2) besteht aus $4\cdot4\cdot2 - 2\cdot2\cdot2 + 3 = 27$ Teilwürfeln.

Anzahl blauer Flächen	0	1	2	3	4	5
Anzahl der Teilwürfel	0	4	11	10	2	0
Wahrscheinlichkeit	0	$\frac{4}{27}$	$\frac{11}{27}$	$\frac{10}{27}$	$\frac{2}{27}$	0

3

a) Es gibt insgesamt 5 Möglichkeiten, eine davon ist günstig, also beträgt die Wahrscheinlichkeit für „rot“ $\frac{1}{5}$.

b) Es sind nur noch 4 Kugeln in der Urne, eine davon ist rot, also beträgt die Wahrscheinlichkeit für „rot“ $\frac{1}{4}$.

4

a) Er hat für die Geschenkpapiere 8 Farben und für die Bänder nur 7 Farben, da Papier und Band verschiedenfarbig sein sollen. Nach dem Zählprinzip gibt es somit $8\cdot7 = 56$ Möglichkeiten.

b) Da gleiche Farben zugelassen sind, gibt es je 8 Möglichkeiten, d. h. insgesamt $8\cdot8 = 64$ Möglichkeiten.

5

	Kugelnummern	P(Ereignis)
A	11, 13, 15, 17, 19, 20	$\frac{6}{11}$
B	16, 17, 18, 19	$\frac{4}{11}$
C	10, 12, 14, 15, 16, 18, 20	$\frac{7}{11}$
D	11, 13, 17, 19	$\frac{4}{11}$
E	15	$\frac{1}{11}$

6

Wenn die Zahl vierstellig sein soll, dann kann an der ersten Stelle keine Null stehen.

a) Für die erste Stelle gibt es 3 Möglichkeiten (Ziffern 1, 2, 3). Da die Ziffern alle verschieden sein sollen, bleiben für die zweite Stelle zwei Ziffern und die Null übrig, so dass es wiederum 3 Möglichkeiten gibt. Für die dritte Stelle gibt es dann 2 Möglichkeiten und für die vierte 1 Möglichkeit. Nach dem Zählprinzip gibt es somit $3\cdot3\cdot2\cdot1 = 18$ Zahlen.

b) Für die erste Stelle gibt es 3 Möglichkeiten (Ziffern 1, 2, 3). Für die zweite und jede weitere Stelle jeweils 4 Möglichkeiten. Nach dem Zählprinzip gibt es somit $3\cdot4\cdot4\cdot4 = 192$ Zahlen.

c) Für jede Stelle gibt es 3 Möglichkeiten. Nach dem Zählprinzip gibt es somit $3\cdot3\cdot3\cdot3 = 81$ Zahlen.

d) Für die 1. Stelle gibt es 2 Möglichkeiten (Ziffern 2 oder 3). Für jede weitere Stelle gibt es 3 Möglichkeiten. Nach dem Zählprinzip gibt es somit $2\cdot3\cdot3\cdot3 = 54$ Zahlen.

7

a)

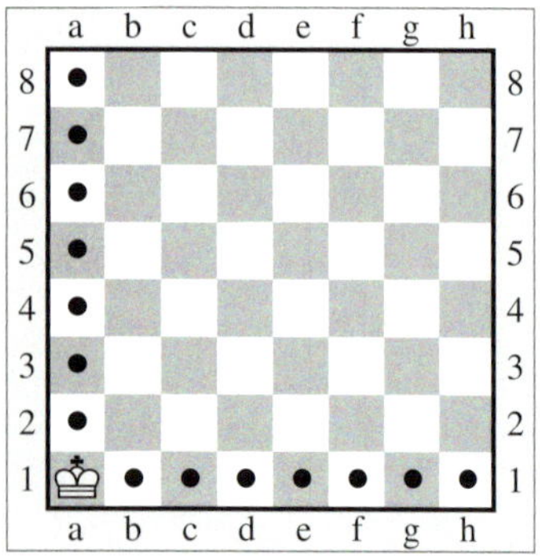

Es verbleiben 63 Felder, wobei der Turm von 7 + 7 = 14 Feldern aus Schach bieten kann. Die Wahrscheinlichkeit für Schach beträgt somit $\frac{14}{63} = \frac{2}{9}$.

b)

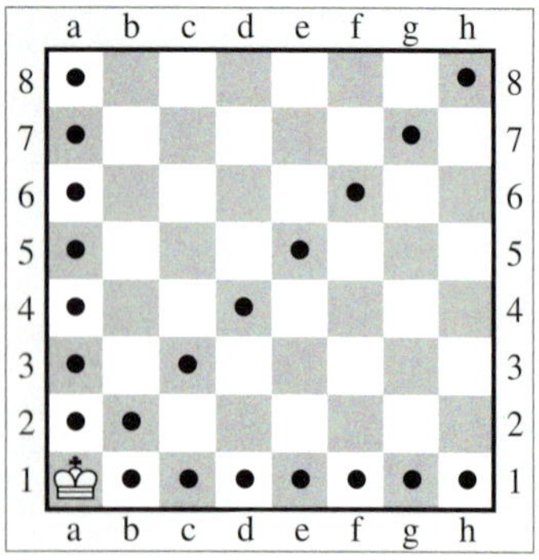

Es verbleiben 63 Felder, wobei die Dame von 7 + 7 + 7 = 21 Feldern aus Schach bieten kann. Die Wahrscheinlichkeit für Schach beträgt somit $\frac{21}{63} = \frac{1}{3}$.

c) Turm:

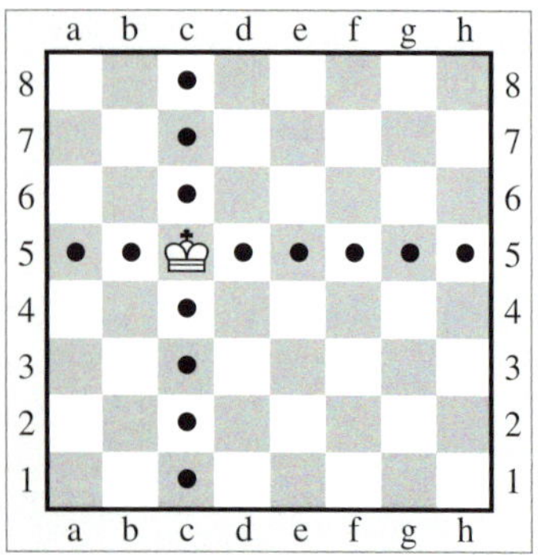

Unabhängig von der Position des Königs gibt es 7 + 7 = 14 Felder, von denen aus der Turm Schach bieten kann. Die Wahrscheinlichkeit beträgt $\frac{2}{9}$.

Dame:

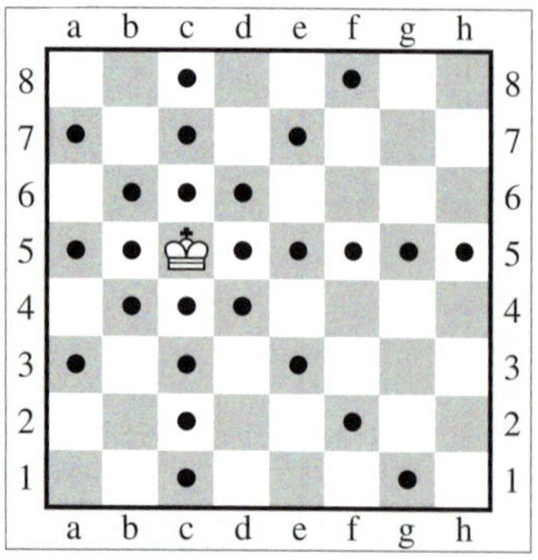

Abhängig von der Position des Königs gibt es unterschiedlich viele Felder, von denen aus die Dame Schach bieten kann. Zu den 14 „Feldern des Turms" kommen noch Felder auf Diagonalen hinzu. Im eingezeichneten Fall sind es 5 + 6 = 11 Felder. Die Maximalzahl wird erreicht, wenn der König auf d4, d5, e4 oder e5 steht. Es kommen dann zu den 14 „Turmfeldern" noch 7 + 6 = 13 Felder. Die Wahrscheinlichkeit für Schach beträgt dann $\frac{27}{63} = \frac{3}{7}$.

8

Für die drei ersten CDs gibt es $10 \cdot 9 \cdot 8 = 720$ Möglichkeiten.
Bei genau 1 Möglichkeit liegen die CDs in der vorgegebenen Reihenfolge.
Die Wahrscheinlichkeit beträgt $\frac{1}{720}$

Rückblick, Seite 131

1

a)

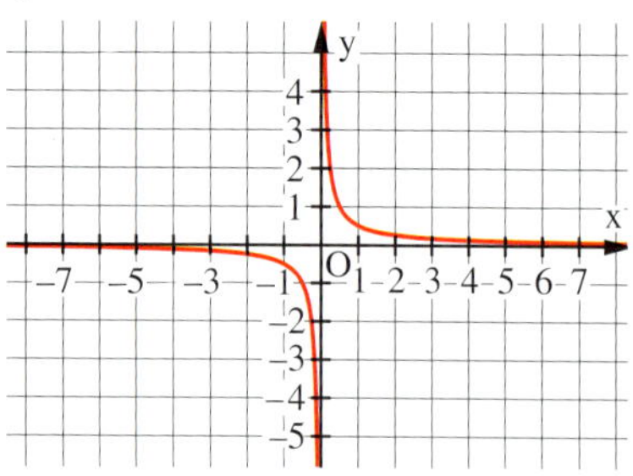

Asymptoten: x = 0; y = 0

b)

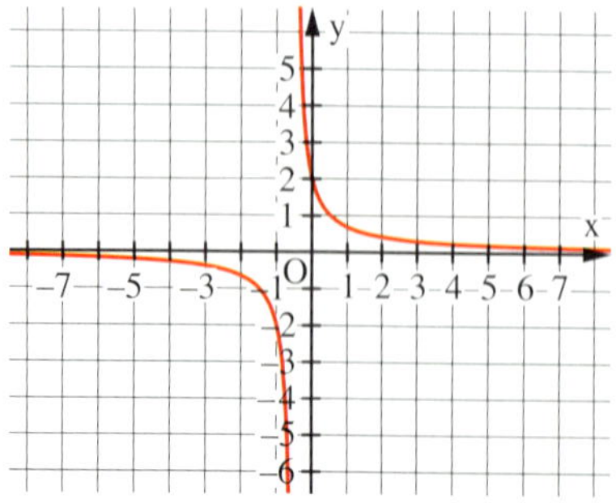

Asymptoten: x = –0,5; y = 0

c)

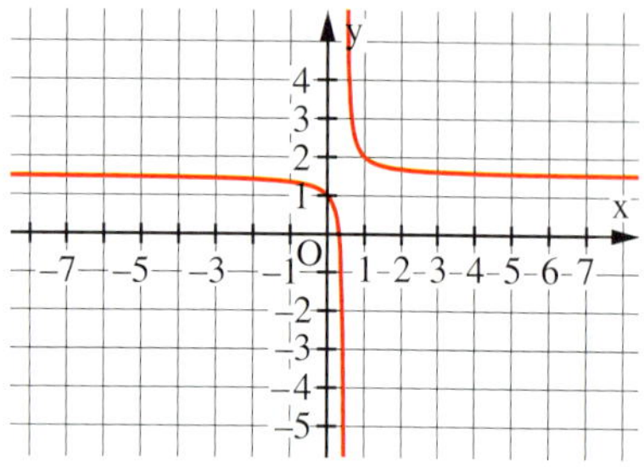

Asymptoten: x = 0,5; y = 1,5

d)

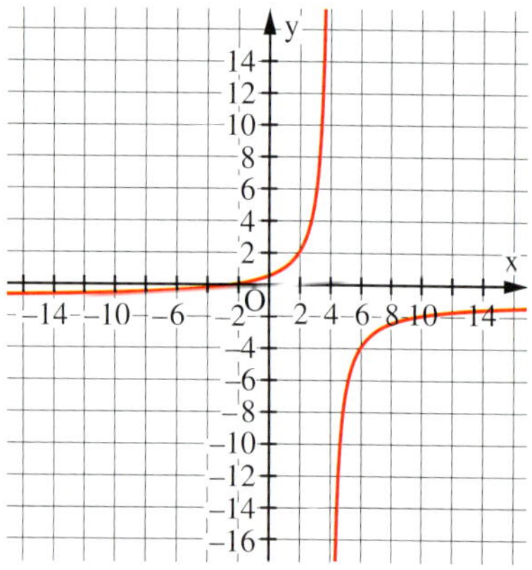

Asymptoten: x = 4; y = –1

2

a) $f(x) = -\frac{1}{x}$
Asymptoten: x = 0; y = 0

b) $f(x) = \frac{3}{x-2}$
Asymptoten: x = 2; y = 0

c) $f(x) = \frac{8x}{3x+2}$
Asymptoten: $x = -\frac{2}{3}$; $y = \frac{8}{3}$

d) $f(x) = \frac{-2}{3x-2}$
Asymptoten: $x = \frac{2}{3}$; y = 0

3

a) f: $x \mapsto \frac{1}{2x+5}$ b) f: $x \mapsto \frac{-2x}{x+1}$

c) f: $x \mapsto \frac{x}{3-2x}$

4

a) $\frac{3+x}{3-x^2}$ b) $-\frac{3}{2}$ c) $-\frac{x}{2}$ d) $\frac{2}{5}$

5

rot: f: $x \mapsto \frac{1}{x+2}$

grün: f: $x \mapsto \frac{2x}{x+1}$

blau: f: $x \mapsto 2x+4$

lila: f: $x \mapsto -0{,}5x - 1{,}5$

6

a) $\frac{3x^2+5x+1}{x^2+x}$ b) $-\frac{5x+1}{10x-2}$

c) $\frac{27x-5}{60x^2}$ d) -5

7

a) $\frac{3(8x^2+1)}{4x(4x+1)}$ b) $\frac{1+2x}{1-2x}$ c) $\frac{1}{3x}$

8

a) $\frac{7}{12}$ b) 3,1 c) −1 d) $-\frac{2}{3}$

e) 36 f) 0 g) −1 h) $-\frac{18}{11}$

i) 3 k) $L = \{\}$

9

a) x^4 b) $\frac{1}{16}y^5$ c) $x^3 + \frac{1}{x^2}$

10

z. B. $\frac{2}{3}$: $\frac{2+(-5)}{3+(-5)} = \frac{-3}{-2} = \frac{3}{2}$

Gleichung: $\frac{2+x}{3+x} = \frac{3}{2}$ also $x = -5$

allgemein: $-(a+b)$ ist zu addieren

11

$\frac{15}{x} - \frac{12}{x+1} = \frac{30}{x(x+1)}$ also $x = 5$, es sind also die Zahlen 5 und 6

12

z. B.: $\frac{1}{x} + 2 = \frac{3}{x+4}$

13

a) $a = s(1-q)$; $q = 1 - \frac{a}{s}$; $q \neq 1$ und $s \neq 0$

b) $x = \frac{y}{zy+1}$; $y = \frac{x}{1-zx}$;
$x \neq 0$; $y \neq 0$; $z \neq -\frac{1}{y}$; $z \neq \frac{1}{x}$

c) $v = \frac{3}{3w+1}$; $v \neq 0$; $w \neq -\frac{1}{3}$

Rückblick, Seite 155

1

$h = \frac{e}{a} \cdot h'$ (Strahlensatz)

a) $h = 21{,}875\,m \approx 22\,m$

b) $h = 14{,}3\,m \approx 14\,m$

2

Vergrößerungsfaktor 5

Bild: 15 cm × 10 cm

3

a) $u = 5{,}5$; $v = 6$; $x = 8{,}75$; $y = 8{,}4$

b) $u = 8$; $v = 9$; $x = 11{,}25$; $y = 12$

4

Strahlensatz (Zentrum A):

$\frac{\overline{BC}}{6\,cm} = \frac{7{,}5\,cm}{10\,cm}$; $\overline{BC} = 4{,}5\,cm$

Strahlensatz (Zentrum E):

$\frac{\overline{FH}}{10\,cm} = \frac{5\,cm}{6\,cm}$; $\overline{FH} = 8\frac{1}{3}\,cm$

($\overline{AE} = 7\,cm$ wird nicht benötigt.)

5

Es gibt 2 Lösungen, je nachdem, ob die 36 cm lange Seite der Seite mit 15 cm oder 24 cm Länge entspricht.

(1) $a' : a = 36 : 15$; $b' = 57{,}6\,cm$;
$A' = 2073{,}6\,cm^2$

(2) $a' : a = 36 : 24$; $b' = 22{,}5\,cm$;
$A' = 810\,cm^2$

6

Die beiden Dreiecke sind nicht ähnlich: Sie haben zwar einen (spitzen) Winkel gemeinsam, aber der stumpfe Winkel des roten Dreiecks beträgt 135°, der des blauen Dreiecks ist kleiner als 135°, da der andere spitze Winkel schon 45° misst.

7

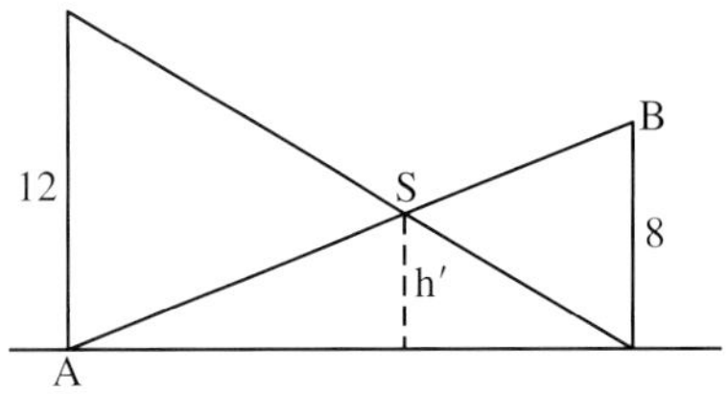

a) Strahlensatz (Zentrum S):
$\overline{AS} : \overline{BS} = 12 : 8$; $\overline{BS} = \frac{2}{3} \cdot \overline{AS}$
Folglich: $\overline{AB} = \overline{AS} + \overline{BS}$
$= \overline{AS} + \frac{2}{3} \cdot \overline{AS} = \frac{5}{3} \cdot \overline{AS}$
Strahlensatz (Zentrum A):
$h' : 8 = \overline{AS} : \overline{AB}$; $h' : 8 = \overline{AS} : \left(\frac{5}{3} \cdot \overline{AS}\right)$,
also $h' = 4{,}8\,cm$; $h = 5{,}8\,cm$

b) Die Höhe h bleibt gleich, auch wenn die Stäbe verschoben werden.

8

Es gilt für die Vierecke:
ABDC ~ CDFE ~ EFHG
$\frac{\overline{AC}}{\overline{CE}} = \frac{3}{4} = \ldots$

a) $\overline{AB} = \frac{3}{4} \cdot \overline{CD} = \frac{3}{4} \cdot \left(\frac{3}{4} \cdot \overline{EF}\right)$
$= \left(\frac{3}{4}\right)^2 \cdot \left(\frac{3}{4} \cdot \overline{GH}\right)$
$\approx 1{,}01\,m$, also ist [AB] um ungefähr 1,39 m kürzer als [GH].

b) $\overline{FG} = 3{,}99\,m$; $\overline{DE} \approx 2{,}99\,m$;
$\overline{BC} \approx 2{,}24\,m$

Mathematische Begriffe und Bezeichnungen

1 Zahlen und Mengen

$\mathbb{N} = \{1; 2; 3; \ldots\}$	ist die Menge der natürlichen Zahlen
$\mathbb{N}_0 = \{0; 1; 2; 3; \ldots\}$	
$\mathbb{Z}$ = Menge der ganzen Zahlen	
$\mathbb{Q}$ = Menge der rationalen Zahlen	
$\{\}$ oder $\emptyset$	leere Menge
$\mathbb{Q}\setminus\{0; 1\}$; $\Omega\setminus A$	$\mathbb{Q}$ ohne 0,1; Ω ohne A
$\overline{A}$	Gegenereignis zum Ereignis A: $\overline{A} = \Omega\setminus A$
$\in$, $\notin$	ist Element von, ist nicht Element von
$\subset$	ist Teilmenge von
$\{x \mid x > 3\}$	Menge aller Zahlen x, für die gilt: $x > 3$
[a; b],]a; b[	Intervall mit Endpunkten, ohne Endpunkte
T(26)	Menge aller Teiler von 26
V(4)	Menge aller Vielfachen von 4
kgV	kleinstes gemeinsames Vielfaches
$\Rightarrow$	daraus folgt

2 Funktionen

$x \mapsto y$; $x \mapsto 2x$	x wird abgebildet auf y; auf 2x (Funktionsvorschrift)
$y = 0{,}5x^2 - 2$	Funktionsgleichung mit dem Funktionsterm $0{,}5x^2 - 2$
f(x)	abkürzende Schreibweise für einen Funktionsterm
D_f	Definitionsmenge der Funktion f
G_f	Graph der Funktion f

3 Geometrie

P; Q; R; …	Punkte
$P(x \mid y)$	Punkt P mit 1. Koordinate x und 2. Koordinate y: z. B. $P(2 \mid 3)$
PQ	Gerade durch die Punkte P und Q
[PQ]; $\overline{PQ}$	Strecke mit den Endpunkten P und Q; Länge der Strecke [PQ]
[PQ	Halbgerade durch P und Q mit Anfangspunkt P
g; h; k …	Geraden, Halbgeraden
a; b; c; …	Strecken, auch Länge der Strecken (z. B. a = 3 cm)
$g \perp h$	g ist senkrecht zu h
$g \parallel h$	g ist parallel zu h
$\sphericalangle(g,h)$	Winkel mit den Schenkeln g und h
$\sphericalangle ABC$	Winkel mit dem Scheitel B und den Schenkeln [BA und [BC
α; β; γ	Winkel; auch dessen Größe (z. B. $\alpha = 35°$)
h_a; h_b; h_c	Höhe, die senkrecht zur Seite a; b; c ist
$m_{[AB]}$; m_a	Mittelsenkrechte der Strecke [AB] bzw. a
w_α; w_β	Winkelhalbierende von α; β
k(M; r)	Kreis um M mit Radius r
ΔABC	Dreieck mit den Eckpunkten A, B und C
$F \cong G$	Figuren F und G sind kongruent
$F \sim G$	Figuren F und G sind ähnlich

Register